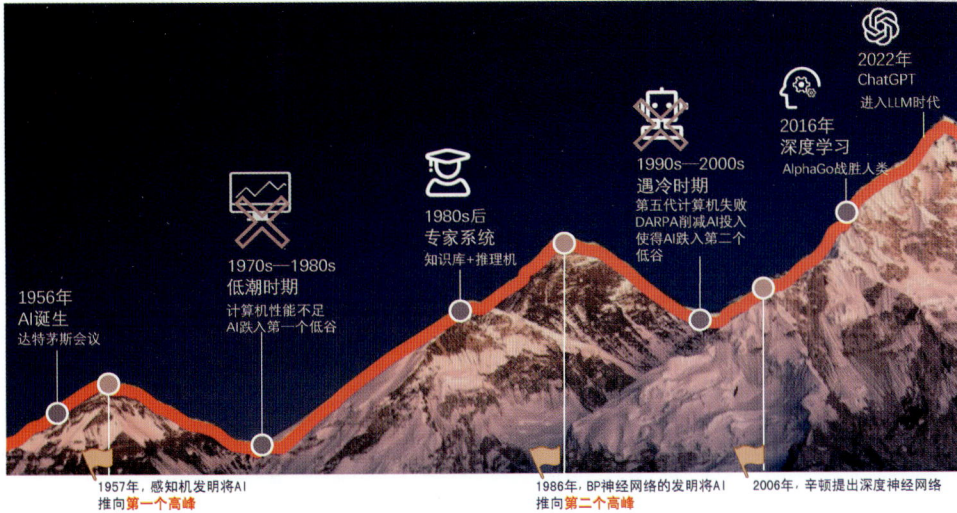

图 1-1　人工智能研究的波浪式前进

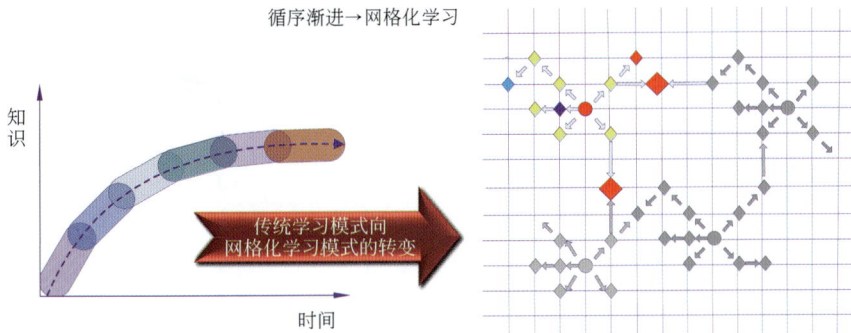

图 1-5　学习革命：循序渐进→网格化学习

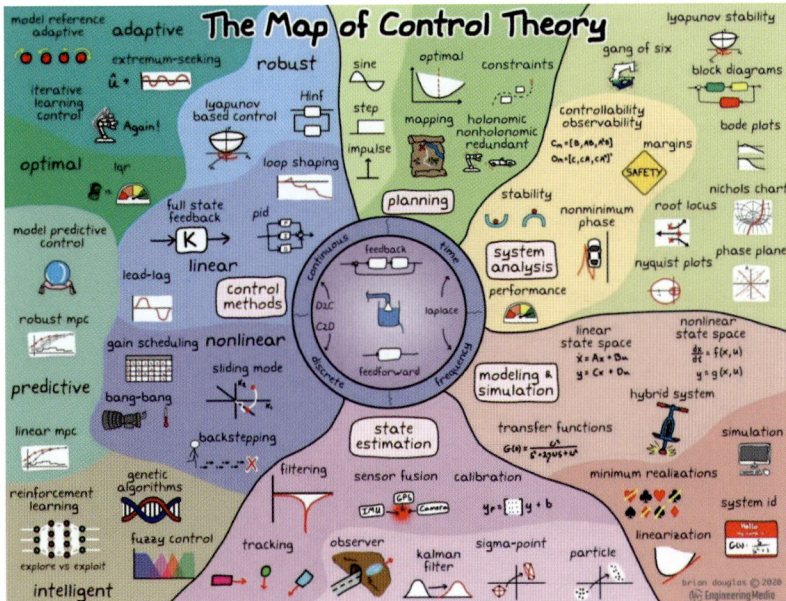

图 2-3　控制理论领域图

1968年,斯坦福大学研制出第一台智能机器人Shakey	1979年,斯坦福助行机器人Stanford Cart	1996年,第一条功能齐全的机器鱼RoboTuna	1997年,火星车Sojourner成为第一个被部署到火星上的机器人	2002年,iRobot公司发布的家庭清洁机器人Roomba首次在商业上获得成功	Sophia是到2015年为止人类创造的最先进的人工智能机器人之一

1969　　1979　　1989　　1999　　2009　　2019

1978年,工业机器人PUMA诞生	1984年,首台服务机器人Helpmate诞生	1996年,第一代外科手术机器人达芬奇手术系统	2000年,本田公司制造的第一代ASIMO机器人	2005年,波士顿动力公司的BigDog机器人	2019年,搬货机器人Handle

图 3-1　机器人的发展历程

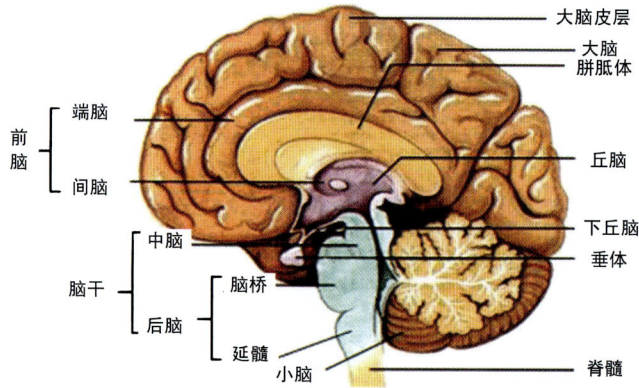

图 4-1　人脑的构造

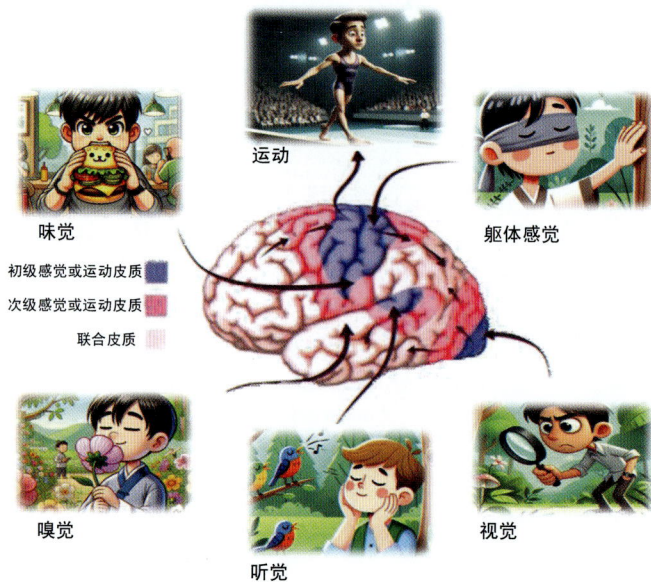

图 4-3　人类大脑功能区

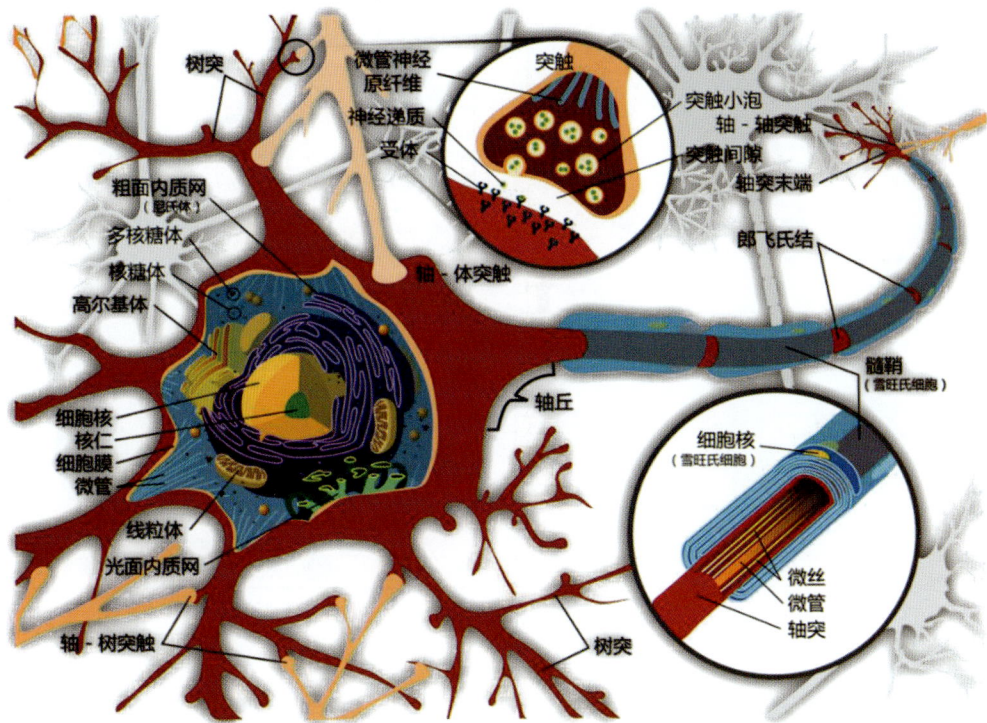

树突

微管神经
原纤维

突触

突触小泡
轴 - 轴突触

神经递质

受体

突触间隙

轴突末端

粗面内质网
（尼氏体）

多核糖体

核糖体

高尔基体

郎飞氏结

轴 - 体突触

细胞核

核仁

细胞膜

微管

轴丘

髓鞘
（雪旺氏细胞）

细胞核
（雪旺氏细胞）

线粒体

光面内质网

微丝

微管

轴突

轴 - 树突触

树突

图 4-4　神经元的结构

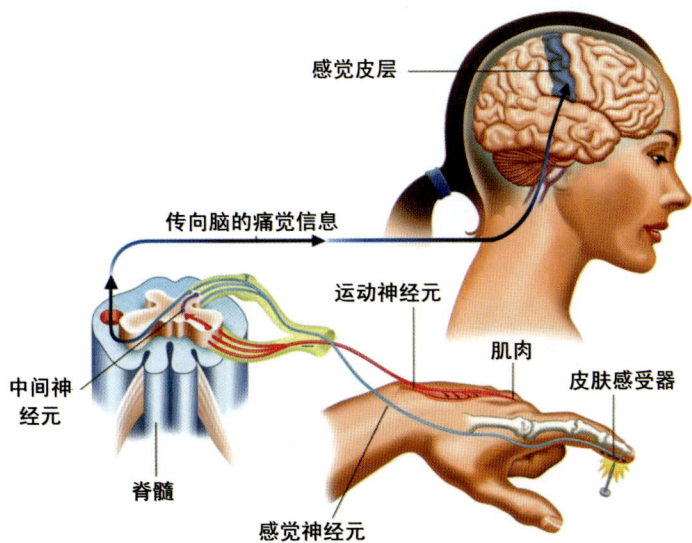

感觉皮层

传向脑的痛觉信息

运动神经元

肌肉

皮肤感受器

中间神
经元

脊髓

感觉神经元

图 4-5　疼痛收缩反射

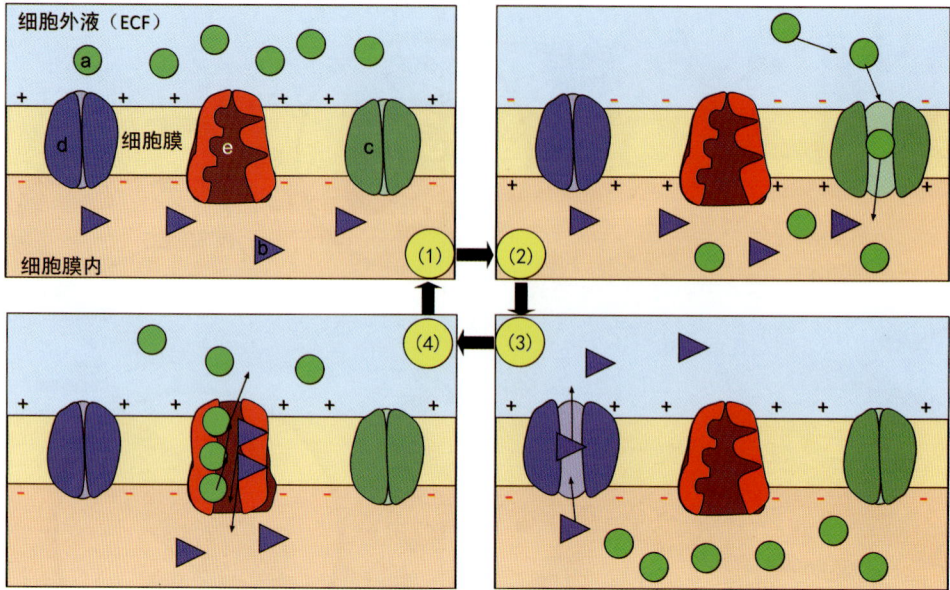

图 4-6 神经冲动的产生和传递

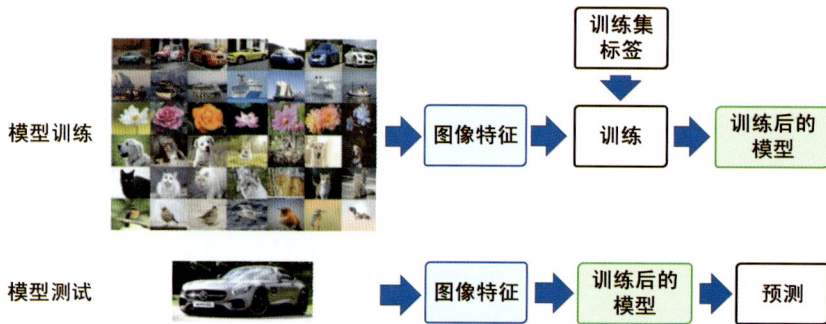

图 5-12 机器学习流程

图 5-15 场景识别

图 5-16　目标检测

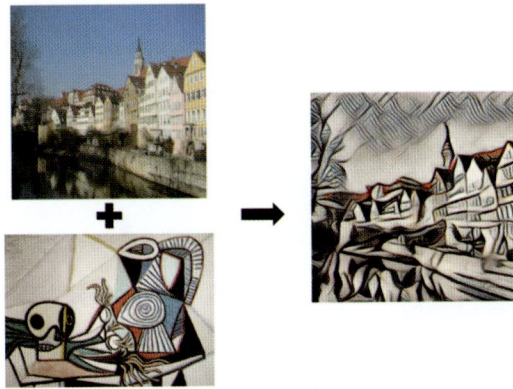

图 5-17　艺术品风格迁移

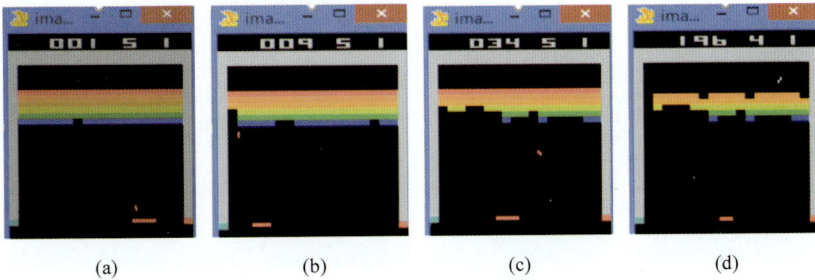

(a)　　　　　　　(b)　　　　　　　(c)　　　　　　　(d)

图 6-3　雅达利打砖块游戏

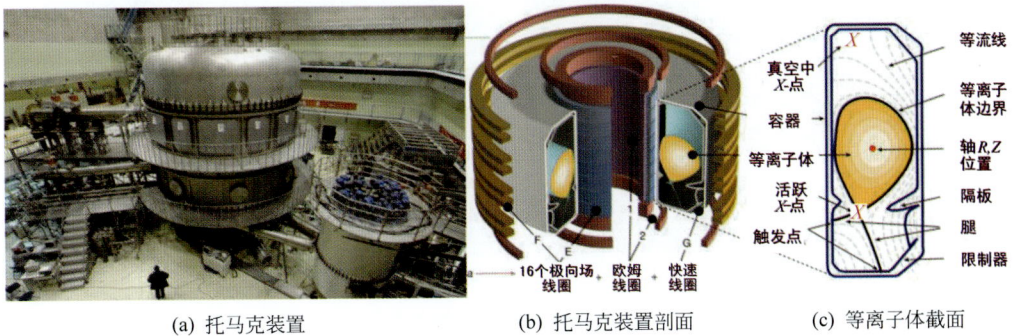

(a) 托马克装置　　　　　　(b) 托马克装置剖面　　　　　(c) 等离子体截面

图 6-6　核聚变控制

(a) 星际争霸Ⅱ对战画面

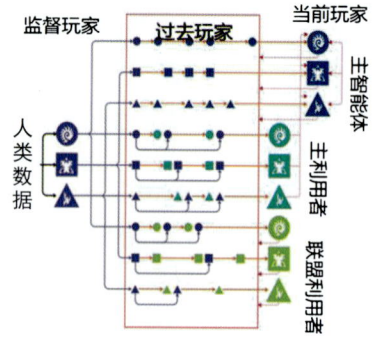

监督玩家　过去玩家　当前玩家

人类
数据

主智能体
主利用者
联盟利用者

(b) 联盟训练

图 6-8　星际争霸大师 AlphaStar

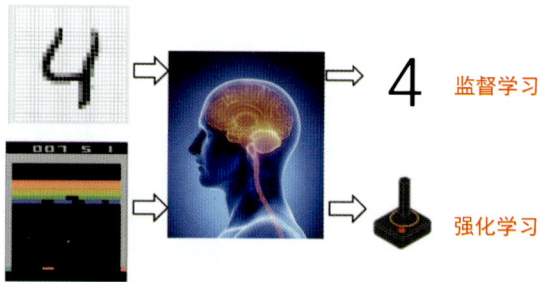

监督学习

强化学习

图 6-9　强化学习与监督学习的区别

(a) 蚂蚁集体觅食

(b) 萤火虫同步发光

(c) 水牛群集生活

(d) 蝗虫集体迁徙

图 7-1　自然界中生物的群体行为

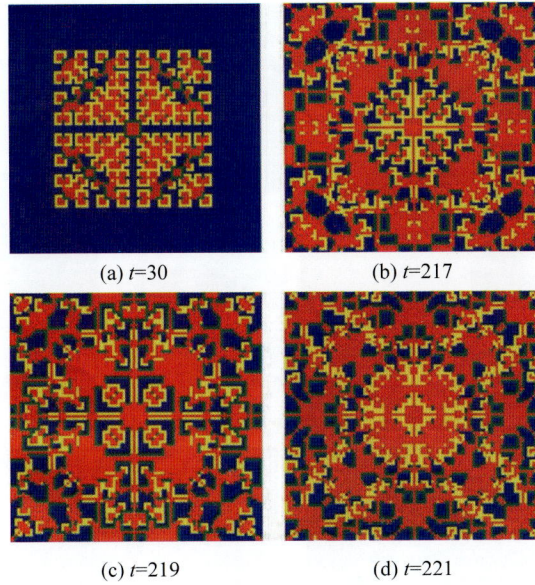

(a) $t=30$ (b) $t=217$

(c) $t=219$ (d) $t=221$

图 7-8　二维方格(99×99)上的合作策略随时间的演化(1.8＜b＜2)

图中蓝色表示合作个体,红色表示背叛个体

城市道路24小时交通流量热图

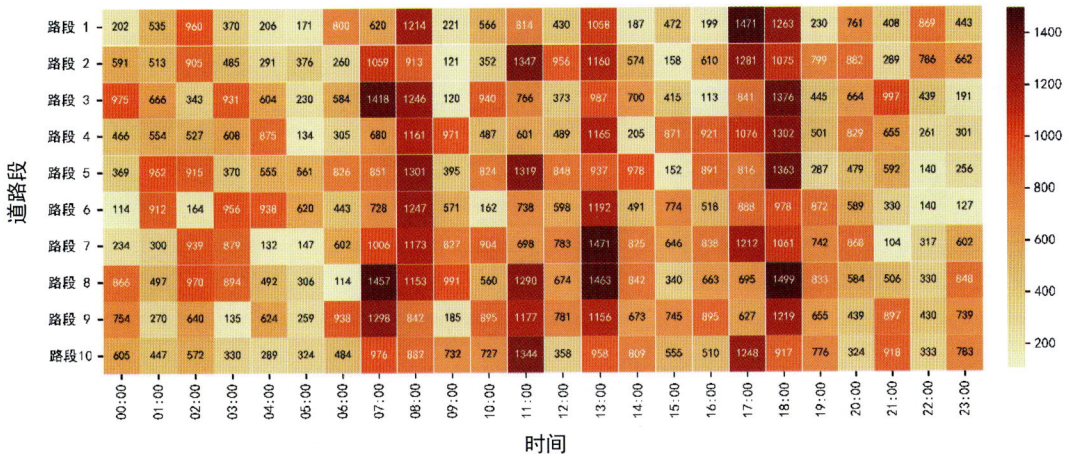

图 8-5　城市交通热力图

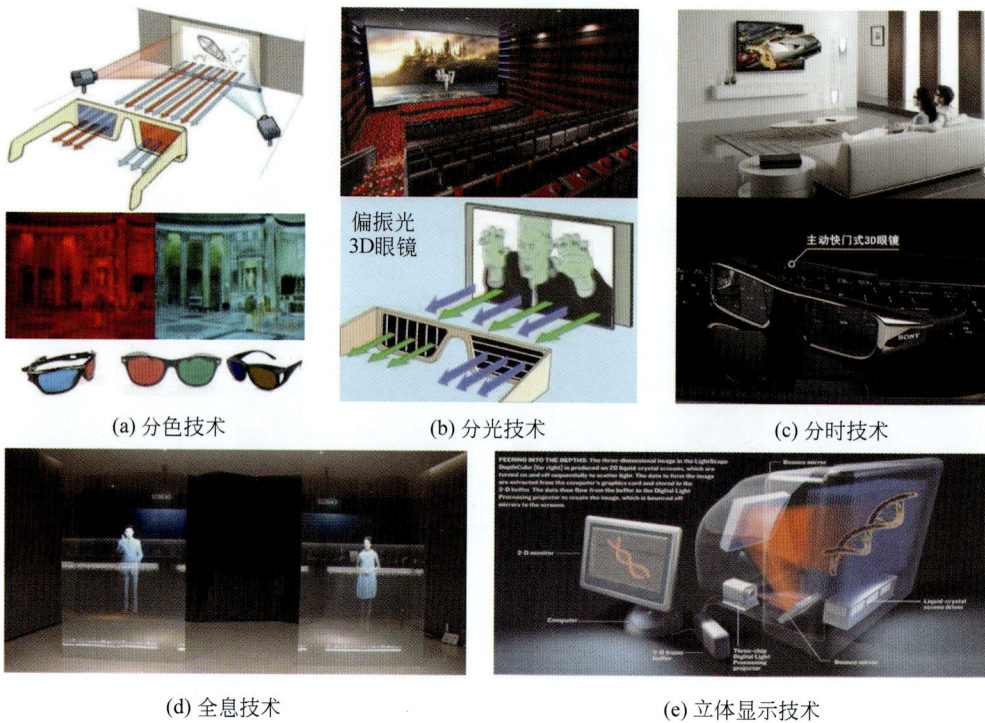

(a) 分色技术

(b) 分光技术

(c) 分时技术

偏振光
3D眼镜

主动快门式3D眼镜

(d) 全息技术

(e) 立体显示技术

图 9-8　立体显示技术

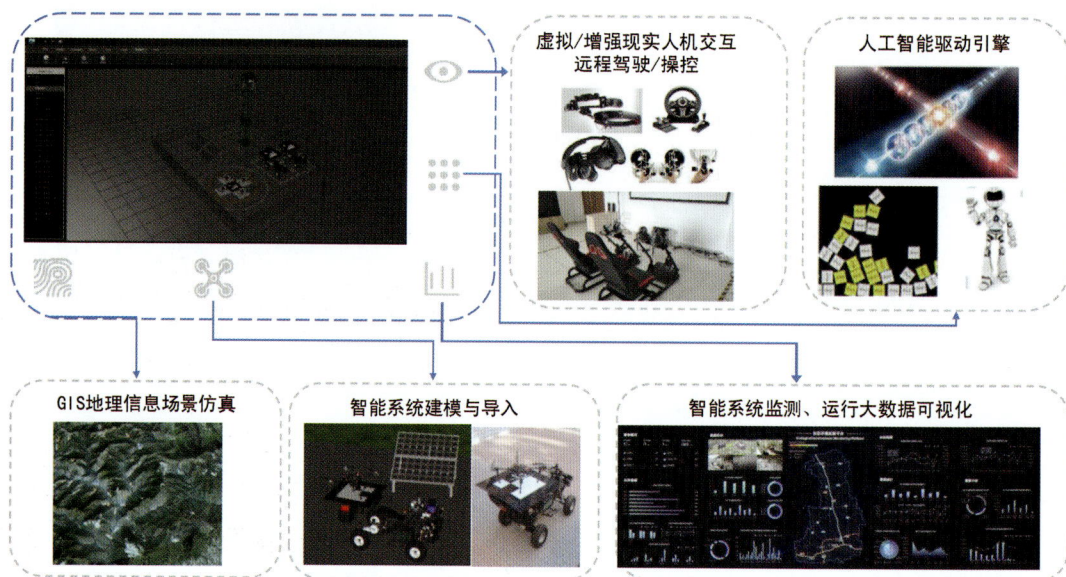

虚拟/增强现实人机交互
远程驾驶/操控

人工智能驱动引擎

GIS地理信息场景仿真

智能系统建模与导入

智能系统监测、运行大数据可视化

图 9-18　基于开源架构的用户可编程实时虚拟仿真引擎与开发平台

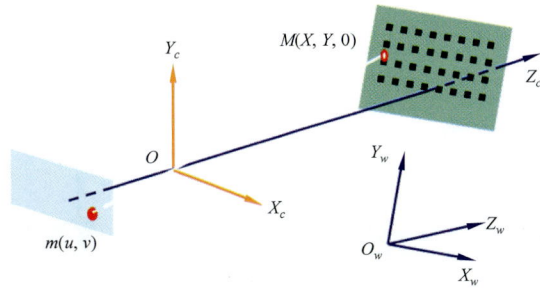

图 10-14　相机标定技术

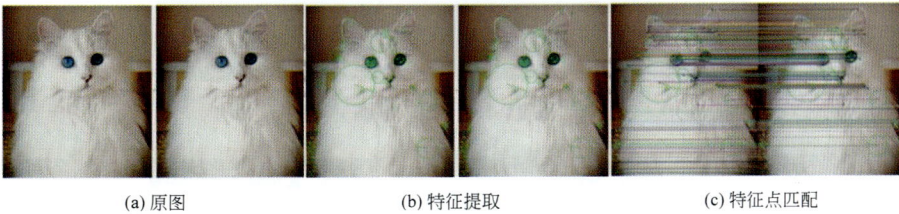

(a) 原图　　　　　　　(b) 特征提取　　　　　　(c) 特征点匹配

图 10-15　特征提取实例

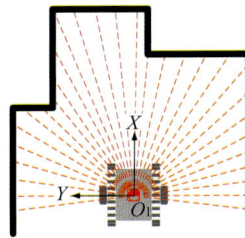

(a) 机器人在位置1扫描　　　　(b) 机器人在位置1得到的扫描结果

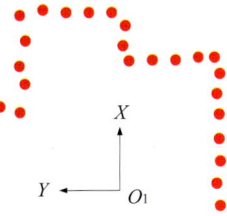

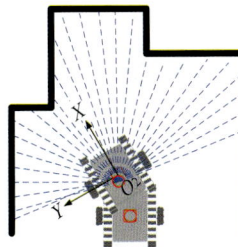

(c) 机器人在位置2扫描　　　　(d) 机器人在位置2得到的扫描结果

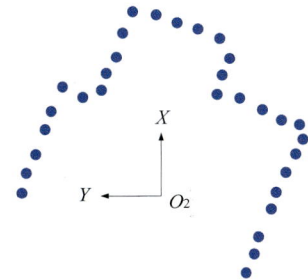

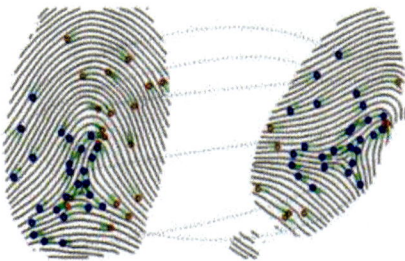

(a)　　　　　　　(b)

图 10-16　立体匹配

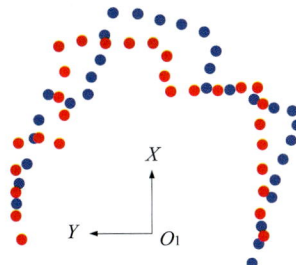

(e) 同一坐标系的扫描结果　　　　(f) 扫描匹配和位姿估计

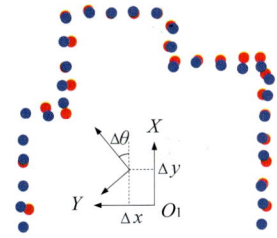

图 11-1　基于扫描匹配的相对定位

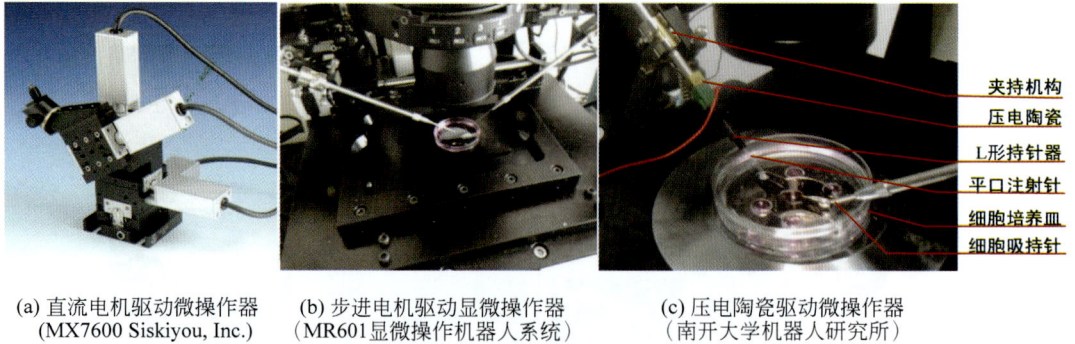

(a) 直流电机驱动微操作器
(MX7600 Siskiyou, Inc.)

(b) 步进电机驱动显微操作器
（MR601显微操作机器人系统）

(c) 压电陶瓷驱动微操作器
（南开大学机器人研究所）

夹持机构
压电陶瓷
L形持针器
平口注射针
细胞培养皿
细胞吸持针

图 14-8　微操作器

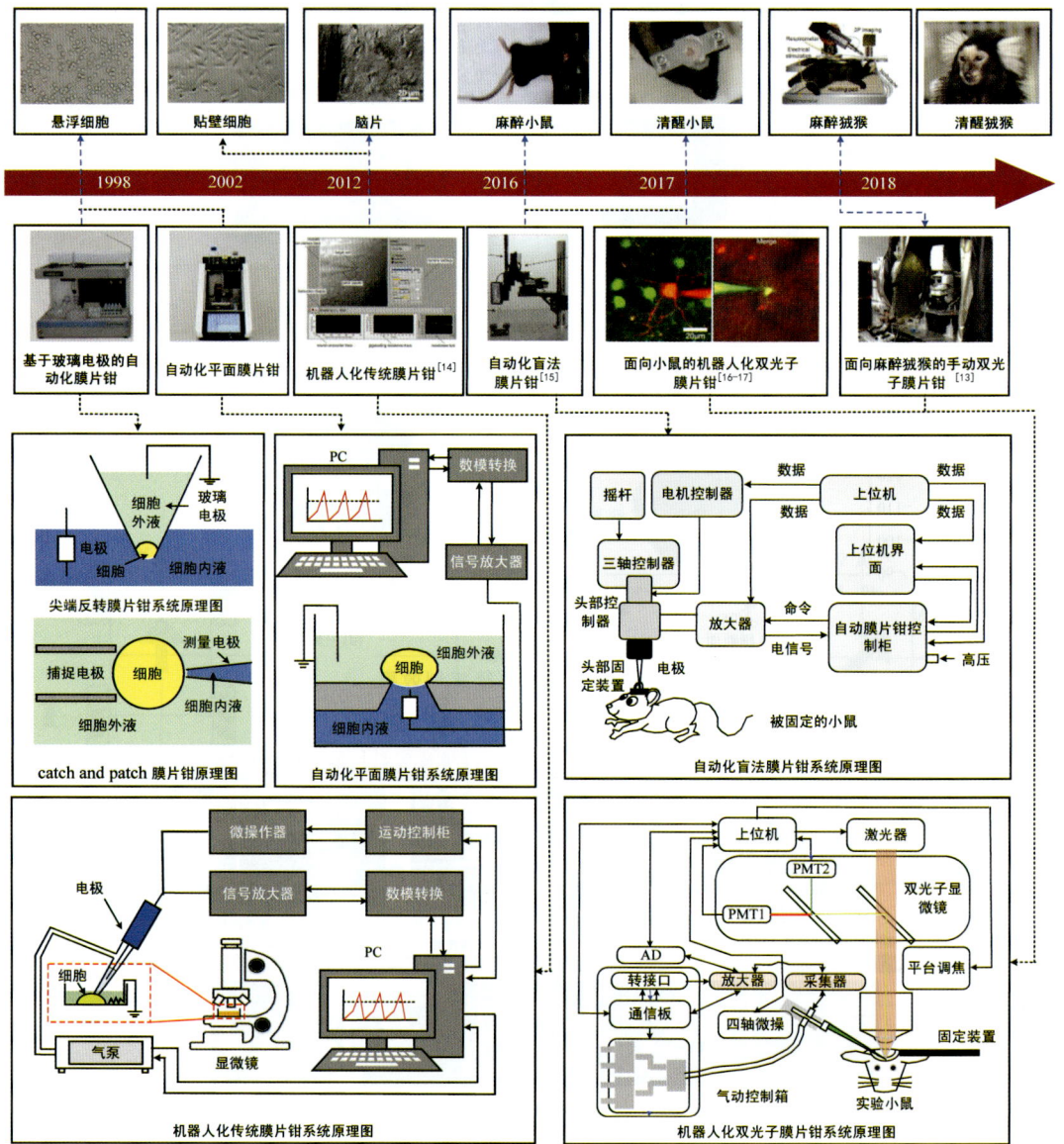

图 14-18　机器人化膜片钳发展过程及各类系统原理示意图

"国家级一流本科课程"配套教材系列

教育部高等学校计算机类专业教学指导委员会推荐教材

国家级线下一流本科课程"自动化与智能科学概论"指定教材

自动化与智能科学概论

微课视频版

刘景泰　主编

赵新 许静 韩建达　副主编

清华大学出版社

北京

内 容 简 介

本书由自动化与智能科学相关背景、人工智能共性技术、机器人与智能系统三大模块组成。首先，阐述了人工智能的发展历程以及目前人工智能研究的大背景，从早期机械到现代智能系统的演进与迭代中梳理出自动化学科发展脉络，以及机器人技术的简要发展历程，分析了新一代人工智能与新一代机器人的融合趋势；随后，逐一聚焦认知科学、深度学习、强化学习、群体智能、演化博弈、大数据智能和虚拟仿真等，阐释了一系列人工智能的重要共性技术；最后，由于机器人被学界认为是人工智能技术的最佳载体，因此剖析了机器人视觉控制、机器人同步定位与建图以及移动机器人建模与控制等关键核心技术的沿革和进展，并以医疗机器人和微纳操作机器人为例创新集成了上述多章的相关内容。自动化专业的灵魂是控制，智能类专业的关键是智能科学，把后续相关专业课程的精髓凝练成为"概论"课程的主干内容是本书的主要特点。

本书是针对自动化专业、智能科学与技术专业、人工智能专业和机器人工程专业等相关本科专业教学编写的，同时也适合想深入了解自动化与智能科学领域发展前沿的各类读者。

图书在版编目（CIP）数据

自动化与智能科学概论：微课视频版/刘景泰主编. 北京：清华大学出版社，2025.8. --（"国家级一流本科课程"配套教材系列）. -- ISBN 978-7-302-69771-8

Ⅰ. TP18

中国国家版本馆 CIP 数据核字第 2025ND0393 号

责任编辑：张　玥
封面设计：刘　键
责任校对：刘惠林
责任印制：宋　林

出版发行：清华大学出版社
　　　网　　　址：https://www.tup.com.cn，https://www.wqxuetang.com
　　　地　　　址：北京清华大学学研大厦 A 座　　　　　　邮　　编：100084
　　　社 总 机：010-83470000　　　　　　　　　　　　邮　　购：010-62786544
　　　投稿与读者服务：010-62776969，c-service@tup.tsinghua.edu.cn
　　　质量反馈：010-62772015，zhiliang@tup.tsinghua.edu.cn
　　　课件下载：https://www.tup.com.cn，010-83470236
印 装 者：三河市铭诚印务有限公司
经　　销：全国新华书店
开　　本：185mm×260mm　　印　张：18.5　　插　页：6　　字　　数：468 千字
版　　次：2025 年 8 月第 1 版　　　　　　　　　　　　印　　次：2025 年 8 月第 1 次印刷
定　　价：69.80 元

产品编号：103825-01

"自动化与智能科学概论"课程面向理工科大一新生,力图第一时间抓住并提升学生的学习兴趣。它以自动化与智能科学一系列基本概念为载体,在问题分析、工程与社会、职业规范、个人和团队、沟通、终身学习等方面重点发力,充分体现"尊重学生、理解学生、善待学生"的教学方法,凸显"带着'问题意识'来听课,培养'辩证思维'去创新"的教学理念。通过"概论"的学习,一方面学生对自动化与智能科学与技术专业的当前状况以及未来发展趋势有所把握,并对相近学科的服务方向建立一个初步的认识;另一方面,"概论"课程起到中学与大学教育有效衔接的作用,助力大学生平稳过渡,为终生科学研究和学术生涯奠定基础,树立"热爱科学、崇尚科学"的精神,达到本专业的培养目标。

"自动化与智能科学概论"课程的具体教学改革创新点如下:以"问题意识"为突破口的教学模式创新;以学生成长为导向的教学内容创新;内化于心、润物励行的课程思政建设。

本教材的使用建议如下。

(1)关于本教材的体系架构和教学建议。

自动化与智能科学学科的涉及面极广,相关学科之间深度交叉。为了体现学科的整体风貌,我们做了艰难的取舍。第1章到第3章作为背景篇,可以添加本校的相关研究背景。第4章到第9章作为技术篇,围绕后续专业课程中的核心概念展开。不同学校采用本教材时可以做适度的取舍,一种方式是增加关键技术章节,同时降低每种技术的展开深度;另一种方式是减少一些章节讲授,进一步强化保留的章节。第10章到第14章作为实践篇,可以采取更加灵活的方式,加入一些学生更加熟悉的案例。

(2)自己收集并整理相关术语和概念,作为学习的一把钥匙。

"概论"课程涉及的概念和专业术语非常广泛,特别是本教材的读者先前的知识储备各有不同,我们希望读者把一些自己认为比较难以理解的概念、术语等收集记录下来,形成自己独有的术语概念集,这样非常有助于后续课程的学习。

本教材把后续相关专业课程的精髓凝练成为主干内容,不是泛泛科普,而是众多关键技术的汇聚。多年的教学实践表明,本教材支撑的是名副其实的硬核课程。

(3)从按部就班、循序渐进的学习模式,过渡到更为灵活多变的网格化学习模式。

由于本教材不是围绕一个知识领域展开的，甚至不是围绕一个本科专业展开的，所以章节之间的跳动感比较强烈，这就要引入新的学习模式。从按部就班、循序渐进的学习模式，过渡到更为灵活多变的网格化学习模式。网格化学习的精髓是碰撞，是新知识、新方法、新认识等新学习的东西与自己旧有的知识储备产生碰撞，进而重新构建自己的知识体系。

本教材的总体体系架构如下：

自动化与智能科学概论

背景篇——学科相关背景

人工智能研究背景
深入探讨人工智能

历史　发展　现状　挑战

人工智能是指在机器上实现相当于乃至超越人类的感知、认知、决策、行动等智能行为

自动化发展历程：从早期机械到现代智能系统
经典控制理论从萌芽到成熟

现代控制理论与技术

工业自动化的持续发展

管理自动化的发展历程

自动化与机器人

机器人是最高意义下的自动化

人工智能与机器人
机器人的发展历程　从人工智能到机器人智能

新一代机器人的本质属性

人工智能与人类的未来

劳动创造了人，并将继续提升人类的智能

技术篇——人工智能共性技术

认知科学
探索脑和神经系统产生心智的过程、活动及其背后的规律

认知科学概念解析　人脑的宏观及微观结构和功能

学习记忆　脑机制的研究方法　计算机模拟

深度学习
构建多层神经网络模型来模仿人脑的神经元连接，以解决任务

机器学习　问题　方法

深度学习　方法　应用

强化学习
探索与利用的平衡、长远回报和短期利益的平衡

倒立摆、视频游戏、围棋大师、星际争霸等

与监督学习、优化方法的区别和联系

发展方向和算法简介

机器学习

群体智能与演化博弈
研究生物群体智慧，实现分布式、去中心化的智能行为

自然界中的群体及其行为分析　演化博弈理论

群体智能　多智能体系统　群智能算法

大数据智能
5V特征与大数据思维

大数据挖掘与分析

应用及其对社会的影响

虚拟仿真技术
虚拟现实(VR)、增强现实(AR)、混合现实(MR)

关键技术、硬件与软件

数据驱动与模型驱动

实践篇——机器人与智能系统

机器人视觉控制
基本框架：　图像采集　视觉处理　运动控制

实现方法　关键技术　案例：无人机/吊车/智能驾驶

机器人同步定位与建图
如何让机器人在确定自身方位的同时构建环境地图？　地图形式　点云　栅格　等

实现平台　基本方法　发展脉络与未来展望

移动机器人建模与控制
发展历程　数据驱动　模型驱动　工作流程

轮式移动机器人的结构与运动学模型　环境感知

运动规划方法　控制方法　决策规划　动作执行

医疗机器人
分类及发展历程　关键技术：构型、规划、安全、交互

案例：脊柱手术、人工耳蜗植入　医疗机器人自主能力

微纳操作机器人
进入微观世界　尺度效应带来的科学问题与关键技术

活体细胞精准操作/动物克隆　机器人化膜片钳系统

应用案例

本教材的第 1～3 章由刘景泰教授执笔,第 4 章由代煜教授执笔,第 5 章由刘杰教授执笔,第 6 章由郭宪副教授执笔,第 7 章由刘忠信教授、张建磊教授和张春燕教授执笔,第 8 章由张瀚教授执笔,第 9 章由王鸿鹏教授和许丽老师执笔,第 10 章由孙宁教授和吴庆祥老师执笔,第 11 章由苑晶教授执笔,第 12 章由孙雷教授执笔,第 13 章由秦岩丁教授执笔,第 14 章由刘曜玮副教授和赵启立副教授执笔。全书由刘景泰教授统稿,孙月老师校对及排版。特别需要感谢的是,本教材初稿分享给两届学生后,得到了 480 多人次近 50 万字的书面评价意见,对于完善书稿起到了积极作用。

在本教材统稿之后的出版阶段,清华大学出版社张玥编辑倾力融入多年优秀教材的出版经验,提供了服务更广泛读者群体的清晰思路,促进了本教材的迭代与完善。尽管我们已经付出了很多努力,但仍然希望得到广大读者的批评指正,以进一步改进和提升。

刘景泰
2025 年 3 月

目　录

自动化与智能科学概论（微课视频版）

自
动
化
与
智
能
科
学
概
论
（
微
课
视
频
版
）

第 1 章

人工智能的研究背景

在这个信息技术迅速演进、科技发展日新月异的时代,人工智能(artificial intelligence,AI)已经成为颠覆传统产业、塑造未来社会的关键驱动力。它不仅是当今世界科技创新的前沿,也是国家战略竞争的焦点。

本章从 AI 的历史和发展脉络入手,追溯其起源和演变。从早期的逻辑推理到现代的深度学习,再到人工智能面临的新趋势和新挑战。另外,人工智能的发展也面临种种挑战和风险,从技术突破到伦理问题,从国际合作到安全治理,我们需要深思熟虑,谨慎前行。

1.1 智能起源

智能和人类自身的发展密切相关,探究智能的起源就要从人类的起源说起。恩格斯在《自然辩证法》中研究了人类起源问题,给出人是如何从一种粗陋的、蒙昧的、野蛮的状态逐渐进化而来的。他指出,制造工具是人和动物的根本区别,劳动创造了人本身。正是"劳动创造了人"这一哲学命题把人们从"上帝创造人"的迷思中解放出来。

石器的制造、火与熟食在人类的进化中起到极大的作用。经过几十万年的进化,人脑容量作为人类智能的载体逐渐变大,特别是大脑皮层的神经元数量有了极大增加,从而使人的思维能力也有了极大的提高。作为群居动物,人与人之间的交流与合作有效地促进了思维和智力的提高。频繁的交流产生了语言、文字,进而又产生了文化。人类进入有文字记载的年代后,思维能力已达到十分高的水平,重要标志是出现了两大类型的思维,一类是形象思维,另一类是逻辑思维(也叫理性思维)。

何为人的智能呢? 人的智能是指人类的思维和认知能力,包括处理信息和对信息做出决策的能力。人类的智能是一个复杂的系统,包括认知、感知、情感和社交等因素。人类的智能不仅依赖逻辑和推理,还依赖感性和情感的因素。因此,人类的智能比现阶段机器的智能更为复杂和灵活。了解人类早期的进化史,对于认识人工智能大有裨益。

人类的智能从何而来呢? 人类起源于森林古猿,从灵长类经过漫长的进化一步一步发展而来,经历了猿人类、原始人类、智人类、现代人类四个阶段。根据现今考古学的研究,史前文明被逐步否定,考古学已经找到大部分进化阶段的古人猿化石。结合现今生物学的研究成果,发现了遗传基因 DNA 是进化的,引出了中性进化论。中性进化论是现代生物学的一个重要理论,它有助于解释一些生物进化的现象,例如遗传变异的分布和进化的速率等问题。中性进化论认为生物进化的主要驱动力是随机变异和自然选择,并不认为自然选择是一个定向进化过程,而是更倾向于认为自然选择是一个"筛子",它随机筛选出适应环境的变异,不适应环境的变异则被淘汰。

1.2　人工智能的定义

　　"人工智能"这个词出现在 20 世纪 50 年代,六十多年过去了,但是至今仍没有一个确切的定义,只能说学界大致有了一些共识。

　　"人工智能"一词翻译自英文的 artificial intelligence。其中 intelligence 一词在《牛津英汉双解字典》(1988 年版)中有如下解释：the power of perceiving,learning,understanding and knowing,即感知、学习、理解和认知的能力。这个解释显然无法准确反映人们对智能的理解,智能涉及的面远远宽于上述解释。

　　我们将人工智能定义为：人工智能是指在机器（计算机、机器人等）上实现相当于乃至超越人类的感知、认知、决策、行动等智能行为。

　　国际上对人工智能的分类很多。强人工智能,也称为通用人工智能(artificial general intelligence,AGI),是指达到或超越人类水平的、能够自适应地应对外界环境挑战的、具有自我意识的人工智能。弱人工智能,也称狭义人工智能(narrow AI),是指人工智能系统达到专用或特定技能的智能,如识别人脸、机器翻译等。不难理解,迄今为止的人工智能系统都还是实现特定或专用的智能,属于弱人工智能。

1.3　人工智能的发展历程

1.3.1　人工智能学科的诞生

　　人工智能的发展历史可以追溯到 20 世纪中叶,经历了多个阶段和重要里程碑,它们为人工智能学科的诞生铺平了道路。

　　1941 年,德国工程师康拉德·楚泽(Konrad Zuse)建造了 Z3,这是世界上第一台可编程且满足图灵完备性的电子程序控制计算机[1]。Z3 使用 2600 个继电器和 5～10Hz 的时钟频率,一次能处理的信息量仅为 22 位字长,采用的打孔胶片存储程序代码也是最早期的只读程序存储形式之一。Z3 虽然与现代计算机的处理能力和速度没有可比性,但其工作原理是我们今天所知计算的基础,为计算机科学的发展奠定了基础。1950 年,英国数学家和逻辑学家阿兰·图灵(Alan Turing)发表了关于"图灵测试"的论文[2],这是一种非常重要的衡量机器是否具备人类智能的尝试,探讨了机器思维的可能性,这个概念至今仍然是人工智能领域的重要议题之一。1951 年,一种名为 SNARC(stochastic neural analog reinforcement calculator)的神经网络模型由马温·明斯基(Marvin Minsky)设计,SNARC 模型是一种基于神经网络的强化学习模型,它模拟了生物神经元之间的交互和强化学习过程。该模型通过模拟神经元之间的信号传递和强化学习机制实现了对环境的适应和学习,为神经网络在强化学习中的应用提供了新的思路和方法,也对日后人工智能领域的发展产生了重要影响。1952 年,美国数学家和哲学家诺伯特·维纳(Norbert Wiener)提出了控制论(Cybernetics)的概念,设计了一个能够通过负反馈控制温度的自动控制系统,显示智能系统可以通过自我调节来实现目标,为之后的智能系统研究奠定了基础。

　　1956 年夏,时间来到了著名的达特茅斯会议,由约翰·麦卡锡(John McCarthy)、马温·明斯基、纳撒尼尔·罗切斯特(Nathaniel Rochester)、克劳德·香农(Claude Shannon)等联合发起并组织的为期两个月的学术研讨会议在达特茅斯大学(Dartmouth University)举行。在会议期间,约翰·麦卡锡等首次提出了"逻辑学家"(Logic Theorist)这一早期的人工智能程序,它能够解决数学问题,为机器实现智能推理奠定了基础。当然,达特茅斯会议最著名的成果就是首次确立了 AI 的概念,它是指让机器人能像人那样认知、思考和学习,即用计算机模拟人的智能。这次学术会议开启了人工智能的航程,具有里程碑意义,因此,1956 年被公认为人工智能(学科)的元年。

　　参加达特茅斯会议的人数并不多,虽然只有十几位,但是均在人工智能领域做出了重要贡献,产生重大影响。明斯基和麦卡锡分别于 1969 年和 1971 年成为图灵奖得主。

1.3.2　波浪式前进的人工智能研究

1. 1956—1958 年(启蒙阶段,第一个高潮)

(1) 1956 年达特茅斯会议标志着 AI 的诞生。

(2) 自然语言和探索式的推理推动了人工智能的启蒙。

(3) 1957 年,感知机发明将 AI 推向第一个高峰。

2. 20 世纪 70 年代(低潮时期)

放弃联结主义和计算机的性能限制使得 AI 进入第一个低谷。

3. 20 世纪 80 年代(复兴阶段,第二个高潮)

(1) 集成电路技术提高、反向传播(back propagation,BP)算法、霍普菲尔德神经网络的提出使得 AI 进入复兴阶段。

(2) 1986 年,反向传播神经网络算法的广泛应用将 AI 推向第二个高峰。

(3) 循环神经网络出现。

4. 20 世纪 90 年代(遇冷时期)

日本第五代计算机的失败和美国 DARPA 削减 AI 投入使得 AI 跌入第二个低谷。

5. 2000 年以后(快速发展,第三个高潮)

(1) 行为主义提出。

(2) IBM 深蓝战胜国际象棋世界冠军。

(3) 2006 年,杰弗里·辛顿(Geoffrey Hinton)提出深度卷积神经网络(deep convolutional neural networks,DCNN),加速了 AI 的发展。

(4) ImageNet 的识别率超过了人的识别率。

(5) AlphaGo 战胜人类冠军。

(6) ChatGPT 发布。

1.3.3　人工智能发展的主要特点

　　人工智能发展的前两个高潮阶段是由科学家推动的,主要是用机器模拟人的智能。尽管在理论方法上取得了进展,但由于目标过高,与应用结合不够,使得人工智能发展几经起伏。第三个高潮阶段的成功是基于大数据的机器学习有了突破,同时计算能力也跟了上来。另外,企业界、投资界大规模投入,对人工智能的应用起到了催化剂作用。人工智能研究的波浪式前进如图 1-1 所示。

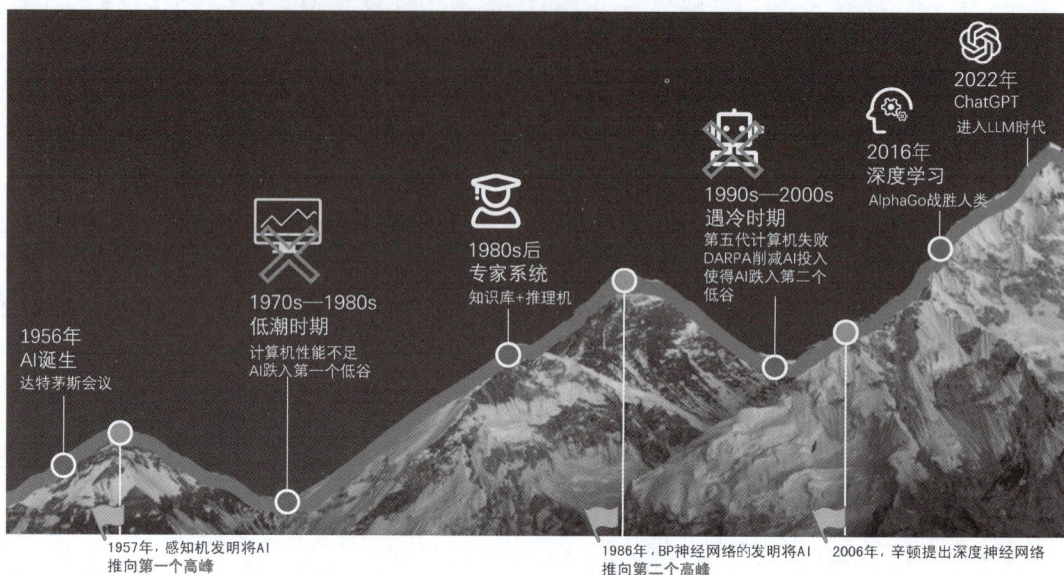

图 1-1　人工智能研究的波浪式前进

目前，人工智能的研究仍然处于第三个高潮阶段，虽然未来人工智能技术的演进方向存在一定的不确定性，可能会发生变化甚至突变，但人工智能广泛渗透到全社会方方面面的应用中，给各行各业赋能是大势所趋。

尽管如此，现阶段人工智能的三大要素仍然停留在数据加上算法与算力。如同一个没有脑子的孩童，右手拿刀（算法），左手持叉（算力），在不停地咀嚼盘中的菜肴（处理数据）。如图 1-2 所示。

图 1-2　目前人工智能的三大要素：数据＋（算法＋算力）

未来人工智能研究的三大要素大概率将会发生变化，在数据加上算法与算力的基础上会加入"知识"指导的成分。这里的"知识"涵盖面很广泛，既有已知的公理、定理和定律甚至规则、标准和法律等，也有 AI 前期学习得到的内容，比如以大语言模式为基础的生成式人工智能。未来上面那个没有脑子的孩童已经具备了"知识"，虽然依旧是右手拿刀（算法），左手持叉（算力），但是他会在"知识"的加持下考虑如何吃下盘中的菜肴（更好地处理数据）。如图 1-3 所示。

图 1-3　未来人工智能的四大要素：知识 →数据＋（算法＋算力）

1.4　人工智能的研究领域

1.4.1　传统人工智能研究领域

人工智能成型六十多年来，传统人工智能研究领域（图 1-4）可以分为符号智能（symbolic AI）、计算智能（computational intelligence）、机器学习（machine learning）和机器感知（machine perception）。

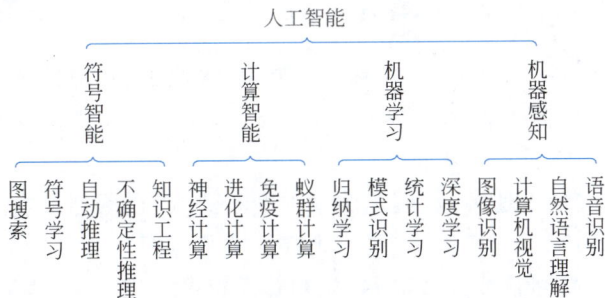

图 1-4　传统人工智能研究领域

（1）符号智能：也称为经典 AI，侧重于使用符号系统来模拟人类思维过程，通过逻辑推理来解决问题。

（2）计算智能：通常与模仿生物智能的技术（如神经网络、进化计算和模糊系统）相关，更多侧重于通过启发式方法来解决复杂问题。

（3）机器学习：是 AI 的一个子领域，重点在于开发算法，使得机器可以从数据中学习，改善它们的行为。

（4）机器感知：涉及使机器能够通过感知接口，如视觉和听觉来解释外部信息，例如通过计算机视觉和自然语言处理。

这个框架涵盖了 AI 的主要研究和应用方向。然而，随着 AI 领域的快速发展，这些领域之间的界线越来越模糊，许多新的子领域和交叉领域也在不断出现。现代 AI 领域的研究和应用更为多样和综合,涉及更多交叉学科的合作与融合。

1.4.2　新一代人工智能研究领域

依据《新一代人工智能发展规划》[3],中国已经把人工智能上升为国家战略,提出人工智能2.0,布局了基于重大变化的信息新环境和发展新目标的新一代人工智能。主要内容如下。

（1）大数据智能:重点突破无监督学习、综合深度推理等难点问题,建立数据驱动、以自然语言理解为核心的认知计算模型,形成从大数据到知识、从知识到决策的能力。

（2）跨媒体感知计算:重点突破低成本低能耗智能感知、复杂场景主动感知、自然环境听觉与言语感知、多媒体自主学习等理论方法,实现超人感知和高动态、高维度、多模式分布式大场景感知。

（3）混合增强智能:重点突破人机协同共融的情境理解与决策学习、直觉推理与因果模型、记忆与知识演化等理论,实现学习与思考接近或超过人类智能水平的混合增强智能。

（4）群体智能:重点突破群体智能的组织、涌现、学习的理论与方法,建立可表达、可计算的群智激励算法和模型,形成基于互联网的群体智能理论体系。

（5）自主协同控制与优化决策:重点突破面向自主无人系统的协同感知与交互、自主协同控制与优化决策、知识驱动的人机物三元协同与互操作等理论,形成自主智能无人系统创新性理论体系架构。

1.5　人工智能发展的新趋势

人工智能发展已然进入新阶段。在移动互联网、大数据、超级计算、传感网、脑科学等新理论、新技术以及经济社会快速发展的共同驱动下,人工智能呈现出深度学习、跨界融合、人机协同、群智开放、自主操控等新特征。

新一代人工智能呈现加速突破、应用驱动的新趋势,正在深刻影响甚至可能从根本上改变科技、经济、社会和国家安全格局,主要表现在以下几方面。

1. 在智能水平上,感知智能日益成熟,认知智能持续突破

语音识别、人脸识别等感知智能技术在识别精度上已经赶上甚至超过人类水平,我国旷视科技(Face++)的人脸识别技术准确率达到99.5%,超过人类肉眼97.52%的水平。在图像内容理解、语义理解、情感计算等认知智能领域也开始出现新突破,IBM的"沃森"(Watson)认知系统学习综合了大量医疗专家的经验和知识,可实施有针对性的精准诊疗,同时也可提供低成本远程医疗方案,其提出的乳腺癌治疗方案与专家的一致率达到93%。与AlphaGo利用人类已有的棋谱训练不同,Alpha Zero不再需要人为积累棋谱数据,而由自主学习生成对弈策略。2022年底OpenAI推出ChatGPT 3.5,全面揭开大语言模型应用的新阶段。

2024年12月,杭州深度求索公司推出开源的DeepSeek-V3大语言模型,在性能上和世界顶尖的闭源模型GPT-4o以及Claude-3.5-Sonnet不分伯仲。2025年1月,他们又发布了DeepSeek-R1推理模型,在数学、代码、自然语言推理等任务上的性能比肩OpenAI o1正式版。

2. 在技术路线上，数据智能成为主流，类脑智能蓄势待发，量子智能加快孕育

大数据＋深度学习的主流智能计算范式已经形成。目前，人工智能的硬件基础是经典计算机，计算能力依然受限，机器学习算法仍然没有突破基于数理统计的框架。如果这个载体彻底更换，可能为强人工智能的实现带来新的机会。第一条可能的技术路线是类脑计算。其基本理念是构造逼近生物神经网络的电子神经系统，再通过训练与交互实现更强的人工智能乃至强人工智能。第二条可能的技术路线是量子计算机。量子芯片、量子智能模型和算法、高效精确自主的量子人工智能系统架构都可能从根本上影响人工智能技术的走向。

3. 在智能形态上，人机融合成为重要方向

人工智能正在朝着与人类更加融合互动的方向发展，涌现出几类新的智能形态。第一类（大数据智能），从当前的大数据驱动转向数据和知识共同驱动的方式；第二类（跨媒体推理），从处理单一数据，如语言、文字等，迈向跨媒体认知、学习和推理；第三类（人机混合智能），从追求"智能机器"走向人机协同的混合型增强智能；第四类（群体智能），从聚焦研究"个体智能"到基于互联网的群体智能；第五类（自由无人系统），将研究机器人的理念转向更加广阔的智能自主系统。

4. 人工智能应用驱动加速推进，经济社会巨大潜力逐步显现

这一轮人工智能的广泛应用，龙头领军企业发挥了重要的引领推动作用。全球人工智能领军企业相继推出了自己的开源平台，以模型创新为源头，以代码、数据、基准测试和计算架构开源为途径，逐渐形成了芯片、新型体系结构、智能操作系统和认知计算平台。谷歌开源的机器学习框架系统 TensorFlow 对全球深度学习开发者社区产生了深远影响，它提供了一个强大的、可扩展的平台，用于研究和开发基于深度学习的应用。随后，其他大型科技公司也开放了自己的深度学习平台，亚马逊推出了 Amazon SageMaker，是一个完全托管的服务，使得开发者和数据科学家能够快速构建、训练和部署机器学习模型。微软通过 Azure Machine Learning Service，为开发者提供了一个端到端的平台，以构建、训练和部署机器学习模型。IBM 推出了 Watson Machine Learning，这是一个云服务，允许开发者和数据科学家轻松部署模型，并且可以在多种环境中进行训练和评估。Facebook 开源了多个工具和平台，包括 PyTorch，这是一个在学术界和工业界都非常受欢迎的深度学习库。我国"百度"等领军企业也有一批机器学习开放平台快速发展。这些领军企业带动了一大批人工智能中小企业发展，正在重新定义所有产业，带来全局性的颠覆影响。

5. 人工智能的社会属性日益凸显，面临安全风险与社会治理新挑战

最严峻的挑战是国家安全与个人隐私。美国兰德公司发布报告认为，人工智能可能成为新的战略威胁力量。英国机构"剑桥分析"通过推送个性化定制的资讯左右和控制公众的认知和判断，影响美国大选及英国脱欧公投结果。自动驾驶汽车、智能机器人等也可能遭黑客入侵，从服务人类的工具变为杀人机器，威胁人类社会安全。智能金融系统的高频交易和量化交易的偏差，可能会使证券和期货市场产生巨大的非正常波动，影响金融和经济安全。黑客对智能系统的攻击可能对个人隐私、生命财产和社会稳定造成危害。

最直接的影响是冲击就业结构。简单性、重复性、危险性的工作将被大幅替代，新的就业机会不断涌现。不过这对劳动者的素质和能力提出新的更高要求，可能进一步形成新的社会分化效应。最深远的冲击是影响社会伦理关系。智能手机和智能娱乐的快速发展，虚拟现实和增强现实技术的普及应用，智能助手、情感陪护机器人、人机混合体等的渗透，可能深刻改变传统的人际关系、家庭理念、道德观念等。

1.6　思考

【思考1.1】　利用网络资源学习本课程。

毋庸讳言，本课程有很多极有价值的中英文资料，读者可以方便地从网络上获取。比如，通过上网搜索 MIT TECHNOLOGY REVIEW 2017 DEC，可以找到以下内容。

① Is AI Riding a One-Trick Pony?

② A Moonshot to Understand the Brain.

③ List of animals by number of neurons.

④ India Warily Eyes AI.

⑤ The West shouldn't fear China's artificial-intelligence revolution. It should copy it.

阅读这类文章，既可以开阔视野，也可以提升英文能力。

【思考1.2】　分析人工智能对于"学习方式"的影响，如何形成自己的高效学习方式？

人类的未来与学习方式息息相关，在人工智能等技术发展的大背景之下，我们的学习方式亟需一场革命性的变革。这种转变如图 1-5 所示，是从传统的按部就班、循序渐进的学习模式，过渡到更为灵活多变的网格化学习模式。

循序渐进→网格化学习

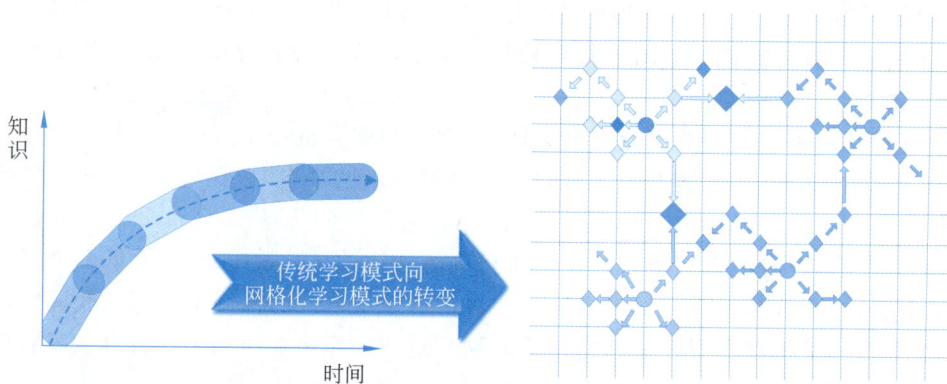

图 1-5　学习革命：循序渐进→网格化学习

在互联网广泛应用的今天，学习与工作的节奏不断加快。系统性、体制化的学习很难贯穿个体的一生，而碎片化、即时性、随意性和针对性的学习则变成了常态。为了实现终身学习的目标，网格化学习成为一种很有效的方式。网格化学习是从当下关注的问题出发，尽可能拓展问题本身的来龙去脉，深入探究问题的根源与背景，研究别人解决该问题的办法，或尝试自己独到的解决策略。在这个过程中，我们不断获得新观念、新方法、新认识等，并将这些新元素融入知识体系的网络中。网格化学习的精髓在于不同知识网络之间的相互作用与碰撞。就是自己用新观念、新方法、新认识构建的新知识网络与自己旧有的知识网络发生碰撞，进而颠覆和扩大了已有的知识体系。这种整合使得新知识点不会成为孤立节点而很快被遗忘，又能印证和再一次重新批判性地构建个人的整个知识体系。

1.7　习题

【作业1.1】　阅读本章相关参考文献,选择其中一篇,写一篇读后感。

【作业1.2】　在人工智能技术的进步过程中,相关术语很多,比如 AI、General AI、Narrow AI、AGI、AIGC,梳理其发展脉络,给出各自的完整定义。

参考文献

[1]　ERIC W. Konrad Zuse Obituary[J]. IEEE Annals of the History of Computing,1996,18(2):3.

[2]　TURING A M. Computing Machinery and Intelligence[J]. Mind,1950,LIX(236):433-460.

[3]　国务院.新一代人工智能发展规划:国发〔2017〕35号[EB/OL].(2017-07-20)[2024-05-18]. https:// www.gov.cn/zhengce/zhengceku/2017-07-20/content_5211996.htm.

第 2 章

自动化的发展历程

自动化的一些理念在人类历史长河中源远流长,比如指南车(司南车)是中国古代用来指示方向的一种自动装置,在历史上被反复发明和不断迭代。自动化是指机器设备,系统或过程(生产、管理过程)在没有人或较少人的直接参与下,按照人的要求,经过自动检测、信息处理、分析判断、操纵控制实现预期目标的过程。

自动化技术目前广泛用于工业、农业、军事、交通、商业、医疗、服务和家庭等方面。采用自动化技术不仅可以把人从繁重的体力劳动、部分脑力劳动以及恶劣、危险的工作环境中解放出来,而且能扩展人的器官功能,极大地提高劳动生产率,增强人类认识世界和改造世界的能力。因此,自动化是工业、农业、国防和科学技术现代化的重要条件和显著标志。

作为学科研究的自动化是历次工业革命的直接产物,大致可以分为以下几个阶段。

1. 第一次工业革命

17 世纪开始,依靠反复试验和工程实践,利用风能、水能、蒸汽动力等实现了比较初级的自动工业化流程。

2. 第二次工业革命

目前认为第二次工业革命是 1870 年前后开始的,其中 1866 年德国西门子公司第一台基于科学原理的发电机发明,1867 年美国辛辛那提屠宰场的流水线发明,以及 1913 年美国福特 T 型车流水生产线的应用,都是革命性典型科技突破的代表,促成了一种伴随着劳动分工基础上的电气化大规模生产。

3. 第三次工业革命

20 世纪 40—60 年代,随着电子计算机技术的发明和发展,单机自动化成为可能。第一台数控机床诞生,它采用了数字控制系统,可以自动完成复杂零件的加工。数控机床、工业机器人和自动引导车等的自动化技术实现了单机设备的自动化甚至智能化,为后续的集成自动化和全自动化打下了坚实的基础。

20 世纪 60—80 年代,组合机床和组合生产线先后出现,这些设备采用了模块化设计,可以灵活地组装和更换,提高了生产效率和灵活性;同时,计算机辅助设计(CAD)和计算机辅助制造(CAM)也被广泛应用,它们可以自动化完成产品设计、制造和检测等流程,提高了产品的质量和精度。

20 世纪 80 年代之后,以计算机集成制造系统(CIMS)和柔性制造系统(FMS)为代表的自动化系统不断涌现。CIMS 和 FMS 的发展推动了自动化的发展,为制造业提供了更加高效、灵活、智能的生产制造方式,促进了制造业的升级和发展。

4. 第四次工业革命

进入 21 世纪,工业 4.0 的概念最早出现在 2013 年的汉诺威工业博览会上。工业 4.0 是利用信息化技术促进产业变革,进而迈向智能化时代,最终开启了第四次工业革命的大门。

与此同时,和工业革命相伴生的有工业 x.0 的说法,工业 1.0 是蒸汽机时代,工业 2.0 是电气化时代,工业 3.0 是信息化时代,工业 4.0 是智能化/数字化时代。

通过上述的介绍,我们可以看出自动化的发展历程是一个不断迭代更新、不断提高的过程。从最初的依靠工匠直觉、工程实践和手动控制,到利用继电器逻辑,再到采用计算机辅助设计和制造系统,自动化的发展历程催生了无数的科技革命和技术进步。特别是随着人工智能技术的不断突破,人工智能技术赋能的自动化前程似锦,机器人成为最高意义的自动化。

2.1　经典控制理论的萌芽(17 世纪到 1900 年)[1-2]

事实上,梳理自动化发展的脉络可以有多个角度,比如从产业应用的角度、从地域发展的角度等,而从控制科学的角度出发是最恰当的。

自动化与控制科学是相生相伴、相互促进的关系,控制科学是自动化的基础和核心,是自动化技术得以实现的关键所在。控制科学涉及多个领域,包括数学、物理、工程学等,其研究对象是多种多样的各类动态系统,旨在通过设计控制策略来优化系统的性能和行为。自动化技术则是在控制科学的基础上,通过运用计算机技术、网络技术、传感器技术等多种技术手段实现系统自动化运行的过程。

因此,控制科学是自动化的理论基础,自动化技术则是控制科学在实际应用中的体现。从控制科学的角度来看自动化的发展历程可以更好地理解自动化技术的本质和发展方向。

早在 17 世纪,离心式调速器已被应用于保持风车恒定转速运行上,但是影响不大,还远没有上升到控制理论的高度。与此形成鲜明对照的是,詹姆斯·瓦特(James Watt,1736—1819)于 1788 年应用于蒸汽机的飞球式调速器(fly-ball governor,图 2-1)被普遍认为是最早应用于工业过程的控制器,具备飞球式调速器的蒸汽机成为第一次工业革命的象征。

17世纪,离心式调速器已被用于保持风车恒定转速运行上。

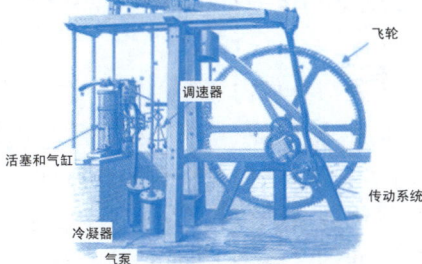

瓦特于1788年将飞球离心调速器用于蒸汽机,利用负反馈的原理控制蒸汽机的运行速度。

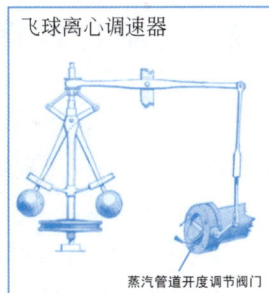

图 2-1　经典控制理论的萌芽

飞球离心调速器,也称为离心式调速器(centrifugal governor)。其工作原理如下:假定蒸汽机运行在平衡状态,两个重球在与中心轴成某一给定角度的锥面上围绕轴旋转。当蒸汽机负载增大时，它的速度降低，两个重球下跌到更小的锥面上旋转，引起杠杆运动，打开蒸汽室主阀（执行机构），从而增加进入的蒸汽量，以恢复降低的速度。因此，调节球与中心轴的角度便可以用来调节输出轴的旋转速度，使得蒸汽机具备了调速能力。很显然，这种反馈控制思想是经典控制理论的核心概念之一，但是这一阶段的控制实践并没有马上上升到理论层面。

具备飞球式调速器的蒸汽机大规模应用几十年之后，调速精度不高仍是产业界面临的巨大挑战，很多科学家采用了性能更好的调速器来开展研究工作。1868 年，麦克斯韦发表论文《论调速器》[3]，推导出三阶线性微分方程来描述调速系统，同时发现可以通过闭环系统特征方程的根确定系统的稳定性。这篇论文被认为是第一个系统地分析反馈控制系统的理论研究，具体采用了线性化技术研究运动系统的稳定性，从而通过特征方程判断系统的稳定性，得到了三阶系统特征方程稳定的判据；提出可以设计控制器既消除偏差又不致引起不稳定；并提出了寻找高阶系统稳定性判据的问题。

麦克斯韦提出的问题被英国数学家爱德华·劳斯（Edward Routh，1831—1907）解决了。1877 年，劳斯得到特征方程所有根都有负实部的多项式系数条件，德国和瑞士数学家阿道夫·赫尔维茨（Adolf Hurwitz，1859—1919）于 1895 年也独立地推出了这个判据，因而它被称为劳斯—赫尔维茨稳定性判据（Routh-Hurwitz criterion）。劳斯—赫尔维茨稳定性判据建立了一般线性系统的稳定性判据，是线性时不变系统稳定的充分必要条件。

虽然麦克斯韦和劳斯对调速器稳定性分析的结果并没有对具体改进离心力调速器的设计起到直接作用，但对控制科学有很大贡献，线性化技术与特征方程分析至今仍是控制系统稳定性分析的一个重要手段。

1892 年，俄罗斯数学力学家李雅普诺夫（A.M.Lyapunov，1857—1918）发表的博士论文研究了运动稳定性的一般问题，建立了基于状态空间的稳定性理论。他提出了稳定性分析的两种方法，第一方法（间接法）依赖线性系统微分方程的解来判断稳定性；第二方法（直接法）构造李雅普诺夫函数来判断稳定性。这些理论成果一直到 20 世纪 60 年代才受到控制工程界的广泛关注，并沿用至今。直到现在，"稳定性"始终是控制领域工作者关心的首要问题。

2.2 经典控制理论走向成熟（1900s—1950s）

第二次工业革命的整个历程与我们关注的经典控制理论走向成熟密不可分，后者大大提升了工业的自动化水平。20 世纪初，体现控制核心理念的反馈控制被大量应用，包括电压、电流与频率的调节；用于蒸汽发生器的锅炉控制；电机的速度控制；船与飞行器的驾驶与自动镇定；过程工业中的温度、压力与流量控制，等等[1]。

随着控制系统用于许多不同的工程领域，特别是一些复杂的机械装置，如船的自动转向装置和锅炉控制（涉及液面、气压等多变量控制问题），控制设计问题变得突出起来，这时存在的主要问题有：缺乏通用语言来从理论上阐释动态系统的控制问题，缺乏简单的、容易运用的分析与设计方法。唯一可用的分析工具似乎只是微分方程和当时还不太广为人知的 Routh-Hurwitz 稳定性判据，但应用这个判据需要获取系统参数值，而且难以具体指导如何设计出使系统稳定的控制器。

在经典控制理论走向成熟的过程中,PID控制器的发明、采用和理论分析起到了很重要的作用。美国发明家、企业家埃尔默·斯佩里(Elmer Sperry,1860—1930)敏锐地注意到人进行控制调整时不是简单地采用开关控制方法(on-off approach),而是综合运用预测、当被控量接近目标值时撤出控制以及当存在持续的偏差时进行小幅度的慢慢调节等方法,于1911年设计出采用比例积分微分控制律的PID控制器,用于船舶自动驾驶仪,被认为是最早发明的PID控制器之一。但是由于其体积巨大,且非常昂贵和不便维护,并没有被大量应用。

让PID成为一种强大的通用控制器要归功于一批科学家的不懈努力。1922年,俄裔美国工程师尼古拉斯·米诺尔斯基(Nicholas Minorsky,1885—1970)发表了关于PID控制器的第一篇理论分析论文。米诺尔斯基当时正在设计美国海军的自动操作系统,他基于对舵手的观察,控制船舶不只是依赖当下的误差,也考虑过去的误差以及误差的变化趋势。比例是根据实际船舶方向与设定方向进行比较来操纵船舶所需的控制;积分是校正一定数量的误差积累所需的复位量。例如,如果船略微偏离了航线,向左修正会使其回到正位上,那么将方向盘一直向左转动是不合适的,只需要向左轻微调整即可;微分是试图根据过程变量(船舶航向)与过去设定航向的偏差大小来预测未来需要进行航向修正的时刻。

为了解决长途电话的失真问题,贝尔实验室的工程师哈罗德·布莱克(Harold Black,1898—1983)发明了负反馈放大器。不稳定或"啸叫"常常出现在反馈放大器的试验中。因此,长途电话通信的技术挑战带来了反馈回路的稳定性问题。贝尔实验室的美国物理学家亨利·奈奎斯特(Harry Nyquist,1889—1976)开始研究这个问题,1932年他发表了一篇有关反馈放大器稳定性的经典论文,提出了采用图形的方法来判断系统的稳定性,创立了"奈奎斯特判据"。在此基础上,1943年,同为贝尔实验室的亨德里克·伯德(Hendrik Bode,1905—1982)领导的小组设计了M9火炮指挥控制系统,采用了伯德发明的一整套在频域范围设计反馈放大器的工具——伯德图,后被广泛用于自动控制系统的分析和设计,现在奈奎斯特稳定判据和伯德图仍是所有经典控制理论教科书的必备材料。

PID是迄今为止应用最广泛的一种控制方法。2014年,国际自动控制联合会(International Federation of Automatic Control,IFAC)的工业委员会对工业技术现状进行了调查,在十几种控制方法中,PID以百分之百好评(零差评)的绝对优势居于榜首[4],如表2-1所示。

表2-1 按IFAC委员会成员认为的行业影响排序的调查结果列表

排名	技　术	高影响评级/%	低或无影响评级/%
1	比例积分微分控制(PID control)	100	0
2	模型预测控制(model predictive control)	78	9
3	系统辨识(system identification)	61	9
4	过程数据分析(process data analytics)	61	17
5	软测量(soft sensing)	52	22
6	故障检测与识别(fault detection and identification)	50	18
7	分散和/或协调控制(decentralized and/or coordinated control)	48	30

续表

排名	技　术	高影响评级/%	低或无影响评级/%
8	智能控制(intelligent control)	35	30
9	离散事件系统(discrete-event systems)	23	32
10	非线性控制(nonlinear control)	22	35
11	自适应控制(adaptive control)	17	43
12	鲁棒控制(robust control)	13	43
13	混合动力系统(hybrid dynamical systems)	13	43

PID 控制器的结构非常简单，就是系统偏差的"比例—积分—微分"三项线性反馈之和，而实际系统几乎都是非线性的，而且不确定性普遍存在于实际系统的建模与运行之中。那么简单线性结构的 PID 控制为什么能在实际中广泛应用于非线性不确定系统？它的理论基础是什么？另外，虽然 PID 只有 3 个参数，但至今 PID 调参方法已有上千种，都是经验公式，而工程界依然认为实际使用中的 PID 大部分并没有调整在最好的工作状态，那么如何调整才能达到令人满意的效果？这些依旧是控制理论中基本的问题，虽然早在 1942 年，齐格勒—尼科尔斯方法(Ziegler-Nichols method)就可以进行 PID 参数的整定[5]，该方法通过实验和简单计算，为比例(P)、积分(I)和微分(D)控制器提供了一组经验参数，帮助工程师快速调整控制系统，以获得稳定的性能，但是多年来该问题一直没能从理论上彻底解决。

美国应用数学家诺伯特·维纳(Norbert Wiener，1894—1964)在控制工程方面贡献良多。他是随机过程和噪声信号处理的先驱，以提出"控制论"(Cybernetics)闻名于世。1954年，钱学森出版了英文版 *Engineering Cybernetics*(《工程控制论》)。维纳是控制论的哲学先驱，而钱学森则是将其作为一个独立学科体系化的第一人。《工程控制论》奠定了工程控制理论的基础，标志着经典控制理论走向成熟，至今仍是工程领域最常用的控制理论方法之一。

2.3　现代控制理论与技术（1950s 至今）

第二次世界大战之后，苏美争霸拓展到了航天技术领域，航天技术涉及大量多输入多输出系统的最优控制问题，用经典控制理论已难以解决。

面对重大技术挑战，数字计算机的出现使得法国数学家、理论物理学家和哲学家亨利·庞加莱(Henri Poincaré，1854—1912)的状态空间表述方法可以作为被控对象的数学模型和控制器设计与分析的工具。于是，为了解决人类航天探索等重大任务所面临的重大技术挑战，产生了现代控制理论。

现代控制理论标志着从经典控制理论向更高级、更精确的控制策略的转变。其三大核心技术——极大值原理、动态规划和状态空间法——不仅提供了解决各类控制问题的理论基础和计算工具，还彰显了数学与工程学在此领域的深刻融合，体现了数学界对现代控制理论的基础性贡献。与经典控制理论相比，现代控制理论及其技术仍在不断发展和演化中。

1. 极大值原理

极大值原理(maximum principle)是由苏联数学家列夫·庞特里亚金(Lev Pontryagin，1908—1988)于 1956 年提出的一种最优控制理论方法。该原理用于确定在动态系统中如何控制输入,以使性能指标达到最优。它提供了一组必要条件,这些条件描述了在最优控制过程中系统状态和控制变量应满足的关系。核心思想是构建一个哈密顿函数,该函数结合了系统的动态(即状态变量的变化规律)和性能标准,最优路径是使这个哈密顿函数最大化或最小化的路径。

2. 动态规划

动态规划(dynamic programming)是美国数学家理查德·贝尔曼(Richard Bellman,1920—1984)于1956年发展的一种数学方法,用于解决多阶段决策过程问题。该方法首先把复杂的决策问题分解成较小的子问题,然后从最简单的子问题开始解决,每个子问题只解决一阶段的最优决策,所有子问题的解合起来构建出整个问题的解决方案。动态规划解决序列决策问题特别有效,其中每个决策的结果会影响随后的决策。它广泛应用于经济学、生物信息学、工程等领域。

3. 状态空间法

1960年,美国数学家鲁道夫·卡尔曼(Rudolf Kalman,1930—2016)提出可控性和可观性两个概念,揭示了系统的内在属性。卡尔曼还引入亨利·庞加莱的状态空间法(state space representation),状态空间法是描述动态系统的一种数学模型,涵盖了系统的全部状态以及如何通过输入来控制这些状态的演变。在状态空间模型中,系统由一组输入、输出和状态变量组成,通过一组一阶微分方程(连续时间系统)或差分方程(离散时间系统)来描述。这种表述方法不仅清晰地展示了系统的动态性质,还便于使用现代数学工具和计算技术进行分析和设计。状态空间法在自动控制、信号处理和其他工程领域中非常重要,因为它提供了系统分析和控制器设计的通用框架。

尽管如此,现代控制理论难以直接应用于工业过程,工业过程往往是由多个回路组成的复杂被控对象,用精确数学模型描述本身就十分困难。但是,这些新概念和新方法不仅标志着现代控制理论的诞生,更重要的是把控制理论提升到了一个新高度,使其成为对各种控制系统进行分析和设计的利器,并在理论指导实践的过程中催生了一批现代控制技术。例如,逻辑程序控制器和分布式控制系统等。

逻辑程序控制器(programmable logic controller,PLC)是在计算机和通信技术发展的基础上,针对大规模工业生产需求而产生的一种专门的计算机控制系统。1969年,美国Modicon公司推出了084PLC。该控制系统可以将多个回路的传感器和执行机构通过设备网与控制系统连接起来,方便地进行多个回路的控制、设备的顺序控制和监控。

分布式控制系统(distributed control system,DCS)是1975年Honeywell和Yokogawa公司针对大型工业过程控制而研制的计算机控制系统。以组态软件为基础的控制软件和过程监控软件的广泛应用使得生产线的自动化程度更高,正是现代控制技术的广泛应用推动了第三次工业革命。

2.4 工业自动化的持续发展：运动控制＋流程控制

工业自动化的持续发展离不开运动控制和流程控制这两个核心技术。

运动控制是指对工业自动化系统中的运动机构进行精确控制,使其按照预定的轨迹和速度进行运动,并实现精确定位和速度控制。运动控制通常涉及运动轴和运动轨迹的控制,自以及高速、高精度的运动控制系统。

流程控制则是指对工业自动化系统中的生产流程进行控制,包括对物料、能源、信息甚至资金的流动进行管理。流程控制通常涉及生产流程的自动化、数据采集和监控、生产计划的制订和执行等方面。

运动控制和流程控制相互配合,构成了目前工业自动化的核心,实现了生产流程的自动化和生产效率的提升。

2.5 管理自动化的发展历程

管理自动化的发展历程,一方面与计算机技术、通信技术、互联网和物联网技术、人工智能技术等密切相关,另一方面,管理自动化与控制理论、控制技术的关联度没有工业自动化那么明显,但是控制理论和控制技术在管理自动化中也有一定的应用,例如反馈控制理论、模型预测控制技术等。

管理自动化已经经历了四个阶段,分为计算机财务系统阶段、物资需求计划阶段(material requirement planning,MRP)、MRPⅡ阶段、企业生产系统(enterprise production system,EPS)和制造执行系统阶段(manufacturing execution system,MES),如图 2-2 所示。

图 2-2 管理自动化的发展历程

当前,随着互联网、物联网、人工智能等技术的不断发展,管理自动化也在不断升级和更新。例如,现在的数字化管理、智能化管理、智能办公等,都是管理自动化发展的新阶段。这些技术的发展,为企业管理提供了更多的手段和工具,提高了管理效率和决策能力。

2.6 自动化与机器人[6]

第十四届 IFAC 世界大会于 1999 年 7 月在北京国际会议中心成功举行,我国控制领域著名科学家宋健教授在大会报告中指出,"机器人学的进步和应用是 21 世纪自动控制最有说服力的成就,是当代最高意义的自动化"。换言之,机器人代表了最高水平的自动化,机器人技术推动了自动化的不断进步。

进入 21 世纪,特别是在人工智能技术大爆发的背景下,自动化科学与技术的发展呈现多领域相互促进突飞猛进的态势。

目前,自动化已经和数字化、智能化密不可分,从智能制造产业和机器人应用的重大需求出发,围绕智能自主控制系统、智能协同优化控制系统、智能优化决策系统、安全运行监控与自优化系统、数字孪生制造系统等领域中的自动化科学与技术,正面临提炼重大科学问题、突破重大关键技术和推进重大工程应用的挑战。

　　自动化科学与技术始终围绕着建模、控制与优化三个基本科学问题开展研究,我们给出其学科定义如下。

　　自动化科学与技术主要以各行各业的自动化装备、形形色色的运动体以及新兴的信息物理系统(cyber-physical systems)为研究对象,以替代人或辅助人来增强人类认识世界和改造世界的能力为目的,综合运用控制科学与工程、系统科学与工程、信息与通信工程、计算机科学与技术、数据科学与人工智能等学科知识和所涉及对象的领域知识,围绕建模、控制与优化给出自动化系统设计方法和实现技术的一门工程技术学科。

2.7　思考

　　【思考 2.1】　熟悉控制理论的基本英文术语对于从事该领域研究非常必要,结合图 2-3 所示的控制理论领域图,整理对应的中文规范专业术语,并阅读本章参考文献[2]。

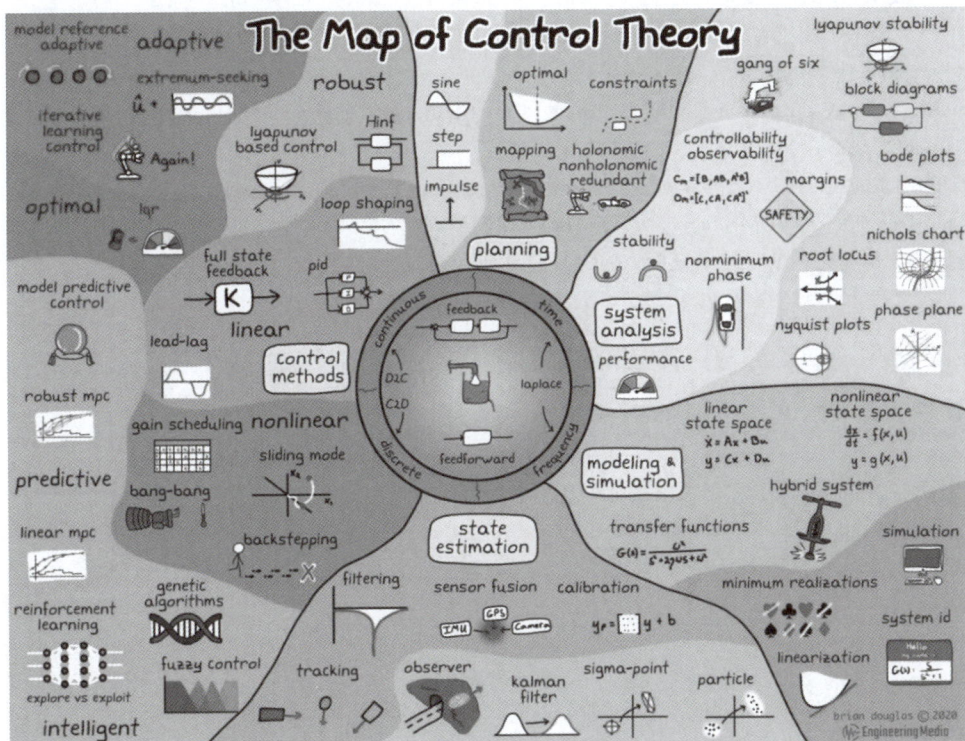

图 2-3　控制理论领域图

　　【思考 2.2】　自动化的未来与你有关吗? 自动化的发展在历史上抢过某些行业从业者的饭碗,它会抢你的饭碗吗?

　　【思考 2.3】　如何理解“机器人学的进步和应用是 21 世纪自动控制最有说服力的成就,是当代最高意义的自动化”?

　　【思考 2.4】　从工业革命开始,追踪自动化技术的发展历程,有哪些关键的转折点?

　　【思考 2.5】　随着 AI 的进步,自动化的概念如何变化?

自
动
化
与
智
能
科
学
概
论
（
微
课
视
频
版
）

2.8　习题

【作业 2.1】　学习并明确自动控制的一些基本概念：开环、闭环、正负反馈、稳定性。

【作业 2.2】　在自动化发展历程中，有哪一项成果对你触动最大，为什么？

【作业 2.3】　基于自动化的发展历程，控制系统未来有可能向智能自主控制系统的方向发展，你如何理解自动化与智能化的关系？

参考文献

［1］　BENNETT S. A Brief History of Automatic Control［J］. IEEE Control Systems Magazine，1996，16（3）：17-25.

［2］　黄一. 走马观花看控制发展简史［J］. 系统与控制纵横，2021，8(1)：19-43.

［3］　MAXWELL J C. On Governors：Proceedings of the Royal Society of London 16［C］. London：The Royal Society Publishing，1868：270-283.

［4］　SAMAD T. A Survey on Industry Impact and Challenges There of Technical Activities［J］. IEEE Control Systems Magazine，2017，37(1)：17-18.

［5］　ZIEGLER J G，NICHOLS N B. Optimum Settings for Automatic Controllers［J］. Transactions of the American Society of Mechanical Engineers，1942，64(8)：759-765.

［6］　柴天佑. 自动化科学与技术发展方向［J］. 自动化学报，2018，44(11)：1923-1930.

第 3 章

人工智能与机器人

作为人工智能最佳载体的机器人的发展历程,从最初的简单机械到现今高度复杂、智能化的系统,这些技术的进步不仅是功能的增加,更体现在机器人与人的协作共融上,强调新一代机器人不仅是自动化的工具,更是能够与人类和其他机器人进行"协作共融"的伙伴。

本章采用"网格化学习"方式,帮助学生尽快适应新的学习环境。讨论了人工智能对科学发展的潜在影响,分析了人工智能成为科学发展第三个驱动轮的可能性,并展望了人工智能与人类未来的关系。

3.1 机器人的发展历程

要讨论新一代人工智能与新一代机器人融合发展的趋势,需要简要回顾一下机器人的发展历程,特别是其中智能部分的进展。机器人五十多年的智能提升经历了从简单机电系统到复杂智能系统的发展历程。具有标志性的典型机器人如图 3-1 所示,具体介绍如下。

(1) 1968 年:Shakey。斯坦福大学研制的 Shakey 被认为是第一台智能机器人,它具有环境感知和问题解决能力。

(2) 1978 年:PUMA(programmable universal machine for assembly)。是一种工业机器人,代表了机器人在制造业中的应用开始普及。

(3) 1979 年:Stanford Cart。这是一台能够自主导航的助行机器人,标志着自主移动技术的早期发展。

(4) 1984 年:Helpmate。Helpmate 是首台服务机器人,用于医院的物品传递,展示了机器人在服务行业的潜力。

(5) 1996 年:RoboTuna。这是第一条功能齐全的机器鱼,用于研究水下动力学和机器人模拟生物运动。

(6) 1996 年:Da Vinci 手术系统。这是第一代达芬奇外科手术机器人,标志着机器人在精密和复杂任务中的应用。

(7) 1997 年:Sojourner。火星车 Sojourner 成为第一个在火星上部署的机器人,展示了机器人在太空探索中的作用。

(8) 2000 年:ASIMO。由本田公司制造的第一代先进仿人机器人,显示了机器人动作的自然化和复杂化。

(9) 2002 年:Roomba。iRobot 公司推出的家庭清洁机器人,在商业上获得成功,代表了消费级机器人的兴起。

（10）2005 年：BigDog。由波士顿动力公司开发的四足机器人，具有出色的稳定性和移动能力。

（11）2015 年：Sophia。Sophia 当年被誉为最先进的人工智能机器人之一，展示了人机交互和智能对话的新水平。

（12）2019 年：Handle。Handle 是一个高效的搬货机器人。

这些发展不仅展示了机器人技术的进步，也反映了智能机器人从执行简单任务到处理复杂交互和决策任务的演变。新一代人工智能与机器人的融合趋势是在这些进展的基础上进一步增强机器人的自主性、适应性和智能化水平。

| 1968年，斯坦福大学研制出第一台智能机器人Shakey | 1979年，斯坦福助行机器人Stanford Cart | 1996年，第一条功能齐全的机器鱼RoboTuna | 1997年，火星车Sojourner成为一个被部署到火星上的机器人 | 2002年，iRobot公司发布的家庭清洁机器人Roomba首次在商业上获得成功 | Sophia是到2015年为止人类创造的最先进的人工智能机器人之一 |

| 1969 | 1979 | 1989 | 1999 | 2009 | 2019 |

| 1978年，工业机器人PUMA诞生 | 1984年，首台服务机器人Helpmate诞生 | 1996年，第一代外科手术机器人达芬奇手术系统 | 2000年，本田公司制造的第一代ASIMO机器人 | 2005年，波士顿动力公司的BigDog机器人 | 2019年，搬货机器人Handle |

图 3-1　机器人的发展历程

3.2　从人工智能到机器人智能

传统的人工智能技术涵盖了问题求解、定理证明、模式识别、专家系统和人机博弈等领域，这些技术主要在确定性约束或规则的环境中进行推理和决策。相比之下，机器人所需的智能则更加复杂，它涉及非确定性的环境、动态变化以及与操作或合作对象的随机性交互，同时还要求实时和鲁棒性的行为决策。

因此，机器人智能可以定义为一种在不断与工作环境、合作伙伴和作业目标交互的过程中，通过自主学习发展起来的"发育智能"，而不仅是在完备规则下的"计算智能"。简而言之，机器人智能是典型的"发育智能"。

要全面把握机器人智能的发育理论、方法与发展趋势，需要从两方面着手：一是结合机器学习、人工智能和脑科学的研究成果，探索基于模仿和自主学习的机器人知识与技能的获取及增长机制；二是针对自主作业和自主移动，开发机器人智能发育的软硬件实现技术。

在图 3-2 中，我们看到一个描绘了智能任务抽象能力与环境普遍性关系的坐标系。横轴代表了从"人类准备的符号世界"到"非受限真实世界"的环境普遍性，而纵轴代表了从"低级反射"到"通用任务"的任务抽象能力。图中的现状曲线（the curve of status quo）显示了不同智能系统当前的能力水平。利用所处环境的复杂度(generality of the environment)和所处理任务的挑战度(abstraction capability)之间的相互关系图,可以比较清楚地了解目前人与机器人智能的现状。

从机器人智能的现状曲线看,所处环境越简单,比如人类准备的符号世界(human-prepared symbolic world),目前机器人能够处理的任务难度就比较高;反之,所处环境越复杂,比如少受控制的世界(less-controlled world),目前能够处理的任务难度就比较低(low-level reflexes)。

例如,基于符号的人工智能和语言处理处在高任务抽象能力和较为简化的环境中;而基于视觉的自主机器人、模式识别、计算机视觉和语音识别等则介于两者之间。基于声呐驱动的机器人则在较低的抽象层次上工作,是根据即时的声呐传感器数据来直接驱动行为的机器人,这类机器人没有内部的环境表示或地图,它们的决策完全基于当前的传感器输入,局限在少受控制环境中;而基于声呐导航的机器人构建并维护一个内部环境模型,通常是地图,用于导航和任务规划,但是只能在受控环境中运动。

与上述特点形成鲜明对比的是,人类在真实世界中,从婴儿发育到成人,从应对简单任务逐步提高到处理复杂任务,形成了垂直向上的"人类智能发展线"。图中的比较说明,人类成年智能处在抽象能力的最高点,而现有的人工智能系统在处理复杂环境下的任务时仍然处于低位。

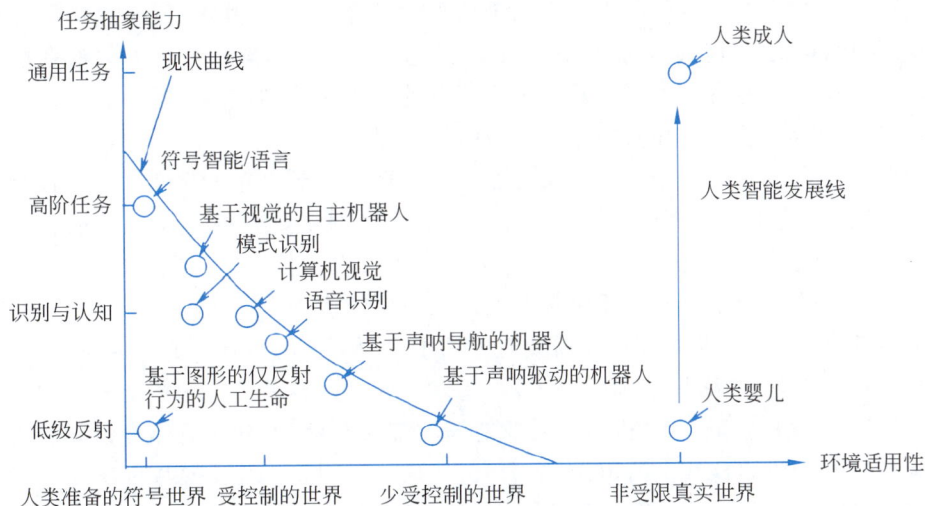

图 3-2　人与机器人智能的现状曲线

随着新一代人工智能技术的发展,新一代机器人智能的现状曲线一定会向"人类智能发展线"靠拢。这种趋近,本质上是机器人智能的自我发育过程——一种使机器人利用其自身所具备的感知能力,在其与环境以及操作者的实时动态交互过程中,增量式、渐进地提升自身自主行为能力的机制。

机器人智能发育与传统的机器学习有本质区别,它强调更人性化的学习模式,即无需大数据样本即可实现学习;能够适应动态、不确定性的环境和非特定使命的要求;能够进行长期、增量式的知识和经验积累;并且能够融入人的智能,实现"人的智能性"和"机器人的自主性"二者的高效协同。

机器人的智能发育需要借助类人智能发育机理、模型与计算方法。以下是目前的三个关键。

第一，机器人环境认识能力发育技术。这一技术使机器人能够感知、认知并理解周边环境，包括物体识别、功能理解和它们之间的相互作用。利用深度学习和计算机视觉，机器人可以从大数据中学习，并从中找出模式和规律，以实现自我导航和理解用户意图。

第二，人/操作者意图理解能力发育技术。这种高级智能让机器人不仅理解人类行为，还能洞察其背后的意图。通过构建复杂的语言和行为模型，或利用自然语言处理与机器学习算法，机器人能够解读并预测人类的动作和指示，这对人机交互尤其关键。

第三，机器人行为优化决策能力发育技术。在准确理解和感知环境的基础上，机器人需要做出最优决策。这可能包括使用复杂的决策树或概率模型，利用强化学习或运筹学方法来选择最佳行动。

3.3 新一代机器人的本质属性

机器人技术作为创新集成技术发展到今天，随着人工智能技术的赋能与加持，新一代机器人技术已经初现端倪，成为影响世界的颠覆性技术。人们对机器人的定位和需求已经不再局限于自动化的机器，而是能应对复杂动态环境、与人和其他机器人适度交互、并协同作业的智能伙伴。相比于现有典型机器人系统的孤立或单向交互模式，新一代机器人在人机空间共享、确保人-机-环境安全、多模式自然交互、多任务协调合作、配合人的潜在操作需求以及实现类人化的行为决策等方面具有更为严苛的技术需求与应用挑战。

"与人协作共融"在当下和未来相当一段时期内都是新一代机器人的本质属性，也是重大难题和前沿热点。人机协作共融的核心在于让机器人成为真正的伙伴——不仅是在完成任务时的辅助，更是在互动过程中的伙伴。这样的伙伴可以理解和预测我们的需要，与我们建立信任，并且在我们的生活和工作中发挥关键作用。在人机协作共融的领域内，机器人与人类一起工作的效率和能力超越任何一方独自工作时的表现。

为了达到这个目标，机器人不仅需要理解和预测人类行为，还要建立起合适的信任关系，根据人的状态和行为做出准确的决策，并能以一种人类容易理解和接受的方式对机器人系统施加控制。在工业环境中，机器人需要能够与工人互助，共同完成任务；在服务领域，它们应该能够融入人们的日常生活，与包括老人、残疾人、家庭主妇等在内的普通人紧密协调互助；在特种机器人领域，关键在于如何减少对人的遥控依赖，通过融入操作者的智能来增强自主能力。

具体而言，为了实现人机协作共融，首要关键在于让机器人具备深刻理解和预测人类行为的能力。这意味着机器人需要通过观察、学习和分析来建立对人类动作的预测模型。建立起这样的模型后，机器人还需要与人类建立起适当的信任关系。这个过程不仅涉及技术层面，更是一个互动体验的设计问题，确保人类能够相信机器人的能力和决策。信任的建立会让人类用户感到舒适，从而更乐意接受和依赖机器人的帮助。接下来，机器人必须根据人类的状态和行为来做出准确的决策。这包括解读人类用户的情绪、意图以及需求，以便做出适时且恰当的响应。决策制订应该基于综合分析和机器人对人类伙伴的理解。最后，机器人应该能够以一种易于人类理解和接受的方式被施加控制。它们的行为和响应方式需要设计得尽可能自然和直观,使人类用户能够轻松地与机器人系统交流并控制它。

目前"与人共融"的技术瓶颈体现在两方面:一是本体技术的挑战,即如何提升机器人本体水平,以达成与服务人类相匹配的行为和作业能力;二是更具挑战性的智能技术问题,即如何将机器人的智能水平提升到与服务人类相匹配的程度。这些挑战要求机器人不仅在物理上与人相协调,而且在认知和智能上也能与人类同步,从而实现真正的机器人与人协作共融。

3.4　人工智能＋机器人＝机器换人?

早在 2006 年底,比尔·盖茨就预言机器人的黎明已经到来,未来"家家都有机器人"。在上一节我们分析了随着人工智能技术的不断创新,"与人共融"成为新一代机器人的本质属性。那么,人工智能赋能后的机器人会导致大量的"机器换人"现象出现吗?

聚焦分析新一代人工智能与新一代机器人融合趋势,"机器换人"这个话题是绕不开的。毋庸讳言,人类的发展史本身就是一个漫长的"机器换人"史,只是工业革命之后,机器换人的节奏在持续加快。

具体到当下的"机器人换人",事实上根据出发点和实施后的效果看,可以将"机器人换人"分为"上中下"三品,体现了不同层次的社会价值和人机共融程度。

"上品"指替代人所不能及或对人有伤害的工作,特别是机器人融入人本身所处环境,协助提升人的能力,追求人机共融;"下品"则指代替人们热爱和向往的工作,如艺术和教育等领域;"中品"就是除上、下两策之外的情况,指替代普通劳动力,以节省成本的普遍情况。

例如,已经成功部署的消防机器人就是"上品",把救火人员从危险的现场替换下来;医疗手术机器人追求的也是上品,目的是协助提升医生的能力,减轻医生的工作强度,提高最终的医疗效果,但目前还远远谈不上替代医生这个职业,且实际效果尚在中品;卡车司机、快递小哥等所处的是人力资源密集的行业,但是眼下解决了大量的就业问题,是很多人的"糊口岗位",若采用机器人替代,最多是中品。画家、演员和教师等职业是很多人向往的,"机器换人"侵蚀到这些行业,就只能是下品了。

3.5　人工智能与人类的未来

3.5.1　人工智能有望成为科学发展的第三个驱动轮

在人类迎来上一个千禧年之际,大英百科出版社邀请了全世界 4000 多名科学家,投票选出"人类历史上最伟大的发明和发明人"。

最终的清单中[3]罗列总结了人类历史上最伟大的 321 项发明。在这 321 项发明中,涉及中国发明人的部分依次为:公元前 2500 年的墨水、公元前 2 世纪的马鞍、公元前 1 世纪的独轮车、公元 105 年的造纸、10 世纪的银票、10 世纪的火药、10 世纪的纸牌、12 世纪的指南针和明朝弘治十一年(1498 年)的牙刷,共计 9 项。如图 3-3 所示。

在这个清单上,中国最后一项最伟大的发明定格在 1498 年,在这个时间点之前的人类全部 34 项最伟大发明中,中国占了 9 项,特别是在公元纪年之后 1500 年的人类 14 项最伟

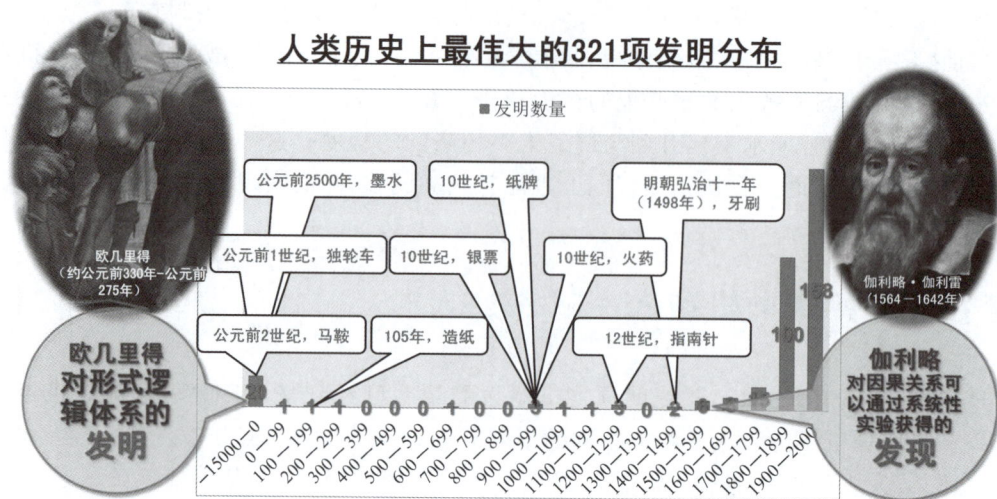

图 3-3　科学发展的两个驱动轮

大的发明中,中国人占了 6 项。

中国错过了发生在欧洲文艺复兴之后的工业革命,从而错过了工业革命带来的必然结果——工业化,使得中国在 19 世纪不得不直面来自西方的坚船利炮,付出了非常惨痛的历史代价。

那么中国的古代为什么有能力为全人类贡献了很多伟大发明呢? 20 世纪伟大的物理学家爱因斯坦曾经给出了一种解答,他在 1953 年 4 月 23 日给提问学生的回信中写道:"西方科学的发展基于两大成就,一个是希腊哲学家对形式逻辑体系的发明(在欧几里得几何学里),另一个是(在文艺复兴时期)对因果关系可以通过系统性实验获得的可能性的发现。在我看来,中国的先贤们没有迈出(走向西方科学的)这些步子并不令人惊奇,令人惊奇的倒是那些发现被(他们)做出来了。"

从爱因斯坦的回信中我们不难发现,他提到的形式逻辑和系统性实验构筑了现代科学的基础,这两者分别体现了理论的精确性和实验的验证性,是科学方法论的核心,并成为现代科学发展的两个驱动轮。**换句话讲,现代科学发展被视作是基于两个轮子驱动的,一个是欧几里得形式逻辑体系的发明,另一个是伽利略对因果关系可以通过系统性实验获得的可能性的发现**[4]。

那么,在人工智能大爆发的今天,人工智能,特别是基于大数据和机器学习的人工智能,确实在某种程度上超越了传统的形式逻辑和系统性实验方法。AI 通过深入的数据分析和模式识别揭露了传统方法可能未能发现的复杂关系和模式。因此,**人工智能有可能成为推动科学发展的第三个驱动轮**。

具体来讲,AI 有可能成为科学发展的新动力,是建立在以下几个关键点上。

(1) 数据驱动的发现:AI 可以处理和分析前所未有量级的数据,揭示新的知识和规律,这是传统科学方法难以企及的。

(2) 自主学习和适应:AI 系统通过学习过程自我优化和适应,能够在复杂和多变的环境中做出有效的决策和预测。

(3) 跨学科的融合:AI 推动了不同科学领域的交流和融合,通过集成整合多领域的知识和技术促进了科学的新突破。

3.5.2 劳动创造了人,并将继续提升人类的智能

恩格斯在其开创性著作《劳动在人类从猿到人的过程中的作用》[5]中提出了深邃的观点:"劳动创造了人本身。"他深入探讨了劳动在人类进化过程中的核心地位,强调劳动是人类从动物状态进化到人类状态的决定性因素。他认为劳动不仅是生存的手段,也是推动智力发展和社会进步的重要驱动力。恩格斯的观点进一步展示了劳动如何塑造了人类的生物学和社会属性,并预示了它将继续引领人类未来的发展。

我们可以用一句话概括:劳动创造了人,人发明了工具、机器和机器人。

这里"劳动创造了人",其本质含义是指,劳动作为人与自然相互作用的实践活动,不仅促进了人类智能的发育,而且是人类进化和发展的关键。这种实践活动的不断发展和创新,使得人类的大脑和认知能力逐渐进化和发展,从而产生了人类独特的智能和创造力。

与此相似,"机器人的智能发育",本质上是在人的指导下,通过多领域大量应用,使得机器人"智能"程度不断提升的过程。机器人的智能发育本质上是一个不断迭代和进化的过程。随着技术的不断进步和应用场景的不断扩展,机器人的智能水平也将不断提高。

因此,类比于劳动对于创造人的重要性,不断涌现的形形色色的机器人应用和与之带来的各类问题与挑战,是机器人智能发育的根本推动力。

迄今为止的人工智能系统大多属于弱人工智能,即专注于特定任务的智能。而强人工智能,即通用人工智能(general AI 或 AGI)超越了这一层次,能够自适应地应对外界环境挑战,并具有自我意识。非常遗憾的是,关于通用人工智能能否产生、如何产生以及何时产生的问题,就目前科学研究的现状看,均没有可以被本领域专家一致认可的答案。

马克思主义提供了一种视角来重新审视"通用人工智能能否产生"的重大问题。众所周知,"世界统一于物质、物质决定意识"的观点是马克思主义哲学的基本观点[6]。它深刻地揭示了自然、社会和人类思维等一切客观世界本质属性和最普遍的发展规律,在世界科学史上具有伟大的革命意义。更为关键的是,这个观点恰恰为未来通用人工智能的诞生颁发了"准生证"。马克思主义强调物质是一切存在的基础,意识是物质的反映。从这个角度看,通用人工智能的发展应该是物质发展到一定阶段的必然产物。

3.6 思考

【思考 3.1】 思考人工智能技术的局限性。可以从休伯特·德雷福斯(Hubert Dreyfus)于 1992 年出版的《计算机仍然不能做什么:人工理性批判》[1]入手深入理解该问题。该著作是休伯特·德雷福斯于 1972 年出版的《计算机不能做什么:人工智能的极限》的第 3 版,虽说是第 3 版,但它和 1972 年、1979 年[2]的两个版本的正文几乎完全一样,不同的只是每一个版本中放在正文之前的很长一段序言。在《计算机仍然不能做什么:人工理性批判》这一版本中,德雷福斯添加了一篇 52 页的新序,概述了这些变化,并评估了改变该领域的联结主义和神经网络范式。他从现象学视角对符号主义人工智能进行批判,从认识论、形而上学方面来挑战 AI 的研究方法基础。他认为,符号主义人工智能学派站在笛卡儿的传统理性主义立场上,从而继承了其所有的错误假设:生物学假设、心理学假设、本体论

假设以及认识论假设。《计算机不能做什么：人工智能的极限》曾广受攻击,但也悄然被研究。德雷福斯的论点至今仍具挑衅性,并再次将我们的注意力集中在"是什么使人类独一无二"上。

【思考 3.2】 设想一些课后除习题之外更具有实践意义的内容,达成师生互动,并给出具体指导建议,将人工智能的思想融入日常生活中。

【思考 3.3】 新一代 AI 技术如何赋能机器人技术？请提供不同行业的调研实例。

【思考 3.4】 探讨 AI 与机器人融合的潜在社会影响,同时预见这些变化可能对社会带来哪些变革。

3.7 习题

【作业 3.1】 对标 12 项本科专业毕业要求,本书将在问题分析、工程与社会、环境与可持续发展、职业规范、沟通、项目管理 6 项上重点发力,从其中一点入手阐述自己的想法。

【作业 3.2】 从新一代人工智能和新一代机器人融合趋势出发,谈谈其如何影响自身的职业规划。

【作业 3.3】 要使 AI 成为科学发展的第三个驱动轮,还面临哪些挑战和考验？

【作业 3.4】 检索本章罗列的 321 项人类最伟大发明的出处,任选一个维度深入分析,并给出自己的结论。

参考文献

[1] DREYFUS H L. What Computers Still Can't Do：A Critique of Artificial Reason[M]. Cam,Mass：The MIT Press,1992.

[2] 德雷福斯. 计算机不能做什么：人工智能的极限[M]. 宁春岩,译. 北京：生活·读书·新知三联书店,1986.

[3] Here is the Encyclopedia Britannica's list for：The Greatest Inventions of All Times[EB/OL]. [2024-08-15]. https://www.edinformatics.com/inventions_inventors/.

[4] 阿尔伯特·爱因斯坦. 爱因斯坦文集(第一卷)[M]. 许良英,范岱年,译. 北京：商务印书馆,1976.

[5] 马克思,恩格斯. 马克思恩格斯文集(第九卷)[M].中共中央马克思恩格斯列宁斯大林著作编译局,译. 北京：人民出版社,2009.

[6] 本书编写组. 马克思主义基本原理[M]. 2023 年版. 北京：高等教育出版社,2023.

第 4 章

认 知 科 学

认知是大脑和神经系统产生心智的过程和活动。一般而言，只要有大脑和神经系统的动物都有某种程度的心智。认知科学研究的核心是这些认知过程及其背后的规律。

认知科学的研究范围广泛，涵盖了心理学、神经科学、语言学、人类学、哲学、人工智能等多个领域。它旨在深入探究人类认知过程中的心理机制、神经基础以及文化和社会因素对认知的影响。这种跨学科的研究有助于我们更好地理解人类心智的运作方式，也为人工智能的发展提供了重要的理论支持和实践指导。

随着人工智能技术的不断进步，认知科学的研究成果也被广泛应用于机器学习、自然语言处理、图像识别等领域。通过模仿人类认知过程，人工智能系统能够以更高的效率和准确性完成各种任务，为生活、工作和社会发展带来巨大的变革。

总之，认知科学作为一门探究人脑和心智工作机制的前沿学科，在人工智能不断进步的当下具有非常重要的意义和价值。它不仅为我们提供了更深入的理解人类心智的途径，也为人工智能的发展提供了重要的支持和指导。

4.1 认知科学概念解析

4.1.1 研究人类思维面临的挑战

从古至今，有一个问题一直深深困扰着我们，那就是创造出如此高度发达文明的人类是如何进行思维的？思维机制是什么？智能机制又是什么？

智能现象与其他自然现象之间存在深刻的差异。科学研究其他自然现象，通常可以通过实验和观察来揭示其规律和机制，但这种方法在智能现象的研究中往往并不适用。例如，我们无法将人脑进行分解来研究其工作机制，因为这样会破坏人脑的结构和功能。此外，智能活动具有自主性和创造性，这意味着我们无法像控制其他自然现象一样来控制智能活动的过程和结果。正是由于这些限制，目前人类对智能现象的探索进展缓慢，今后也将面临巨大挑战。

4.1.2 认知科学的定义[1-2]

认知科学是一门研究人类、动物及机器智能的本质和规律的科学。

研究内容不仅涵盖高级心理现象，如知觉、学习、记忆、推理、语言理解、知识获取、注意力、情感、意识和动作控制等，而且涉及多个学科领域，包括心理学、计算机科学、神经科学、语言学、人类学和哲学。

认知科学突破了传统学科的界限，通过跨学科、广交叉的方法，尝试构建一个全面理解智能行为的新框架。例如，在神经科学和计算机科学的交汇点，研究人员利用神经网络模型模拟大脑处理信息的方式，从而提高我们对认知过程的理解，并推动相关技术的发展。

4.1.3　认知科学的研究策略

认知科学的研究策略通常分为自顶向下（top-down）和自底向上（bottom-up）两种。

1. 自顶向下研究策略

受认知心理学影响，自顶向下研究策略从宏观的角度启动。

（1）自顶向下的方法从宏观角度出发，先确定整体的概念或理论框架，然后逐步深入具体的实例和细节中进行验证和探究。

（2）在认知科学中，自顶向下的方法可能开始于对心理状态的广泛理解，比如对记忆、注意力或感知的研究，然后逐步细化到这些认知过程是如何在大脑中实现的。

（3）这种策略经常用于测试特定的心理理论，观察它们在实验中的表现或现实世界中的应用，从而确定理论的有效性和局限性。

2. 自底向上研究策略

以人工神经网络为视角，自底向上研究策略侧重于具体数据和现象。

（1）自底向上的方法从具体的数据或现象出发，逐步构建起对更复杂系统或理论的理解。有助于识别新模式或规律，进而推动理论的发展或修正。

（2）在认知科学中，自底向上的方法可能开始于对大脑活动的基础测量，如通过脑功能成像、膜片钳、脑电图（EEG）或功能性磁共振成像（fMRI）观察特定的神经活动，然后基于这些观察建立关于认知过程的理论。

（3）人工神经网络是通过模拟人脑神经元网络构建而成的计算机程序，能够学习和模拟人类的认知过程，从简单模型起步，逐渐增加复杂度，旨在揭示神经系统的运作原理及其机制，深化对认知过程的理解。

综上所述，自顶向下的策略是从理论出发，向下探索到具体现象，而自底向上的策略则是从具体的实验或观测数据出发，向上构建理论框架。这两种方法在认知科学研究中相辅相成，共同推进对人类认知过程的理解[3]。

4.1.4　认知科学研究的重要性及研究现状

2000年，美国国家科学基金会和美国商务部共同资助五十多名科学家开展了一个研究计划，目的是要弄清楚在21世纪哪些学科是带头学科，研究结论是NBIC。NBIC分别代表纳米技术（nanotechnology）、生物技术（biotechnology）、信息技术（informational technology）和认知科学（cognitive science）。报告是这样来描述NBIC的研究目标的：在下个世纪，一些突破会出现在纳米技术（消弭了自然的和人造的分子系统之间的界限）、信息科学（导向更加自主的、智能的机器）、生物科学和生命科学（通过基因学和蛋白质学来延长人类生命）、认知和神经科学（创造出人工神经网络并破译人类认知）和社会科学（理解文化信息，驾驭集体智商）领域，这些突破被用于加快技术进步，并可能会再一次改变我们的物种，其深远的意义可以媲美数十万代人以前人类首次学会口头语言。该研究报告中有一句话是这样的："NBIC

技术的聚合以认知科学为先导。因为一旦我们能够从如何(how)、为何(why)、何处(where)、何时(when)这4个层次上理解思维,就可以用纳米科技来制造它,用生物技术和生物医学来实现它,最后用信息技术来操纵和控制它,使它工作。"

21世纪,如果不进行认知科学研究,或者不与认知研究相结合,不仅哲学、心理学、语言学、人类学、计算机科学、脑与神经科学无法深入发展,其他传统学科如数学、物理学、天文学、地理学、生物学、文学、历史学、经济学、政治学、法学、管理科学、教育学也都无法深入发展,因为这些学科的深入发展都依赖脑与心智的开发,与认知科学相关。

哈佛大学将心智(mind)与身体(body)、社会(society)、地球(earth)、太空(space)、技术(technology)并列为6大研究分类。心智的研究范围包括思考(thinking)、学习(learning)、梦想(dreaming)等,他们开展了许多富有成效的研究。麻省理工学院将"神经与认知科学"作为重要研究领域,并强调"神经科学与认知科学已被广泛认识到是未来几十年内最令人兴奋的研究领域,也是麻省理工学院今后10~20年最重要的增长领域"。麻省理工学院设有"脑与认知科学系""麻省脑科学研究所"等机构,并出版杂志《认知神经科学》(*Journal of Cognitive Neuroscience*)。

目前,世界主要国家开始了一场脑科技竞赛[4],以期在人类认识自然的"终极疆域"取得战略优先权。各国的脑研究计划如表4-1所示。

表4-1　世界主要国家的脑研究计划

时间	国家/组织/人物	脑科技项目名称	意义/目的/备注
2009年	瑞士神经科学家亨利·马克拉姆(Henry Markram)	蓝脑计划	复制包括神经元及其电活动在内的人类大脑
2009年	美国国立卫生院	人脑连接计划	绘制人类大脑的结构和功能连接图,以提高人类对自身大脑的认识,并构建共享数据库,为之后的研究提供便利
2013年	美国	创新性神经技术大脑研究计划(美国脑计划)	寻找难治性脑疾病的治疗方案,探索人脑工作原理,该计划对于推动人工智能的进步发挥关键作用
2013年	欧盟	欧盟脑计划	2018年,"蓝脑计划"发布了首张数字3D小鼠脑细胞图谱,包括737个脑区的主要细胞类型、数目和位置等信息。但是由于短期内很难完成一张人脑的模拟图,欧盟决定停止对"蓝脑计划"的资助
2014年	日本	综合神经技术用于疾病研究的脑图谱项目(日本脑计划)	初期利用狨猴绘制神经元回路的结构和功能图谱,以帮助人类最终了解人类大脑。后续围绕5方面开展工作:发现和干预初期的神经疾病、分析从健康状态到患病状态的大脑图像、开发基于人工智能的脑科学技术、比较研究人类和灵长类动物的神经环路、划分脑结构功能区域并开展同源性研究
2016年	中国	中国脑计划	其核心为"一体两翼":"一体"即指以人类认知的神经基础为主体和核心;"两翼"包括以探索大脑秘密、攻克大脑疾病为导向的脑科学研究与以建立和发展人工智能技术为导向的类脑研究

4.2　人脑的宏观结构和功能

4.2.1　人脑的构造

人脑的构造大体分为大脑（cerebrum）、脑干（brainstem）和小脑（cerebellum），如图 4-1 所示。

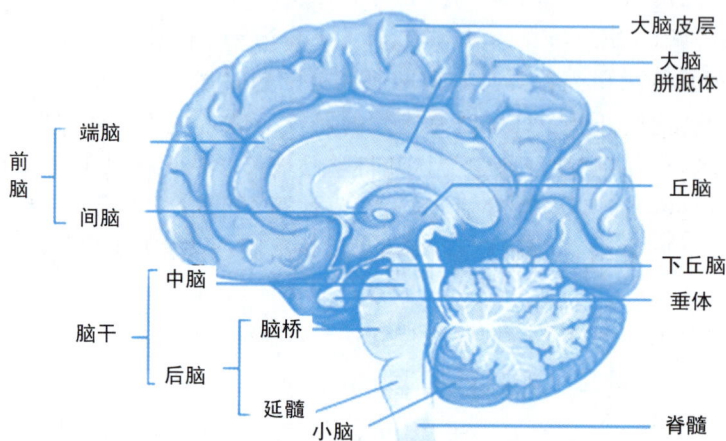

图 4-1　人脑的构造

大脑是人脑中最大的部分，出生前由前脑发育而来，是中枢神经系统的最高级区域。包含大脑皮层（两个大脑半球）以及几个皮层下结构，包括海马体、基底神经节和嗅球。大脑是意识、精神、语言、学习、记忆和智能等高级神经活动的物质基础。

脑干上承间脑，下连脊髓，呈不规则的柱状。脑干的功能主要是维持个体生命，包括心跳、呼吸、消化、体温、睡眠等重要生理功能。脑干由中脑、脑桥和延髓（又称延脑）组成：中脑位于脑桥之上，恰好是整个脑的中点，中脑是视觉和听觉的反射中枢，瞳孔、眼球、肌肉等活动均受中脑的控制；脑桥位于中脑与延脑之间，脑桥的白质神经纤维通到小脑皮质，可将神经冲动自小脑一半球传至另一半球，使之发挥协调身体两侧肌肉活动的功能；延髓居于脑的最下部，与脊髓相连，其主要功能为控制呼吸、心跳、消化等。

小脑是一个位于脑下方的独立结构，藏在大脑半球之下。小脑与中脑、脑桥基底、延髓相连，可以分为前庭小脑、脊髓小脑与大脑小脑。在功能方面，小脑在感觉感知、协调性和运动控制中扮演重要角色；它也和注意、语言等很多认知功能相关，亦能调控恐惧和欢乐等反应，其中最为人们确知的是其运动相关功能。小脑不会主动发起动作，但会接收来自脊髓感觉系统和其他脑区的信号，影响运动的协调性、精确度和准确计时。小脑损伤会导致人类精细运动、平衡、姿势和运动学习障碍。

4.2.2　大脑脑区的功能[5]

大脑分为左右两个半球，每个半球分别控制着对侧身体，并接收对侧身体的信息。每个半球的大脑皮质分为 4 种不同的叶——额叶、顶叶、颞叶、枕叶，各个叶之间由深沟状的裂隙隔开，且彼此功能不同，如图 4-2 所示。

额叶位于中央沟前方,具有推理和决策等复杂的高级认知功能,如学习、语言、决策、抽象思维、情绪等。由于运动区位于该部分,因此也负责计划与执行自主运动。

顶叶位于中央沟后方,负责处理身体的触觉信息和空间信息,并负责视觉信息和体感信息的整合,以产生空间意识(身体在空间内所处的状态)。

颞叶在脑的两侧,是初级和次级听觉皮层所在地,为处理听觉信息的中枢。颞叶靠近顶叶区和语言

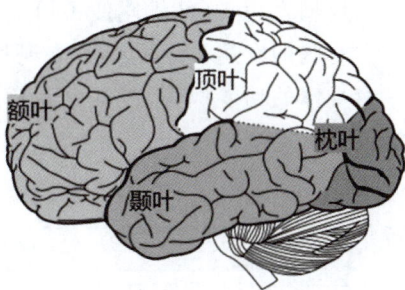

图 4-2　人类大脑的分区

区,尤其与语言的理解有重要的关系。颞叶内侧的海马体在形成长期记忆中扮演着重要的角色。颞叶底部的皮层参与视觉中的物体和人脸识别。

枕叶位于脑部后端,是四对脑叶中最小的一对。含有许多专门负责处理和解读视觉信息的不同区域。

人类大脑皮质有区域界限,如图 4-3 所示,可以分为许多区域,即不同的功能区,这些区域分别或混合管理感觉、运动、听、说、记忆、情绪、注意力和内脏的活动。每一个功能区都是半独立的,主管感觉和思维的某一方面;大脑皮层的所有功能区都分布在脑皮层上。

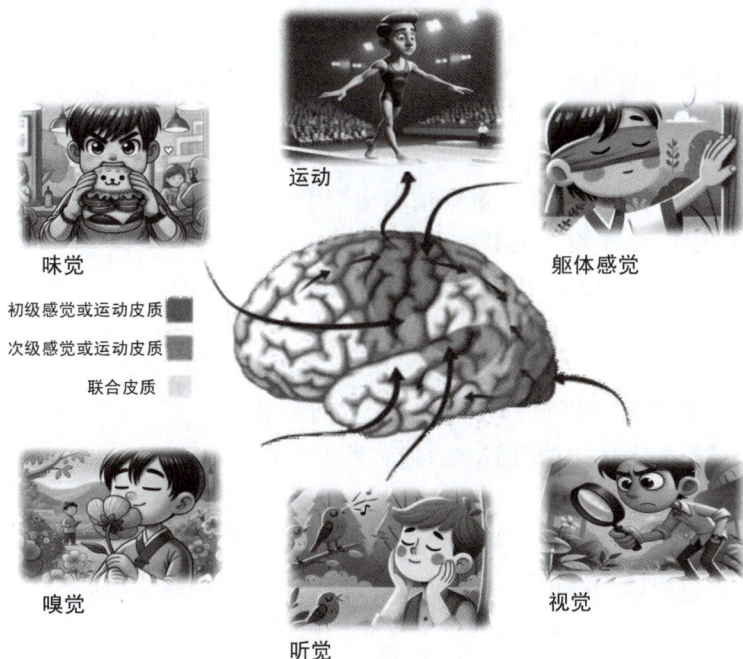

图 4-3　人类大脑功能区

4.2.3　人类大脑左右半球的功能优势

人类大脑左右两个半球的相应区域存在功能不尽相同的现象。这种现象在婴儿期开始出现,随着环境的影响,特别是语言的学习,逐渐发展和稳定。在生命的早期阶段,两半球的功能有一定的可塑性,当一侧半球受损害时,其功能可为另一侧所代偿,但在大脑半球功能

单侧化定型之后,这种代偿便不可能产生[6]。

左右脑的发达程度及能力体现和我们的生活经验是密切相关的。表 4-2 整理了人类大脑左右半球的功能优势,经常侧重运用一边大脑的人,当需要运用另一边大脑时,就会较为困难。

表 4-2　人类大脑左右半球的功能优势

功　　能	左半球优势	右半球优势
视觉	字母及单词的识别	图形、图像视知觉
听觉	语言性声音	音乐节奏
躯体感觉		触觉识别
运动	复杂随意运动的控制	运动模式的空间组织(身体协调)
记忆	词语记忆、逻辑记忆	形象记忆、图像记忆
语言	说话、阅读、写作	语调
空间能力		几何学、方向感觉
思维	抽象思维(有序性、延续性、分析性)	形象思维(无序性、跳跃性、直觉性)
其他功能	数学计算和事实推理	艺术

在中国传统教育中,大多数的训练都是针对左脑进行的,因而右脑的很多重要能力(如想象力、创造力、图像的记忆力、艺术等)都未得到很好的开发。

人类的右脑,可以被理解为“印象脑”,所发挥的能力属于直觉能力,对于外在的信息接收是情境式吸收,不是逻辑和分析地吸收。比如,几个月大的孩子不会说话就能分辨出妈妈的声音和长相,这样的能力全由印象脑的情境记忆来完成。在人类的发展史上,右脑的发展远早于左脑,一般而言,新生婴儿的信息全由右脑运作、吸收,再加以整理,大概两岁以后左脑才逐渐发展,承接右脑来运作,可以说右脑是左脑发展的基础。

4.2.4　脑结构的差异

人生下来的时候就具有控制行为的脑中枢(例如新生儿生来就有调节吸吮活动的中枢),这些神经联系是先天遗传的、固定的;通过社会实践,人脑还会产生新的神经联系,其结构和机能也在不断发展变化。

体力劳动者皮层中的运动和感觉神经中枢要发达一些,实践意识较强,而前额联合区中的最高级别神经中枢中的理性思维、概念推理之类的神经模块组织就较少,顶、颞、枕联合区的书写和语言中枢相对欠发达;而脑力劳动者相反,皮层中的运动与感觉神经中枢欠发达,实践意识较弱,但前额联合区中的最高级别神经中枢中的理性思维、概念推理之类的神经模块组织较多,有发达的书写中枢和语言中枢等。

同样是脑力劳动者,由于思维类型的差异、知识结构的差异,其脑神经组织结构也同样存在差异。如一个科学家与艺术家相比,前者逻辑思维发达,左脑比右脑更活跃,而后者形象思维发达,右脑比左脑具有活性。艺术家更富有审美和激情,因而皮层下的边缘系统更易兴奋,易与形象思维发生联系;而科学家更理智冷静,因而前额的理智中枢占主导地位,边缘系统不易兴奋。

4.3　大脑的微观结构和功能

4.3.1　神经元

神经元（neuron），又名神经细胞（nerve cell），作为动物神经系统的基本结构和功能单位，是一种能够被电活动激发的细胞。它在神经网络中发射称为动作电位的电信号，构成了复杂的神经网络。

每个神经元包含一个形态类似圆形的细胞体，细胞体延伸的较短突起被称为树突（dendrite），从细胞体中伸出的长突起被称为轴突（axon），神经元通过树突和轴突的末端，即突触（synapsis）相互连接，或者与其他类型的细胞（如肌细胞或内分泌细胞）建立联系。这些连接是神经元之间或神经元与其他细胞之间的沟通桥梁。

神经元之间的连接，通常使用极少量的化学神经递质来通过突触间隙将电信号从前突触神经元传递到目标细胞。

人脑大约有 860 亿个神经元，约 160 亿（19%）位于大脑皮层，约 690 亿（80%）位于小脑，约 2 亿（0.2%）位于脑干。每个神经元平均与其他神经元形成约 7000 个突触连接。据估计，3 岁儿童的大脑约有 1000 万亿个突触。突触随着年龄增长而减少，到成年时稳定下来，范围为 100 万亿～500 万亿个[7]。

4.3.2　神经元的功能

神经元的功能是接收某些形式的信号，并对其做出反应、传导、处理并储存信息，以及发生细胞之间的联结等；神经元可以直接或间接地从体内外得到信息，再用传导兴奋的方式把信息沿着轴突进行远距离传送；神经元还能处理信息，也能以某种尚未完全清楚的方式存储信息，如图 4-4 所示。

神经元具有感受刺激与传导兴奋的功能。根据功能的不同，神经元大致分为感觉（传入）、联络（中间）和运动（传出）3 类。

感觉神经元（又称传入神经元）通过其末梢的感受器对触觉、声光等刺激做出响应，这些刺激影响感觉器官的细胞，它们将信号发送到脊髓或大脑；联络神经元（也称中间神经元）位于脑和脊髓内，将同一脑区或脊髓内的感觉神经元和运动神经元相互连接；运动神经元（又称传出神经元）接收来自大脑和脊髓的信号，能把中枢的神经兴奋传导到效应器，控制从肌肉收缩到腺体分泌的各种生理活动[8]。

当多个神经元功能性连接在一起时，便形成所谓的神经回路。

以疼痛引起的收缩反射为例，说明这 3 类神经元是如何一起工作的：当皮肤表面的痛觉感受器受到尖锐物体的刺激，就通过感觉神经元把信息传向脊髓的中间神经元，中间神经元做出反应并刺激运动神经元，依次使身体适当部位的肌肉兴奋，把身体从引起疼痛的物体那里移开，如图 4-5 所示。

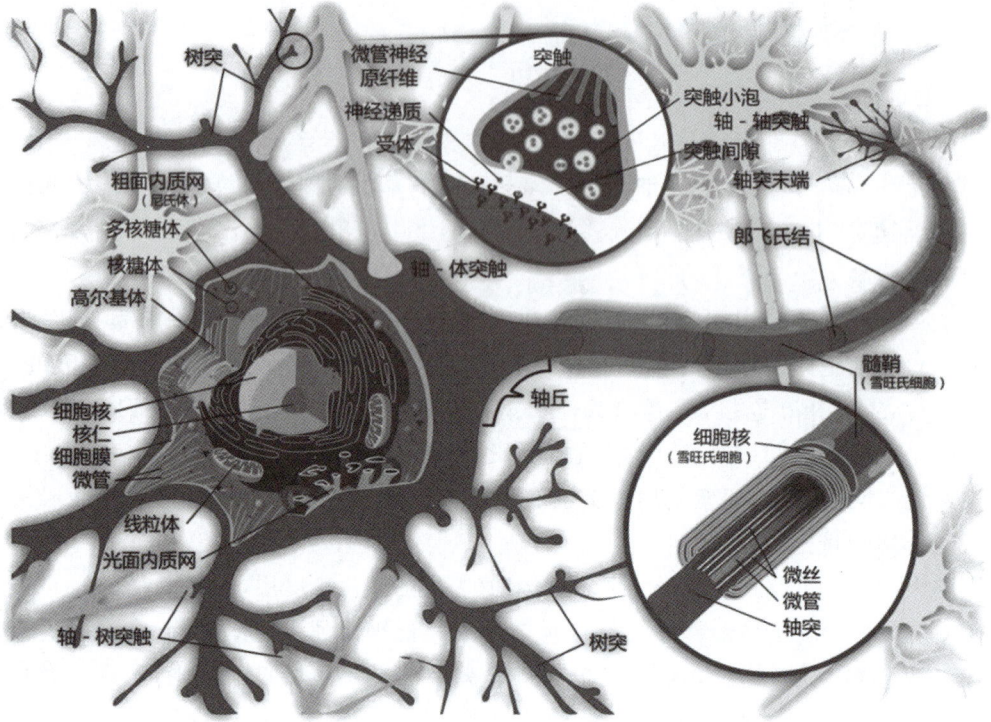

图 4-4　神经元的结构

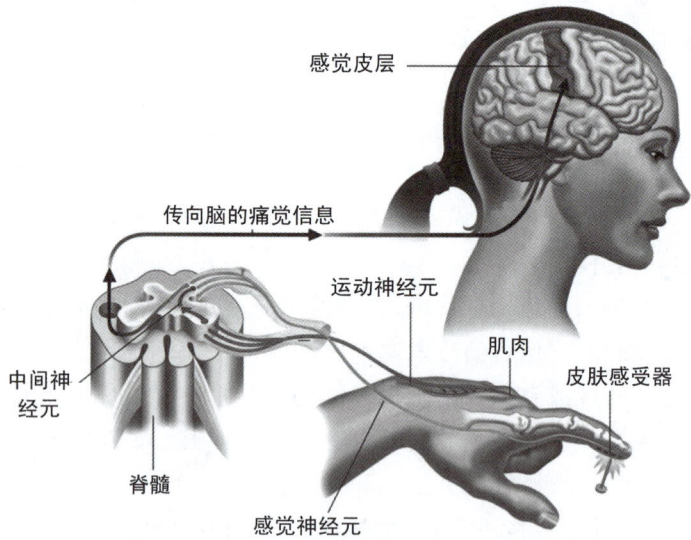

图 4-5　疼痛收缩反射

4.3.3　神经冲动的产生和传递

当任何一种刺激（机械的、热的、化学的或电的）作用于神经时，神经元就会由比较静息的状态转换为比较活动的状态，这就是神经冲动（nerve impulse）。

神经冲动沿着神经的运动,与电流在导线内的运动不同。电流按光速运动,每秒大约 3×10^8 m,而人体内神经兴奋的传导速度只有每秒 $1 \sim 100$ m。

神经细胞在静息状态时,膜的表面任何两点都是等电位的。但是膜内外存在着电位差:膜内为负,膜外为正,这种电位差叫静息电位或膜电位,膜内到膜外电压差为 $-50 \sim -70$ mV。

当神经纤维受到刺激而兴奋时,兴奋部位的膜外电位降低,膜内电位升高,呈现内正外负的情况,只要达到了阈电位(threshold potential),就能引起一系列离子通道的开放和关闭,而形成离子的流动,改变跨膜电位。而这个跨膜电位的改变尤能引起临近位置上细胞膜电位的改变,使得兴奋能沿着一定的路径传导下去,如图 4-6 所示。

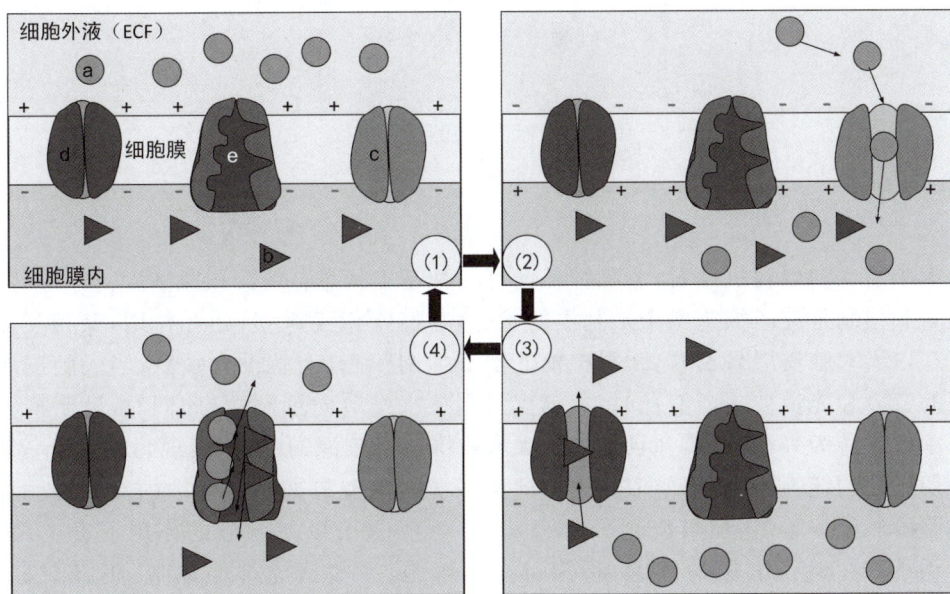

图 4-6 神经冲动的产生和传递

(1) 极化(polarization):细胞膜由静息电位到达动作电位,刺激可以使细胞膜电位改变,开启电闸型钠离子通道,使钠离子大量进入细胞。

(2) 去极化(depolarization):膜电位陡峭上升至正值水平,钠离子大量进入细胞。这个"峰电位"中的去极化部分称为"升支",而正的电位值则称为"超射"。

(3) 再极化(repolarization):朝静息电位方向的下降过程。

(4) 超极化(hyperpolarization):再极化在下降过程中,电位会短时间下降到低于静息电位水平,然后再上升达到静息电位,这种静息电位的增大(绝对值)称为超极化(而下降部分称为负后电位,上升部分则是正后电位)。

动作电位可分为 4 个相位,如图 4-7 所示。动作电位持续约 $1 \sim 2$ ms(神经元),但也可达几百毫秒(心脏)。动作电位后是不应期,这又分为 0.5ms 的绝对不应期和 3.5ms 的相对不应期。前者无论刺激多频繁、多强,都不能引起动作电位,而后者则要更强的刺激(阈电位提高了)才能引起动作电位。

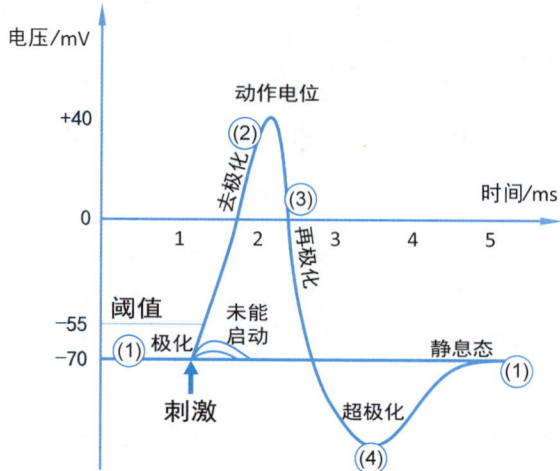

图 4-7　神经冲动的动作电位

4.3.4　兴奋和抑制

从大脑活动的微观机理看，大脑神经元有两种基本状态：兴奋和抑制。

兴奋和抑制是神经细胞两个最基本的状态，它们既相互对立，相互作用，又相互依赖和转化。在白天大脑皮层兴奋时，睡眠中枢处于被抑制状态，人就没有睡意；当大脑皮层兴奋所需要的营养和能量被逐渐消耗时，大脑皮层则从兴奋转向抑制；与此同时，处于抑制状态的睡眠中枢则转为兴奋状态，并且扩散到大脑皮层以下较深的部位，表现为睡眠。

一切正常功能的维持，都要依靠中枢神经系统的兴奋与抑制性活动的高度协调。人体内的细胞虽然种类繁多，但可以划分为两大类：一类是可以在刺激的作用下发生兴奋，即受刺激后能产生动作电位的细胞，称为可兴奋细胞，一般认为神经细胞、肌肉细胞、腺细胞属于可兴奋细胞；另一类则无此特性，称为非兴奋细胞，结缔组织的细胞是主要的非兴奋细胞，如血细胞、脂肪细胞。大脑中枢系统的神经元属于可兴奋细胞，并且其活动形式最为复杂。

4.4　学习和记忆

人和动物都可以学习和记忆。但是人类之所以优越于其他动物，很大程度上是由于人类有着较强的学习和记忆能力。记忆不仅是对人经历的记录，也保障了人类受教育的可能性，而正是这种教育形成了代代相传的人类文化。在人类数十万年的进化过程中，大脑或大脑结构并没有发生根本性变化，真正得以突飞猛进迅速发展的是人类大脑的学习和记忆以及使用语言与文字的能力。

学习和记忆是两个相联系的神经过程。学习指人和动物依赖经验来改变自身行为，以适应环境的神经活动过程。记忆则是将学习到的信息储存和"读出"的神经活动过程。从广义上讲，学习是获得各种信息的过程，而记忆则是对这些信息的编码和储存。

4.4.1 学习

在《说文解字》中,篆文"学"由两部分构成:上面是表示"知识积累"的符号;下面是一个小孩站在一扇门前,指的是通过探索增长知识或见识的过程。篆文"习"字也由两部分组成:上半部分表示鸟儿展翅欲飞;下面代表巢穴。它象形于一只鸟展开翅膀,练习飞翔能力,欲离开鸟巢,指的是通过练习掌握新的技能或行动的过程。如图4-8所示。

因此,"学习"的原意是"'学'而时'习'之",表示个人自我完善的修炼过程,是一个持续迭代升级的过程。

图4-8 《说文解字》中的篆文"学习"

现代学习理论中的"学习"强调接受新观点,转变旧观念,形成心智技能,学习的本质在于发现新事物,掌握新技能。教育界通常使用的关于学习的定义,是把学习定义为后天获得知识的过程,强调的是知识的获取。而另一类是一些哲学家和科学家通常使用的定义,即学习是使主体产生行为或行为潜能的相对恒久变化的过程。这一概念包含以下3层意思。

(1)学习表现为行为或行为潜能的变化。通过学习,我们的行为会发生某种变化,如从不会游泳到会游泳。当然,有些学习不会在我们的当前行为中立即表现出来,但会影响我们对待事物的态度和价值观,即改变我们的行为潜能。

(2)学习所引起的行为或行为潜能的变化是相对持久的。如学会游泳后游泳技能可能终生不忘。药物、疾病、疲劳等因素也会引起行为或行为潜能的变化,但这种变化一般是暂时的,因此不能称为学习。

(3)学习是由反复经验引起的。有时候个体的生理成熟或衰老也会引起行为产生持久改变,如青春期少年的嗓音变化,这是由生理成熟引起的,与经验无关,所以不能称为学习。

4.4.2 记忆

记忆是个体对其经验的识记、保持和再现(回忆和再认),感知过、思考过、体验过和行动过的事物都可以成为个体的经验,从信息加工的观点来看,记忆就是信息的输入、编码、储存和提取。人们日常从外界通过感觉器官进入大脑的信息量非常大,但是仅有1%对个体具有重要意义的信息能被长期储存于记忆中。

识记、保持和再现是记忆的3个基本过程,解释如下。

(1)识记是记忆的开始阶段,是获得知识经验的记忆过程,也是信息的输入和编码过程。识记具有选择性,环境中的各种刺激只有被个体注意才能识记住。

(2)保持是识记和再现的中间环节,保持是对识记到的内容进行巩固和强化的过程。

(3)再现是识记和保持的结果,通过再现也是对识记和保持的检验。再现包括再认和回忆,再认指人们对感知过、思考过或体验过的事物,当它再度呈现时仍能认识的心理过程;回忆指人们过去经历过的事物以形象或概念的形式在大脑中重新出现的过程,回忆通常以联想为基础。

记忆过程的3个环节是相互联系和相互制约的。没有识记就谈不上对经验的保持;没有识记和保持，就不可能对经历过的事物的再现。因此，识记和保持是再现的前提，再现又是识记和保持的结果，并能进一步巩固和加强识记和保持。

4.4.3　人类记忆的假想结构

短时记忆和长时记忆是记忆系统中的两个重要部分，它们在保持时间和内容上有所不同，如图 4-9 所示。

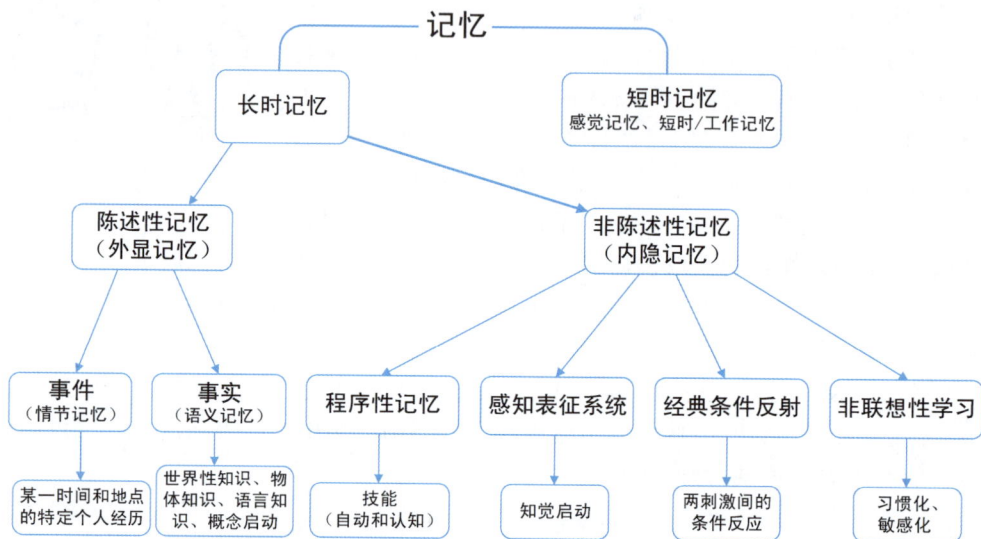

图 4-9　人类记忆的假想结构

短时记忆，也称为工作记忆，是我们在进行认知活动时临时存储和加工信息的记忆系统。它的信息储存时间比瞬时记忆长一些，但一般不会超过 1 分钟。比如，打电话的时候，刚刚得到一串电话号码，你可以拿起电话拨出去，等事情结束再回头想号码的时候可能就忘记了。

1. 短时记忆的特点

（1）时间很短：信息在短时记忆中储存的时间较短，一般不会超过 1 分钟。

（2）容量有限：短时记忆的容量是有限的，一般为 7±2 个组块，也就是我们能够同时处理和记忆的信息数量大约为 7 个，但这个数字可能会因个体差异而有所不同。

（3）意识清晰：我们能够意识到短时记忆中的信息，并对其进行操作和处理。

（4）可操作性强：短时记忆具有较强的可操作性，可以根据需要将信息从短时记忆中提取出来，用于进一步的认知活动。

（5）易受干扰：短时记忆容易受到干扰，例如在执行任务时被其他无关信息干扰，可能会导致遗忘。

长时记忆是指信息在记忆中的储存时间超过 1 分钟，直至几天、几周或数年，甚至终生不忘。在一般情况下，我们学习时记忆下来的东西都属于长时记忆。

2. 长时记忆的特点

（1）储存时间长：可储存大量的信息，这些信息可以在我们的一生中随时被提取和使用。

（2）容量无限：容量理论上被认为是无限的，但是实际可用的记忆容量则可能受到编码、存储和检索等过程效率的限制。

（3）意识模糊：记忆的信息不一定能够被我们清晰地意识到，但可以在潜意识层面影响我们的行为和决策。

（4）稳定性差：受到多种因素的影响，例如时间、情绪、环境等，可能会导致信息的遗忘或改变。

通常长时记忆可以分为陈述性记忆和非陈述性记忆。这是根据记忆所储存信息的不同特征和访问方式划分的。

陈述性记忆是指可以通过有意识的过程接触或访问的知识，包括有关个人和世界的知识。这些知识可以通过复述、回忆、自我报告等方式提取和表达。陈述性记忆通常与语言、思维和意识相关联，是人们日常生活中获取和储存信息的重要方式。

非陈述性记忆则是指无法通过有意识的过程接触的知识，例如运动和认知技能、知觉启动以及由条件反射、习惯化和敏感化引发的简单的学习行为。这些知识不是通过复述、回忆或自我报告等方式提取的，而是通过直接的操作、反应或行为表现来体现。非陈述性记忆通常与习惯、技能和自动化行为有关，是人们在日常生活中无意识间获得和运用知识的方式。

两者之间的一个明显区别是：陈述性记忆容易形成，也容易忘记，而非陈述性记忆通常需要多次的重复和练习才能形成，但一旦形成则不容易忘记。这意味着陈述性记忆更多地依赖意识的努力和注意，而非陈述性记忆则更多地依赖反复实践和经验的积累。

艾宾浩斯记忆遗忘曲线是德国著名心理学家赫尔曼·艾宾浩斯（Hermann Ebbinghaus，1850—1909）根据实验研究发现的，揭示了人类记忆和遗忘的规律，如图4-10所示。

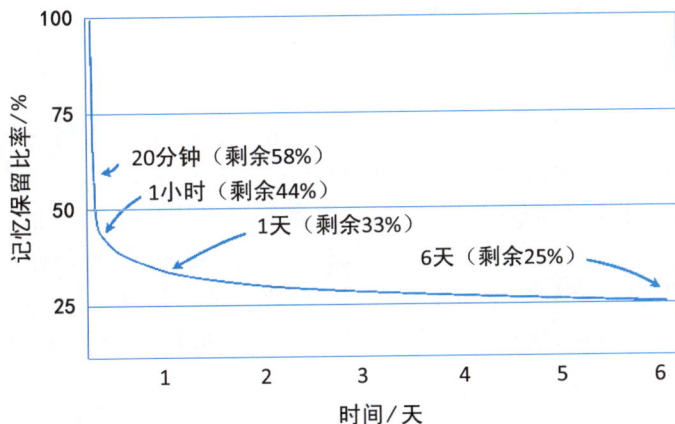

图4-10　艾宾浩斯记忆遗忘曲线

艾宾浩斯的研究发现，随着时间的推移，人们的记忆保留量会逐渐下降，而且最初遗忘的速度很快，之后逐渐减缓。新学得的知识在一天后，如不抓紧复习，就只剩下原来的1/3。而刚刚学习过的知识，记忆内容为80%～100%，要想让学到的知识内容保持80%以上的长期记忆，只有不断地重复记忆，因为每复习一次就是记忆保持在刚刚学过的状态的80%以上，多次强化后，短时记忆会形成长时记忆，就不会再忘记了。

艾宾浩斯记忆遗忘曲线对于学习策略和记忆技巧有很大的启示意义。首先，它强调了及时复习的重要性。在学习后的短时间内复习，可以有效地巩固记忆，提高知识的保留率。其次，它提醒我们要合理安排复习时间。多次的复习可以帮助知识在大脑中形成更稳定的记忆痕迹，避免一次性大量学习导致的信息过载和记忆负荷过大。

4.4.4　记忆的神经生理机制假说

巴甫洛夫条件反射理论是一种经典的心理学理论，通过研究动物在特定条件下的行为反应揭示了人类和动物的学习机制。该理论被视为记忆的神经生理机制假说之一。根据巴甫洛夫的观点，记忆过程涉及大脑皮质中暂时神经联系的建立、巩固以及在特定条件下的重新激活，包含以下几方面。

1. 记忆的形成

在条件反射理论中，识记（即记忆的形成）是记忆过程的第一步，外界刺激在大脑皮质中形成暂时性神经联系，形成记忆痕迹。

2. 巩固与保持

在条件反射得到反复强化后，记忆痕迹在大脑皮质中得到巩固，形成更稳定的记忆。保持是通过反复学习、复习或再现经验实现的，条件反射的重复刺激不断强化这种联系，加深了记忆的稳定性。

3. 遗忘的发生

在条件反射理论中，如果神经联系未得到持续强化，便会逐渐消退，导致记忆减弱或遗忘。这表明，记忆痕迹若未被强化或重新激活，可能会随着时间推移而逐渐消失。

4. 再现（回忆和再认）

当遇到类似刺激时，条件反射使得大脑能够重新激活先前的记忆痕迹，从而实现记忆的再现。这一过程与记忆提取密切相关，通过重新激活神经联系，人类和动物能够识别或回忆起过去的经历。

记忆的神经元回路说是关于记忆的另外一种理论，它为我们理解记忆的机制提供了重要的思路。它认为记忆是通过神经元之间的信息传递构成闭合回路形成的。这个理论强调了神经元之间的相互作用和信息传递的过程，以解释记忆的形成和存储。

在记忆的神经元回路说中，短时记忆被认为是神经系统中反响回路中的反响效应。这种反响回路接收到特定刺激时，会引发一系列的神经元放电活动，这些放电会在回路中循环传递，形成短时记忆。然而，这种循环传递在持续一定时间后开始衰减，直到消失，这就是短时记忆的遗忘过程。

而长时记忆则被认为是持续的反响活动引起的某种比较持久的结构上的变化。这些变化包括神经元树突数量的增多、突触间隙的变小以及生化成分的改变等。这些变化使得神经元之间的连接更加紧密和高效，从而形成了长时记忆。

4.5　研究心理和行为脑机制的方法

人类历史上最初通过尸体解剖研究脑局部损伤者得知脑的结构与功能，这种方法叫作病理解剖学。通过研究病变的脑组织，科学家逐渐揭示了脑的结构和功能关系，为后来的神经科学和心理学研究提供了重要基础。

随着科学技术的发展,现代科学家进行相关研究的手段和方法已经得到了极大提升。除了传统的病理解剖学方法,现代科学家还采用了各种先进的成像技术,如功能性磁共振成像(fMRI)、正电子发射断层扫描(PET)、单光子发射计算机断层扫描(SPECT)等,这些技术可以无创地观察活体大脑的结构和功能,提供更为精确和实时的信息。此外,现代科学家还采用了分子生物学、基因组学、神经电生理学、计算神经科学等跨学科的研究方法,从不同层次和角度研究脑的结构和功能,进一步深入揭示了心理和行为的脑机制。

比如,脑电图(EEG)和脑磁图(MEG)技术可以提供时间分辨率较高的信息,用于研究大脑的电活动和磁场变化。这些技术可以捕捉到大脑在处理信息、感知刺激和执行任务时的神经信号,从而帮助科学家了解大脑在特定任务下的活动模式和神经通路。而 PET 技术和 fMRI 技术则可以提供空间分辨率较高的信息,用于研究大脑的代谢活动和血流变化。这些技术可以检测到大脑在不同任务和刺激下的代谢率和血流变化,从而揭示大脑在处理信息、感知刺激和执行任务时的神经机制和功能连接。

这些技术各有优势和局限性,通常需要结合使用,以更全面地研究心理与行为的脑机制。综合这些技术,科学家可以绘制出大脑在不同状态下的活动图谱,进一步揭示大脑的结构、功能和神经机制,从而更好地理解人类的心理和行为。

本节将以 EEG 为例介绍一种研究心理和行为脑机制的方法。

4.5.1　EEG 的历史

1875 年,英国利物浦内科医生及生理学家理查德·卡顿(Richard Caton)首次从动物大脑皮层记录到节律性脑电波,他将电极直接放在暴露的动物脑表面,发现存在电信号,该结果于当年发表。1887 年,理查德·卡顿通过干扰照在动物眼中的光线检测到脑电的负向波动。

1924 年,德国精神病学家汉斯·伯格(Hans Berger)首次记录到人的脑电波。汉斯·伯格在自己和其他许多人身上反复记录脑电波,通过同步记录心电和头部血压变化排除了由血循环造成波动假象的可能性,并将电极放在皮肤下同步记录,排除了波动来自皮肤的可能性。

经过 5 年的反复核实,1929 年,汉斯·伯格发表了该结果,这是有关人类 EEG 的第一篇论文。由于这是汉斯·伯格从人类 EEG 中分离出来的第一个波,所以他用希腊首字母命名此波为 α 波。α 波主要出现在人的清醒状态下,并且具有明显的特征。它的频率通常为 8~13Hz,振幅则相对较低。这种波形的特点是会在大脑的枕叶和顶叶区域出现,而且通常与放松和清醒的状态有关。

4.5.2　EEG 的特征

脑电图的工作原理是通过放置在头皮上的电极来记录大脑内部的电活动。这些电极可以捕捉到大脑中的神经元放电和信号传递的过程。脑电图机根据需要可以记录的电极数量分为 16 导、32 导和 64 导等不同类型,而在研究领域,脑电采集记录装置可以做到 512 个电极,大大提高了脑电记录的空间分辨率。

脑电图中有形状不同的波或节律,这些波或节律与人的心理活动密切相关。当人的心理活动增强时，脑电图节律就会增高，反之就会减慢。这些波或节律反映了大脑在不同心理状态下的神经电活动特征。通过总结这些规律，研究者可以确定不同心理状态下大脑的脑电图特征，进而可以通过某人的脑电图特征反推出其当前的心理状态或行为表现，如图 4-11 所示。

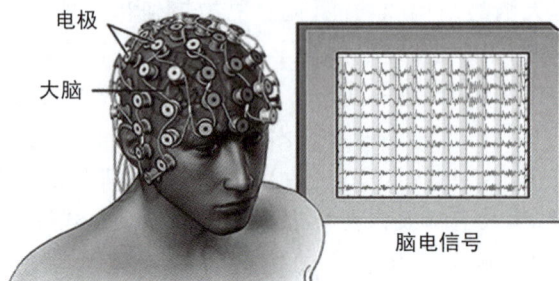

图 4-11 脑电信号的采集

EEG 的最大优点在于其能够探测脑内的电信号，具有极高的时间分辨率，可以达到毫秒级甚至亚毫秒级。这使得脑电图在实时监测受试者的大脑活动方面具有显著的优势。

然而，脑电图也存在一些缺陷。其中，空间分辨率较低是脑电图的一个主要限制。在脑电图记录过程中，置于头皮上的电极探测的是电极下方脑区内上百万个神经元的协同放电，而非某个神经元单独的放电活动。这意味着我们无法准确地确定某个特定神经元的放电位置或活动状态。此外，大脑活动产生的电场很容易受到来自多方的干扰，这些干扰可能来自环境因素，也可能来自大脑组织本身。这些干扰可能会影响脑电图记录的准确性和可靠性。

尽管存在这些限制，脑电图仍然是一种非常有价值的神经电生理技术，广泛应用于临床医学、神经科学、心理学和认知科学等领域。通过不断改进技术和方法，结合其他神经成像技术，可以更深入地了解大脑的功能和活动，为临床诊断、神经科学研究、心理学等领域提供重要的支持和参考。表 4-3 总结了几种常用脑波的频率与波幅的关系。

表 4-3 几种常用脑波的频率与波幅

脑波种类		频率	人体状态
Delta(δ)		0.1～3Hz	深度睡眠且没有做梦时
Theta(θ)		4～7Hz	成人情绪受到压力时，尤其是失望和挫折时
Alpha(α)		8～12Hz	放松、平静、闭眼但清醒时
Beta(β)	低β波	12.5～16Hz	放松但精神集中
	中β波	16.5～20Hz	思考、处理接收到外界信息（听到或想到）
	高β波	20.5～28Hz	激动、焦虑
Gamma(γ)		25～100Hz(通常在40Hz)	增强意识、幸福感、减轻压力、冥想
Lambda(λ)		诱发电位	眼睛受光刺激时100ms后诱发（又称作P100）
P300		诱发电位	看到或听到脑中想象的东西时300ms后触发

4.5.3 EEG 的事件相关电位

得益于脑电图的高时间分辨率，可以通过测量由认知活动引起的脑电信号变化来逆向推断神经元活动的源定位,这在神经科学和认知科学的研究中具有重要意义。

事件相关电位技术(event-related potentials,ERP)是20世纪六七十年代发展起来的一种技术,被广泛应用于认知科学的研究。ERP是指对神经系统某一特定部位(包括从感受器到大脑皮层)给予适当的刺激,或使大脑对刺激的信息进行加工,然后该系统和脑的相应部位会产生可以检测到的、与刺激有相对固定时间间隔(锁时关系)和特定位相的生物电反应。

ERP技术可以提供关于大脑对刺激信息加工过程的重要信息,帮助我们深入了解大脑的认知活动和神经机制。在认知科学的研究中,ERP技术被广泛应用于语言理解、学习记忆、注意、知觉和思维等方面的研究。此外,ERP技术在临床诊断方面也有重要应用,如精神分裂症、癫痫等神经系统疾病的诊断和监测。

4.5.4 脑机接口

脑机接口(BCI)是一种全新的通信和控制技术,它通过信号采集设备从大脑皮层采集脑电信号,经过放大、滤波、A/D转换等处理提取出可以被计算机识别的特征信号,再利用这些特征进行模式识别,最后转换为控制外部设备的具体指令,实现对外部设备的控制,如图4-12所示。

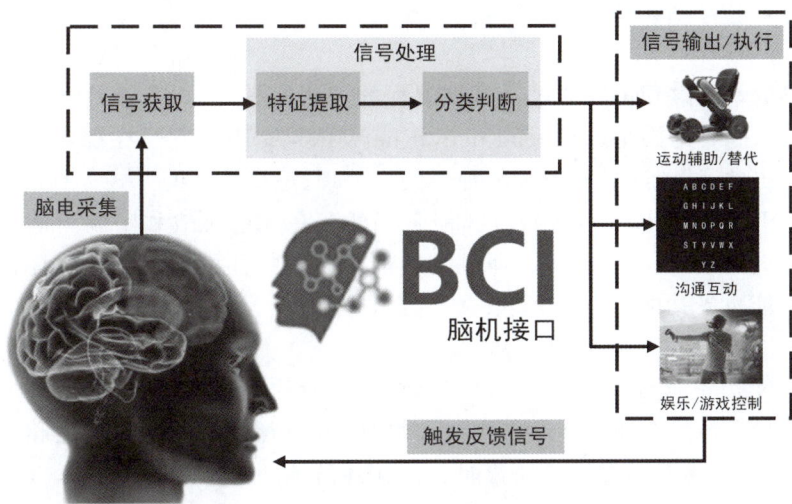

图 4-12 脑机接口的基本原理

BCI技术的核心在于利用大脑皮层的神经信号来控制外部设备,而不需要依赖常规的大脑信息输出通路。这意味着人们可以通过思维直接控制基于脑机接口的机器人,使其从事各种工作。这种技术可以帮助残疾人自由自在地行动,也可以让普通人更高效地学习和工作。

除了医疗领域,BCI技术还具有广泛的应用前景。例如,使用BCI技术,人们可以实现对智能家居设备的智能控制,提高生活质量。在教育领域,BCI技术可以帮助学生更好地理解和掌握知识,提高学习效率。在军事领域,BCI技术可以帮助士兵更好地控制武器和装备,提高作战能力。在娱乐领域,BCI技术可以用于游戏控制和虚拟现实中,提供更加逼真的体验。

Neuralink 是一家美国神经科技公司，成立于 2016 年，由埃隆·马斯克（Elon Musk）牵头创立。该公司致力于研究和开发 BCI 技术，以实现人与机器的直接交流和控制。在 Neuralink 的研发过程中，考虑了多种类型的 BCI，包括侵入式和非侵入式。

侵入式 BCI 通常需要将电极或传感器植入大脑内部，直接测量神经信号。然而，这种类型的技术存在一定的安全隐患，如手术风险、感染和免疫反应等。因此，为了确保生命安全，对该设备的要求非常严格，例如要求设备小型化、无线发送和接收数据等。相比之下，非侵入式 BCI 则不需要进行手术植入，通常使用脑电信号采集技术来测量大脑活动。这种技术相对较安全，但信号质量可能不如侵入式技术稳定和准确。

2020 年 8 月，Neuralink 将一种芯片植入猪脑，该芯片能够感受温度气压的变化，读取脑电波、脉搏等生理信号，并能够通过发送信号，刺激大脑神经元细胞做出相应的反应。这项技术的实现推动了脑机接口技术的发展，也为治疗和修复大脑功能提供了新的思路。

2021 年 4 月，在 Neuralink 的另一项研究中，该芯片实现了让猴子用"意念控制"光标打游戏。通过将芯片植入猴子的头骨，捕捉猴子大脑中的神经信号，并将这些信号转换为控制光标移动的指令。这项技术的实现展示了脑机接口技术在帮助增强生物认知和行为能力方面的潜力。

4.6　脑认知机理的计算机模拟

人类大脑的认知过程可以通过计算机编程的方法模拟，以再现这种智能现象。这种方法通常被称为人工神经网络（artificial neural network，ANN），它是在现代神经科学研究成果的基础上提出的，试图通过模拟大脑神经网络处理、记忆信息的方式进行信息处理。

虽然 ANN 已经取得了一定的成就，但它仍然存在一些挑战和限制。例如，ANN 的训练过程需要大量的数据和计算资源，而且它的理解和解释性不如传统的程序模型清晰。此外，ANN 的性能也受到网络结构、参数选择、数据预处理等因素的影响，需要不断地调整和优化。

总之，ANN 是一种模拟人脑神经网络结构和功能的计算模型，它在信息处理领域有着广泛的应用前景。虽然它还存在一些挑战和限制，但随着技术的不断迭代和升级，ANN 会越来越成熟和完善，为人们提供更加智能、高效的信息处理解决方案。

4.6.1　机器能够思维吗？

1950 年，著名的计算机专家阿兰·图灵在《心灵》（Mind）杂志上发表了一篇划时代的论文：《计算机器和智能》[9]。在这篇论文中，图灵认为，机器能不能思维的问题应当用问机器能否通过他设计的著名的"图灵测试"的问题来代替。如果机器能通过这个测试，就可以说机器具有思维。

在"图灵测试"中，被测试者（一个人和一台机器）在分隔的情况下，通过一些装置（如键盘）回答测试者的随意提问。如果超过 30% 的测试者不能确定被测试者是人还是机器，那么这台机器就被认为具有人类智能。

图灵测试通过对话交互的方式进行，旨在评估机器是否能够以一种让人误以为其是人类的方式进行沟通。然而，具体展开图灵测试存在许多困难和挑战。例如，没有明确的标准来定义智能行为的界限,也没有明确的标准来规范测试中各种场景的选择和设计等。由于图灵测试的模糊性和主观性,它在实践中并没有被广泛应用于评估人工智能系统的性能。相反,我们通常使用更具体和客观的指标来评估机器的性能,例如语言理解的准确性、信息检索的精确度、任务完成的效率等。尽管如此,图灵测试仍然具有重要的哲学和思考意义,它促使我们思考人工智能的发展和机器与人类之间的交互关系。同时,图灵测试也推动了人工智能领域的其他相关研究,如自然语言处理、对话系统和智能代理等的发展。

2022年11月,OpenAI发布的基于GPT 3.5的ChatGPT是人工智能技术驱动的自然语言处理工具,它能够基于在预训练阶段所见的模式和统计规律来生成回答,还能根据聊天的上下文进行互动,真正像人类一样来聊天交流。2023年7月,《自然》(*Nature*)发表了论文《ChatGPT打破了图灵测试——AI评估新方法的竞赛已经开始》(*ChatGPT broke the Turing test — the race is on for new ways to assess AI*),指出ChatGPT已经攻破了图灵测试。需要注意的是,目前AI界并没有统一的共识,认为有任何AI确切地"打破"了图灵测试。图灵测试是对机器表现出的智能行为是否与人类不可区分的主观评估,这常常是个具有争议的话题。

4.6.2 ANN的提出

ANN是由大量处理单元互联组成的一种非线性、自适应的信息处理系统,它是在现代神经科学研究成果的基础上提出的,从两方面尝试模拟了人类大脑神经元之间的连接方式:神经网络获取的知识是从外界环境中学习得来的;神经网络中内部神经元的连接强度,即突触权值,用于储存获取的知识。

ANN是并行分布式系统,采用了与传统人工智能和信息处理技术完全不同的机理,可以克服传统的基于逻辑符号的人工智能在处理直觉、非结构化信息方面的缺陷。它具有自适应、自组织和实时学习的特点,可以模拟人类大脑的学习方式[10]。

4.6.3 ANN的工作原理

ANN的核心构成单元是人工神经元。这些神经元负责接收来自其他神经元的输入信号,将这些输入信号乘以相应的权重值后进行累加,得到的总和会传递给后续的一个或多个神经元。在传递输出之前,部分人工神经元会对其输出应用激活函数,以引入非线性因素,从而增强网络处理复杂数据的能力,如图4-13所示。

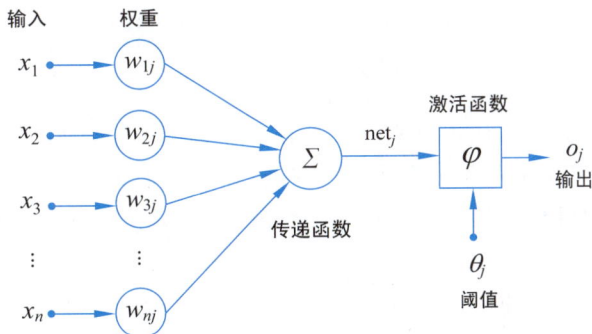

图4-13 人工神经网络的基本组成部分

从本质上讲，ANN 是一个非常琐碎的数学运算。但是，当成千上万的神经元多层放置并堆叠在一起时，将获得一个 ANN，能执行非常复杂的任务，例如对图像进行分类或识别语音。

ANN 的 6 个基本特征如下。

（1）神经元及其连接：ANN 由许多神经元组成，每个神经元都与其他神经元通过突触连接。每个神经元都接收输入信号，并将其传递给其他神经元。

（2）神经元之间的连接强度决定信号传递的强弱：神经元之间的连接强度用突触权值来表示。在训练过程中，突触权值会根据传递信号的强度更新，从而改变信号传递的强弱。

（3）神经元之间的连接强度是可以随训练改变的：ANN 可以通过训练来学习和记忆信息。在训练过程中，根据目标输出与实际输出的误差来调整突触权值，从而改变神经元之间的连接强度。

（4）信号可以是起刺激作用的，也可以是起抑制作用的：神经元之间的连接可以是兴奋性的，也可以是抑制性的。兴奋性连接会增强信号的传递，而抑制性连接则会减弱信号的传递。

（5）一个神经元接收信号的累积效果决定该神经元的状态：每个神经元都会接收来自多个神经元的输入信号。这些输入信号会根据其突触权值进行加权求和（累积），然后决定该神经元的状态（是否激活）。

（6）每个神经元可以有一个激活"阈值"：每个神经元都有一个阈值，当输入信号的累积效果超过这个阈值时，该神经元就会被激活，产生输出信号。如果输入信号的累积效果没有达到阈值，则该神经元不会被激活。

利用大量神经元相互连接组成的 ANN，将显示出人脑的若干特征，ANN 也具有初步的自适应与自组织能力。在学习或训练过程中改变突触权重值，以适应周围环境的要求。同一网络因学习方式及内容不同可具有不同的功能。

后续章节中将讲解 ANN 是一个具有学习能力的系统，可以发展出新知识，甚至超过设计者原有的知识水平。通常，它的学习（或训练）方式可分为两种，一种是有监督（supervised）学习或称有导师的学习，即利用给定的样本标准进行分类或模仿；另一种是无监督（unsupervised）学习或称无导师学习，只规定学习方式或某些规则，而具体的学习内容随系统所处环境（即输入信号情况）而异，系统可以自动发现环境特征和规律性，具有更近似人脑的功能。

4.7 思考

【思考 4.1】 认知科学是认识事物并知道该事物内涵的科学吗？

【思考 4.2】 ANN 中的神经元和大脑中的神经元有何异同？

【思考 4.3】 认知科学如何整合心理学、神经科学和人工智能等学科的研究成果？这种整合为理解人类心智提供了哪些新的视角或方法？

【思考 4.4】 研究学习和记忆的机制，为什么对理解人脑如何处理信息至关重要？尝试了解一些现代研究成果，如神经可塑性或记忆巩固过程的分子机制。

【思考 4.5】 人工智能技术中有哪些是受认知科学理论启发的？这些技术是如何模拟

或扩展人类的认知功能的?

【思考 4.6】 在进行认知科学研究时,我们可能会遇到哪些伦理难题? 例如,在神经成像或人脑研究中,应如何平衡科学探索与个人隐私之间的关系?

4.8 习题

【作业 4.1】 浅谈记忆的神经生理机制假说。

【作业 4.2】 脉冲神经网络(SNN)不同于人工神经网络(ANN),人脑的神经网络更类似哪一个? 为什么?

【作业 4.3】 调研骆清铭的全脑介观图谱绘制体系及其在认知科学上的意义。

【作业 4.4】 阅读焦李成的论文《类脑感知与认知的挑战与思考》,写一篇读后感。

参考文献

[1] 张淑华,朱启文,杜庆东,等. 认知科学基础[M]. 北京:科学出版社,2007.

[2] 武秀波,苗霖,吴丽娟,等. 认知科学基础[M]. 北京:科学出版社,2007.

[3] 焦李成. 类脑感知与认知的挑战与思考[J]. 智能系统学报,2022,17(1):213-216.

[4] 陆林,刘晓星,袁凯. 中国脑科学计划进展[J]. 北京大学学报(医学版),2022,54(5):791-795.

[5] University of Washington. BrainInfo[EB/OL]. [2024-10-15]. http://www.braininfo.rprc.washington.edu.

[6] GAZZANIGA M S,IVRY R B,MANGUN G R. 认知神经科学:关于心智的生物学[M]. 周晓林,高定国,等译. 北京:中国轻工业出版社,2011.

[7] HAINES D,MIHAILOFF G. Fundamental Neuroscience for Basic and Clinical Applications[M]. 5th ed. Philadelphia,Pennsylvania:Elsevier,2018.

[8] SCHIFFMAN H R.感觉与知觉[M]. 李乐山,等译. 5 版. 西安:西安交通大学出版社,2014.

[9] TURING A M. Computing Machinery and Intelligence[J]. Mind,1950,LIX(236):433-460.

[10] HAM F M,KOSTANIC I. 神经计算原理[M]. 叶世伟,王海娟,译. 北京:机械工业出版社,2014.

第 **5** 章

深 度 学 习

深度学习是机器学习的一个重要分支,它通过构建和训练多层神经网络模型,使计算机能够从大量数据中学习复杂的模式和规律。深度学习在图像识别、语音识别和自然语言处理等领域取得了显著成果,助力了人脸识别、图像识别和自然语言处理等技术的迅猛发展。

强化学习也是一种机器学习方法,它通过让智能体与环境互动,学习如何在不同情境下采取最佳行动,以最大化累积奖励。强化学习在自动驾驶、游戏 AI 和机器人控制等领域展现了强大的潜力。例如,强化学习算法在围棋和其他复杂游戏中已经超越了人类顶尖选手,并且在机器人控制领域实现了自主学习复杂任务的能力。

深度学习和强化学习是机器学习技术的左膀右臂,在近二十年人工智能的高速发展中起到了关键作用。这两种技术的进步推动了人工智能的发展,使得计算机系统在处理复杂任务和适应新环境方面表现出更高的智能和灵活性。

5.1 从机器学习到深度学习

第 1 章讲到,在人工智能研究的波浪式前进中,机器学习起到了至关重要的作用。机器学习是一种让机器通过数据学习和改进的方法,使得机器能够根据过去的经验不断优化自己的性能。深度学习作为机器学习的一个分支,通过构建多层次的神经网络模型,使得机器可以从大量数据中提取抽象的特征和模式,从而实现诸如图像识别、自然语言处理等复杂任务。特别是深度学习也是人工智能研究进入第三个高潮的最重要推手。人工智能、机器学习和深度学习的包含关系如图 5-1 所示。

图 5-1 人工智能、机器学习和深度学习的包含关系

5.1.1 机器学习的发展历程

机器学习的发展分为三个阶段,涵盖传统机器学习、深度学习和大规模预训练模型。

1. 第一阶段是传统机器学习的发展阶段

这个阶段主要是基于统计学和数学方法的传统机器学习算法,例如线性回归、支持向量机、决策树、朴素贝叶斯等。早在 20 世纪五六十年代,就已经出现了感知机、逻辑回归和 K-近邻算法等,直到 1980 年,在美国卡内基-梅隆大学举行了第一届机器学习研讨会,才标志着机器学习研究作为一个独立方向在全世界范围内的兴起,之后传统机器学习快速发展了二十多年。

线性回归是一种用于预测连续数值输出的回归算法,它基于对输入特征和输出之间的线性关系进行建模,通过最小化预测值和真实值之间的误差得到最佳的模型参数。支持向量机是一种二分类的有监督学习算法,在数据集中找到一个最优决策边界,以尽可能最大化两个不同类别之间的间隔,可以高效地处理高维数据,并且具有较强的泛化能力。决策树是一种基于树状结构的分类和回归算法,通过对特征值的逐步划分构建一个树状的决策流程,易于理解和解释,并且可以处理数值型和离散型数据。朴素贝叶斯是一种基于贝叶斯定理的分类算法。它假设所有特征之间相互独立,通过计算后验概率得到最佳分类结果,计算简单,效果良好。这些传统机器学习算法在数据处理、模式识别、分类、预测等方面都得到了广泛应用,常用于房价预测、文本分类、股票趋势分析、金融风险评估等任务。

然而,当面对复杂数据和高维特征空间时,传统机器学习方法也展现出一定的局限性。首先面临维度灾难:随着特征维度的增加,传统机器学习方法的性能可能迅速下降。在高维特征空间中,数据变得稀疏,将高维空间的分类结果投影在低维空间中,容易使分类器学习过多的样本数据的异常特征(即噪声),出现过拟合问题,在新数据上的泛化能力不佳。其次是特征工程困难:在高维特征空间中,如何选择合适的特征并进行特征工程变得更加困难。传统方法需要大量的人工专业知识来进行特征选择和提取,耗时更多,且难以保证最佳性能。此外,高维特征空间中可能存在大量的特征交互关系,利用传统方法难以捕捉,从而限制了模型的性能。

2. 第二阶段是深度学习的发展阶段

深度学习的概念由辛顿于 2006 年在《科学》(*Science*)上发表的论文《深度学习》(*Deep Learning*)中提出,是一种基于深度神经网络的机器学习方法,通过多层次的神经网络模型学习数据的特征和模式。作为新一代机器学习方法,深度学习依托多层神经网络结构和大规模数据训练的能力,能够自动地从原始数据中学习高层次的抽象特征,从而在计算机视觉、自然语言处理和语音识别等领域取得了突破,可以说深度学习使得机器学习大放异彩。

卷积神经网络(convolutional neural network,CNN)是深度学习最具代表性的方法之一,在图像分类、目标检测和图像生成等计算机视觉任务上取得了巨大成功。与此同时,循环神经网络(recurrent neural network,RNN)作为另一种代表性深度学习方法,因其出色的序列建模能力,在自然语言处理、语言识别、时间序列预测等任务上大放异彩。

深度学习在自然语言处理、图像识别、语音识别等领域取得了重大突破和成功,并得到了广泛应用,例如智能语音助手 Siri、谷歌翻译等。2016 年,谷歌的围棋人工智能 AlphaGo 在比赛中战胜围棋世界冠军李世石,最终总比分为 4∶1。这一事件对于人工智能领域的发展具有重要意义,因为围棋的复杂性和不确定性远超出国际象棋等传统游戏,AlphaGo 的胜利显示了深度学习和强化学习等技术在处理复杂决策问题方面的潜力。这些重要事件,从特定领域的竞技,到自然语言处理,再到复杂决策,凸显了人工智能的不断进步,展示了人工智能在模拟智能能力方面的成功尝试。

3. 第三阶段是大规模预训练模型的发展阶段

以 CNN、RNN 为代表的深度学习模型需要在大量的标注数据上进行训练,对数据品质的依赖性高,且容易出现过拟合问题。由此诞生了预训练模型这一范式。早在 2003 年,本吉奥(Bengio)等提出的神经网络语言模型(neural network language models,NNLM)就已经通过在大量语料上的训练，用词的分布式表示实现对自然语言序列的建模。

预训练模型是指在大规模数据上预先训练好的神经网络模型，然后在大规模未标记数据上进行自监督学习或多任务学习得到（也有部分计算机视觉领域的预训练模型为有监督学习）。对于特定任务，只需要在少量标注样本上进行微调或迁移学习，就可以达到与从头开始训练相当甚至更好的效果，大大减少了训练时间和样本需求。

随着数据和模型规模的大幅增加，大规模预训练模型（以下简称"大模型"）应运而生。大模型的参数通常在十亿以上，模型大小可以达到数百 GB 甚至更大，具有强大的表达能力和学习能力。大模型在自然语言处理领域展现了先进的能力，如问答、机器翻译、摘要提取、代码生成、写作润色等。大模型在计算机视觉领域同样得到了广泛应用。未来大模型将为产品交互、企业生态、商业模式、个人创作等带来深刻的变革。

5.1.2 深度学习的发展脉络

深度学习被学界熟悉并广泛应用之前，绝大多数机器学习和信号处理技术都利用浅层神经网络结构，这些结构一般包含最多一到两层的非线性特征变换。浅层结构包括高斯混合模型（Gaussian mixture model，GMM）、线性或非线性动力系统、条件随机场（conditional random field，CRF）、最大熵模型（maximum entropy models，MaxEnt）、支持向量机（support vector machine，SVM）、逻辑回归（logistic regression，LR）、核回归等方法。浅层结构在解决很多简单的或者限制较多的问题上可以取得良好的效果，但是由于其建模和表示能力有限，在遇到自然语言、视觉图像等数据更复杂的情境时就会遇到各种困难。

作为解决上述困难的有效方法，深度学习起源于对 ANN 的研究。前馈神经网络或多层感知机[3]被认为是最早的深度神经网络（deep neural network，DNN）。具有里程碑意义的反向传播（back-propagation，BP）算法流行于 20 世纪 80 年代，是广为人知的一种有效学习网络参数的算法。更高的算力和更好的学习算法也促使了 DNN 的成功。在训练过程中，深而宽网络的使用不仅显著提高了 DNN 的建模能力，而且创造出了许多接近的最优配置。2003 年，杨立昆（Yann LeCun）提出的随机梯度下降算法[4]在大多数训练集较大且冗余的情况下是最有效的算法。但是，在优化目标为非凸函数的 DNN 中，来自局部最优化或其他最优化问题的挑战普遍存在，当使用批量梯度下降或随机梯度下降的 BP 算法时，目标函数经常会陷入局部最优的情况。随着网络层数的加深，局部最优的情况也就会变得越来越严重，这些挑战通常是学习中面临的主要困难。

2006 年，辛顿提出了一种高效的无监督学习算法——深度置信网络[5]（deep belief network，DBN），其由一组受限玻尔兹曼机堆叠而成，经验性地缓解了与深度模型相关的最优化难题。多层感知机或 DNN 通过无监督的 DBN 来进行预训练，然后通过 BP 微调来优化。实验证明，使用配置好的 DBN 来初始化多层感知机的权重取得了比随机初始化的方法更好的结果。除了具有好的初始点，DBN 还有一些颇具吸引力的优点，首先它的学习算法可以有效使用未标注的数据，其次它可以看作一个概率生成模型，最后过拟合和欠拟合问题都可以通过预训练方式解决。

对于 DNN 学习的高度非凸优化问题，由于优化是从初始模型开始的，所以更好的参数初始化技术将会打造出更好的模型。一种与 DBN 性能相当且有效的初始化方法是对 DNN 进行逐层预训练，通常将每两层视为一个除噪自编码器，该除噪自编码器通过将输入节点的随机子集设置为零而进行正则化。另一种方法是使用压缩自编码器,它通过使输入变量具有更好的鲁棒性来达到同样的目的。除了无监督预训练外,有监督的预训练也被证明是很有效的,并且在标记的训练数据充足的情况下比无监督的预训练技术表现得更好。

有研究人员还分析了深度学习在语音和图像中捕获了哪些信息,他们发现,DNN 的隐藏激活向量保留了与多个尺度上的特征向量相似的结构。我们有理由认为,深层网络的强大之处在于它们拥有在提取合适特征的同时做判别的能力。

2009 年,斯坦福大学的李飞飞教授创建了包含超过 1400 万张标注图像的大型数据集 ImageNet[6],并在 2010 年启动了 ImageNet 大规模视觉识别挑战赛(ILSVRC)。创立 ImageNet 数据集和挑战赛的目的是评估大型数据集上的图像分类架构,它带来了许多新颖的、强大的、有趣的视觉架构。

2012 年,辛顿团队在该挑战赛上使用了一个名为 AlexNet 的 CNN[7],一举夺得冠军,将错误率从 26% 降低到 15%。AlexNet 网络的成功证明了深度卷积神经网络可以很好地处理视觉识别任务,也引发了 CNN 在图像识别领域的革命。

此后几年,VGGNet[8]、GoogLeNet[9] 等卷积架构的网络相继出现,它们的架构不断变大,并且也取得了更好的效果,但网络深度的增加也给训练带来了困难。为此,2015 年,何恺明提出了 ResNet[10],通过引入残差连接解决了深层网络的训练问题,并且进一步将错误率降低到 3.6%。随后,深层次的网络架构井喷式出现,并在 ImageNet 图像挑战赛上不断刷新纪录,同时也在图像分割、目标检测、人脸识别等图像相关任务上取得了显著效果。

因在深度神经网络概念和工程上的突破,本吉奥、辛顿和杨立昆三位学者获得了 2018 年的图灵奖。

5.2 机器学习的问题与方法

5.2.1 机器学习问题

研究机器学习,首先要对机器学习问题进行定义。如图 5-2 所示,我们希望对不同的图像内容识别出其中物体的类别,例如"轮船""汽车""花朵"。该问题可以转换为一个机器学习 $y=f(x)$。其中 x 表示输入的图像特征,f 为预测函数,代表机器学习方法,y 为预测函数的输出。采用训练集中的数据对机器学习模型进行优化,期望预测函数能够应用到新的样本中,并获得准确的结果。

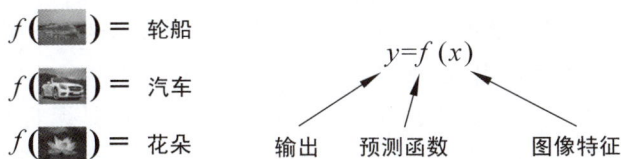

图 5-2 机器学习问题

机器学习的目的是研究计算机怎样模拟或实现人类的学习行为,以获取新的知识或技能,重新组织已有的知识结构,使之不断改善自身的性能。机器学习方法是人工智能的核心,可以应用到人工智能的各个领域。

常见的机器学习方法包括监督学习、半监督学习、无监督学习和强化学习等，如图 5-3 所示。

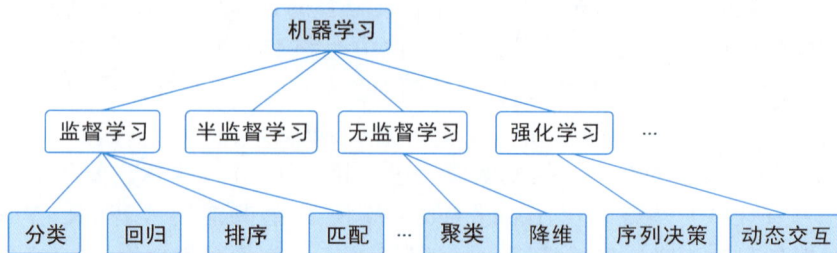

图 5-3　机器学习的分类

监督学习(supervised learning)[13]：是从标记的训练数据来推断一个功能的机器学习任务。训练数据包括一套训练实例。在监督学习中，每个实例都是由一个输入对象(通常为矢量)和一个期望的输出值(也称为监督信号)组成的。监督学习算法是分析该训练数据，并产生一个推断的功能，其可以用于映射出新的实例。目前，监督学习被广泛应用到分类、回归、排序、匹配等多种任务中。

无监督学习(unsupervised learning)[14]：无监督学习的问题是，在未加标签的数据中试图找到隐藏的结构。因为提供给模型学习的实例是未标记的，因此没有错误或奖励信号来评估潜在的解决方案。无监督学习可以减少人工标注的时间，降低人工成本。无监督学习算法常用于聚类和降维任务。

半监督学习(semi-supervised learning)：这是一种结合了监督学习和无监督学习的技术。同时使用"少量标记数据"和"大量未标记数据"，在降低人工标注成本的同时，少量标记数据也可以指导学习。半监督学习往往采用一些假设，如平滑假设、聚类假设、流形假设等。核心优势在于降低标注成本，提升模型性能，适应数据稀缺场景。半监督学习在自监督学习、对比学习中的应用也在不断扩展。

强化学习(reinforced learning)[15]：令模型以"试错"的方式学习，当模型学习正确的时候，给模型一个奖励。强化学习是智能系统从环境到行为映射的学习，学习目标是使奖励信号(强化信号)函数值最大。由于外部环境提供的信息很少，必须靠自身的经历学习。通过这种方式，模型在行动-评价的环境中获得知识，改进行动方案，以适应环境。它适用于许多需要序列决策或动态交互的任务。

机器学习问题可以根据数据的"有监督/无监督"以及输出数据是"连续/离散"进行分类，分为统计分类、回归分析、聚类分析、降维四类典型问题，如图 5-4 所示。有监督的学习方式要求训练集包括输入和输出，也可以说是特征和目标。其中训练集中的目标是人工标注的。区别于有监督的数据，当训练集没有人工标注结果时，则是无监督的。

下面分别介绍统计分类、回归分析、聚类分析和降维四个典型的机器学习问题的方法。

1. 统计分类

统计分类通过部分已知的离散的观测数据来分析事物的规律，从而对其他数据做出分类。以经典的统计分类问题"泰坦尼克号之灾"为例，使用机器学习创建一个模型，预测哪些乘客在泰坦尼克号沉船事故中幸存下来。在这个问题中，可以使用乘客数据(如姓

	有监督	无监督
离散	classification 统计分类	clustering 聚类分析
连续	regression 回归分析	dimensionality reduction 降维

图 5-4 机器学习问题

名、性别、年龄、舱位等)建立一个预测模型来分析“什么样的人更有可能生存”,如图 5-5 所示。

姓名	性别	年龄	同船亲属	船票	金额/英镑	舱位	登船港口
Braund	男	22	1	A/5 21171	7.25	NaN	S
Cumings	女	38	1	PC 17599	71.28	C85	C
Heikkinen	女	26	0	STON/O2.	7.92	NaN	S
Futrelle	女	35	1	113803	53.10	C123	S
Allen	男	35	0	373450	8.05	NaN	S

是否存活?

0 or 1

输入:乘客信息(姓名、性别、年龄、舱位……)

输出

图 5-5 经典案例:泰坦尼克号之灾

采用统计分类方法可以对此类问题进行建模。在通常情况下,数据集有 N 个训练对象 $\boldsymbol{x}_1,\boldsymbol{x}_2,\cdots,\boldsymbol{x}_n$。对于每个样本 $\boldsymbol{x}_i$,提供标签 t_i 描述其所属类别。其中 t_i 是离散标量,$\boldsymbol{x}_i$ 是 D 维的特征向量。每个对象都是一个 D 维的特征向量。对于测试集中给定的对象 $\boldsymbol{x}_{\text{new}}$,分类任务需要预测它的类别 t_{new}。常用的分类方法有贝叶斯分类器、逻辑回归、K-近邻算法、支持向量机等。

2. 回归分析

回归分析是一种统计方法,用于研究一个或多个自变量(independent variables)和因变量(dependent variable)之间的关系。回归分析同样是一种监督学习方法,但与分类问题不同的是,它的输出数据是连续的。一个经典的回归分析案例是房价预测问题。通过多项关于房屋信息的特征(如卧室数量、占地面积等)来预测每套房屋的最终价格,如图 5-6 所示。

编号	卧室数量	占地面积/m²	街道	占地形状	泳池面积/m²	销售月	销售年	…
1	60	8450	石板路	规则	0	2	2008	…
2	20	9600	石板路	规则	0	5	2007	…
3	60	11250	石板路	略不规则	0	9	2008	…
4	70	9550	石板路	略不规则	0	2	2006	…
5	60	14260	石板路	略不规则	0	12	2008	…

房价

(连续数值)

输入:住宅特征

输出

图 5-6 经典案例:房价预测

回归分析是一种预测性的建模技术，通常用于预测分析、时间序列模型以及发现变量之间的因果关系，在许多领域都有着广泛应用，包括经济学、营销学、社会学、医学、工程学等。常见的回归模型有线性回归、岭回归、多项式回归等。

1）线性回归

线性回归（linear regression）假设因变量与自变量之间呈线性相关，换句话说，因变量可以通过自变量的线性组合来解释。如果回归分析中只包含一个自变量和一个因变量，且二者的关系能够拟合为一条直线（图 5-7），称为一元线性回归。如果包含两个以上的自变量，且因变量和自变量之间的关系是线性的，称为多元线性回归，拟合的是多维空间中的一个超平面。

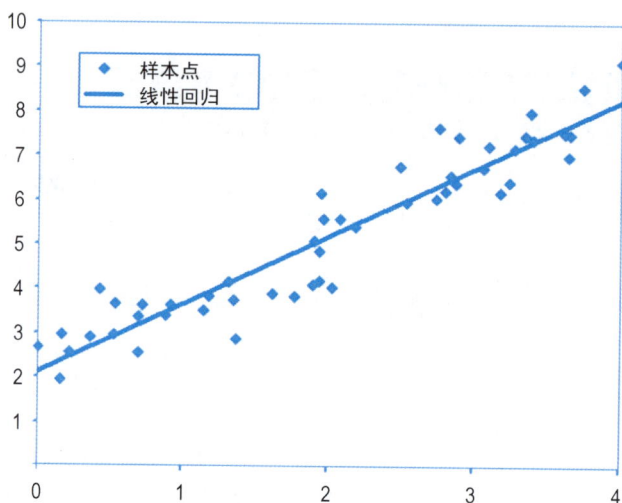

图 5-7　一元线性回归示意图

2）岭回归

岭回归（ridge regression）是线性回归模型的一种正则化改进方法。当自变量特征维度较高时，回归系数的估计可能方差过大，对数据扰动敏感，导致模型过拟合。为解决这一问题，岭回归在原始损失函数中引入 L2 正则化项，并且乘以一个非负参数正则化强度 α。

图 5-8 展示了在岭回归方法中不同 α 与回归系数值之间的关系。随着 α 增加，回归系数的绝对值趋向于减小，从而减少模型的方差，但可能增加偏差。岭回归的一个关键优点是它能够在保证模型具有一定程度准确性的同时，减少模型的复杂性和过度拟合的风险，特别适用于那些特征维度高于样本量的情况。

3）多项式回归

许多情况下，数据的分布难以拟合为线性模型，常用的做法是多项式回归（polynomial regression）。多项式回归是一种在线性回归的基础上进行扩展的方法，用于建模因变量和自变量之间的非线性关系。与简单的线性关系不同，多项式回归允许自变量的多项式函数来拟合数据，从而更灵活地捕捉数据之间的复杂关系。

如图 5-9 所示，图中的直线代表用线性回归拟合数据的结果，曲线表示用二次多项式拟合数据的结果，针对图中数据的分布，多项式回归对数据的拟合能力更强。

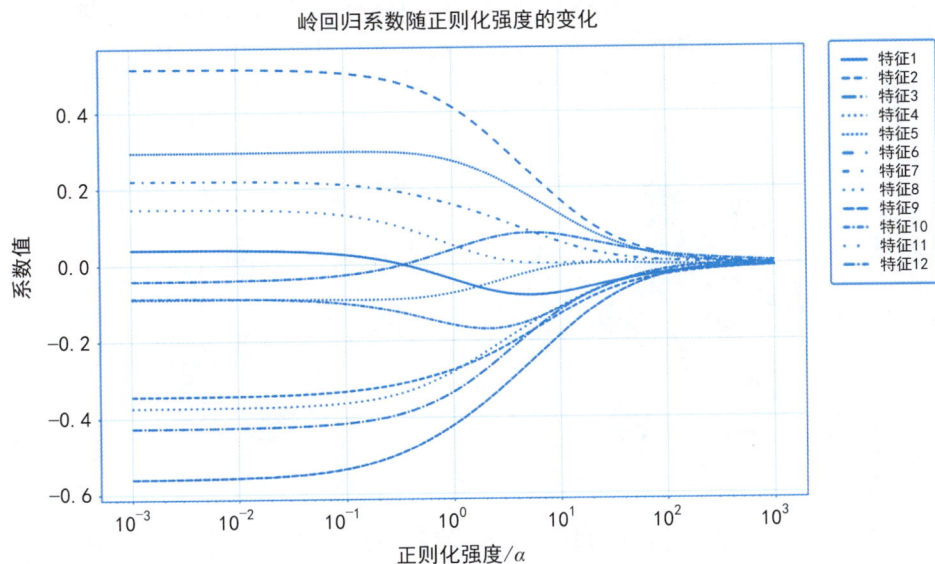

图 5-8 岭回归示意图

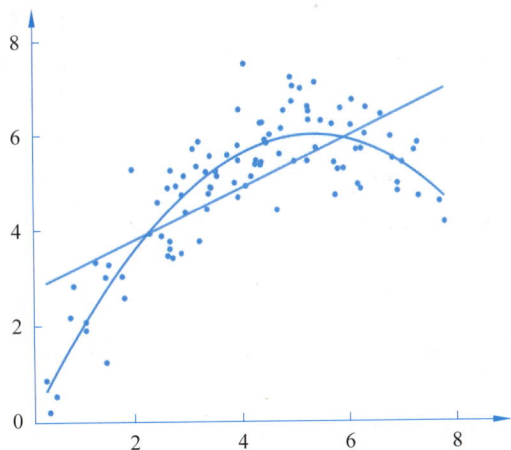

图 5-9 多项式回归和线性回归对比

选择了合适的回归分析方法之后,需要选择一组合适的参数,使模型最好地拟合样本数据,称为参数估计。常用的参数估计方法包括最小二乘法、最大似然法等。

最小二乘法通过最小化误差的平方和寻找数据的最佳函数匹配。利用最小二乘法可以简便地求得未知的数据,并使得这些求得的数据与实际数据之间误差的平方和最小。

最大似然法采用最大似然估计预测结果。当从模型总体随机抽取 n 组样本观测值后,最合理的参数估计量应该使得从模型中抽取该 n 组样本观测值的概率最大。

3. 聚类分析

"物以类聚,人以群分"。个体的属性往往存在某些倾向和共性,因此理论上可以通过定义某种规则,将个体按其属性划分到不同的组(簇)内,从而将整体划分成多个部分,以获得对整体分布的某种认识。如图 5-10 所示,左侧是由苹果、香蕉、葡萄等多种水果个体混杂在一起组成的一个水果"整体"。假设我们并不具有对这些水果的先验认识，我们仍可以按形状、颜色、尺寸、气味等个体属性，将同一类型的水果聚合到一簇中，这有助于对这些水果的进一步考查和认识。

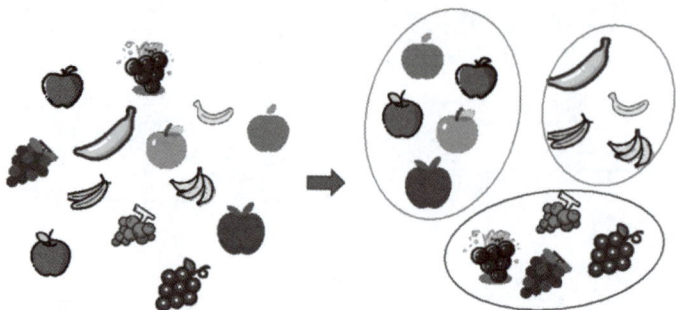

图 5-10　聚类分析

聚类算法正是研究这种分类问题的机器学习算法。它试图发现数据中自然存在的分组结构。它的核心目标是将一组未标记的数据对象（样本个体）划分成多个组（称为"簇"），使得簇内相似性尽可能高，而簇间相似性尽可能低，即同一个簇内的对象彼此之间应该尽可能相似，而不同簇的对象彼此之间应该尽可能不同，只有这样，划分才是有意义的。

聚类算法是一种无监督学习方法。聚类算法完全基于数据本身的属性规律进行探索性分类，不需要知道类别的意义是什么或存在哪些类别，而需要算法的执行者，即人类根据对数据代表的实际对象和相关的先验知识理解和应用。作为对比，分类算法则是基于已知的分类规则，其意义在于将少量已知数据的标注反映的分类规律扩充到大量未知数据。聚类算法是数据挖掘和知识发现中不可或缺的关键技术。

1）划分方法（Partition Methods）

划分方法的核心思想是，预先指定要划分的簇数 k，将数据对象划分到 k 个互斥的簇中，并通过迭代优化（如最小化簇内距离平方和）来改进划分。这 k 个簇需要满足：①每一个分组至少包含一个数据记录；②每一个数据记录属于且仅属于一个分组。算法从一个初始划分开始，通过迭代重定位（将对象从一个簇移动到另一个簇）来优化划分质量。优化的核心准则是：最大化簇内相似性（或最小化簇内距离），最小化簇间相似性（或最大化簇间距离）。划分方法一般是基于距离度量的。

K-Means 算法是最经典和广泛使用的算法，假设簇是凸形且大小相近的，选择 k 个初始质心，将每个点分配到最近的质心，重新计算质心，迭代直到质心稳定或达到最大迭代次数。其他代表性算法包括 K-Medoids（PAM、CLARANS）等。

划分方法为达到全局最优，可能需要穷举所有划分，计算量巨大，故实践中广泛采用启发式方法寻找局部最优解，渐进地提高聚类质量，逼近局部最优解。划分方法是一类基础算法，擅长发现中小规模数据集中的球状或凸形簇，对初始质心敏感，对噪声和离群点敏感。为了发现具有复杂形状的簇和对超大型数据集进行聚类，需要进行进一步的扩展。

2）层次方法（hierarchical methods）

与划分方法相比，层次方法不预设簇数 k，而是构建一个簇的层次结构。该结构可以通过两种策略生成：①凝聚法（自底向上）：初始时每个对象自成一簇。在每一步迭代中，将最相似（距离最近或密度最高）的两个簇合并，直到所有对象聚合成一个大簇或满足终止条件。②分裂法（自顶向下）：初始时所有对象属于一个簇。在每一步迭代中，将最不相似（距离最远或密度最低）的簇分裂，直到每个对象自成一簇或满足终止条件。代表算法包括BIRCH、CURE、CHAMELEON等。层次方法可以是基于距离、密度或连通性的。

层次方法通过生成不同粒度的簇划分，可以提供更全面的数据结构视图，且树状图本身具有直观的可解释性。

3）基于密度的方法（density-based methods）

基于密度的方法假设簇是数据空间中的高密度区域，被低密度区域分隔。这类算法不依赖全局距离，而是基于局部密度进行聚类：只要某个区域内的数据点密度超过给定阈值，就将这些点及其邻近的高密度区域连接起来，形成一个簇。它能够有效识别任意形状的簇，代表算法包括 DBSCAN、OPTICS、DENCLUE 等。

基于密度的方法能发现任意形状的簇，对噪声和离群点有较好的鲁棒性，且通常不需要预先指定簇数 k，特别适合处理空间数据。但它对密度阈值参数敏感，在高维数据或密度差异大的数据上效果可能下降，且全局密度参数可能难以适用于所有区域。

4）基于模型的方法（model-based methods）

基于模型的方法假设数据是由潜在的概率分布过程生成的，这类算法为每个簇假定一个特定的数据生成模型（如概率分布模型），然后寻找最能拟合数据的最佳模型及其参数（即簇），代表性算法分为统计模型（如 GMM）和神经网络模型（如 SOM）两类。

基于模型的方法能提供簇的统计框架描述，具有坚实的理论基础，能给出对象属于各簇的概率（软聚类）。对某些特定类型的数据（如符合假设分布的）效果很好。其局限性在于模型结构的选择，当模型假设与真实数据结构差异较大时，可能导致聚类效果不佳。此外，复杂的模型可能计算量过大，需考虑高效的优化方法。

5）基于网格的方法（grid-based methods）

基于网格的方法将数据空间划分为有限数量的网格单元（cell），然后将聚类操作转化为对网格单元的统计和处理。所有对象根据其属性值被映射到相应的网格单元中，代表性算法包括 STING、CLIQUE、WAVE-CLUSTER 等。

基于网格的方法处理速度极快，因为处理时间主要取决于空间划分的网格单元数，而与原始数据对象的数量 N 基本无关，因此非常适合处理海量数据集，也易于与其他聚类方法（如基于密度的方法）集成。其局限性在于聚类的质量依赖网格的粒度和划分方式，边界处理可能影响结果精度，且可能丢失数据细节。

6）现实挑战

上述传统聚类方法在低维数据上取得了显著成功。但面对现实世界中日益普遍的高维数据（如基因序列数据，可能有成百上千甚至更高维度），上述传统聚类方法面临着严峻挑战。首先，高维空间中的数据分布极其稀疏，对象间的距离趋于均等化，使得基于距离的相似性度量失效。传统方法（尤其是基于距离和密度的）的性能在高维空间急剧下降，难以发现有效的簇结构；其次，噪声在高维空间中被显著放大，由于大量不相关或冗余属性的存在，在所有维度上同时存在有意义的簇变得极为困难。高维聚类分析已成为聚类领域最活跃的研究方向之一，是推动数据挖掘深度应用、实际应用的关键。

4. 降维

在机器学习领域中,高维度的特征由于维度灾难的影响,往往会导致过拟合。此外,由于特征维度间的相关性,高维特征中往往有较多冗余信息,会引入不必要的计算。因此,降低特征矩阵维度也是必不可少的。降维是一种提取有效信息的方法,它在某些限定条件下降低变量个数,得到一组"不相关"主变量。具体地,降维将数据的特征维度从高维转换到低维,降低了计算复杂度,减少冗余信息所造成的识别误差,进而可以提高识别的精度[12]。

数据降维算法是机器学习算法中的大家族,与分类、回归、聚类等算法不同,它的目标是将向量投影到低维空间,可以进行可视化,提升分类、聚类算法的精度,避免维度灾难问题。抽象来看,数据降维就是寻找一个映射函数,将高维向量映射成低维向量。数据降维方法可分为线性降维和非线性降维两大类,具体分类如图 5-11 所示。

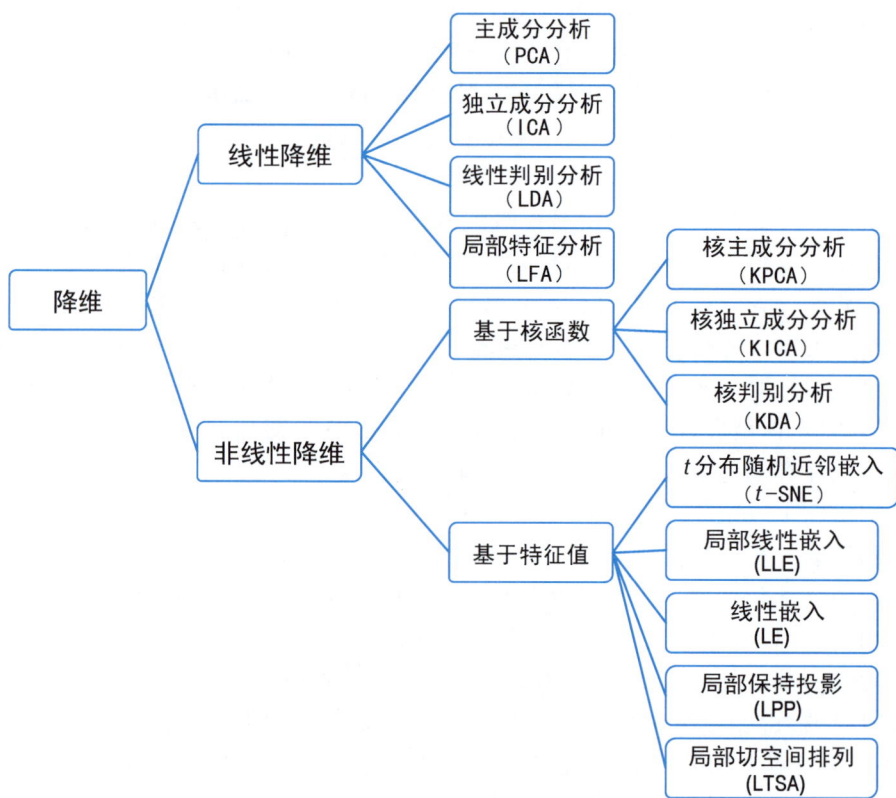

图 5-11　数据降维方法分类

主成分分析法是一种常用的线性降维技术。从空间角度来说,主成分分析法的目标在于找到一个投影矩阵,将数据从高维空间投影到低维子空间中,同时保留尽可能多的信息,或者说让信息损失最小。样本的方差越大,表示样本的多样性越好,主成分分析法将数据投影到方差最大的几个相互正交的方向上,以期待保留最多的样本信息。具体而言,主成分分析法首先对特征矩阵进行中心化,即对矩阵按列求均值得到行向量,然后用特征矩阵减去行向量得到矩阵 X。而后,求矩阵 X 的协方差矩阵,并对协方差矩阵进行特征分解,得到特征值和其对应的特征向量。对特征值按照从大到小的顺序排列,假设取前 k 个特征值,取这 k 个特征值对应的特征向量作为一组基向量。最后,用矩阵 X 和基向量相乘,就可以把矩阵

X 变换到维度更低的子空间,得到新的矩阵 Y,它就是降维后的矩阵。

　　线性降维方法(如主成分分析法)无法处理非线性数据问题。非线性降维方法通过非线性变换将高维数据映射到低维空间,保留数据的局部和全局结构。非线性降维的常用方法有 t 分布随机近邻嵌入(t-SNE)和局部线性嵌入(locally linear embedding,LLE)。t 分布随机近邻嵌入(t-SNE)将高维数据映射到低维空间,保持数据样本之间的相似度。t-SNE 利用 t 分布来衡量数据样本之间的相似性,使得映射后的数据样本可以保留原始数据中的局部结构。t-SNE 在数据可视化和聚类分析中有着广泛的应用,特别适用于高维数据的可视化展示。LLE 通过局部线性近似来映射高维数据到低维空间,每个数据点都可以由其近邻点的线性加权组合构造得到。LLE 首先寻找每个样本点的 k 个近邻点(k 是一个预先给定的值),然后通过每个样本点的近邻点计算出该样本点的局部重建权值矩阵。最终,由该样本点的局部重建权值矩阵和其近邻点计算出该样本点的输出值定义一个误差函数,通过线性组合得到映射后的低维表示。LLE 在保持数据的全局和局部结构上具有很好的性能,特别适用于流形结构数据的降维。

　　线性降维方法计算简单,可解释性强,对数据结构的保持较好,适用于处理大规模数据,例如图像压缩和特征选择。而非线性降维方法可以捕捉数据中的非线性关系,对复杂数据具有较好的表现,它适用于数据可视化和聚类分析,特别适用于处理流形结构数据。在不同应用场景下需要根据数据的特点选择合适的方法。

5.2.2　机器学习流程

　　一个完整的机器学习流程包含数据处理、分析方法和计算、结果的评估和利用等多个步骤。如图 5-12 所示,机器学习流程包含模型训练和模型测试两部分。

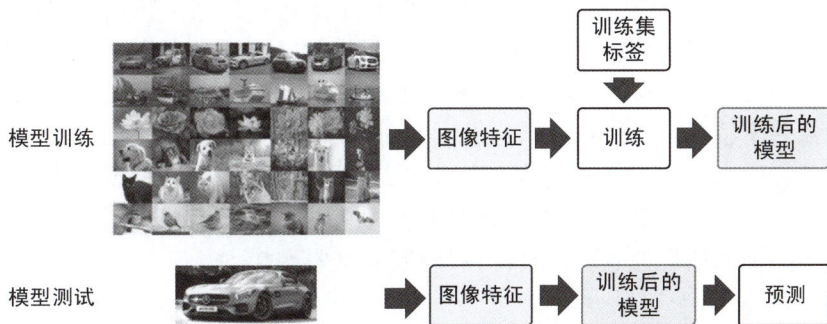

图 5-12　机器学习流程

　　在模型训练中,首先对训练集数据提取特征。机器学习往往需要处理不同模态的输入数据,对于图像数据需要提取图像特征,常见的图像特征有原始像素(raw pixels)、直方图(histograms)、全局特征信息(GIST descriptors)、尺度不变特征变换(SIFT)等。对于文本类输入,常见的提取文本特征方法有词袋模型(BoW)、TF-IDF(term frequency-inverse document frequency)、词嵌入(word embeddings)、N-gram 模型等。

　　提取特征后,使用训练数据集来训练模型。在训练过程中,模型会尝试找到最优的参数值,使得模型在训练数据集上的预测结果与训练集标签之间的差距最小。在测试过程中,将测试集数据的特征输入训练后的模型中预测结果。通过模型测试,可以了解模型是否过拟

自
动
化
与
智
能
科
学
概
论
（
微
课
）

合或欠拟合，以及模型在未知数据上的性能如何。

5.3　深度学习的基本方法

深度学习的核心思想是通过构建多层神经网络模型来模仿人脑神经元之间的连接，以解决各种复杂的任务。深度学习模型的多层神经网络结构使其能够从原始数据中提取更加抽象的特征表示，从而在计算机视觉、语音识别、自然语言处理等领域取得了一系列突破性成果。

5.3.1　深度学习的典型模型

1. 卷积神经网络（convolutional neural network，CNN）

CNN 是一种在计算机视觉领域取得巨大成功的深度学习架构[7]，CNN 通过卷积层、池化层和全连接层实现对图像的特征提取和模式识别。

卷积层作为 CNN 的核心，将一组卷积核与特定的局部区域进行运算，从而实现对特征的提取。该操作能够有效捕捉图像中的边缘、纹理等特征，通过组合多个卷积核提取出不同特征，可以形成卷积特征图。

为了减少模型的计算复杂度和存储消耗，CNN 引入了池化层，在减小卷积特征图尺寸的同时保留关键信息，进而帮助提高模型的计算效率和泛化能力。常见的池化操作包括最大池化和平均池化。

在卷积层和池化层之上，通常会添加全连接层，将提取到的特征映射到输出空间，处理分类、回归等任务。

CNN 的主要优势体现在三方面：①通过局部连接和权值共享机制有效减少了模型的参数数量，提高了模型的泛化能力。局部连接机制是指将卷积核与不同的局部区域进行运算；权值共享机制是指同一个卷积核使用相同的权重，在不同的局部区域进行运算。②由于卷积核的权值共享特性，CNN 具有平移不变性，使其能够在图像的不同位置检测相同模式的特征。③通过逐层堆叠，CNN 能够从底层的边缘、纹理等低级特征逐渐提取更抽象的高级特征，实现了多层次的抽象和表征。这些优势使 CNN 在图像分类、目标检测、人脸识别等任务中展现出强大的性能，成为深度学习领域的重要支柱。

CNN 的结构如图 5-13 所示。

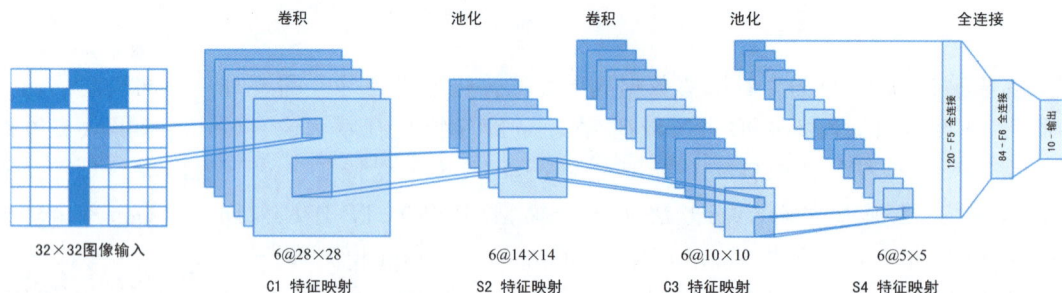

卷积　　池化　　卷积　　池化　　全连接

32×32图像输入　　6@28×28　　6@14×14　　6@10×10　　6@5×5

　　　　　　C1 特征映射　　S2 特征映射　　C3 特征映射　　S4 特征映射

120-F5 全连接　　84-F6 全连接　　10-输出

图 5-13　CNN[18] 的结构

2. 循环神经网络（recurrent neural network，RNN）

RNN 是一种主要用于处理文本、语音、时间序列等序列数据的深度学习方法[16]。在处理序列数据时，该网络能够有效捕捉序列中的时间依赖关系和上下文信息。因此，RNN 被广泛应用于语言建模、机器翻译、股票价格预测、天气预测等任务，并取得了重大突破。

RNN 的核心思想是通过引入循环结构，将网络中某一时刻的输出作为下一时刻的输入。具体来说，假设在 $t-1$ 时刻的隐藏状态为 h_{t-1}，在 t 时刻的输入为 x_t，则 t 时刻的隐藏状态可以通过式(5-1)计算得到：

$$h_t = \sigma(W_x \cdot x_t + W_h \cdot h_{t-1} + b) \tag{5-1}$$

其中，W_x 和 W_h 是可学习的权重参数，b 是偏置项，$\sigma(\cdot)$ 代表激活函数，通常为 Sigmoid、Tanh 等。这里，隐藏状态可以看作是网络在某时刻的"记忆"，通过在不同时刻间传递隐藏状态，RNN 可以将历史信息融合到后续的计算中。这种记忆能力使得 RNN 能够处理各种序列数据中的时间相关性，如自然语言中的序列结构、音频信号中的语调变化等。

尽管 RNN 在处理序列数据上具有很多优势，但也存在两方面的不足：①RNN 容易面临梯度消失和梯度爆炸问题，限制了其在长序列上的训练效果。②由于循环结构的限制，RNN 很难并行处理数据，导致训练速度较慢。

3. 长短期记忆网络（long short-term memory，LSTM）

LSTM[17] 是一种特殊的循环神经网络，主要用于解决传统 RNN 中的梯度消失和梯度爆炸问题，使得模型可以更好地捕捉长期依赖关系。LSTM 在序列建模、语言生成、机器翻译等领域表现出色，其核心在于引入了门控机制，使得模型能够选择性地记忆和遗忘信息。具体地说，每个 LSTM 单元由输入门（input gate）、遗忘门（forget gate）和输出门（output gate）三个关键部分组成，具体计算过程如下：

$$i_t = \sigma(W_{xi} \cdot x_t + W_{hi} \cdot h_{t-1} + b_i) \tag{5-2}$$

$$f_t = \sigma(W_{xf} \cdot x_t + W_{hf} \cdot h_{t-1} + b_f) \tag{5-3}$$

$$o_t = \sigma(W_{xo} \cdot x_t + W_{ho} \cdot h_{t-1} + b_o) \tag{5-4}$$

$$\widetilde{c}_t = \text{Tanh}(W_{xc} \cdot x_t + W_{hc} \cdot h_{t-1} + b_c) \tag{5-5}$$

$$c_t = f_t \odot c_{t-1} + i_t \odot \widetilde{c}_t \tag{5-6}$$

$$h_t = o_t \odot \text{Tanh}(c_t) \tag{5-7}$$

其中，x_t 是第 t 时刻的输入，h_{t-1} 是第 $t-1$ 时刻的隐藏状态，$\sigma(\cdot)$ 和 $\text{Tanh}(\cdot)$ 分别代表 Sigmoid 和 Tanh 激活函数，$\odot$ 表示按位相乘。i_t、f_t 和 o_t 分别代表输入门、遗忘门和输出门。

尽管 LSTM 在处理序列的长期依赖关系方面具有优势，但在一些复杂任务中，仍然可能受到过拟合、难以并行处理数据导致训练速度较慢等问题的困扰。此外，与 RNN 模型相比，LSTM 的参数较多，通常需要更多的计算资源和数据来训练。

5.3.2 特征学习

特征学习是机器学习中的一个关键环节，旨在将原始数据转换并映射到一个更有区分度的、抽象性的特征空间，以便于机器学习算法能够更好地理解和处理数据。在通常情况下,原始数据是高维、复杂且冗余的,而特征学习的过程能够自动地从数据中发现有价值的信息,提取出更有区分度的特征,从而提升模型的性能和泛化能力。

在传统的机器学习方法中,通常需要手动设计特征,即利用专家的领域知识和经验进行特征的选择、构造和提取。例如,在垃圾邮件分类任务中,传统机器学习方法需要手工构建词频、特殊关键词、邮件长度、链接数量等特征,并基于这些特征将邮件文本转换为特征向量,然后使用朴素贝叶斯、支持向量机等算法进行垃圾邮件和非垃圾邮件的分类。

虽然手工构建特征可以将领域专家的知识和洞察力应用于特征的设计过程,确保提取的特征与任务相关,有助于提高模型的性能,但是手工构建特征仍存在如下不足:

(1) 人类倾向于选择容易理解和解释的特征,而忽略了一些对模型性能有益的隐含特征,并且难以捕捉数据中复杂的模式和关系,使得模型性能受限。

(2) 手工构建特征需要耗费大量时间和人力。对于大规模数据集或复杂任务,特征的设计和提取会变得异常烦琐。

(3) 手工构建的特征难以适应不同的数据分布或任务。当任务变化或数据分布不稳定时,手工构建的特征可能无法提供足够的灵活性与泛化性。

为了解决上述问题,深度学习方法利用多层神经网络结构和梯度下降方法来实现特征的自动学习,而不需要人为干预。例如,在上述垃圾邮件分类任务中,深度学习模型可以通过端到端的方式从原始文本中学习高层次的特征表示,如语义信息、上下文关系等,从而更准确地实现邮件分类。总的来说,深度学习模型在特征提取方面有如下优势:

(1) 多层抽象:通过堆叠多个隐藏层实现逐层特征提取,从简单到复杂地捕捉数据的抽象特征,其中低层次的特征可以捕获数据的原始信息,而高层次的特征则能够捕获数据中的更抽象、更复杂的模式。

(2) 端到端学习:采用端到端学习,通过构造损失函数来度量模型的预测输出与实际标签之间的误差,并基于损失函数的梯度逐层反向更新各层的权重。在这个过程中,模型可以自动挖掘数据的非线性关系和隐含信息,并自适应地从数据中学习特征表示,而无须人工干预,显著降低了模型开发和应用过程中的人工成本。

(3) 泛化能力强:利用大规模数据进行训练,能够确保模型在充分学习不同情况下的数据模式,而不仅局限于特定的示例,提高模型的泛化能力。

5.3.3 深度学习的三个步骤

深度学习包括网络结构设计、学习目标定义和模型训练三个步骤。

1. 网络结构设计

人工神经元是多层神经网络最基础的组成单元,最早于 1943 年由麦卡洛克(McCulloch)和匹兹(Pitts)提出。人工神经元模拟了大脑神经元的工作机制,通过适当的权重和激活函数,人工神经元可以有效学习输入信号间的模式和关联。具体地说,如式(5-8)所示,人工神经元接收多个输入信号 $\{x_1, x_2, \cdots, x_N\}$,按照不同的权重 $\{w_1, w_2, \cdots, w_N\}$ 对不同的输入信号进行加权求和,并引入偏置项 b 对加权求和的结果进行调节。随后,加权求和的结果会通过激活函数 $\sigma(\cdot)$ 进行转换,引入非线性特性,常见的激活函数包括 Sigmoid、ReLU、Tanh 等。激活函数的输出即为神经元的输出,其可以传递给下一层的神经元或作为模型的输出。

$$y = \sigma\left(\sum_{i=1}^{N} w_i x_i + b\right) \tag{5-8}$$

为解决复杂的应用问题,通常需要将多个神经元排列起来作为一层,然后逐层叠加,构建多层神经网络。如图 5-14 所示,多层神经网络包括一个输入层、一个或多个隐藏层以及一个输出层。其中:

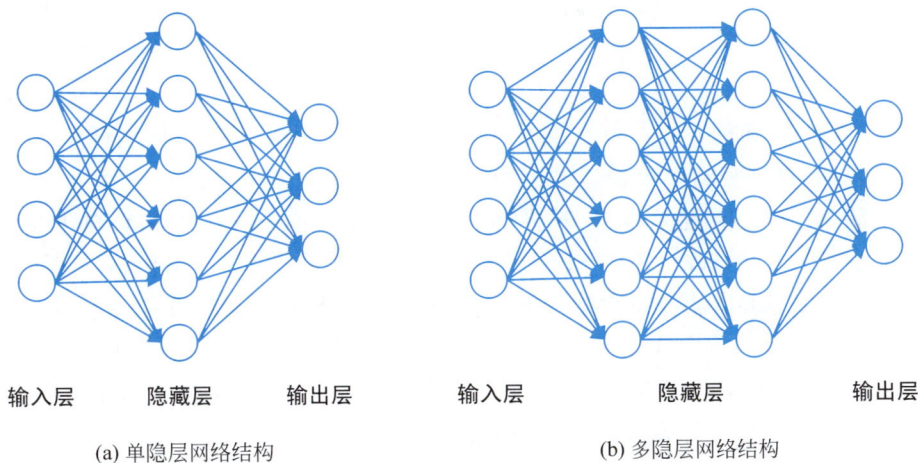

输入层　　　隐藏层　　　输出层	输入层　　　隐藏层　　　输出层
(a) 单隐层网络结构	(b) 多隐层网络结构

图 5-14　多层神经网络的结构示意图

输入层是神经网络的第一层,用于接收原始数据特征。这里,每个输入神经元代表数据的一个特征,例如在处理图像时,每个输入神经元可以对应图像的一个像素。

隐藏层是输入层和输出层之间的一层或多层神经结构,其作用是在数据的输入和输出之间进行特征变换和抽象。每个隐藏层都有一定数量的神经元,每个神经元将输入信号加权后,再通过激活函数进行转换。

输出层是神经网络的最后一层,产生最终的预测结果或输出。输出层的神经元数量取决于问题的类型,例如,分类问题可能有与类别数量相等的输出神经元,回归问题可能只有一个输出神经元。

通过堆叠多个隐藏层,可以构成超深网络,例如计算机视觉领域常用的 ResNet[10] 网络具有 152 层的深度。随着网络深度的增加,网络可以提取更复杂的抽象特征和模式,以便更好地适应复杂的数据,这有助于模型在更高层次上实现数据表示和分析。

2. 学习目标定义

在深度学习中,需要定义学习目标(即损失函数)来度量模型的预测输出与实际标签之间的差异,从而指导模型调整权重和参数,以最小化这种差距。具体地说,在优化过程中,损失函数的梯度信息可以告诉模型应该在哪个方向上调整参数,以使预测结果逐渐逼近真实标签。这个过程是迭代的,直到模型达到一定的收敛条件或训练迭代次数。

根据任务的不同,损失函数可以有所不同。例如,均方误差(mean squared error,MSE)是一种适用于回归问题的损失函数,通过计算预测值与真实值之间的平方差的平均值量化预测误差的平均程度;交叉熵(cross-entropy)是一种广泛应用于分类问题的损失函数,通过计算每个真实标签在预测分布中的对数概率的累加值量化预测与输出之间的差异。定义合适的学习目标,可以使模型更好地适应训练数据,提高在新数据上的泛化能力。

3. 模型训练

基于设计好的网络结构与学习目标,需要通过模型训练找到一组最优的网络参数。考虑到深度学习模型的参数空间具有连续、非线性、维度巨大以及存在多个局部最优解等特点,训练过程通常使用梯度下降法,根据 BP 算法计算梯度并更新参数。

梯度下降法(gradient descent method)首先随机初始化一组网络参数 θ^0,随后计算该参数下模型在训练样本集合上的损失 $\mathcal{L}(\theta^0)$ 以及参数对该损失的梯度 $\nabla\mathcal{L}(\theta^0)$,并利用梯度对模型参数进行更新:

$$\theta^1 = \theta^0 - \eta \, \nabla\mathcal{L}(\theta^0) \tag{5-9}$$

其中,θ^1 代表第一次更新后的参数,η 为学习率(learning rate)。随后,模型训练过程不断迭代执行上述步骤,直到找到一组最优的模型参数 θ^F。

梯度下降法又包括批量梯度下降(batch gradient descent,BGD)、随机梯度下降(stochastic gradient descent,SGD)以及小批量梯度下降(mini-batch gradient descent,MBGD)三种形式。BGD 法在每次迭代时需要利用全部训练样本计算损失和梯度,能够更准确地向全局最优点的方向优化,但是随着训练样本数量的增加,该方法的训练速度会非常慢;SGD 法在每次迭代时仅利用一个样本计算损失和梯度,使得参数更新速度和模型收敛快,但容易陷入局部最优,导致模型性能下降;为了能够综合利用批量梯度下降和随机梯度下降的优势,MBGD 法每次迭代时随机选取 M 个训练样本计算模型损失和梯度。

在梯度下降法中,如何高效地计算每个参数的梯度是一个重要的问题。常用的梯度计算方法为 BP 算法,该方法的数学理论基础为导数的链式法则。具体来说,模型第一层参数的梯度可以由第一层特征表示的梯度计算得到,而第一层特征表示的梯度又可以通过第二层特征表示的梯度计算得到。以此类推,可以发现每层网络的梯度均由其下一层网络的梯度加权得到。

5.4 深度学习的主要应用

5.4.1 深度学习在计算机视觉中的应用

在传统计算机视觉任务中,特征选择和提取往往依赖手动操作,主要基于图像进行浅层次的特征处理,如边缘检测、角点检测、直线检测等。然而,这些方法在面对复杂场景和大量数据时往往力不从心。

深度学习技术通过构建多层神经网络模型,可以自动学习和提取高层次的语义特征,实现更加高效、准确的图像处理任务。CNN 是一种深度学习模型,被广泛应用于计算机视觉领域,如场景识别、图像分类、目标检测和艺术品风格迁移等。

1. 场景识别

对网络进行训练,它可以自动学习图像中的特征,并在给定一张图像时识别出图像所属的场景类型,如建筑物、自然风景、人物等。场景识别在许多领域中都有重要应用,如智能监控系统、自动驾驶汽车和图像搜索引擎等,如图 5-15 所示。

2. 目标检测

CNN 可以用于目标检测,即在图像中定位和标记出物体的位置。通过在网络中添加额

图 5-15 场景识别[19]

外的层和技巧,可以使网络同时输出物体的类别和位置信息。目标检测在计算机视觉领域具有重要的实际应用,如人脸识别、车辆检测和物体跟踪等,如图 5-16 所示。

图 5-16 目标检测[20]

3. 艺术品风格迁移

CNN 还可以用于将一幅图像的风格应用到另一幅图像上,从而实现艺术品风格的迁移。该应用利用了 CNN 中的特征提取能力,可以将一幅图像的风格特征与另一幅图像的内容特征进行合成,生成具有原始图像内容但具有新风格的图像。这种应用在艺术创作和图像处理中具有很大的潜力,如图 5-17 所示。

5.4.2 深度学习在自然语言处理中的应用

自然语言处理从计算语言学发展而来,是一门工程学科,致力于使计算机对人类自然语言进行理解、解释和生成。如今,深度学习已经在自然语言处理任务中得到广泛应用,包括智能问答系统、知识图谱、评论观点抽取、机器翻译等。

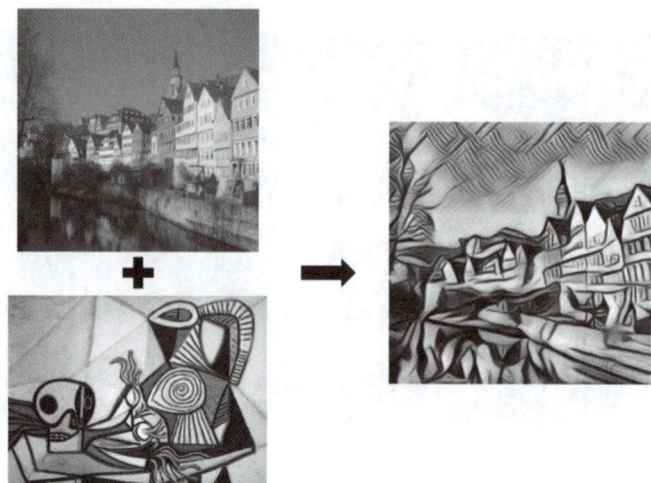

图 5-17　艺术品风格迁移[21]

1. 智能问答系统

智能问答系统通过理解用户提出的问题，从已知的知识库或互联网上的信息中提取正确的回答。这些系统利用自然语言处理和机器学习技术对问题进行语义理解、信息检索和答案生成。智能问答系统在助手应用程序、虚拟助手和在线知识库中被广泛使用。在搜索引擎中，问答系统能够直接回答用户的问题，提供更精确的搜索结果。在智能助理和虚拟机器人中，问答系统能够与用户进行对话，并提供个性化的服务和建议。在教育和培训领域，问答系统能够帮助学生解答问题，提供学习资源和指导。

2. 知识图谱

知识图谱是一个结构化的知识数据库，它将实体、属性和关系组织在一起，形成一个知识网络。知识图谱的发展可以追溯到 20 世纪 60 年代，但直到近年来，随着大数据和人工智能的快速发展，知识图谱才得到了广泛的关注和应用。自然语言处理和深度学习技术可以用于实体识别和关系抽取，从文本中识别出具体的实体，例如人物、地点或组织；并提取出实体之间的关系，将它们组织成一个图谱。深度学习技术可以用于知识图谱的构建、推理和补全，通过学习大量的数据来自动地构建知识图谱的结构，通过推理来发现实体之间的隐藏关系和属性，或通过学习已有的知识图谱来预测新的实体和关系。知识图谱被广泛应用于搜索引擎、智能助手、推荐系统等领域，以帮助用户更好地获取和理解信息。代表应用为谷歌知识图谱。

3. 评论观点抽取

评论观点抽取指从文本数据中提取出评论者的观点或意见，例如电影评价、购物评价、餐厅评价等。传统的方法通常需要手动编写规则来抽取，但这种方法往往不够灵活，难以适应不同类型的评论和不同的语言。而深度学习可以通过训练模型来自动学习抽取规则，从而更好地适应不同的情况。

结合深度学习和自然语言处理技术，可以构建评论观点抽取系统，通过训练模型，从大量的评论文本中学习观点的模式和规律，并且可以自动地从新的评论文本中提取出观点。在评论观点抽取中，常用的深度学习算法包括文本分类、情感分析和实体识别等。文本分类是将评论分为不同的类别,例如正面评价和负面评价。情感分析是判断评论中的情感倾向,例如评论是积极的还是消极的。实体识别是识别评论中提到的具体实体,例如产品名称、品牌等(图5-18)。

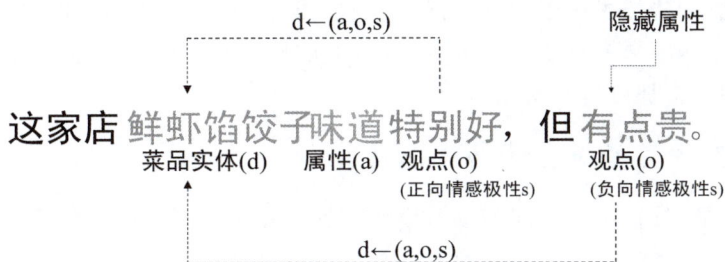

图 5-18 评论观点抽取[22]

在实际应用中,深度学习在商品评论抽取方面已经收获了很多成功的案例。例如,一些电商平台可以通过深度学习算法自动抽取商品评论中的关键信息,帮助用户更好地了解产品的优点和缺点。另外,一些社交媒体分析工具也可以利用机器学习抽取用户对商品的评价和意见,帮助企业了解用户需求和市场趋势。

4. 机器翻译

机器翻译是指通过计算机自动将一种语言的文本转换成另一种语言的文本。传统的机器翻译方法主要依赖规则进行翻译,但这种方法往往需要人工编写大量的规则,不够灵活。相比之下,深度学习方法则通过训练模型进行翻译。这些模型可以通过大量的双语平行语料进行训练,学习源语言和目标语言之间的对应关系(图5-19)。深度学习方法能够适应不同的语境和语法结构,具有更高的翻译质量和效率。

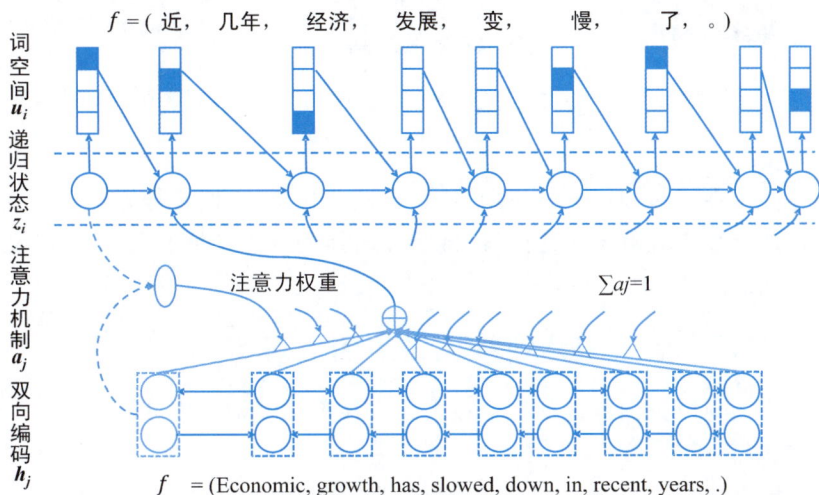

图 5-19 机器翻译[23]

常用方法包括统计机器翻译(SMT)和神经机器翻译(NMT)。统计机器翻译方法基于统计模型,通过计算翻译假设的概率来选择最佳的翻译结果。神经机器翻译方法则利用深度神经网络进行翻译,通过编码-解码结构来实现翻译过程。与 SMT 相比,NMT 在翻译质量上通常表现更好。由于神经网络可以更好地捕捉句子的上下文信息,NMT 系统能够处理更复杂的语言结构和长距离依赖关系。此外，NMT还具有端到端的优势，可以减少翻译过程中的错误传播。

深度学习在机器翻译方面的应用还包括语言模型的使用，用于解决词义消歧和上下文问题。此外，还有一些技术用于改进机器翻译的性能，如迁移学习、序列到序列模型等。

总而言之，用深度学习算法进行机器翻译，可以提高翻译的准确性和流畅度，使得机器翻译在实际应用中更加可行和实用。

5.4.3　深度学习在多模态任务中的应用

多模态深度学习，旨在训练深度学习模型来处理和发现不同模态数据之间的关系，通常包括图像、音频、文本等。其中，将图像信息与文本信息结合，是多模态深度学习最常见的研究方向之一。

人类可以对图像中的视觉信息自动建立关系，进而感知图像的高层语义信息，但是计算机只能提取图像的特征信息，无法像人类大脑一样生成高层语义信息，这就是"语义鸿沟问题"。

借助深度学习算法，可将图像转换为相应的文字描述，这是一种结合计算机视觉和自然语言处理的应用。该任务一般分为两部分：图像编码和文本生成。一种常见的方法是首先使用CNN提取图像的特征，然后使用RNN来逐步生成描述图像的文字，如图5-20所示。

一本关于中医的书籍　　　一本关于爱情的西方名著　　　一只戴眼镜的猫正在学习

图5-20　用文字表达图像

图像描述技术在很多领域都有应用，比如自动图像标注、图像搜索和辅助视觉障碍人士等。它可以帮助计算机理解图像的内容，并将其转换为易于理解的文字描述，从而提供更好的用户体验和辅助功能。

5.4.4　深度学习在大规模预训练模型上的应用

当前的主流大规模预训练模型集中在大语言模型和视觉大模型两类。

1. 大语言模型

代表性的模型包括DeepSeek R1、GPT 4、PaLM、LlaMA、ChatGLM、通义千问等。这些模型基于庞大的文本数据集训练而成，能够理解和生成人类语言。

大语言模型广泛应用于自然语言处理任务，如机器翻译、文本摘要、对话系统等，并深度融入金融、法律、教育、医疗等领域，有效降低知识获取成本，提升工作效率。例如，借助其强大的生成能力，用户可轻松生成博客文章、文献摘要、问卷调查、社交媒体帖子等多样化文本内容。此外，大模型还能生成Java、Python、C♯等编程语言的代码，助力调试现有代码和生成注释文档,显著提升开发效率。各行业也可利用特定行业数据和知识库对通用领域大模型进行定制化训练和优化,构建具有高度领域专业性和实用性的垂直领域大模型。

2. 视觉大模型

随着 Transformer 架构在自然语言处理领域的成功,许多研究者开始将此架构应用于视觉领域。通过图像数据的预训练,这些模型获得了对图像的理解和生成能力。

代表性成果有 Vision-Transformer 使用 Transformer 架构代替传统的 CNN 架构,在图像分类领域取得了优异的效果;MAE 提出的自监督训练方法为大规模图像数据的预训练奠定了基础;CLIP 模型通过联合文本和图像特征的训练促进了多模态大模型的发展;此外,结合扩散模型的 Stable Diffusion 模型根据输入的文字描述生成高质量图像,用户还可个性化定制图片风格,极大地丰富了创作方式。

除语言和视觉大模型外,多模态融合是大模型未来发展的重要趋势。这种融合不仅可以处理单一数据类型的任务,还能联系和整合不同的数据类型(文字、图像、语音和视频),为解决真实场景下的复杂问题提供支持,进一步推动通用人工智能技术的落地。

5.5　思考

【思考 5.1】　深度神经网络和一般神经网络的最重要区别在哪里?

【思考 5.2】　相较于传统的特征学习方法,深度学习和大规模预训练模型为什么能更好地理解数据?

【思考 5.3】　比较深度学习模型与传统机器学习模型在处理高维数据时的优缺点。

【思考 5.4】　常见的机器学习方法有哪些?试分析每种方法的特点。

【思考 5.5】　预训练模型如何提升深度学习模型的性能?请结合具体案例说明预训练模型在实际应用中的优势。

【思考 5.6】　对比分析 BGD、SGD 和 MBGD 的优缺点。

5.6　习题

【作业 5.1】　分析深度神经网络的几种典型网络结构。

【作业 5.2】　一般神经网络适用于简单的分类、回归等任务,如房价预测、简单的图像分类等。而深度神经网络广泛应用于图像识别、语音识别、自然语言处理、自动驾驶、医学图像分析等复杂领域。观察生活中有哪些实际问题可以用深度学习技术来解决,并简述你的方案。

【作业 5.3】　深度学习技术在自然语言处理中的应用有哪些?请结合具体案例分析。

参考文献

[1]　RUSSELL S J,NORVIG P. Artificial Intelligence:A Modern Approach[M]. 4th ed. Hoboken,New Jersey:Prentice Hall,2019.

[2]　MCCARTHY J,MINSKY M L,ROCHESTER N,et al. A Proposal for The Dartmouth Summer

Research Project on Artificial Intelligence[J]. AI Magazine,2006,27(4): 12.

[3] ROSENBLATT F. The Perceptron: A Probabilistic Model for Information Storage and Organization in The Brain[J]. Psychological Review,1958,65(6): 386.

[4] BOTTOU L, LE CUN Y. Large Scale Online Learning[C]//Advances in Neural Information Processing Systems 16: Proceedings of the 2003 Conference. Cambridge, Mass: MIT Press,2004: 217-224.

[5] HINTON G E, OSINDERO S, TEH Y W. A Fast Learning Algorithm for Deep Belief Nets[J]. Neural Computation,2006,18(7): 1527-1554.

[6] DENG J,DONG W,SOCHER R,et al. ImageNet: A Large-Scale Hierarchical Image Database[C]// 2009 IEEE Conference on Computer Vision and Pattern Recognition. IEEE Computer Society,2009: 248-255.

[7] KRIZHEVSKY A,SUTSKEVER I,HINTON G E. ImageNet Classification with Deep Convolutional Neural Networks[J]. Advances in Neural Information Processing Systems,2012: 1097-1105.

[8] SIMONYAN K, ZISSERMAN A. Very Deep Convolutional Networks for Large-Scale Image Recognition[C]//3rd International Conference on Learning Representations,2015.

[9] SZEGEDY C,LIU W,JIA Y,et al. Going Deeper with Convolutions[C]//Proceedings of the IEEE Conference on Computer Vision and Pattern Recognition,2015: 1-9.

[10] HE K,ZHANG X,REN S,et al. Deep Residual Learning for Image Recognition[C]//Proceedings of the IEEE Conference on Computer Vision and Pattern Recognition,2016: 770-778.

[11] JAIN A K,MURTY M N,FLYNN P J. Data Clustering: A Review[J]. ACM Computing Surveys (CSUR),1999,31(3): 264-323.

[12] KEOGH E,CHAKRABARTI K,PAZZANI M,et al. Dimensionality Reduction for Fast Similarity Search in Large Time Series Databases[J]. Knowledge and Information Systems,2001(3): 263-286.

[13] KOTSIANTIS S B, ZAHARAKIS I, PINTELAS P. Supervised Machine Learning: A Review of Classification Techniques[J]. Emerging Artificial Intelligence Applications in Computer Engineering, 2007,160(1): 3-24.

[14] TYAGI K, RANE C, SRIRAM R, et al. Unsupervised Learning[M]. Artificial Intelligence and Machine Learning for Edge Computing. Cambridge,Mass: Academic Press,2022: 33-52.

[15] GAO Y,CHEN S F,LU X. Research on Reinforcement Learning Technology: A Review[J]. Acta Automatica Sinica,2004,30(1): 86-100.

[16] MITTAL S,LAMB A,GOYAL A,et al. Learning to Combine Top-Down and Bottom-Up Signals in Recurrent Neural Networks with Attention Over Modules[C]//International Conference on Machine Learning. PMLR,2020: 6972-6986.

[17] HOCHREITER S,SCHMIDHUBER J. Long Short-Term Memory[J]. Neural Computation,1997,9 (8): 1735-1780.

[18] LECUN Y, BOTTOU L, BENGIO Y, et al. Gradient-Based Learning Applied to Document Recognition[J]. Proceedings of the IEEE,1998,86(11): 2278-2324.

[19] ZHOU B,LAPEDRIZA A,KHOSLA A,et al. Places: A 10 Million Image Database for Scene Recognition[J]. IEEE Transactions on Pattern Analysis and Machine Intelligence,2017,40(6): 1452-1464.

[20] POTDAR K, PAI C D, AKOLKAR S. A Convolutional Neural Network Based Live Object Recognition System As Blind Aid[J]. Arxiv Preprint Arxiv: 1811.10399,2018.

[21] WANG X,OXHOLM G,ZHANG D,et al. Multimodal Transfer: A Hierarchical Deep Convolutional

Neural Network for Fast Artistic Style Transfer[C]//Proceedings of The IEEE Conference on Computer Vision and Pattern Recognition,2017：5239-5247.

[22] 储哲,王璐,润宇,等. 情感分析技术在美团的探索与应用[EB/OL]. (2021-12-09)[2024-10-10]. https://tech.meituan.com/2021/12/09/meituan-aspect-based-sentiment-analysis-daodian.html.

[23] SUTSKEVER I, VINYALS O, LE Q V. Sequence to Sequence Learning with Neural Networks [C].//Proceedings of the 28th International Conference on Neural Information Processing Systems，2014：3104-3112.

第 6 章

强化学习

前述章节介绍了常见的机器学习方法有监督学习、无监督学习、半监督学习、强化学习等。换言之,强化学习与监督学习、无监督学习并列构成机器学习的三大核心。

强化学习强调的是与环境的交互,通过持续地自主探索找到更优的动作,进而取得最大化的预期利益。强化学习与机器学习其他领域的关系如下。

(1) 强化学习与监督学习和无监督学习同为机器学习的重要子领域。

(2) 监督学习寻找输入到输出之间的映射,比如分类和回归问题。

(3) 无监督学习旨在发现数据间的潜在关系,如进行聚类和降维。

(4) 强化学习通过与环境交互自主探索最优决策,比如动作控制和棋类决策。

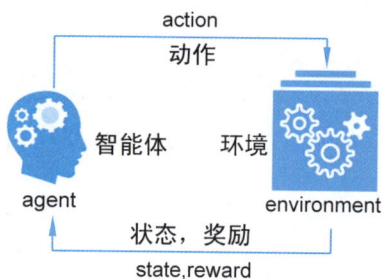

图 6-1　强化学习的主要特点

强化学习的主要特点如图 6-1 所示。

(1) 智能体(agent)与环境(environment)的交互:智能体需要在环境中执行动作,并获得反馈。

(2) 奖励反馈(reward)的延迟性:需要完成一系列动作(action)后才能获知整体的效果,因而奖励反馈具有延迟性。

(3) 通过不断的试错探索吸取经验教训,不断优化策略,以获得更佳的奖励。

强化学习使得机器能够自主学习和做出决策,完成复杂任务,并能解决一些监督学习和非监督学习难以应对的问题。强化学习已经广泛应用于游戏设计、推荐系统、金融股票分析、交通管理等多个领域,特别是在机器人控制领域潜力巨大。本章将深入探讨强化学习面对的问题、与其他学习方法的区别、核心理念、发展趋势以及常用算法等多方面。

6.1　强化学习针对的问题

本节首先通过应用实例分析强化学习算法在典型任务中的作用,然后总结这些应用实例的共同特点,进而找出强化学习算法擅长解决的问题类型。

6.1.1　强化学习应用实例

本节给出 7 个强化学习应用实例,包括多级倒立摆系统、视频游戏、围棋大师、双足机器人学习走路、核聚变控制、ChatGPT 和星际争霸大师。

1. 多级倒立摆系统

多级倒立摆的控制问题是典型的非线性控制问题,图 6-2 为非线性二级倒立摆系统[1],该系统包括台车(图中矩形块)和二级摆(图中串联杆),其中台车是可以控制的,二级摆是被动的。该系统的任务是控制台车左右运动,使得二级摆的末端稳定到竖直向上的位置,且末端点与图中"+"号重合。

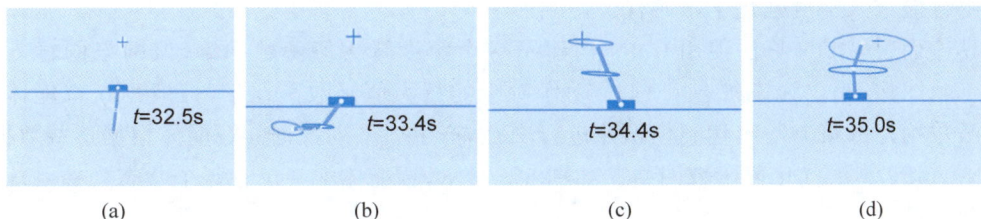

(a)　　　　　　(b)　　　　　　(c)　　　　　　(d)

图 6-2　非线性二级倒立摆系统

针对二级倒立摆的控制问题,传统的控制器设计一般是基于模型的:首先利用拉格朗日方程对二级倒立摆系统建立动力学模型,然后基于该动力学方程设计非线性控制器,以达成控制目标,目前基于模型的非线性控制器已经可以实现三级倒立摆的控制。

二级倒立摆的控制也可以使用强化学习算法来实现。与传统控制器设计方法不同,强化学习方法不需要推导系统的动力学方程,也不需要根据模型来设计控制器,这对于一些建模困难的复杂系统而言非常关键。

针对二级倒立摆的控制,强化学习算法需要构建一个环境模拟器和策略网络,策略网络产生动作来驱动环境变化(图 6-2);环境模拟器将状态、回报等信息反馈给策略网络,以评判其动作的好坏,并指导其向更好的方向更新;重复进行该双向传输过程,策略网络会逐渐收敛到最优。

需要注意的是,在该问题中所谓的策略是指状态空间到动作空间的映射,即在任何一个状态处策略网络都能给出一个具体的动作。另外,所谓最优,是指智能体经过一系列的序贯动作后可以达到目标。换言之,最终目标的实现是一系列动作的结果,根据贝尔曼最优性原理,这就要求智能体在每一个状态处的动作都是最优的。

2. 视频游戏

图 6-3 为雅达利打砖块游戏,是雅达利系列经典游戏中的一款。在该游戏中,玩家可以操控窗口底部的球拍左右移动,击打红色小球,小球与窗口上部的彩色砖块层碰撞,将砖块打掉,进而得分。

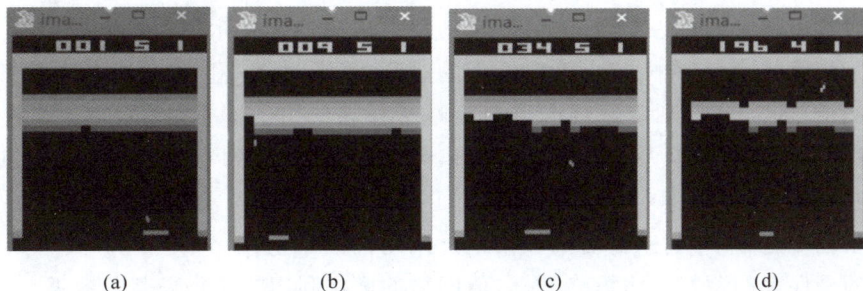

(a)　　　　　　(b)　　　　　　(c)　　　　　　(d)

图 6-3　雅达利打砖块游戏

2013 年，DeepMind 公司将强化学习与深度学习技术结合提出 DQN（deep Q-network）算法[2]，并利用 DQN 训练深度神经网络，控制球拍的左右移动，经过 4 个小时的训练，得到了超越专业玩家水平的策略。DQN 算法不只在该游戏上取得超越专业玩家的水平，移植到雅达利其他多款经典游戏中也取得超越人类玩家平均水平的成绩。正是由于深度强化学习算法在视频游戏上取得如此惊人的结果，DeepMind 于 2014 年被谷歌收购。同时，DQN 推动人工智能进入深度强化学习时代。

具体而言，DQN 算法使用 CNN 构建了一个深度行为值函数网络，该网络的输入是连续的 4 帧图像，输出为该状态下 16 个动作对应的行为值函数。在学习过程中，智能体通过由值函数构建的策略与雅达利模拟器进行交互，产生一系列数据。智能体根据这些数据，基于 Qlearning 算法优化值函数网络。如图 6-3 所示，智能体学会了在每个状态处控制球拍左右运动的策略。

3. 围棋大师

围棋起源于中国，博弈双方分别执白子和黑子，在 19×19 的棋盘上轮流落子，按照围棋的规则判断胜负。

围棋盘上有 361 个交叉点，每个点有三种可能状态（黑、白、无子），理论上的状态空间可以达到 3^{361} 种配置。虽然并不是所有的配置都是合规的围棋局面（因为有些违反了围棋的规则），但即便是合规的局面数也非常巨大，甚至超过宇宙中估计的原子总数（大约为 10^{80}）。因此，这种庞大的状态空间使得围棋成为一个极具挑战的游戏，对于传统棋类的搜索算法和人类的直觉来说都非常复杂。这也是为什么围棋在很长一段时间内被认为是人工智能研究中的一个重大挑战，直到 2016 年 DeepMind 公司开发的 AlphaGo[3] 诞生（图 6-4）。

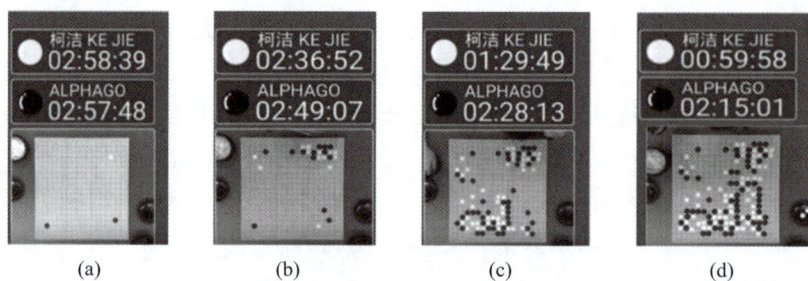

(a)   (b)   (c)   (d)

图 6-4   2017 年 AlphaGo Master 围棋机器人与围棋世界冠军柯洁对弈的过程

AlphaGo 设置了策略网络和值网络，使用自对抗强化学习算法优化策略网络和值网络。具体而言，训练过程分为自对抗数据产生过程和策略优化过程。

在自对抗过程中的每一步，智能体使用蒙特卡洛树搜索技术通过前向仿真和模拟得到当前状态下最优的策略，在蒙特卡洛树搜索的过程中，通过策略网络剪枝树的宽度，通过值网络剪枝树的深度；然后利用蒙特卡洛树策略采样动作用于围棋对弈；每一步重复这个步骤，同时将蒙特卡洛树策略及每一步的状态信息保存下来，直到本局对抗结束，得到胜负数据，将这些数据保存起来。

在策略优化过程中，利用自对抗数据进行策略网络和值网络的优化。其中策略网络的优化利用的是保存的蒙特卡洛策略数据，值网络的优化利用的是每局胜负数据。

2016 年之后，AlphaGo 技术形成了一个系列，如未使用人类专家数据的 AlphaGo

Zero[4]，可以解决象棋、围棋、日本将棋问题的 AlphaZero，以及学习效率高，基于模型强化学习的 MuZero[5]。

4. 双足机器人学习走路

在传统机器人研究领域，实现足类机器人尤其是双足类机器人的行走是一个极具挑战的问题。与只有 6 个关节的工业机器人操作臂相比，人形机器人一般拥有几十个关节。之前应用于操作臂上的传统控制算法或规划方法不能直接应用于人形机器人，一般要对人形机器人进行简化建模，然后基于简化模型进行控制，是一项相当复杂的工作。

基于此，基于强化学习的方法学习走路对于人形机器人而言意义重大。图 6-5 为双足机器人使用强化学习算法学习走路。

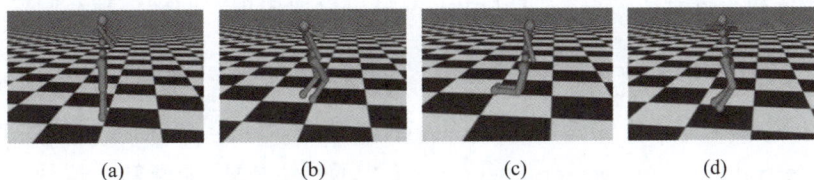

图 6-5　双足机器人使用强化学习算法学习走路

与传统基于模型的方法不同，基于强化学习的算法在设计控制器时不需要显式地对机器人进行困难的动力学建模，换言之控制器的设计不需要机器人复杂的动力学模型。但是在仿真学习过程中，需要一个可以对机器人运动进行仿真模拟的物理引擎。该物理引擎一般采用多刚体动力学模型，考虑了机器人与地面之间的摩擦。在学习过程中，首先初始化一个随机策略，然后使用该随机策略与物理引擎进行交互，将每一步的状态及其立即回报存储下来。机器人通过这种方式采集大量数据，然后基于这些数据和强化学习的策略优化方法对当前的策略进行优化，进而得到一个更好的策略。重复该过程，使得策略不断优化。

仔细观察学习过程可以发现，双足机器人在仿真系统中刚开始使用未训练的策略网络，并不会走路，无法保持平衡，经常摔倒。摔倒后，机器人得到负的回报，利用这个负的回报，机器人优化自身行走策略，通过迭代优化，策略网络变得越来越有效，渐渐地机器人摔倒的次数越来越少，往前运动的速度越来越快，机器人逐渐学会了走路。

5. 核聚变控制[6]

可控核聚变技术是人类实现清洁能源的重要核心技术之一。目前其主要构型如图 6-6 所示，工作原理是采用超强电磁场将高速等离子体束缚在托马克装置内进行核聚变反应。

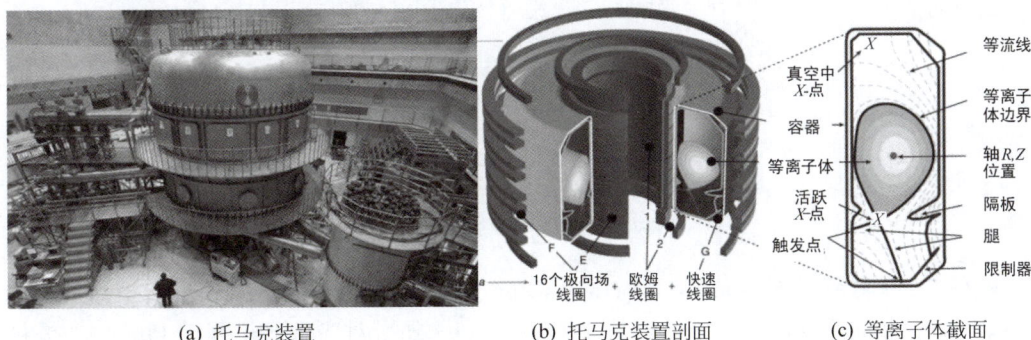

(a) 托马克装置　　　　　　(b) 托马克装置剖面　　　　　(c) 等离子体截面

图 6-6　核聚变控制

核聚变反应释放的热量多少与正在受控反应的等离子体的截面形状（如水滴形、雪花形等）有关，可控核聚变的技术关键就是调节电磁场来控制等离子的截面形状。在本例中，智能体需要根据当前系统的状态控制 19 个线圈的电压大小，从而调整电磁场，进而改变等离子体的截面，以满足放热需求。可控核聚变技术的基本思路是首先构建核聚变的模拟器，其次使用 Actor-Critic 的强化学习训练框架训练策略网络，最后将训练好的策略网络迁移到实际的托马克装置上，控制 19 个线圈。

与其他任务相比，核聚变的线圈控制频率要求很高，一般需要达到 10kHz，即每个控制周期要小于 $100\mu s$，这给策略网络的计算带来巨大挑战。为了满足控制的实时性要求，策略网络参数不能太大，目前策略网络一般只用 4 层的前向神经网络。而 Critic 网络只在训练中使用，在部署和执行时不需要，因此 Critic 网络可以使用更大的循环神经网络。

6. ChatGPT[7]

ChatGPT 是 OpenAI 公司于 2022 年 11 月发布的生成式预训练大规模语言模型，其功能包括聊天、撰写文章、编写代码等。ChatGPT 以 GPT 为基础，其中 GPT 的全称为 generative pre-trained transformer。generative 指的是生成式的，意味着这种模型能够生成文本；pre-trained 表示模型在大量数据上预先训练过，以学习语言的通用模式和结构；而 transformer 是一种深度学习模型架构，特别适用于处理序列数据，如文本。GPT 模型通过这种架构学习到的知识能够生成连贯、相关且通常看起来十分自然的文本回复。

关于 ChatGPT 的训练，特别是 ChatGPT 3.5 的版本，其训练过程可以分为图 6-7 所示的 3 个主要步骤。

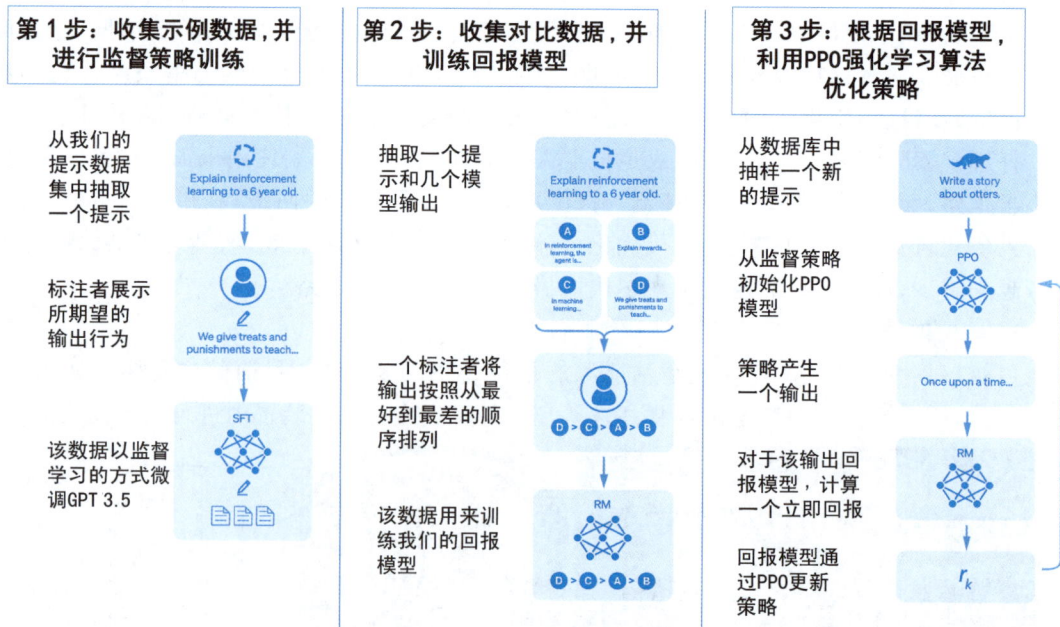

图 6-7 ChatGPT 3.5 的训练过程

第 1 步：有监督微调（supervised fine-tuning，SFT）的数据收集。

收集了大量的提示（prompt）和答复（response）数据对，部分来源于 OpenAI 提供的 Playground 平台上的互动，其余由专业的数据标注团队提供。此阶段的训练方法与 GPT 3

类似,旨在使模型能生成更自然和精确的文本回应。

第2步:人工标注对比数据集的构建与奖励函数模型的训练。

模型首先生成一批候选文本,人工标注者根据这些文本的质量进行排序。对于每个提示(prompt),ChatGPT 随机生成 K 个输出($4 \leqslant K \leqslant 9$),然后这些潜在回应将随机成对展示给数据标注专家,标注专家评估并排序这些回应,选出他们认为更优的那一个。

第3步:利用 PPO 算法和学到的回报模型优化 SFT。

使用一种强化学习算法近端策略优化(proximal policy optimization,PPO),它通过控制新旧策略比例的变化范围来优化模型。该算法通过限制新旧策略之比的下界对策略进行优化,在这个阶段,使用学到的回报模型作为环境反馈,通过 PPO 算法进一步优化和调整 SFT,以生成更高质量的文本输出。这一强化学习策略已在多种任务(例如机器人控制和多人在线游戏 DOTA 2)中证明了其有效性。

7. 星际争霸大师[8]

在前 6 个示例中,我们探讨了单一智能体系统应用强化学习的情景。然而,强化学习的技术也同样适用于多智能体系统的学习场景。相对于单智能体系统,多智能体系统展现出几个显著的差异点。

(1)多智能体系统中的状态转移取决于所有智能体的行动。只有当每个智能体都做出决定后,系统状态才会发生变化。

(2)对任一智能体而言,其他智能体被视作环境的一部分。然而,其他智能体本身也在不断地学习和调整策略,这使得整个系统对于任何单一智能体来说都是动态变化的、非稳态的。因此,多智能体环境对单一智能体来说并不符合马尔可夫性质。

(3)在立即回报的角度,单智能体系统中智能体的立即回报仅受到自身行为的影响。相比之下,在多智能体系统中,每个智能体的立即回报不仅由自己的行为决定,还受到其他智能体行为的影响。

鉴于单智能体系统与多智能体系统之间的这些本质区别,通常无法直接将为单智能体设计的强化学习算法应用于多智能体系统,而期待产生同样的效果。

《星际争霸II》是由暴雪娱乐开发的即时战略游戏,图 6-8 展示了针对《星际争霸II》的 AlphaStar——一种具有划时代意义的 AI。在这个游戏中,玩家通过策略性地采矿、建设基地、组建军队并升级技术来与对手较量,目标是摧毁敌方的基地。比赛通常设置为一对一模

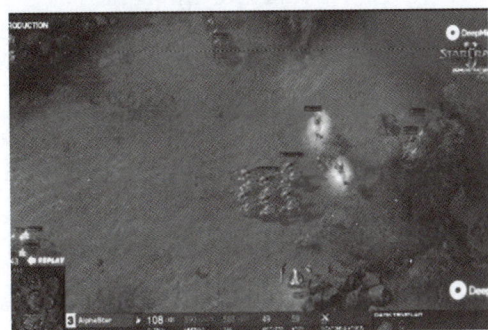

(a) 星际争霸II对战画面　　(b) 联盟训练

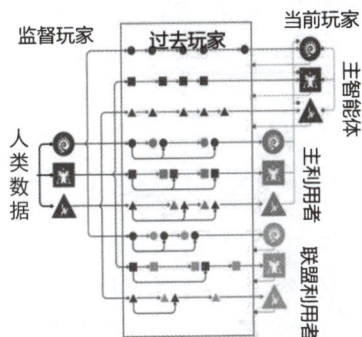

图 6-8　星际争霸大师 AlphaStar

式,玩家可以选择人族、神族或虫族进行对战。考虑到游戏的大规模和长期规划需求、信息的不完全性以及零和博弈特性,策略的复杂性使得为游戏找到最优策略极具挑战。AlphaStar 通过训练,击败了 99.8% 的专业玩家,达到了大师级水平。

与单一智能体的训练相异,AlphaStar 使用了一种多智能体强化学习算法进行联盟训练,其联盟智能体由主智能体、主利用者和联盟利用者三部分组成,各自的职责如下:

(1) 主智能体:作为训练的中心,主智能体在训练中扮演多种角色,其中 35% 的时间用于自对抗,50% 的时间与以往的策略进行优先虚拟自对抗,剩余 15% 则与联盟利用者或之前的策略进行对抗。

(2) 主利用者:专注于挖掘主智能体的潜在弱点,进行训练时,与主智能体进行频繁的对战。

(3) 联盟利用者:旨在发现并利用整个联盟体系可能的漏洞,在训练中通过优先虚拟自对抗,与联盟中的其他智能体交锋。

通过这种联盟训练,三个智能体同时进化,互相竞争,有效地解决了多智能体系统在学习过程中可能遇到的过拟合和策略循环问题。

表 6-1 总结了强化学习在不同领域中的应用实例,展示了强化学习如何在各种序贯决策问题中找到最优策略。

表 6-1 强化学习的应用实例

序号	应用领域	实例描述	特点/策略
1	非线性控制系统	多级倒立摆的控制问题,如二级倒立摆的控制	强化学习算法用于直接学习控制策略,不需要复杂的动力学模型
2	视频游戏	如雅达利的打砖块游戏,DeepMind 的 DQN 算法被用来控制球拍	结合强化学习和深度学习,超越人类玩家
3	围棋大师	DeepMind 的 AlphaGo 通过强化学习打败世界冠军	使用策略网络和值网络,以自对抗的方式学习
4	机器人学习走路	双足机器人使用强化学习算法学习走路	通过交互学习控制策略,无须复杂动力学建模
5	核聚变控制	控制托卡马克装置中的等离子体	实时性要求高,利用 Actor-Critic 框架
6	ChatGPT	OpenAI 的语言处理模型,结合监督学习和强化学习	优化生成文本的质量
7	星际争霸大师	在多智能体系统中,如《星际争霸Ⅱ》中的 AlphaStar	多智能体强化学习算法,解决复杂策略问题

6.1.2 强化学习能解决的问题

6.1.1 节列举了目前强化学习技术可以解决的实际问题。为了让二级倒立摆的末端到达指定控制位置,智能体需要做的决策是台车在不同的系统状态时的运动受力方向;针对打砖块游戏,智能体需要做的决策是根据小球当前的运动状态和砖块的信息控制球拍的左右运动;为了赢得围棋比赛,智能体需要做的决策是每一步如何落子;至于机器人学习走路,智能体需要做的决策是每个时刻如何控制关节电机,以便机器人稳定前向走动;在核聚变控制中,智能体需要做的决策是根据当前系统状态控制 19 个线圈的电压;在 ChatGPT 3.5 中,智能体需要做的决策是根据对方的提问生成下一个词;星际争霸比较复杂,智能体需要做的决策是做出战略及战术动作,以击败对手。分析上述实例可以发现,这些实例中需要解决的都是序贯决策最优问题。

所谓序贯决策最优问题(sequential decision making),是指在连续的决策过程中选择一系列行动,使得某个性能指标(如累积奖励)最大化。在这个过程中,每个决策都可能依赖前一个决策的结果,并会影响后续的决策和结果。

序贯决策最优涉及以下关键要素。

(1) 状态(state):在任何决策点,环境可以用一组状态来描述,状态包含做出决策所需的所有相关信息。

(2) 行动(action):智能体可以在每个状态下选择采取的行动。

(3) 策略(policy):策略定义了在每个状态下应该采取的行动。最优策略是指导智能体在每个状态下选择能最大化长期奖励的行动。

(4) 奖励(reward):智能体转移到新状态后会收到一个立即奖励。总体目标通常是最大化长期奖励,即所有立即奖励的累积值。

序贯决策最优的问题可以用数学框架来表述,比如马尔可夫决策过程(MDP)。在 MDP 中,最优性通常定义为最大化预期累积奖励,也称为回报(return),它是从当前时刻到未来某一时间点或无穷时间点的所有奖励的总和。当环境和智能体之间的交互遵循马尔可夫性质时,传统上可以用动态规划方法来求解最优策略。

从 6.1.1 节列举的 7 个应用实例可以看出,强化学习也比较擅长解决"序贯决策最优问题"。除了这 7 个应用实例,强化学习算法还可以应用到其他序贯决策领域,例如经济学中的投资决策、工业控制系统中的过程优化、计算机游戏中的 AI 行为策略以及自动驾驶、视觉跟踪、机器翻译等智能决策领域。

6.2 强化学习与其他方法的区别和联系

本节重点介绍强化学习与监督学习的区别与联系,并介绍强化学习算法与其他可以解决序贯决策问题的优化算法的联系与区别。

6.2.1 强化学习与监督学习的区别

监督学习是应用最广泛的类型,包括人脸识别、语音识别和手写数字识别等,这些都是日常生活中无处不在的技术。

监督学习的核心是利用标记的数据集来构建模型,并通过这些数据进行模型训练。这些数据集由特征输入和对应的标签组成,如图 6-9 所示,一张标记为数字"4"的手写数字图片用作输入和标签,标签在这里充当指导模型学习的监督信号。

与监督学习不同,强化学习在模型训练时并不需要知道当前状态下的最优动作标签是多少。强化学习使用的是由状态和回报组成的数据对。它依靠回报来评价一个动作的好坏,如果某个动作获得的回报高,则未来采取此动作的概率增大;反之,如果回报低,则减小。因此,从这个角度来看,回报是强化学习模型的一种弱监督信号。

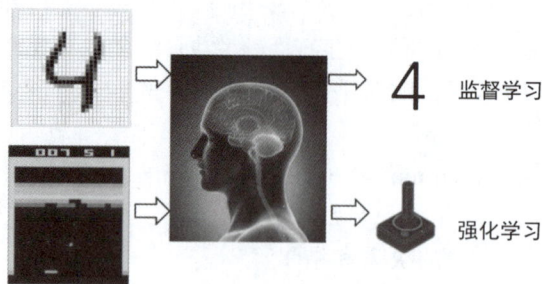

图 6-9　强化学习与监督学习的区别

强化学习和监督学习在目标、数据、反馈和环境等方面存在几个关键的区别。

（1）**任务目标差异**。

监督学习主要处理瞬时感知任务，例如图像和语音识别，旨在学习输入数据到标签的映射关系。

强化学习解决的是长期（序贯）决策问题，如游戏玩法、自动驾驶等序贯决策任务，旨在学习一系列的行动，以最大化累积的奖励。

（2）**数据类型差异**。

监督学习使用的是标记好的数据集，每个输入数据点都有一个正确的输出标签。

强化学习的数据来自智能体与环境的互动，包含状态、行动和奖励。

（3）**反馈机制差异**。

监督学习的反馈是直接的、明确的标签。

强化学习的反馈是奖励（或惩罚），这个奖励可能是延迟的，并且不总是直接指出最佳行动。

（4）**学习环境差异**。

监督学习将数据集分为训练集和测试集，监督学习的环境是静态的，模型训练时不会改变数据分布。

强化学习在实施前需要一个环境模拟器，以生成序列数据，并用这些数据中的回报来迭代优化策略。强化学习的环境是动态的，在同一个环境中进行训练和测试，因为智能体需要在相同的环境中探索，以发现最优的策略，同时也在这个环境中评估策略的效果。

简而言之，监督学习关注准确预测给定数据的标签，而强化学习是通过智能体与环境的交互来学习一系列决策的过程，旨在长期获得最大奖励。

6.2.2　强化学习与监督学习的联系

强化学习和监督学习也存在着紧密的联系，具体表现如下。

（1）**两者都使用数据从零开始学习**。

监督学习和强化学习在学习之前，其模型的参数都是随机给定的。通过采集数据和构建训练算法，两者的模型性能不断提升，最终模型的智能水平可能超越人类。

（2）**监督学习任务可以作为强化学习的辅助任务**。

比如在强化学习训练过程中，为了鼓励策略具有更强的探索性，往往将熵作为优化的目标放入损失函数中。在基于模型的强化学习算法中，往往使用监督学习的方法进行模型的拟合。

（3）**两者都使用梯度下降的方法优化模型**。

监督学习使用标签来构建损失函数，强化学习使用回报函数构建损失函数，最后进行模型更新时，使用的都是梯度下降的方法。

6.2.3　强化学习与其他优化方法的区别

如前所述，强化学习解决的是序贯决策问题。但强化学习并不是解决序贯决策问题的唯一优化方法。当状态空间很小，且动作离散，序贯决策问题可以建模为线性规划问题，这时候可以使用凸优化的方法。

另外，当状态转移模型已知，回报函数解析时，可以使用动态规划的方法来解决。如果状态转移方程为微分方程，只需要求解哈密尔顿—雅克比—贝尔曼方程即可。除此之外，可以将需要优化的策略进行参数化，然后使用遗传算法直接对策略进行优化。

然而，以上方法一方面受状态空间大小的限制，另一方面受状态转移模型及回报模型已知的限制。对于状态空间巨大、环境模型和回报模型未知的情况，只能使用强化学习算法。

与其他方法不同，强化学习算法是基于采样的学习算法，它只需要环境样本就可以进行自身策略的优化，不需要使用显式的状态转移模型和回报函数模型进行策略的优化。这使得强化学习可以广泛地应用于各行各业。

遗传算法和强化学习都常用于策略优化，但两者的优化方式有所不同。遗传算法通过种群在整个状态空间中的总体表现来优化策略，而强化学习则利用策略在每个状态点处的评估函数进行优化。简而言之，遗传算法更关注整体，而强化学习更注重细节。

表 6-2 概括了强化学习与其他优化方法在解决序贯决策问题时的主要区别，包括各自的适用问题范围、对数学模型的需求、方法类型、学习方式和应用场景。

表 6-2　强化学习与其他优化方法在解决序贯决策问题时的主要区别

特　　性	强化学习	其他优化方法
问题范围	适用于大规模、复杂且模型未知的序贯决策问题	通常适用于状态空间小、模型已知的问题
数学模型的需求	不需要明确的状态转移和回报函数模型	需要已知的状态转移和回报函数
方法类型	基于采样的学习方法，通过与环境交互采样来优化策略	线性规划、凸优化、动态规划等，依赖明确的数学模型
学习方式	侧重于每个状态点的策略效用评估和优化	（如遗传算法）侧重于种群在整个状态空间中的整体表现
应用场景	适用于环境模型复杂或未知的情况，如自动驾驶、游戏等	适用于问题和环境模型明确、相对简单的情况，如某些工程和管理问题

6.3　强化学习的思想精髓

强化学习的目标就是找到使得值函数 $v_\pi(s)$ 最大的策略 π^*，具体的采样过程如图 6-10 所示。首先智能体利用当前策略 $\pi(s)$ 采样动作 a，然后将动作 a 作用到环境，环境则根据状态转移模型和回报模型给出新的状态和立即回报，重复该过程，便能得到与环境交互产生的数据流：

$$s_0 \xrightarrow{a_0} (r_1, s_1) \xrightarrow[1]{a_1} (r_2, s_2) \xrightarrow[2]{a_2} \cdots$$

智能体利用上述数据流进行学习。需要注意的是，采样的策略应该具有随机性，这样才能尝试和探索其他动作，进而找到最优策略。也就是说，智能体的采样策略必须平衡探索（exploration）和利用（exploitation），这是强化学习能学到最优策略的精髓。

为了说明这个概念，再举一个井字游戏的例子。

井字游戏如图 6-11(a)所示，玩家在 3×3 的网格上落子，胜负规则为优先在横向、纵向或斜向连成直线的一方胜利。图 6-10(b)为智能体训练过程中的采样数据，该对局的数据可表示为 $a \to b \to c^* \to d \to e \to f \to g^*$，其中我方的决策点分别在 b、d 和 f，决策点 b 处使用了"利用"动作，即利用智能体当前的知识和经验，采取了认为当前最好的动作 c^*。在决策点 d 处，智能体认为当前最好的动作应该是 e^*，但是智能体并没有选择采用 e^*，而是选择了使用非最优动作 e，这时称智能体在此训练节点时采用了"探索"动作。探索动作对于找到最后策略是至关重要的，因为智能体以当前的经验和知识所认为的最好的动作 e^* 并不一定是真实的最优动作。采用探索动作称为试错探索。智能体通过"探索-利用"平衡策略采样动作，并通过该动作与环境进行交互，得到环境返回的新状态及立即回报。

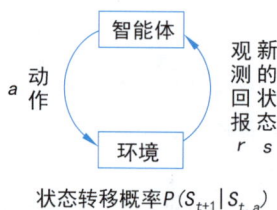

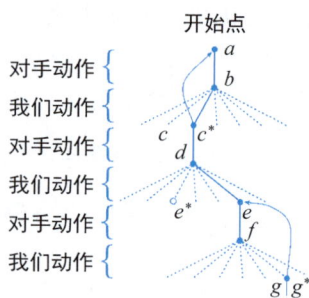

图 6-10　强化学习采样过程　　　　图 6-11　井字游戏采样过程

在强化学习算法中，除了"探索-利用"平衡策略之外，强化学习任务往往还存在回报延迟的特点。如图 6-11 的井字游戏，智能体在决策点 b、d 处做完决策后并没有得到游戏的回报，只有当下棋结束后才知道胜负，也才能对 b 和 d 处决策的动作进行评估。因此回报延迟以及如何使用折扣累积回报来评估动作是强化学习算法的另外一个精髓。

强化学习思想精髓中的两个平衡如下。

（1）探索与利用的平衡：在强化学习中，智能体需要不断选择动作，以积累经验和回报。然而，其中存在一个关键的矛盾——既要"探索"新的策略和动作来获取更多的可能性，不落窠臼，又要"利用"现有的最佳策略来获得更高的即时回报。有效的采样策略需要在这两者之间找到平衡，以保证智能体在充分探索环境的同时也能利用已有经验来优化决策。

（2）**长远回报和短期利益的平衡**：强化学习中的回报通常是延迟的，即智能体在某个状态下的动作可能不会立即产生回报，而是延迟到后续时刻。为了解决这种延迟回报的问题，强化学习通常使用"折扣因子"来计算累积回报。通过对未来回报进行折扣累积，智能体能够在决策时更准确地评估当前动作的长期价值。当折扣越接近 1 时，智能体更关注长远回报；而当折扣越接近 0 时，智能体更注重即时回报。这种评估方式让智能体在面对长远回报和短期利益时能够更合理地选择最优策略。

6.4 强化学习的发展方向

6.4.1 强化学习算法的发展回顾

我们不去深究强化学习算法的具体发展历史，只给出两个关键的时间点。

第一个关键点是 1998 年，标志性的事件是理查德·萨顿（Richard Sutton）出版《强化学习导论》第 1 版，即 *Reinforcement Learning：An Introduction*[10]。该书系统总结了 1998 年以前强化学习算法的各种进展。这一时期，强化学习的基本理论框架已经形成。1998 年之前，学者们关注和发展最多的算法是表格型强化学习算法和基于值函数的强化学习算法。当然，这一时期基于直接策略搜索的方法也被提出来了。如 1992 年罗纳德·威廉（Ronald Williams）提出的 REINFORCE 算法，直接对策略梯度进行估计[11]。1998—2013 年，学者们发展出了各种直接策略搜索的方法。比如基于策略梯度的强化学习算法、基于 EM 的强化学习算法、基于路径积分的强化学习算法等。

第二个关键点是 2013 年，DeepMind 提出 DQN，将深度网络与强化学习算法结合形成深度强化学习。2013 年后，随着深度学习技术的进步，各种深度神经网络被应用到强化学习算法中，比如使用深度神经网络表示策略网络或者表示值网络。之后，深度神经网络强大的表示能力加上强化学习强大的决策能力开启了具有超越人类决策能力的智能体。最典型的代表包括雅达利游戏水平达到人类玩家水平的 DQN，打败围棋世界冠军的 AlphaGo 系列，在《星际争霸 II》游戏中达到钻石级水平的 AlphaStar，具有颠覆性的 ChatGPT 3.5 等。

6.4.2 现有强化学习算法的分类

已有的强化学习算法种类繁多，分类标准多样。表 6-3 是强化学习算法的分类，展示了不同的强化学习算法类型及其特点。

表 6-3　强化学习算法的分类

分 类 标 准	算 法 类 型	特 点 描 述
基于模型与无模型	基于模型的强化学习	构建环境模型来预测未来状态和奖励，利用模型进行规划和决策。基于模型的强化学习算法效率要比无模型的强化学习算法效率更高
	无模型的强化学习	直接从与环境的交互中学习如何行动，不构建环境的显式模型。无模型的强化学习算法因为不需要建模而更具通用性

续表

分 类 标 准	算 法 类 型	特 点 描 述
基于策略更新和学习方法	基于值函数的强化学习	学习一个值函数来评估每个状态或状态-动作对,如 Q-learning,通过值函数来确定最佳策略
	基于直接策略搜索的强化学习	直接优化策略本身,通常通过策略梯度方法实现,如 REINFORCE 算法
	Actor-Critic 方法	结合值函数和直接策略搜索的方法,其中 Actor 根据当前策略执行行动,Critic 评估行动并指导 Actor 的学习
回报函数是否已知	正向强化学习	回报函数是预定义的,智能体的目标是最大化累积奖励
	逆向强化学习	回报函数未知,如无人机的特效表演,需要从专家行为或其他信息中自己推断回报函数
其他强化学习方法	分层强化学习	通过构建多层决策框架来解决问题,每一层处理不同粒度的决策问题,高层负责宏观决策,低层负责微观决策
	元强化学习	关注如何快速适应新环境或任务的学习过程,强调学习如何学习的能力
	多智能体强化学习	在多个智能体同时学习和互动的环境中关注如何在竞争或合作的情境下最大化个体或群体的奖励
	关系强化学习	利用关系和图结构的表示来处理状态,使智能体能在复杂环境中进行更有效的学习和决策
	迁移强化学习	利用在一项任务中获得的知识来加速在其他相关任务中的学习过程

6.4.3　强化学习的发展趋势

近年来,强化学习及相关技术已成为国际学术的研究热点,以下发展趋势值得关注。

1. 与深度学习的结合更加紧密

技术融合:2013 年,深度强化学习(deep reinforcement learning,DRL)的兴起标志着深度学习与强化学习结合的加深,其中深度神经网络用于学习复杂的特征表示和决策策略。

应用突破:DRL 在多个领域实现了重大突破,如 2016 年采用了上百层残差网络的 AlphaGo 在围棋比赛中的成功,2019 年采用记忆网络、指针网络等复杂网络体系的 AlphaStar 在即时战略游戏中的突破,以及 2022 年使用大语言模型的 ChatGPT 在自然语言处理中的突破性进展。

2. 与专业知识融合更加紧密

知识整合:强化学习与领域专业知识结合,如 AlphaGo 结合了深度学习与蒙特卡洛树搜索技术,显示出混合方法的强大潜力。

解决方案优化:结合专业领域的经验和方法可以提高强化学习算法的效率和有效性,更好地解决具体的应用问题。因此,如何与专业知识很好地融合是解决行业问题的关键。

3. 与脑科学和认知神经科学的联系更加紧密

理论启发:从脑科学和认知神经科学获取灵感,可以帮助人类设计更先进的学习算法,它们能更贴近人类或动物的学习和决策过程。

记忆与学习：研究大脑如何处理记忆和学习可以启发强化学习算法的设计，特别是在处理复杂决策和长期记忆方面。当前大模型以其独特的性能已经具有超强的记忆，如何利用大模型的记忆能力来加快智能决策的学习也成为当前国际学术研究的热点问题。

4. 理论分析会更强，算法会更稳定和高效

理论进展：相关基础理论研究有助于更深入地理解强化学习的原理和限制，从而设计出更稳定高效的算法。

算法改进：随着更多传统数学和控制领域的专家加入强化学习研究，可以预见算法在稳定性、效率和理论可解释性方面的显著提升。

上述趋势表明，强化学习作为一个快速发展的研究领域，不仅在技术和应用上取得了显著进展，而且在理论分析和跨学科合作方面也展现出巨大的潜力和动力。随着研究的深入，强化学习将在更多领域中发挥核心作用，推动人工智能技术的进步。

6.5 常用的强化学习算法简介

本节将介绍最常用的强化学习算法，包括基于值函数的 Q-learning 算法、结合值函数与深度学习的 DQN 算法、策略梯度算法、深度确定性策略梯度算法、近端策略优化算法。

6.5.1 Q-learning 算法

Q-learning 是一种典型的基于值函数的强化学习算法，通过维护一个行为值函数 $Q(S, A)$，评估在特定状态 S 下选择动作 A 所能获得的预期收益。其核心在于使用一个二维的 Q 表，其中一个维度表示状态，另一个维度表示动作，对应位置上的数值即为当前状态-动作对的价值估计。经过多回合探索，算法不断地根据采样得到的数据对 Q 表进行迭代更新，逐步逼近真实的 Q 值，直至收敛，从而帮助智能体在不同状态下选择最优动作。

接下来利用伪代码详细介绍 Q-learning 算法，伪代码如下。

Q-learning 算法伪代码

1. 初始化 Q 表，为所有的状态-动作对分配初始值（通常为 0）
2. 对每一回合（episode）进行迭代：
3.   初始化状态 S
4.   选择动作 A //基于当前状态 S，利用某动作选择策略，例如 ε-贪婪策略
5.   迭代直至终止状态：
6.   执行动作 A，观察立即回报 R 和新状态 S'
7.   选择新状态 S' 中具有最大 Q 值的动作 A'
8.   更新 Q 表中的值 $Q(S, A)$：
9. $Q(S, A) = Q(S, A) + \alpha\left[R + \gamma \max_{A'} Q(S', A') - Q(S, A)\right]$
10. $S \leftarrow S'$ //更新执行动作 A 后到达的新状态
11.   选择动作 A //基于当前状态 S，利用某动作选择策略，例如 ε-贪婪策略
12.   若达到终止状态（如到达目标、超时、失败等），则迭代结束
13. 输出最终的 Q 表

Q-learning 算法的两个关键部分是算法的采样策略和评估策略。采样策略（第 4、11 行）是指在回合中产生数据时所采取的策略，其需恰当地平衡探索与利用，以便在尝试不同动作的同时找到最优策略。常用的是 ε-贪婪策略，有一定概率采取其他策略进行探索，也有一定概率采取当前最优策略进行利用。

评估策略（第 9 行）用于更新 Q 值，使用的是贪婪策略，它是算法的最终产物，使被训练后的模型具备选择最优策略的能力。在评估策略的更新过程中，学习率 α 和折扣因子 γ 均为关键超参数。被广泛认可的评估策略主要包括蒙特卡洛方法和时间差分方法（伪代码中给出的是后者）。蒙特卡洛方法通过完整轨迹的回报来评估策略，虽然得到无偏估计，但方差较大；时间差分方法则结合当前步骤的回报与后继状态的值函数估计，虽然估计有偏差，但方差相对较小。

此外，根据评估策略和采样策略是否一致，强化学习可分为同策略（on-policy）和异策略（off-policy）方法。例如，SARSA 算法属于同策略，采样和评估策略相同；而 Q-learning 属于异策略，允许采样和评估策略不同（在伪代码中，采样策略使用的是 ε-贪婪策略，而评估策略使用的是贪婪策略）。

6.5.2　DQN 算法

在 Q-learning 算法的基础上，深度 Q 网络（deep Q-learning network，DQN）算法的核心改进是引入深度神经网络来表示行为值函数。这一改善的主要原因是，当状态空间和动作空间较大时，Q-learning 算法的 Q 表会很大，浪费资源且难以收敛，而神经网络理论上可以通过有限参数来近似拟合无限大的空间，同时也可应用于状态空间连续的问题。

此外，DQN 算法还进行了其他两项细节改进。其一，是经验回放机制，此机制借鉴自人类睡眠中的记忆整合过程，通过将智能体的经历存储在数据库中并随机抽取这些记录来训练网络，进而打破数据样本之间的时间关联，满足机器学习中的独立同分布假设，从而优化训练结果，促使神经网络的训练收敛且稳定。其二，DQN 算法引入了一个滞后更新的目标值函数网络，这一设计减少了学习过程中的目标值波动。该网络的参数不是在每次学习更新时都变化，而是每隔一定步数更新一次，进一步稳定了训练过程。

接下来利用伪代码详细介绍基于时间差分的 DQN 算法，伪代码如下。

DQN 算法伪代码

1.　使用随机权重 θ 初始化值函数网络 Q
2.　初始化目标值函数网络 $\theta^- = \theta$
3.　初始化经验回放池 D 为空
4.　对每一回合（episode）进行迭代：
5.　　　初始化状态 S
6.　　　选择动作 A　　　　　　　　　　　//基于当前状态 S，利用某动作选择策略，例如 ε-贪婪策略
7.　　　迭代直至终止状态：
8.　　　　　执行动作 A，观察立即回报 R 和新状态 S'
9.　　　　　选择新状态 S' 中具有最大 Q 值的动作 A'
10.　　　　　将 (S, A, R, S', A') 存储到经验回放池 D 中
11.　　　　　从 D 中随机采取小批量数据 ϕ //设共有 n 个数据

12.　　　　对每个数据 $\phi_i = (S_i, A_i, R_i, S_i', A_i') \in \phi$：

13.　　　　　　用以 θ 为参数的值函数网络估计 $Q(S_i, A_i | \theta)$

14.　　　　　　用以 θ^- 为参数的目标值函数网络计算 $y_i = R_i + \gamma \max\limits_{A'} Q(S_i', A' | \theta^-)$

15.　　　　　　计算 ϕ_i 在 θ 上的梯度 $\nabla_\theta [(y_i - Q(S_i, A_i | \theta))^2]$

16.　　　　　　通过梯度下降更新值函数网络的参数：

$$\theta = \theta - \alpha \frac{1}{n} \sum_i^n \nabla_\theta [(y_i - Q(S_i, A_i | \theta))^2]$$

17.　　　　　　每隔 C 步，滞后更新一次目标值函数网络的参数 $\theta^- = \theta$

18.　　　　　　$S \leftarrow S'$　　//更新执行动作 A 后到达的新状态

19.　　　　　　选择动作 A　　//基于当前状态 S，利用某动作选择策略，例如 ε-贪婪策略

20.　　　　　　若达到终止状态（如到达目标、超时、失败等），则迭代结束

21.　输出以 θ 为参数的值函数网络 Q

　　DQN 算法与 Q-learning 算法的本质相同，都是在探索环境（第 5～10 行）的同时更新值函数 Q（第 11～16 行），DQN 的一个鲜明特点在于，它并非仅依赖当前轮次的单次探索来更新 Q 表中的对应状态，而是利用之前轮次的批量探索数据通过梯度下降法对值函数网络进行优化。

6.5.3　策略梯度算法

　　在强化学习中，除了 Q-learning 和 DQN 这种基于值函数（value function-based）的方法，还有一种非常经典的方法，就是基于策略（policy-based）的方法。对比两者，基于值函数的方法主要是学习值函数，然后根据值函数导出一个策略，学习过程中并不存在一个显式的策略；而基于策略的方法则是直接显式地学习一个目标策略。策略梯度（policy gradient，PG）是一个典型的基于策略的算法。

　　PG 算法和 DQN 算法的伪代码实际上近似相同，仅在网络参数更新时（分别对应 6.5.2 节 DQN 伪代码的第 16 行与本节 PG 伪代码的第 9 行）有所差别。为了拓展视野，以下给出基于蒙特卡洛方法的策略梯度方法 REINFORCE（reward increment＝nonnegative factor× offset reinforcement×characteristic eligibility）算法的伪代码，其通过完整轨迹的采样来计算累积回报（第 4～8 行），利用数据更新参数网络（第 9 行）。

PG 算法伪代码

1.　使用随机权重 θ 初始化可微的参数化策略网络 $\pi(A | S, \theta)$

2.　初始化经验回放池 D 为空

3.　对每一回合（episode）进行迭代：

4.　　　初始化状态 S_0

5.　　　从 $i = 0$ 迭代，直至终止状态（如到达目标、超时、失败等）T：

6.　　　　　利用 $\pi(\cdot | S_i, \theta)$ 选择动作 A_i，观测立即回报 R_i

7.　　　　　执行动作 A_i，到达新状态 S_{i+1}

8.　　　计算本回合中每步的累积回报 $G_i = \sum\limits_{j=i}^{T} (\gamma^{j-i} R_j)$，并分别保存到 D 中

9.　　从经验回放池 D 随机采样 M 个数据，以更新网络参数：

$$\theta = \theta + \alpha \frac{1}{M} \sum_{i=0}^{M} \nabla_\theta \log \pi(A_i \mid S_i, \theta) G_i$$

10.　　输出以 θ 为参数的策略网络 $\pi(A \mid S, \theta)$

值得注意的是，相对于状态空间和动作空间都必须为离散的 Q-learning 算法，DQN 算法允许状态空间连续，而 PG 算法允许动作空间连续。此外，笔者以为，PG 和 DQN 算法的一个鲜明区别是对收敛的定义不同：DQN 算法中梯度下降的目标是通过调整网络参数降低当前状态的估计值和计算值（分别对应 6.5.3 节伪代码中的第 13、14 行）的差值，当差值无显著变化时，算法收敛；而 PG 算法通过调整网络参数来改变动作的概率分布，以寻找一个最优策略来最大化这个策略的期望回报，当参数优化无法带来回报的显著增长时，算法收敛。

6.5.4　深度确定性策略梯度算法

本书之前的章节讲解了基于值函数的方法（DQN）和基于策略的方法（PG），其中基于值函数的方法只学习一个价值函数，而基于策略的方法只学习一个策略函数。那么，一个很自然的问题是，有没有什么方法，既学习价值函数，又学习策略函数呢？答案就是 Actor-Critic 架构。其囊括了一系列算法，目前很多高效的前沿算法都基于 Actor-Critic 架构。

深度确定性策略梯度（deep deterministic policy gradient，DDPG）[12] 算法是 Actor-Critic 架构下一个经典的强化学习算法，专为高维动作空间设计。从某种角度看，DDPG 算法可以看作是 PG 与 DQN 的结合，Actor 行动策略与 PG 近似，Critic 评估策略与 DQN 的值函数网络近似，这种架构允许 DDPG 被用于动作空间和状态空间均连续的任务。

接下来利用伪代码详细介绍 DDPG 算法，伪代码如下。

DDPG 算法伪代码

1.　使用随机权重 θ^Q 初始化 Critic 网络 $Q(S, A \mid \theta^Q)$、θ^μ 初始化 Actor 网络 $\mu(S \mid \theta^\mu)$

2.　初始化目标 Critic 网络和目标 Actor 网络的参数 $\theta^{Q^-} = \theta^Q$，$\theta^{\mu^-} = \theta^\mu$

3.　初始化经验回放池 D 为空

4.　对每一回合（episode）进行迭代：

5.　　初始化状态 S

6.　　选择动作 A　　　　　　　　　　//根据当前 Actor 和探索噪声 $\mu(S \mid \theta^\mu) + \mathcal{N}$

7.　　迭代直至终止状态：

8.　　　执行动作 A，观察立即回报 R 和新状态 S'

9.　　　将 (S, A, R, S') 存储到经验回放池 D 中

10.　　从 D 中随机采取小批量数据 ϕ　　　　//设共有 n 个数据

11.　　对每个数据 $\phi_i = (S_i, A_i, R_i, S'_i) \in \phi$：

12.　　　用 θ^Q 为参数的值函数网络估计 $Q(S_i, A_i \mid \theta^Q)$

13.　　　用 $\theta^{Q^-}, \theta^{\mu^-}$ 为参数的目标值函数网络计算 $y_i = R_i + \gamma Q(S'_i, \mu(S' \mid \theta^{\mu^-}) \mid \theta^{Q^-})$

14.　　通过最小化损失函数 $L = \frac{1}{n} \sum_i^n (y_i - Q(S_i, A_i \mid \theta^Q))^2$ 更新 Critic 参数 θ^Q

15.　　　　采用确定性策略梯度更新 Actor 参数 θ^μ，其梯度为：

$$\nabla_{\theta^\mu} J \approx \frac{1}{N} \sum_{i=1}^{n} \nabla_{\theta^\mu} \mu(S_i \mid \theta^\mu) \nabla_a Q(S_i, a \mid \theta^Q)\mid_{a=\mu(S_i\mid\theta^\mu)}$$

16.　　　　每隔 C 步，滞后更新一次目标 Critic 和 Actor 网络参数：

$$\theta^{Q^-} = \tau\theta^Q + (1-\tau)\theta^{Q^-}$$

$$\theta^{\mu^-} = \tau\theta^\mu + (1-\tau)\theta^{\mu^-}$$

17.　　　　$S \leftarrow S'$　　//更新执行动作 A 后到达的新状态

18.　　　　选择动作 A　　//根据当前 Actor 和探索噪声 $\mu(S\mid\theta^\mu)+\mathcal{N}$

19.　　　　若达到终止状态（如到达目标、超时、失败等），则迭代结束

20.　　输出以 θ^Q 为参数的 Critic $Q(S, A\mid\theta^Q)$ 和以 θ^μ 为参数的 Actor $\mu(S\mid\theta^\mu)$

其中，第 5～10 行与环境交互来生成数据，第 11～15 行更新 Critic 网络，第 16 行利用时间差分来更新 Actor 网络，这里的梯度计算用到了链式法则。DDPG 算法同样采用 DQN 的滞后更新（第 2、17 行）和经验回放机制（第 3、10、11 行）。

6.5.5　近端策略优化算法

近端策略优化（proximal policy optimization，PPO）[13] 算法是另一种广泛使用的算法，旨在解决随机策略梯度算法更新步长难以确定的问题。PPO 吸收了其前序算法 TRPO（trust region policy optimization）提出的优势函数，与 DQN 的最小二乘法、PG 的最大化期望不同，优势函数的核心思想是立足于现有旧策略，找到一个比旧策略有最大优势的新策略。另外，PPO 创造性地引入了一种新的替代回报函数，并通过限制策略更新幅度，以维持训练过程的稳定性。替代回报函数结合了截断技术、值函数损失以及熵贡献，目标是最大化期望回报的下界，确保在优化过程中，新策略相对于旧策略的性能不会急剧下降，从而提高策略更新的稳定性。

接下来利用伪代码详细介绍 PPO 算法，伪代码如下。

PPO 算法伪代码

1.　使用随机权重 θ^w 初始化值函数网络 $V(S\mid\theta^w)$、θ^μ 初始化策略网络 $\mu(A\mid S, \theta^\mu)$

2.　初始化目标策略网络 $\theta^{\mu^-} = \theta^\mu$

3.　初始化经验回放池 D 为空

4.　对每一回合（episode）进行迭代：

5.　　　从环境中采集样本存储到 D 中　　　　　　　　　　　　　//与其他算法同理，此处不再赘述

6.　　　从 $k=1$ 逐次递增至 K：

7.　　　　从 D 中随机采取一个批次的数据 (S, A, R, S')

8.　　　　计算优势函数 $\mathcal{A}(S, A)_k = R + \gamma V(S'\mid\theta^w) - V(S\mid\theta^w)$

9.　　　　计算动作概率比值 $\text{ratio}_k = \mu(A\mid S, \theta^\mu)/\mu(A\mid S, \theta^{\mu^-})$

10.　　　根据如下优化方向，更新 θ^μ：

$$\theta^\mu = \underset{\theta^\mu}{\arg\max} \frac{1}{K} \sum_{k=1}^{K} [\min(\text{ratio}_k \mathcal{A}(S, A)_k, \text{clip}(\text{ratio}_k, 1-\varepsilon, 1+\varepsilon)\mathcal{A}(S, A)_k)]$$

//ε 为较小值，clip 为截断函数，将 ratio_k 截断到较小范围

11. 根据最小二乘的梯度，更新 θ^w：

$$\theta^w = \theta^w - \alpha \frac{1}{K} \sum_{k=1}^{K} \nabla_\theta \left[(R_k + \gamma V(S'_i \mid \theta^w) - V(S_i \mid \theta^w))^2 \right]$$

12. 每隔 C 步，滞后更新一次目标策略网络 $\theta^{\mu^-} = \theta^\mu$

13. 输出最终以 θ^μ 为权重的策略网络 $\mu(A \mid S, \theta^\mu)$

其中，第 6～10 行计算策略网络的更新方向，第 11 行更新值函数网络的更新方向。通过限制策略更新量（第 10 行），PPO 算法不仅能够提高学习的稳定性，还能有效应对环境中的不确定性和变化，使算法在各种任务中表现出色。

上述这些算法在不同的强化学习场景和问题中有各自的优势和应用。选择合适的算法通常取决于特定问题的特性，如状态空间的大小、是否需要模型、任务的序贯性等。表 6-4 总结了这几种典型的强化学习算法及其特点。

表 6-4　几种典型的强化学习算法及其特点

算法名称	类型	特点	应用场景
Q-learning	基于值函数的无模型	利用贪婪策略更新值函数，适用于离散动作空间	经典强化学习任务，如迷宫导航、简单的游戏
DQN(deep Q-network)	深度学习扩展的 Q-learning	结合深度神经网络和经验回放处理高维状态空间	视频游戏、机器人导航、复杂决策问题
策略梯度(PG)算法	基于策略的方法	直接优化策略函数，适用于连续动作空间	机器人控制、股票交易、高维动作空间的任务
深度确定性策略梯度(DDPG)算法	Actor-Critic 方法	结合值函数和策略的优点，适用于连续状态空间、连续动作空间	自动驾驶、机器人操控、复杂模拟环境
近端策略优化(PPO)算法	改进的策略梯度方法	使用截断的策略梯度和多步更新，平衡效率和稳定性	各种环境中的连续控制任务、游戏 AI

除了上述提到的 Q-learning 算法、DQN 算法、PG 算法、DDPG 算法和 PPO 算法，还有一些其他算法也可以归入强化学习范畴，例如：

（1）蒙特卡洛方法（Monte Carlo methods）：是强化学习中的一种基本方法。20 世纪 40 年代，科学家斯塔尼斯拉夫·乌拉姆（Stanislaw Ulam）、冯·诺依曼（John von Neumann）和尼古拉斯·梅特洛波利斯（Nicholas Metropolis）于美国洛斯阿拉莫斯国家实验室为核武器计划工作时，发明了蒙特卡洛方法。该方法是不基于模型的算法，通过对环境的采样来估计值函数。适用于那些可以明确定义完整情节的任务，通过完整的情节来更新价值估计。

（2）时间差分学习（temporal difference learning，TD learning）：结合了动态规划和蒙特卡洛方法的优点，可以在不知道环境模型的情况下学习。典型的算法有 SARSA 和 TD(λ)。

（3）SARSA（state-action-reward-state-action）：一种基于模型的 TD 学习方法，考虑了当前状态和行为后的下一个状态和行为。

（4）TRPO(trusted region policy optimization)：一种在策略空间中进行优化的算法，通过限制策略更新的步长来避免过大的性能波动。

（5）A3C(asynchronous advantage Actor-Critic)：使用多线程来收集不同环境的经验，加速学习过程。结合了 Actor-Critic 框架和深度学习，能够处理高维观测空间。

（6）Rainbow：结合了多种深度强化学习技术的综合算法，如双 DQN(double DQN)、优先经验回放(prioritized experience replay)、多步学习(multi-step learning)等。

（7）soft Actor-Critic (SAC)：基于最大熵强化学习框架，旨在同时最大化预期回报和策略的熵，促使策略加强探索性。

（8）MuZero：一种结合了模型预测和模型无关的强化学习优点的算法，能在没有环境模型的情况下学习如何预测环境的动态。

6.6 强化学习的术语

1. 智能体（agent）

在强化学习中，智能体是指与环境进行交互的实体，其目标是通过这些交互学习最优策略，以最大化其累积回报。智能体通过观察环境状态，根据所学策略做出决策（即选择动作），并接收环境提供的回馈（通常是奖励）。通过这种反馈，智能体不断调整其行为，以改进其决策过程和性能，适应环境，并实现长期目标。这一过程涉及决策模型的建立、策略的评估和优化，使得智能体能够在不断变化的环境中做出最佳决策。

2. 策略（policy）

是智能体的决策规则，定义了智能体在任意状态 s 下应采取何种动作的概率。更具体地，策略 π 定义为一个从状态空间到动作空间的概率分布映射，即在每一个状态下，策略确定了智能体选择每个可能动作的概率。具体来说，策略是从状态空间 S 到动作空间 A 的映射，通常表示为 $\pi(a|s)$，它为给定状态 s 下每个可能动作 a 的概率。策略可以分为两种主要类型：

（1）确定性策略(deterministic policy)：在这种策略下，给定一个状态 s，智能体总是选择同一个特定的动作 a，即 $\pi(s)=a$。在这种情况下，策略是一个确定的映射，每个状态都直接对应一个具体动作。

（2）随机策略(stochastic policy)：在随机策略中，给定一个状态 s，智能体选择每个动作 a 的概率是不同的。通常表示为 $\pi(a|s)$，这种策略更灵活，能够处理不确定性，并且可以自然地实现探索与利用的平衡。

策略的质量通常通过累积回报来评估，强化学习的目标是优化策略，使得智能体在环境中能够获得尽可能高的累积回报。

同策略(on-policy)：智能体在训练时使用的策略和执行策略是同一个，即策略的学习和策略的执行使用的是同一个策略。

异策略(off-policy)：智能体可以使用一个与当前决策策略不同的策略来收集数据并更新主策略。

3. 奖励（reward）

是智能体采取某个动作后，由环境提供的即时反馈，表示该动作的好坏。具体来说，奖

励定义为在状态 s 下执行动作 a 时，环境给予的立即回报的期望值，通常表示为 $R(s,a)$。

奖励的映射可以表示为从状态-动作空间到实数空间的函数，即 $R:s \times a \rightarrow \mathbb{R}$，它为每个状态-动作对分配一个具体的回报值。奖励的设计直接影响强化学习的学习过程和最终策略，因为智能体会在训练过程中尝试最大化获得的累积奖励。奖励的性质包括以下几点：

（1）即时性：奖励通常是即时反馈，即智能体在每一步采取动作后，环境立即返回相应的奖励值。

（2）局部性：奖励只反映了当前状态和动作的好坏，并不提供长期回报的信息。为了衡量长期收益，强化学习通过累积奖励和折扣因子来衡量动作的长期价值。

（3）激励导向：奖励是强化学习的驱动源。设计合理的奖励函数可以有效引导智能体学习符合目标的行为，而不合理的奖励设计可能导致智能体产生次优甚至错误的策略。

在强化学习中，智能体的目标是学习一种策略，使得它在与环境交互的过程中能够获得尽可能高的累积回报（即总奖励）。

4. 值函数（Value Function）

是强化学习中用于估计智能体在某个状态 S 下的预期回报的函数。具体来说，值函数衡量了从当前状态 S 出发，按照特定策略 π 执行动作后，智能体能够期望获得的累积奖励。这种累积奖励通常被称为回报（return），并且随着时间步长打折扣（如使用折扣因子 γ）。

有两种主要的值函数，状态值函数 $V^\pi(S)$ 和行为值函数 $Q^\pi(S,A)$。

（1）状态值函数（state value function）。

定义：状态值函数 $V^\pi(S)$ 表示在状态 s 下，智能体按照策略 π 行动时能够期望获得的累积奖励。它是状态空间到实数的映射。数学定义为

$$V^\pi(S) = \mathbb{E}_\pi \left[\sum_{k=0}^{\infty} \gamma^k R_{t+k+1} \mid S_t = s \right]$$

其中：

- $\mathbb{E}_\pi$ 表示在策略 π 下的期望值。
- R_{t+k+1} 是在时间步 $t+k+1$ 获得的即时奖励。
- γ 是折扣因子，取值范围为 $0 \leqslant \gamma \leqslant 1$，用于权衡当前和未来的回报。
- $\sum_{k=0}^{\infty} \gamma^k R_{t+k+1}$ 是折扣累积回报，表示从状态 s 出发按照策略 π 行动后获得的总期望回报。

用途：状态值函数衡量一个状态的长期价值，是智能体在该状态下按照当前策略行动所能获得的平均回报，因此能帮助智能体评估各状态的优劣。

（2）行为值函数（action value function）。

定义：行为值函数 $Q^\pi(S,A)$ 表示在状态 s 下执行动作 a，然后继续按照策略 π 行动时所期望的累积奖励。数学定义为

$$Q^\pi(s,a) = \mathbb{E}_\pi \left[\sum_{k=0}^{\infty} \gamma^k R_{t+k+1} \mid S_t = s, A_t = a \right]$$

其中：

- $\mathbb{E}_\pi$ 表示基于策略 π 下的期望值。
- R_{t+k+1} 是在时间步 $t+k+1$ 获得的即时奖励。
- γ 是折扣因子,取值范围为 $0 \leqslant \gamma \leqslant 1$,用于平衡当前和未来的回报。
- $\sum_{k=0}^{\infty} \gamma^k R_{t+k+1}$ 是从状态 s 出发执行动作 a 后的折扣累积回报。

用途:行为值函数直接评估特定动作的优劣,帮助智能体在某状态下选择最佳动作,因此在动作选择和策略改进中非常关键。

在值函数中,折扣因子 γ 的作用很关键。折扣因子 γ 控制了未来回报对当前决策的影响权重,取值范围为 $0 \leqslant \gamma \leqslant 1$。当 γ 越接近 1 时,智能体更关注长远回报;而当 γ 较小时,智能体更注重即时回报。

5. 马尔可夫性(Markov property)

是指一个系统的未来状态仅依赖其当前状态,而与它的过去状态或是如何达到当前状态无关。这是马尔可夫决策过程的核心属性。这种性质表明,系统的未来发展只与当前瞬间的情况有关,而与历史路径无关。

在数学术语中,如果一个过程具有马尔可夫性,可以用以下条件概率公式来表示:

$$P(S_{t+1} \mid S_t, S_{t-1}, \cdots, S_0) = P(S_{t+1} \mid S_t)$$

这里,S_{t+1} 是下一时刻的状态,S_t 是当前时刻的状态,而 $S_{t-1}, \cdots, S_0$ 表示过去的状态序列。这个公式说明了下一状态的概率只依赖当前状态。

马尔可夫性是许多统计模型和随机过程分析中的基础假设,尤其是在马尔可夫链(Markov chain)中,这是一种特殊类型的随机过程,其中的每一个状态都具有马尔可夫性质。在马尔可夫链中,过程的未来演变只取决于当前的状态,并不依赖它是如何进入这个状态的。

6. 马尔可夫决策过程(Markov decision process,MDP)

在强化学习中,马尔可夫决策过程是一种数学框架,用于形式化环境中的决策问题。有限马尔可夫决策过程由五元组 (S, A, P, R, γ) 描述,S 为状态集,表示可能的环境状态;A 为有限的动作集,表示可执行的动作;P 为状态转移概率,表示从一个状态转移到另一个状态的概率,状态之间的转移满足马尔可夫性;R 为立即回报函数,表示执行动作后接收到的立即回报;γ(Gamma)为折扣因子,用于计算未来回报的当前价值,表明未来奖励的重要性。

6.7 思考

【思考6.1】 蒙特卡洛方法可以追溯到 20 世纪 40 年代,为什么也属于强化学习中的一种基本方法?

【思考6.2】 强化学习与认知神经科学的关系是什么?

【思考6.3】 强化学习与深度学习如何共同推动机器学习的发展?

【思考6.4】 针对自动驾驶人形机器人等领域,强化学习如何被用来解决该领域的具体问题,可能面临的挑战是什么?

6.8　习题

【作业6.1】　请解释策略（policy）与值函数（value function）之间的关系，并描述在强化学习中如何使用值函数来改进策略。

【作业6.2】　在强化学习中，为什么需要平衡探索（exploration）和利用（exploitation）？请给出一个自己熟悉的例子来说明平衡探索和利用的重要性。

【作业6.3】　根据所给出 Q-learning、DQN、PG、DDPG 和 PPO 算法的伪代码，具体分析一下强化学习的两个平衡发生在哪一步，重要性如何？

参考文献

[1] DEISENROTH M P, RASMUSSEN C E. PILCO：A Model-Based and Data-Efficient Approach to Policy Search：ICML 2011：Proceedings of the 28th International Conference on Machine Learning, Bellevue, Washington, USA, June 28 - July 2, 2011[C]. Omnipress, c2011.

[2] MNIH V, KAVUKCUOGLU K, SILVER D, et al. Human-level Control Through Deep Reinforcement Learning[J]. Nature, 2015(518)：529-533.

[3] SILVER D, HUANG A, MADDISON C J, et al. Mastering the Game of Go with Deep Neural Networks and Tree Search[J]. Nature, 2016(529)：484-489.

[4] SILVER D, SCHRITTWIESER J, SIMONYAN K, et al. Mastering the Game of Go without Human Knowledge[J]. Nature, 2017(550)：354-359.

[5] SCHRITTWIESER J, ANTONOGLOU I, HUBERT T, et al. Mastering Atari, Go, Chess and Shogi by Planning with a Learned Model[J]. Nature, 2020(588)：604-609.

[6] DEGRAVE J, FELICI F, BUCHLI J, et al. Magnetic Control of Tokamak Plasmas Through Deep Reinforcement Learning[J]. Nature, 2022(602)：414-419.

[7] KALLA D, SMITH N, SAMAAH F, et al. Study and Analysis of Chat GPT and its Impact on Different Fields of Study[J]. International Journal of Innovative Science and Research Technology, 2023, 8(3)：827-833.

[8] VINYALS O, BABUSCHKIN I, CZARNECKI W M, et al. Grandmaster Level in StarCraft Ⅱ Using Multi-agent Reinforcement Learning[J]. Nature, 2019(575)：350-354.

[9] SUTTON R S, BARTO A G. Reinforcement Learning An Introduction (Second Edition)[M]. Cambridge, Mass：The MIT Press, 2018.

[10] SUTTON R S, BARTO A G. Reinforcement Learning An Introduction[M]. Cambridge, Mass：The MIT Press, 1998.

[11] WILLIANM R J. Simple Statistical Gradient-Following Algorithms for Connectionist Reinforcement Learning[J]. Machine Learning, 1992, 8(3-4)：229-256.

[12] LILLICRAP T P, HUNT J J, PRITZEL A, et al. (2016) Continuous Control with Deep Reinforcement Learning：ICLR 2016：Proceedings of the International Conference on Learning Representation, Vancouver, Canada, May 2-4, 2016[C]. OpenReview. net, c2016.

[13] SCHULMAN J, WOLSKI F, DHARIWAL P, et al. Proximal Policy Optimization Algorithms[J]. Journal of Machine Learning Research, 2017, 18(1)：1-48.

第 7 章

群体智能与演化博弈

群体智能自 20 世纪 80 年代提出以来,逐步成为人工智能学科的重要发展方向之一,通过研究分散、自组织的生物群体智慧,实现分布式、去中心化的智能行为,已成为信息、生物、社会等交叉学科的热点和前沿领域。《新一代人工智能发展规划》明确提出,"群体智能的研究方向,对于推动新一代人工智能发展意义重大",并部署"重点突破群体智能的组织、涌现、学习的理论与方法,建立可表达、可计算的群智激励算法和模型,形成基于互联网的群体智能理论体系"。

当今世界多智能体系统无处不在。从智能驾驶汽车到智能物流系统,再到金融市场的高频交易,多智能体系统正在改变着人们的生活和工作方式。而群体智能是多智能体系统的魔力所在,它使群体中的个体共同产生令人惊叹的智能行为,这种现象不仅存在于自然界,还在人工系统中得到了模拟和利用。

演化博弈理论将帮助我们深入了解多智能体系统中的协作和竞争态势。利用博弈理论来分析和设计多智能体系统中的策略,以期实现稳定的协作和可持续的竞争。

7.1 自然界中的群体及其行为分析

7.1.1 自然界中的群体

地球上现存的有记载的生物种类大约有 200 万种。通过自然选择,起源于森林古猿的人类,历经猿人类、原始人类、智人类、现代人类四个阶段,成为地球上进化最成功的生物群体。

除了作为地球上统治群体的人类,自然界还存在很多让人类也叹为观止的生物群体智能现象。在日常生活中,我们常见到一些生物个体聚集在一起,展现出一些奇妙的群体协调行为。如蚁群、鱼群和鸟群等,正是这些生物的群体智能行为保证了其种群在地球上的生存、发展和延续。

7.1.2 自然界中的群体行为

群居动物以集体为单位进行日常生活活动,如进食、休息和迁徙等[1]。群体智能的现象普遍存在于群居生物中,正如图 7-1 展示的,人类对这种智能的研究源于对群居生物行为的长期观察。

唐代诗人杜甫的《绝句》中"两个黄鹂鸣翠柳,一行白鹭上青天"生动描绘了鸟类群体迁徙的智慧；宋代诗人杨万里的《观蚁二首》中的"微躯所馔能多少，一猎归来满后车"则反映了蚁群展现出的超出单个蚂蚁的集体智能。

(a) 蚂蚁集体觅食

(b) 萤火虫同步发光

(c) 水牛群集生活

(d) 蝗虫集体迁徙

图 7-1　自然界中生物的群体行为

动物的集群行为虽然增加了被发现的风险，却因其利大于弊而广泛存在。

（1）利于觅食。集群行为有助于更广泛、更高效地寻找食物。例如，蜜蜂和蚂蚁通过信息交流快速地将食物位置告知同伴，提升觅食效率。此外，集体狩猎使得捕食者能捕获更大的猎物。例如，非洲草原上单独的狮子很难制服水牛，但通过合作就能捕猎大型的水牛和斑马等，而成群的狮子甚至可以杀死大象。

（2）利于反捕食。集群通过"多眼睛"效应增强了对天敌的警觉，个体之间通过声音、行为、化学等信号互相报警；同时"混淆"效应会迷惑敌人，使其眼花缭乱，帮助成员躲避捕食者，降低个体被天敌捕食的风险。

（3）利于繁殖和照顾后代。集群为动物提供了更佳的繁殖条件和照顾后代的资源，如帝企鹅在极寒环境下的集群繁殖，以及水牛共同照顾幼崽等行为。

（4）提高工作效率和资源利用。如蜜蜂和蚂蚁等社会性昆虫通过集群行为高效利用资源，分工合作，增加生存和繁衍的成功率。鸟类的集群飞行也显示出通过协作降低能量消耗的能力。

这些例证显示，自然界中的群体行为不仅是生存策略的体现，也揭示了复杂的社会结构。

一只蚂蚁很弱小，一只蜜蜂能力有限，但当这些个体集结成蚁群或蜂群时，便能展现出令人赞叹的群体行为。科学研究表明，动物群体通常具备以下特征[2]：

（1）个体要有简单的信息处理与行为能力。例如，鸟群的每个成员都能感知周遭环境并迅速做出决策,以调整各自的飞行状态,从而在空中形成复杂的群体动态。

(2)群体中成员之间的信息交流。例如,蜜蜂通过舞蹈传递食物源的位置信息,鱼群通过视觉信号协调运动形成编队,狼群则通过声音沟通来协调狩猎方式,警告危险。这些交互方式使得群体能够协调一致、共享信息,从而有效应对环境变化。

(3)远超个体的群体能力。群体中个体的信息感知、分工协作和互动产生的适应能力超出了单个个体能力的简单相加,称为"群体效应"或"群体智能"。

群体行为可以简单概括为由个体对环境的局部感知和行为决策集合而成,产生了个体无法单独完成的成就,实现了群体中的"协同增效"。

7.1.3　对人类的启示和影响

通过研究自然界中的群体行为,我们认识到了合作的力量和群体智能的潜能。群居动物之间的相互合作是它们成功的关键,若这种团结力量缺失,则群居优势将不复存在。自然界的生物通过长期进化,发展出了适应环境和提高生存率的高效、智能且优雅的解决方案,这些给人类的创新活动提供了丰富的启示。

人类在生产和生活中也常需要处理这类由大量个体组成的群体,如图 7-2 所示。在人类社会中,我们同样需要管理大量个体组成的复杂系统。例如,机器人世界杯(RoboCup)旨在实现机器人在复杂环境下的自主行为;汽车制造、飞机制造等领域的多机器人协同焊装通过合作可以提高生产效率,并应对大型复杂任务;在交通系统优化中,智能交通管理、自动驾驶和数据分析的应用至关重要,它们帮助人类减少交通拥堵,提高车辆流动性,并降低环境污染等。

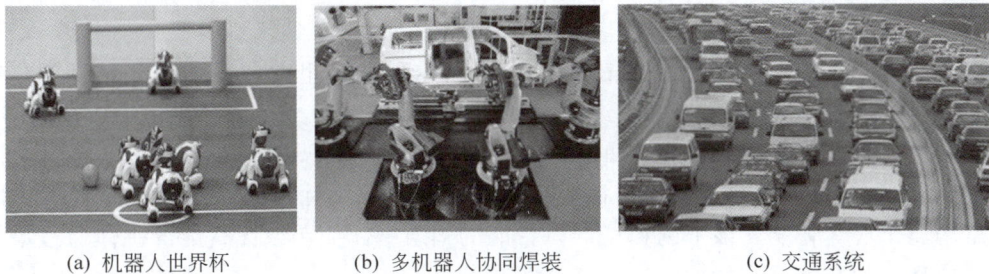

(a) 机器人世界杯　　　　(b) 多机器人协同焊装　　　　(c) 交通系统

图 7-2　人造群体系统

科学家研究群体行为,意在设计使个体基于局部信息自主决策的控制律,共同完成群体任务[3-4],如无人机编队飞行和多机器人协同作业等。这些控制策略旨在通过局部感知达成全局协作行为,例如多个低成本个体共同完成复杂目标,或者协同处理紧急情况,以避免踩踏事故,优化交通流,并减轻道路拥堵。

总的来说,"群体"指的是在一定程度上相互联系和作用的个体集合,这些个体通过合作或协同工作实现共同目标。这种群体合作的模式为人类社会的组织和技术开发提供了重要的参考和灵感。群体具有表 7-1 所示的特征[5]。

表 7-1 概括了群体的核心特征和它们在群体行为中的作用,有助于我们理解群体如何通过个体间的相互作用和协作来实现复杂的集体目标。

表 7-1　群体具备的一些典型特征

群 体 特 征	描　　　述
相互影响的相邻个体	群体中的个体通过物理接触、信息传递、化学信号等形式相互联系,影响彼此的行为和状态
个体的行为简单	群体中的每个个体行为相对简单,但能够完成一些基本的功能,从而为群体行为的复杂性提供基础
个体间既有竞争又有协作	群体成员在追求共同目标的同时,既存在合作(如分工、资源共享、信息交流),也存在竞争(如争夺资源),两者共存帮助群体有效适应环境
信息的交换与处理	群体中的个体能够交换和处理信息,并根据收到的信息改变自身行为,这种信息流动是群体协调行动和集体智能的基础
没有集中控制中心	群体表现出自组织性,群体行为不是由单一的中心控制,而是通过个体间的相互作用和遵循的简单规则自然产生
群体协作的复杂行为特征	当个体协同工作时,群体能展现出非常复杂的行为,体现了所谓的"群体智能",即通过协作产生的集体智能行为

7.2　群体智能

7.2.1　群体智能的概念形成

群体智能的概念最早由加州大学河滨分校的杰拉尔多·贝尼(Gerardo Beni)等在 1989 年的一篇关于元胞自动机的论文中提出。他们描述了在一维或二维网格空间中,元胞自动机的主体通过与相邻个体的相互作用实现自组织的过程,从而初步探索了"群体智能"的概念。

1999 年,埃里克·博纳博(Eric Bonabeau)、马尔科·多里戈(Marco Dorigo)等在出版的专著《群体智能:从自然到人工系统》(*Swarm Intelligence: From Natural to Artificial Systems*)中进一步定义了群体智能的范畴[6]。他们将群体智能定义为:从自然到人工系统,任何一种由昆虫群体或其他动物社会行为机制而激发设计出的算法或分布式解决问题的策略均属于群体智能。该书阐释了群体智能的本质——简单或无智能的主体通过集体协同作用展现出的智能行为特性。

2001 年,詹姆斯·肯尼迪(James Kennedy)和拉塞尔·埃伯哈特(Russell Eberhart)合著的《群体智能》(*Swarm Intelligence*)标志着群体智能研究的进一步发展,其中最重要的观点是:智能源于社会性的相互作用[7]。该书强调了智能的社会性相互作用起源,借鉴自然界的群体行为,并在计算机科学和工程领域中寻找解决复杂问题和优化任务的新方法。此书不仅加深了人类对群体智能的理解,也确定了其作为探索人工智能新途径的研究方向。

7.2.2　群体智能的五条基本原则

群体智能的概念涵盖了多种方法和技术,但有一些基本原则是贯穿其中的。以下是马克·米洛纳斯(Mark Millonas)于 1994 年提出的群体智能的五条基本原则。

1. 邻近原则(proximity principle)

群体内个体具备简单的时间或空间上的评估和计算能力。它强调个体对周围环境及其他个体行为的敏感性和反应性,指出个体的行为往往受到邻近个体的影响,并主要与周围个体互动。

2. 品质原则(quality principle)

体现个体对环境(包括群内其他个体)的关键性因素的变化做出响应的能力,个体对接收到的信息的敏感度及其对这些信息的利用程度体现了品质原则,它关注如何筛选、响应并利用信息源。

3. 多样性反应原则(principle of diverse response)

强调个体对环境中的某一变化所表现出的响应行为具有多样性。这种多样性使得群体能够更好地适应复杂和变化多端的环境,因为即使在相似的环境中,不同个体也可能表现出不同的反应。

4. 稳定性原则(stability principle)

强调不是每次环境的变化都会导致整个群体行为模式的改变,群体的整体稳定性和鲁棒性是这一原则的关键。尽管个体间可能存在变化和不确定性,群体整体的行为和性能仍能保持稳定,这常通过反馈机制、自适应性和协作来实现。

5. 适应性原则(adaptability principle)

突出了个体和群体对环境变化和问题需求的适应能力。适应性原则强调群体智能中的灵活性和动态性,个体需调整自身行为,以在变化环境中实现最佳结果。

这些原则共同构成了群体智能的基础,解释了个体在群体中如何相互作用、协作、适应和实现智能行为。它们指导了群体智能方法的发展和应用,有助于解决复杂问题和优化任务。

7.2.3 群体智能:化内卷为协同

群体智能的研究,主要是着眼于利用群体智能的原理和方法,为促使个体之间更加协作提供了一种思路,以达到更均衡的资源分配和更可持续的社会发展。而"内卷"描述了一个社会现象,个体在竞争激烈的环境中为了获取更多资源或机会而过度竞争,这种现象可能导致资源分配不均和个体压力增大。"协同"则指个体间通过共享和合作实现共同目标。

在群体智能的背景下,协同意味着通过个体间的互动和信息交换实现更高效的合作和资源共享,转化"内卷"现象,从而达到更优的结果。为此,可以尝试以下策略。

(1)资源优化:运用群体智能方法,如蚁群算法或粒子群算法,优化资源配置,确保资源被更合理地分配给各个个体,减少无效竞争和资源浪费。

(2)信息共享:依托群体智能的信息交流原则,促进个体之间就机会、资源和信息的知识进行共享,减少信息不对称现象,从而降低内卷的强度。

(3)合作平台:建立以多智能体系统为基础的协同平台,鼓励个体在共享环境中进行合作和协调,共追目标,减少相互竞争。

(4)社会政策:政府和组织应利用群体智能化的方法来制定和实施更有效的社会政策,鼓励合作与协作,减轻内卷现象。

7.2.4 采用群体智能模式解决问题的特点

一般来说,采用群体智能的模式解决问题具有以下几个特点。

（1）分布式控制：群体智能系统中不存在中心控制节点，控制权分散于所有个体中，使系统具有更高的适应性和鲁棒性。这意味着系统不会因个别个体故障而影响整体的问题解决能力。

（2）环境互动：系统内的每个个体都能影响环境，从而实现间接通信，促进信息的传递和合作。随着个体数量的增加，通信开销的增幅较小，显示出良好的可扩展性。

（3）简单的个体行为：群体中的每个个体遵循简单的行为规则，使得实现群体智能变得容易，体现了系统的简单性。

（4）自组织的复杂行为：群体展现的复杂智能行为是由个体间简单交互过程中涌现出来，显示出群体的自组织特性。

7.2.5　群体智能的应用

尽管群体智能研究还处在快速发展阶段，但其固有的特性，如分布式结构、自组织、协同性、鲁棒性和简化实施已经在多个领域内实现了成功应用。如图 7-3 所示，群体智能在诸如优化问题求解、网络及通信领域、机器人领域、电力系统领域、计算机领域、交通领域和半导体制造领域等取得了许多成功的应用成果。

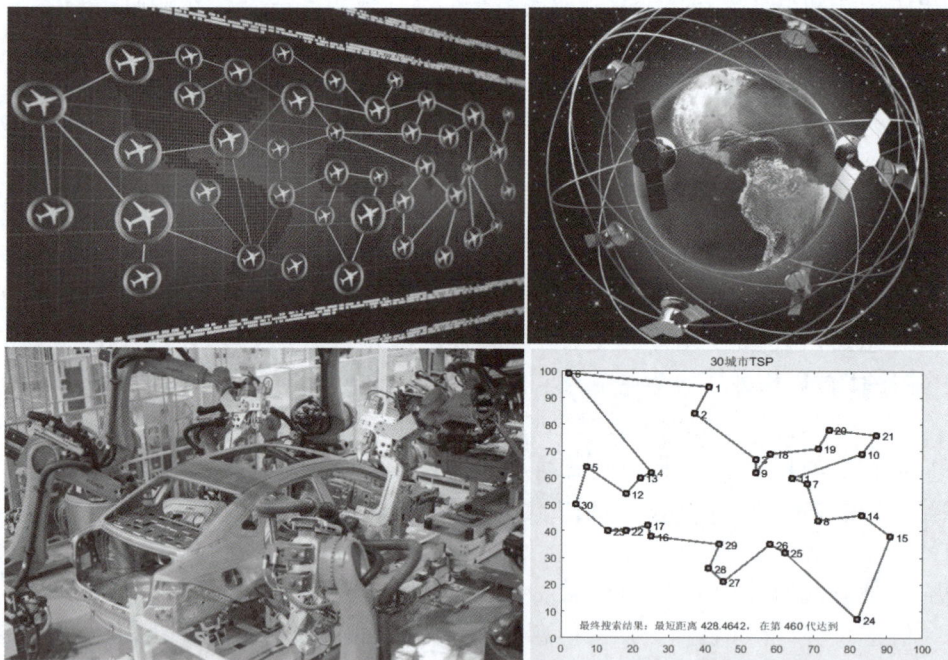

图 7-3　群体智能应用

群体智能的研究不仅吸引了全球智能计算领域学者的广泛关注，而且逐步成为一个新兴而重要的研究方向。下面举两个成熟案例，一窥具体群体智能的应用，更多的案例可以在后续课程中学习。

1. 案例一：群体智能在电力系统中的应用

群体智能在电力系统中的应用是多方面的，涵盖了电力生产、传输和分配的优化。包括：

（1）智能电力生产调度。群体智能协调多个发电站的运行，基于电力需求、成本和环境因素优化发电计划。

（2）电力负荷预测。利用群体智能进行历史数据和天气信息分析，准确预测未来的电力负荷，从而帮助电力系统做出合理的调度决策。

（3）分布式能源管理。在可再生能源，如太阳能和风能日益增多的背景下，群体智能优化分布式能源管理系统可以最大化能源利用，同时保持电力系统的稳定性。

（4）电力线路优化。通过群体智能优化电网线路布局和运行计划，减少能量损失和传输成本，提高电力传输效率。

（5）智能微电网控制。群体智能支持微电网的协同控制，平衡能源供需，提高系统的可靠性和自适应性。

2. 案例二：群体智能在物流配送中的应用

群体智能优化了物流配送领域的效率和成本，包括：

（1）智能配送路线规划。采用群体智能方法，如遗传算法、蚁群算法等优化配送路径，减少运输成本和时间。

（2）无人机配送。多无人机协同工作，避免碰撞，分担任务，实现高效的货物送达，特别适用于城市内部和偏远地区。

（3）智能货柜管理。群体智能优化自动售货机和智能货柜的库存管理，了解库存状态，根据需求自动补货，减少人工干预和资源浪费。

（4）社会共享配送。协调社区或城市内的送货车辆，通过智能协同系统实现高效的配送任务分配，减少车辆数量和碳排放。

（5）集体运输管理。优化公共交通和共享出行服务，提高运输效率和乘客满意度。

（6）最后一公里配送。协调各种配送方式，如货车、快递员、自行车等，提高最后一公里配送的效率和灵活性。

综合来看，群体智能有其独特的特点和能力，为解决复杂的系统性问题提供了高效和创新的方法，在未来更多领域具有应用潜力和广阔的前景。

7.3 多智能体系统

7.3.1 智能体

智能体（agent）的概念起源于 1977 年卡尔·休伊特（Carl Hewitt）的文章《将控制结构视为消息传递模式》（*Viewing Control Structure as Patterns of Passing Messages*）。休伊特首次引入了"角色（actor）"作为独立执行计算，并通过消息传递进行通信的计算模型，为分布式系统和并行计算奠定了基础。随着时间的演进，"角色（actor）"概念逐步发展成"代理（agent）"，agent 描述了自主的、能感知环境并与之互动的实体。在控制等领域，该实体被称为智能体（也称自主体）。

智能体（agent）是具备自主性、适应性和目标导向行为的特殊实体（entity），能够感知环境，并依据其目标或任务对环境做出反应或采取行动。

图 7-4 所示的智能体可以是机器人、车辆、计算机、人类或生命组织等物理实体，也可以

是聊天助理、程序代码等虚拟实体。

图 7-4　各种智能体：机器人、车辆、智能元器件、人、聊天助理

7.3.2　多智能体系统

多智能体系统（multi-agent system，MAS）是人类模拟自然界生物群体行为，以实现群体智能的重要载体之一。多智能体系统理论研究智能体在共享环境中的相互作用和协作，以达成集体行为和目标，为理解和解释群体智能现象提供理论框架，并在多个应用领域中发挥着重要作用。

多智能体系统具有自治性、社会性和协作性等性质。

（1）自治性（autonomy）：智能体可以自主地做出决策，独立执行任务，不需要外部的持续控制或干预。

（2）社会性（sociability）：智能体能够在共享环境中与其他智能体进行交互、通信和协作，包括信息传递、资源共享和任务分工。社会性赋予智能体适应不同情境的能力，使它们能够根据其他智能体的行为和状态调整自己的行为。

（3）协作性（collaboration）：智能体通过相互交互和协作达成共同目标。多个智能体能够协同参与任务，协调行动，以解决更复杂的问题。协作性要求智能体理解彼此的意图，并通过交流与协商达成一致。

这些性质是多智能体系统运作的关键，使得智能体能在复杂多变的环境中有效协作和协调，共同实现既定目标。

多智能体系统模型为分析多个智能体在共享环境中的相互作用、协作和行为提供了一个抽象框架。这个模型使我们能够理解智能体间的关系，推导整个系统的行为，并设计、优化、控制多智能体系统的策略。

如图 7-5 所示，多智能体系统由多个智能体组成，通过通信、协调、协商和协作完成群体目标，可以模拟生物行为模式，以高效且低成本的方式解决复杂问题。

在多智能体系统中，单个智能体可能在传感和通信能力、信息处理和执行能力等方面受限，具体如下。

（1）传感和通信能力有限：单个智能体的传感能力和通信范围受到其自身传感器设备和通信带宽的限制。

（2）信息处理和执行能力有限：单个智能体一般只能处理有限量的信息，其计算和决策能力受自身硬件性能或资源的限制。

（3）分布式特征：单个智能体作为分布式系统的一部分，意味着它需要与其他智能体共同工作才能实现某个群体目标。

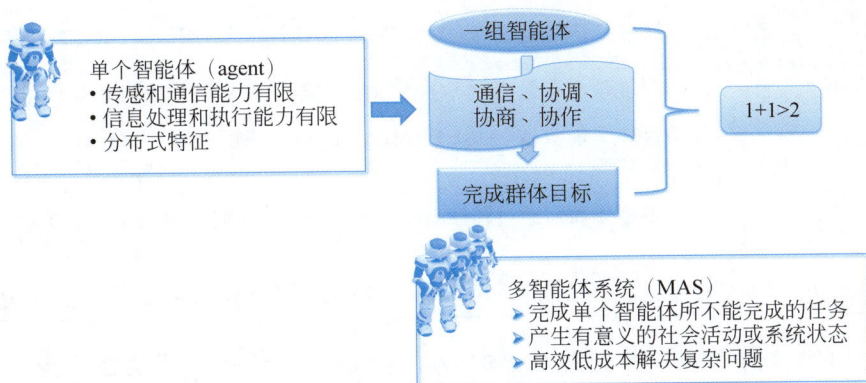

图 7-5　单智能体与多智能体的系统特点

尽管单个智能体存在限制,但是多智能体系统通过个体间的合作,可以完成超出单个智能体能力的任务,实现复杂的任务和解决方案。

7.3.3　多智能体系统的控制目标和主要研究领域

多智能体系统的控制目标根据应用领域和任务性质而有所不同,通常包括以下内容[8-9]:

(1) 达到群体目标:如任务完成、资源分配或问题解决等,通过智能体的协作、合作和交互实现。

(2) 协同行动:确保智能体间协同工作,避免冲突和碰撞,合理分配任务。

(3) 最优化:通过协调和决策实现整体最优,涵盖资源分配、路径规划、任务调度等方面。

(4) 解决冲突:管理资源竞争、任务争夺等个体间的冲突,维护系统和谐运行。

(5) 容错性:保持个体故障或通信中断情况下系统正常运行,增强系统鲁棒性。

多智能体系统在解决问题时展现出的优势包括鲁棒性、灵活性和成本效益,使得系统能在变化的环境中稳定运行,适应各种挑战,同时降低成本。这些优势使多智能体系统在环境监测、搜索救援、工业生产等领域得到广泛应用。

多智能体系统是一个涵盖广泛的领域,涉及多个学科和研究方向,其总的研究点可以归结为依据局部信息,通过设计 agent 之间的交互机制实现分布式解决方案。表 7-2 归纳了多智能体系统的主要研究领域。

表 7-2　多智能体系统的主要研究领域

研　究　领　域	描　　　　　述
协同(协调)控制	探索如何设计控制算法和协调策略使智能体能共同工作,实现群体目标。涉及一致性控制、编队控制等
算法博弈论	分析智能体间的决策和行为,寻求稳定的合作策略。包括合作博弈、竞争博弈及合作与背叛等问题
分布式问题求解与优化	研究多智能体如何共同求解或优化问题(如资源分配、任务调度、路径规划),实现复杂问题的分布式求解,获得全局或近似最优解

续表

研 究 领 域	描　　述
多智能体学习	应用深度学习和强化学习方法训练智能体,优化其在协作和竞争环境中的性能
群体智能优化	使用群体智能方法,如粒子群优化、蚁群算法解决复杂优化问题,如组合优化、参数调整等
分布式感知和决策	研究智能体如何通过传感获取环境信息,并共同做出决策,以实现个体和群体目标
智能机器人和自主系统	探索机器人团队的协同工作,以及在实现自主系统的行为和决策中的应用

这些研究领域展示了多智能体系统的多样性和复杂性。研究人员在这些方面进行探索,旨在理解多智能体系统的行为,设计高效的算法和策略,以应用于各种实际领域中解决复杂问题。

7.4　群体智能算法

群体智能算法(群智能算法)受自然界群居生物如蚁群、鱼群和鸟群等的协同行为启发,是一种基于简单实体间互动来解决复杂优化问题的自然启发式方法。

7.4.1　群体智能典型算法

1. 蚁群优化算法

意大利学者马可·多里戈(Marco Dorigo)1992年提出蚁群优化算法(ant colony optimization,ACO),是模拟蚂蚁觅食行为的信息素通信机制。蚂蚁通过释放信息素来标记寻找食物的路径,使得整个蚁群能有效找到最短路径。在 ACO 算法中,虚拟蚂蚁在解空间中搜索,通过信息素的交互指导寻找最优解。该算法应用范围广泛,包括旅行商问题、网络路由优化、物流调度等,其伪代码如下。

ACO算法伪代码
1. 初始化蚂蚁数量、迭代次数、信息素矩阵、启发式信息矩阵等参数
2. 对每一次迭代:
3. 　　对于每一只蚂蚁:
4. 　　　　初始化蚂蚁的位置和路径
5. 　　　　当蚂蚁未达到终止条件时:
6. 　　　　　　根据信息素浓度和启发式信息选择下一个目标
7. 　　　　　　更新蚂蚁的位置和路径
8. 　　　　计算蚂蚁完成路径的距离和适应度
9. 　　更新全局最佳路径和最佳适应度
10. 　　对于每一条路径(更新信息素):
11. 　　　　蒸发信息素
12. 　　　　根据蚂蚁路径增加信息素
13. 输出全局最佳路径和最佳适应度

2. 粒子群优化算法

詹姆斯·肯尼迪(James Kennedy)和拉塞尔·埃伯哈特(Russell Eberhart)1995年提出粒子群优化算法(particle swarm optimization,PSO),PSO算法受鸟群觅食行为的启发。每个粒子代表潜在解,通过群体间的信息共享找到最优解。粒子的移动受个体经验和群体经验的共同影响。PSO简单、易实现,适用于电力系统优化、函数优化、神经网络训练、机器学习、组合优化等多个领域。

3. 人工蜂群算法

德尔维什·卡拉博加(Dervis Karaboga)2005年提出人工蜂群算法(artificial bee colony,ABC),是基于蜜蜂的觅食行为开发的一种启发式搜索算法。ABC算法通过模拟蜜蜂的社会行为,特别是它们寻找并利用食物资源的方式来解决优化问题。它适用于车辆路径规划和其他复杂优化问题。

4. 菌群优化算法

凯文·帕西诺(Kevin Passino)等2002年提出菌群优化算法(bacterial foraging optimization,BFO),模拟细菌的觅食行为,尤其是趋化运动、扭动游动和群体复制等现象。BFO可应用于多种优化问题,包括化工过程控制、参数优化、组合优化、工程设计和函数优化等。

5. 蛙跳算法

马蒂亚斯·尤瑟夫(Matthias Eusuff)和凯文·兰西(Kevin Lansey)2003年提出蛙跳算法(shuffled frog-leaping algorithm,SFLA),是一种启发式的全局搜索算法。该算法融合了局部搜索和全局搜索的特点,结合了蛙觅食行为的模拟与其他启发式算法的一些元素,如粒子群优化。由于其高效的搜索策略,SFLA特别适用于水资源管理、城市供水系统设计等问题,有效解决了多目标和约束优化问题。

6. 人工鱼群优化算法

李晓磊(Li Xiaolei)2002年提出人工鱼群优化算法(artificial fish swarm algorithm,AFSA),模拟鱼类的群体行为,如觅食、聚集和避敌。AFSA具有灵活的搜索能力和高效的问题解决策略,适用于电网负荷预测、资源管理等。

7. 免疫算法

斯蒂芬森·福雷斯特(Stephenson Forrest)、艾伦·佩雷尔森(Alan Perelson)等1986年提出免疫算法(immune algorithm,IA),模拟生物免疫系统的行为,尤其是其识别自身与非自身细胞的能力,如抗原识别和克隆选择。IA算法有效结合了生物免疫机制的动态性和适应性,在网络安全的入侵检测、模式识别等领域展示了应用潜力。

8. 磷虾群优化算法

阿里·甘多米(Ali Gandomi)和艾哈迈德·阿拉维(Ahmad Alavi)2012年提出磷虾群优化算法(krill herd algorithm,KHA),模拟磷虾的群体行为。KHA适合处理多目标和复杂约束的优化问题,在函数优化、工程设计等领域具有良好的全局搜索能力。例如,在风力发电场布局优化中,应用KHA有望提升能量产出效率、减少风电场的维护成本,延长涡轮机的使用寿命。

9. 蝙蝠算法

杨新社2010年提出蝙蝠算法(bat algorithm,BA),模拟了蝙蝠捕食过程中的频率调制、速度和回声定位的能力。BA 算法结合全局搜索和局部搜索优势，可应用于无线传感器网络优化、工程设计等领域。

10. 蜗牛爬行优化算法

白冰、苏金树等 2011 年提出蜗牛爬行优化算法（snail crawling algorithm，SCA），模拟蜗牛的觅食行为，特别是在复杂地形中的导航能力。SCA 算法适用于工程优化、网络设计、机器学习、物流管理、能源管理及金融领域，提供有效解决方案，以应对复杂、非线性的优化问题。

除此之外，还有很多其他群体智能优化算法，如鹈鹕优化算法（pelican optimization algorithm，POA）、灰狼优化算法（grey wolf optimization，GWO）和果蝇优化算法（fruit fly optimization algorithm，FOA）等。每种算法都模拟了特定生物或自然现象的行为，并将其应用于问题求解。这些群体智能优化算法各有特点，应用于不同问题时的表现各异，展示了群体智能在解决复杂优化问题中的潜力。表 7-3 归纳了部分群体智能典型算法。

表 7-3 群体智能典型算法

算法名称	发明人	年份	灵感来源	应用领域
蚁群优化算法（ACO）	马可·多里戈	1992	蚂蚁觅食行为	旅行商问题、车辆路径问题、任务调度、网络路由等
粒子群优化算法（PSO）	詹姆斯·肯尼迪、拉塞尔·埃伯哈特	1995	鸟群和鱼群社会行为	函数优化、神经网络训练、机器学习、组合优化等
人工蜂群算法（ABC）	德尔维什·卡拉博加	2005	蜜蜂觅食行为	复杂的优化问题，如车辆路径规划
菌群优化算法（BFO）	凯文·帕西诺等	2002	大肠杆菌觅食行为	组合优化、工程设计、函数优化等
蛙跳算法（SFLA）	马蒂亚斯·尤瑟夫、凯文·兰西	2003	蛙类觅食及信息交换	工程设计、水资源管理、组合优化等
人工鱼群优化算法（AFSA）	李晓磊	2002	鱼群运动行为	函数优化、神经网络训练、组合优化问题等
免疫算法（IA）	斯蒂芬森·福雷斯特、艾伦·佩雷尔森等	1986	生物免疫系统	组合优化、模式识别、神经网络训练等
磷虾群优化算法（KHA）	阿里·甘多米、艾哈迈德·阿拉维等	2012	磷虾觅食活动、扩散行为、相互影响	函数优化、工程设计、约束优化问题等
蝙蝠算法（BA）	杨新社	2010	蝙蝠回声定位猎食行为	函数优化、组合优化、工程设计问题等
蜗牛爬行优化算法（SCA）	白冰、苏金树等	2011	蜗牛觅食行为	机器人路径规划、复杂地形导航等
鹈鹕优化算法（POA）	帕维尔·特罗约夫斯基（Pavel Trojovský）等	2022	鹈鹕在狩猎过程中的自然行为	复杂的非线性问题
灰狼优化算法（GWO）	赛义德阿里·米尔贾利利（Seyedali Mirjalili）等	2014	灰狼捕食行为	车间调度、参数优化、图像分类等

续表

算法名称	发明人	年份	灵感来源	应用领域
果蝇优化算法(FOA)	潘文藻(Wen-Tsao Pan)	2012	果蝇搜索食物	旅行商问题、圆排列问题等
萤火虫算法(FA)	杨新社	2008	萤火虫个体相互吸引	复杂方程求解、结构和工程优化等
鸽群优化算法(PIO)	段海滨(Hai-Bin Duan)	2014	鸽群利用地球磁场和地标组合归巢	无人机编队、控制参数优化、图像处理等

7.4.2 群体智能优化算法的优缺点

群体智能优化算法已经在众多应用场景中证明了自己的价值和潜力。其中的优势在很多方面都得到了体现。首先,它们显著的鲁棒性意味着这些算法能在不同的问题实例中对初始解和参数扰动持续展现出色的性能,不易受外部因素干扰。这种稳定性在实际应用中尤为宝贵,因为真实世界的数据和环境经常是动态变化的。其次,动态适应性是这类算法的另一大亮点。一些先进的群体智能算法能够对环境的变化做出实时响应,并据此调整其搜索策略或行为模式。这不仅增强了算法在变化环境中的持久性,而且使其在某些时效性要求较高的场景中具有较大的竞争优势。此外,很多群体智能算法都具有良好的扩展性。

然而,群体智能优化算法也有局限性。首先是计算复杂性问题,涉及多个搜索代理和多次迭代可能导致某些算法的计算开销变得较大,特别是在计算资源有限的场合下。其次,有些算法可能会遭遇早熟收敛的问题,即尽管拥有很强的全局搜索能力,但可能过早地停留在非全局的最优解。最后,众多的群体智能算法也给用户带来了选择难题,尤其是对于非专家,如何为特定的问题选择最佳的算法变得充满挑战。

7.5 演化博弈理论

演化博弈理论在 AI 的进步中扮演着关键角色,提供了理解合作与竞争动态的新视角。随着 AI 系统日益渗透到日常生活和工作中,理解这些研究变得至关重要,尤其是在模拟复杂的社会互动和适应变化环境方面。

(1)理论重要性。

演化博弈理论研究个体如何通过竞争和合作优化行为策略,在设计和优化 AI 系统决策能力方面至关重要。对演化博弈理论的深入学习和理解,将为 AI 领域带来更广阔的视角和更深层次的认识。

(2)跨学科交叉应用。

演化博弈理论促进了多领域的交叉应用,包括生物学、经济学、社会学,并在 AI 领域崭露头角,为不同领域的科学家和工程师提供了合作和交流的机会,推动了跨界合作和创新。

(3)决策优化。

演化博弈理论的策略演化机制可以优化智能体在不确定环境中的决策策略,使智能体更加适应复杂多变的环境,提高其性能,对于自动化交通系统、智能城市管理、金融风险管理等领域具有潜在的应用价值。

（4）推动群体智能研究。

演化博弈理论通过群体选择机制优化智能体合作策略，有助于人类理解群体行为的演化过程，提升群体协作效率和稳定性。这对于无人机协同、分布式传感网络、协作机器人等领域的研究和应用具有深远的意义。

（5）应对复杂性挑战。

演化博弈理论为分析多智能体系统中的合作与竞争提供了方法，助力智能化决策策略的制订，应对越来越复杂的 AI 挑战。比如应对不依赖高清地图的城区自动驾驶领域。

总之，演化博弈理论对于理解和优化智能体行为、促进科技领域的交叉创新以及应对复杂挑战具有重要意义。深入研究和应用演化博弈理论，可以更好地理解合作与竞争的本质，推动人工智能领域的发展，为未来的世界创造更多可能性。

7.5.1　演化博弈与群体智能的关系

演化博弈理论在解析群体智能的形成和发展中起到了基础而深远的作用。该理论从生物学中的自然选择和适应性进化概念扩展出来，为理解多智能体系统中智能体如何通过互动演化出复杂集体行为提供了理论基础。演化博弈理论强调了个体与群体之间的动态交互及其对整体行为模式和策略演变的影响，是群体智能研究的重要工具。

演化博弈与群体智能的对比关系如图 7-6 所示。

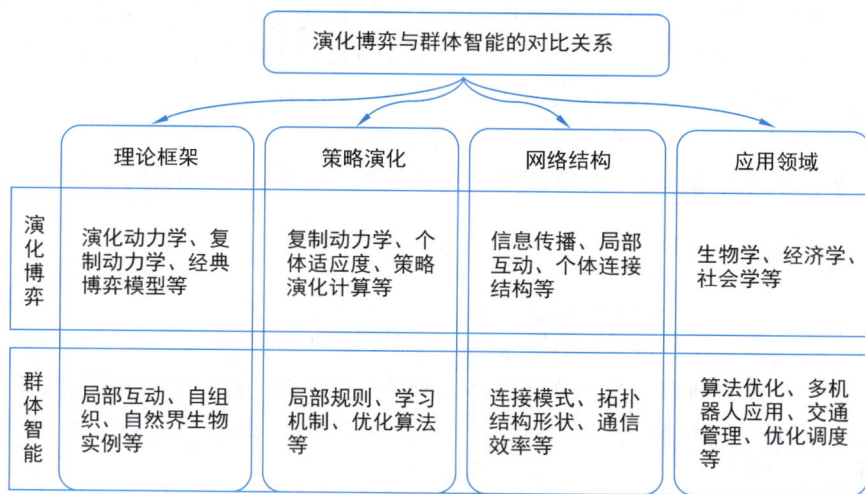

演化博弈与群体智能的对比关系			
理论框架	**策略演化**	**网络结构**	**应用领域**
演化博弈：演化动力学、复制动力学、经典博弈模型等	复制动力学、个体适应度、策略演化计算等	信息传播、局部互动、个体连接结构等	生物学、经济学、社会学等
群体智能：局部互动、自组织、自然界生物实例等	局部规则、学习机制、优化算法等	连接模式、拓扑结构形状、通信效率等	算法优化、多机器人应用、交通管理、优化调度等

图 7-6　演化博弈与群体智能的对比关系

1. 理论框架：基于博弈的互动分析

演化博弈理论将群体互动视为博弈，每个智能体的决策类似策略选择，反映个体目标，受其他策略影响，成功取决于适应性优势，即在竞争、合作和环境压力中获得最佳生存机会。群体智能通过个体间的局部互动和自组织行为产生全局智能，个体通过局部规则与邻居互动实现复杂群体行为。

2. 策略演化：适应性和稳定性

在演化博弈中，个体策略的演化通过复制动态等方程描述，高适应度策略会被更多个体采用并传播。演化博弈的核心是找到演化稳定策略。在群体智能中，个体策略通过局部规则和学习机制演化,个体根据经验和邻居互动调整策略,从而优化群体行为。

3. 网络结构:群体智能的微观基础

演化博弈中的信息传播通常是局部的,个体通过直接互动获取信息,这对策略演化和群体行为模式至关重要。在群体智能系统中,网络结构同样影响信息流动和合作机制,如在多智能体系统中,通信拓扑决定了信息传递效率和任务完成效果。

4. 应用领域:从理论到实践

演化博弈应用于生物学、经济学、社会科学等领域,如解释动物行为、分析市场竞争和合作机制、研究合作与冲突现象。群体智能广泛应用于优化、机器人学、交通管理等领域,如多机器人系统中的任务分配、环境探索、灾害救援以及交通管理中的信号灯控制和车辆调度。

值得指出的是,上述对演化博弈与群体智能关系的讨论和分类,仅是从理论模型视角出发,不代表演化博弈与群体智能之间的关系是绝对的或唯一的。事实上,它们既有不同之处,也有相通之处,对二者的深入理解,可以帮助我们更好地把握个体智能和群体现象。

7.5.2 演化博弈理论的基本思想

演化博弈理论与经典博弈理论的一个重要区别在于,演化博弈理论不要求个体是完全理性的,而是将有限理性的博弈参与者作为分析的基础[10]。有限理性意味着个体在博弈过程中可能通过不断学习和适应来调整自己的策略,这是一个动态变化的过程,更符合实际情况。这个理论的独特之处在于它更好地捕捉了个体在复杂环境中的决策行为,使我们能够更好地理解合作与竞争如何在不完全理性的条件下演化和发展。

在传统博弈理论中,存在一个关键的前提假设,即参与博弈的个体被要求是完全理性的。这意味着每个个体在博弈过程中都会追求最大化自身的利益。然而,在实际生活中,个体的决策过程受到多种因素的影响,包括有限理性、能力限制、信息不完全和情感因素等。这些因素导致个体的决策并不总是绝对理性,因此传统博弈理论的假设在实际情境中并不总是适用。

演化博弈理论的核心问题在于研究群体中的个体如何随着时间的推移不断更新自己的策略,以提高他们获得的收益。这一理论的发展可以追溯到 1973 年,约翰·史密斯(John Smith)和乔治·普赖斯(George Price)在《自然》上发表了一篇重要的论文,首次提出了演化稳定策略(evolutionary stable strategy,ESS)的概念,标志着演化博弈理论的正式诞生[11]。ESS 是指在群体中,大多数个体采用的策略在收益上优于其他策略,因此该策略能够抵抗少数采用不同策略的个体的入侵。这一概念强调了稳定策略在群体中的优势地位。ESS 的出现为我们理解博弈和合作行为的演化提供了新的视角,强调了群体中策略选择的动态性和稳定性。

在一个多策略并存的演化系统中,当满足以下两个条件中的任何一个时,策略 s_e 为该系统的演化稳定策略:

$$P(s_e,s_e) > P(s_i > s_e), \quad \forall i \neq e \tag{7-1}$$

或者

$$\begin{cases} P(s_e,s_e) = P(s_i,s_e), & \forall i \neq e \\ P(s_e,s_i) > P(s_i,s_i), & \forall i \neq e \end{cases} \tag{7-2}$$

其中,$P(s_e,s_i)$ 表示当采用策略 s_e 的个体与采用 s_i 的个体进行博弈时,采用 s_e 的个体所获取的收益。

1978年，生态学家彼得·泰勒(Peter Taylor)和利奥·琼克(Leo Jonke)提出了一个演化博弈论中重要的动态概念——复制动力学(replicator dynamics)[12]。演化稳定策略和复制动力学分别表征系统达到均衡状态时的稳定策略和策略演化的动态收敛过程，是演化博弈论中最重要的两个基本概念。在不考虑个体策略发生突变的一般情况下，复制动力学可以用来分析大规模无结构群体中的策略演化过程，策略演化动态方程可表示为

$$\dot{x}_i = x_i(\pi_i - \langle \pi \rangle) \tag{7-3}$$

其中，x_i表示群体中采用第i种策略的个体在群体中的占比，π_i表示群体中策略i的平均适应度，$\langle \pi \rangle$表示整个群体中所有个体的平均适应度。根据方程(7-3)可知，策略i的增长正比于该策略的平均适应度与群体所有个体策略的平均适应度之差，即当某个策略的平均适应度低于群体平均适应度时，该策略在群体中会呈现减少的趋势；而当某个策略的平均适应度高于群体平均适应度时，则该策略在群体中的占比会随之增加。

综上所述，演化博弈理论不仅突破了经典博弈理论的理性假设，更关注个体在博弈中如何通过学习和适应来不断更新策略，以适应复杂的现实环境。其核心概念包括演化稳定策略和复制动力学，这些概念帮助我们更好地理解合作与竞争在生物和社会系统中的演化过程。

7.5.3 演化博弈理论的重要应用：群体协作

2013年7月，在纪念美国《科学》创刊125周年之际，科学家总结出了125个迄今为止人类社会未解之谜，其中重中之重有25个问题。例如，宇宙由什么构成？意识的生物学基础是什么？为什么人类基因会如此之少？遗传变异与人类健康的相关程度如何？……其中"人类合作行为如何发展"也是25个重要的谜题之一。

因此，自私个体的合作行为一直是社会科学、生物学和经济学等多个学科领域长期研究的重要问题之一。这个问题涉及为什么个体会在某些情境下选择利他行为，尽管利他并不总是对他们个人最有利的决策。

2006年，马丁·诺瓦克(Martin Nowak)[13]在《科学》上发表文章，介绍五种促进合作产生的机制：亲缘选择(kin selection)[14-15]、直接互惠(direct reciprocity)[16-17]、间接互惠(indirect reciprocity)[18]、群组选择(group selection)[19]和网络互惠(network reciprocity)[20]。

到目前为止，已经有大量工作对以上这些促进合作产生的机制开展了更为详细的研究。最早，约翰·霍尔丹(John Haldane)曾做过这样的表述"我愿意跳进河里去营救两个亲兄弟或者八个表亲"。这句话预示着后来由学者威廉·哈密尔顿(William Hamilton)提出的Hamilton原则[21]：如果合作成本是c，给有血缘关系的亲人带来的收益记为b，亲缘系数用r来表示，当$r > c/b$时，自然选择将会更加倾向于合作。于是能够得到相应的结论：合作行为在含有亲缘关系的个体之间可以得到促进，这种通过血缘关系而维持个体合作的机制被称为亲缘选择。

下面展开介绍著名的促进合作行为产生的五种机制，如图7-7所示。

（1）亲缘选择。在自然界中，这种利他行为通常只对同类或亲属表现出来，因为通过亲缘关系，个体可以提高自己基因的传递机会。亲缘选择理论最早由罗纳德·费希尔(Ronald Fisher)提出，后来由哈密尔顿使用博弈论的方法构建了模型。该模型表明个体之

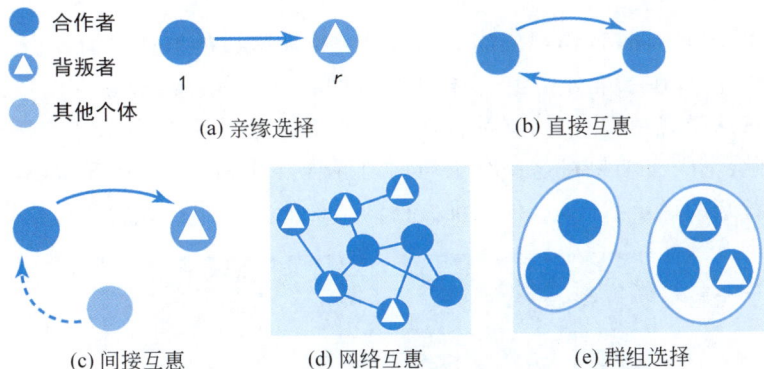

图 7-7　五种合作促进机制[13]

间的关系可以通过关联系数来衡量,当关联系数高于博弈后的代价收益比时,个体倾向于采取合作行为。

（2）**直接互惠**。在现实生活中,合作有时会发生在完全不认识的陌生人之间。罗伯特·特里弗斯（Robert Trivers）提出了直接互惠[22]这一机制,即假定参与博弈的个体之间会进行多轮重复的博弈,同时会将对手和自身的历史表现作为自身选择博弈策略的参考。这一机制所对应的典型的博弈论模型是重复囚徒困境（repeated prisoner's dilemma）。直接互惠为研究这种广泛存在于不含亲缘关系的人类之间的合作互助提供了依据。直接互惠能够促进合作的一个重要衡量标准就是,当个体再次相遇的概率 w 的取值超过损益比 c/b（也称合作者的支出成本 c 和收入 b 的比例）。

（3）**间接互惠**。间接互惠描述了一种情境:个人帮助他人而未立即获得回报,如帮助陌生人或慈善捐赠。这与直接互惠的即时利益交换不同,更像是对自己声誉的先期投资。在社会生活中,人们关注直接影响自己的事务以及个人声誉,后者虽无形,却驱使人们为获得好评而合作。简单地讲,在间接互惠的作用下,合作得以建立的条件是 $q>c/b$,其中 q 表示已知对手声誉的概率,c/b 则表示损益比。

（4）**网络互惠**。这一理论着重于个体间物理距离和连接模式对博弈影响的研究。个体合作或背叛行为,可通过邻接矩阵计算及其对博弈收益的影响来表达。在特定网络结构中,合作个体倾向于形成簇群,以抵抗背叛者侵入,甚至可能吞并背叛者扩大合作。网络互惠研究凸显了网络结构和网络拓扑对博弈结果的重要作用。

（5）**群体选择**。自然选择不仅影响个体,也作用于群组。合作者组织的群组往往比背叛者群组更成功。在分组自然选择中,个体根据收益比例繁殖,群组达到特定规模后分裂,低收益群组可能被淘汰。尽管背叛者在群内获得较高收益,但从整体看,合作者主导的群组更有竞争优势,因此在自然选择中更可能存留。在群组选择的框架下,合作行为被促进的条件是:损益比 b/c 大于 $1+n/m$,其中,n 为规模最大的组中的个体数,m 为整个群体中总的群组的数目。

除此之外,1992 年,马丁·诺瓦克（Martin Nowak）和罗伯特·梅（Robert May）[23]将演化博弈与复杂网络相结合,研究了二维方格上的囚徒困境博弈以及合作策略在二维方格上的演化情况。他们将群体中的个体与网络中的节点互相对应,节点通过连边交互,博弈就发生在不同个体之间的这些连边上。这一工作使得后来越来越多的工作投入复杂网络及演化博弈的相关研究中。研究发现,与均匀混合群体中囚徒困境博弈情况下合作行为最终被背叛替代这一结果有所不同,合作现象能够在二维方格所构成的群体中涌现。

　　根据图 7-8 所示,在二维方格中,合作者之间可以通过相互结成紧密的簇来抵御背叛策略的入侵。虽然从微观角度来看,这种合作团簇并不固定,其形状和大小会随时间的改变而改变,但一定不会消失。如果将这一结论与均匀混合群体相比较,能够发现,相比于均匀混合群体中完全背叛的稳定状态,这种二维方格的结构能为合作行为的演化提供便利条件。

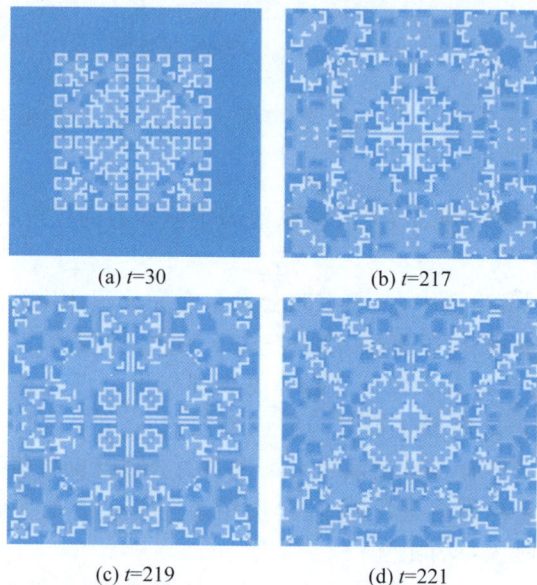

(a) t=30　　　　　　(b) t=217

(c) t=219　　　　　　(d) t=221

图 7-8　二维方格(99×99)上的合作策略随时间的演化($1.8<b<2$)

图中蓝色表示合作个体,红色表示背叛个体[21]

　　利用演化博弈理论来研究群体中的利他行为,能够加深 AI 对复杂社交互动和协作策略的理解和模拟。它使 AI 能更准确地预测和分析不同环境下的群体行为模式,尤其是在涉及合作与竞争的场景中。此外,演化博弈理论的应用有助于开发出更先进的 AI 算法,提高机器在社会环境中的操作效率、决策质量和适应性,特别是在涉及群体决策和资源配置等关键领域。

7.5.4　演化博弈理论在人工智能领域的应用

　　演化博弈理论在自动化和人工智能领域的应用是多方面的,覆盖了从智能系统的设计优化到行为模型的构建等多个领域。以下将一些相关的演化博弈实例总结为表 7-4。

表 7-4　演化博弈理论在人工智能领域的应用案例

应用领域	描述
机器人协作	解决机器人间的复杂互动和协作问题,尤其适用于多机器人执行共同任务(如工业搬运、搜索救援)
网络安全	演化博弈模型模拟攻击者和防御者之间的策略演化,分析各种防御策略的有效性,并指导防御者调整策略以应对新的威胁,从而优化网络的防御机制

续表

应用领域	描　述
人工智能行为模型构建	用于构建视频游戏中智能非玩家角色(NPC)的行为策略,使 NPC 根据玩家行为和游戏环境变化做出复杂和多样的反应,提高 NPC 的适应性和响应性
机器学习中策略演化	模拟不同学习策略的演化过程,帮助优化神经网络训练中的参数设置如权重初始化、学习率,改进强化学习算法的奖励机制,从而提高算法的性能和适应性
智能电网管理与优化	分析电力市场中各参与者的行为,预测电力分配策略,优化电网的管理和运营
自适应交通控制系统	分析各交叉口信号灯的策略互动,优化交通流量管理,减少拥堵,提高整体交通效率
工业自动化中资源分配	分析生产单元间的交互和合作策略,优化生产流程和机器人调度,提高生产效率和资源利用率
智能家居系统能源管理	模拟各设备的能源使用互动,优化能源消耗和管理策略,提高能源效率,并减少成本
智能算法参数优化	分析不同参数配置如何影响算法性能,帮助找到最优的参数设置,提高计算效率和问题解决精度
医疗系统中资源优化	分析不同管理策略如何影响资源使用效率,优化病床分配、医疗设备调度和医护人员工作计划,确保资源高效利用,且提供最佳病患护理

演化博弈作为一种强大的分析和优化工具,不仅有助于解决具体的技术问题,还为理解和设计更复杂、更智能的系统提供了理论基础和实践指导。通过在不同领域中应用演化博弈理论,我们能够更好地理解复杂系统的动态,并设计出更加有效和适应性强的解决方案。因此,演化博弈理论并不仅关乎数学模型或抽象的策略分析,它是一种全方位、多层次的洞察手段,能够为我们揭示相关问题的真实本质。从微观到宏观,从自然到社会,它为我们展现了一个互动、竞争和合作的世界。

7.6　思考

【思考 7.1】　分析一下目前流行的大型无人机表演,是这里所研究的群体智能吗?

【思考 7.2】　群体智能和多智能体系统有密切联系,如何区分这两个概念? 多智能体系统理论和方法可能用在哪些领域? 如何体现群体智能?

【思考 7.3】　为什么说极端的个人主义(极端利己)是违反大自然法则的? 理解合作的天然优势,如何化内卷为协同?

【思考 7.4】　群体智能的基本原理是什么? 请举例说明自然界中的群体智能如何启发了现代算法的设计。

【思考 7.5】　讨论演化稳定策略(ESS)如何在多智能体系统中被用来优化决策。

【思考 7.6】　群体智能和演化博弈理论在解决复杂系统问题中是如何相互补充的? 请提供一个具体的应用场景来说明这两者如何共同作用。

【思考 7.7】　考虑到群体智能和演化博弈的理论,哪些实际挑战可能影响这些理论在现实世界应用的效果? 例如,在自动驾驶车辆的群体协调中可能遇到哪些问题?

自动化与智能科学概论（微课视频版）

7.7 习题

【作业 7.1】 谈谈群体智能或演化博弈论对于大学生活的启示。

【作业 7.2】 梳理群体智能与演化博弈各 5 个核心术语（概念），收获到了什么？

【作业 7.3】 调研近年来更多群体智能的实际应用案例，例如：无人机配送、智能货柜管理，等等。

参考文献

[1] KRIEGER M J B，BILLETER J B，KELLER L. Ant-like Task Allocation and Recruitment in Cooperative Robots[J]. Nature，2000，406(6799)：992-995.

[2] VOELKL B，PORTUGAL S J，UNSÖLD M，et al. Matching Times of Leading and Following Suggest Cooperation Through Direct Reciprocity During V-formation Flight in Ibis[J]. Proceedings of the National Academy of Sciences of the United States of America，2015，112(7)：2115-2120.

[3] MITRI S，FLOREANO D，KELLER L. The Evolution of Information Suppression in Communicating Robots with Conflicting Interests[J]. Proceedings of the National Academy of Sciences of the United States of America，2009，106(37)：15786-15790.

[4] FRANCESCA G，BRAMBILLA M，BRUTSCHY A，et al. AutoMoDe：A Novel Approach to the Automatic Design of Control Software for Robot Swarms[J]. Swarm Intelligence，2014，8(2)：89-112.

[5] WARD A J W，SUMPTER D J T，COUZIN I D，et al. Quorum Decision-making Facilitates Information Transfer in Fish Shoals[J]. Proceedings of the National Academy of Sciences of the United States of America，2008，105(19)：6948-6953.

[6] BONABEAU E，DORIGO M，THERAULAZ G. Swarm Intelligence：From Natural to Artificial Systems[M]. Oxford，USA：Oxford University Press，1999.

[7] KENNEDY J，EBERHART R C，SHI Y H. 群体智能[M]. 英文版. 北京：人民邮电出版社，2009.

[8] COUZIN D，KRAUSE J，FRANKS N R，et al. Effective Leadership and Decision Making in Animal Groups on the Move[J]. Nature，2005，433(7025)：513-516.

[9] CONRADT L，ROPER T J. Group Decision-making in Animals[J]. Nature，2003，421(6919)：155-157.

[10] SMITH J M. Evolution and The Theory of Games[M]. Cambridge，UK：Cambridge University Press，1988.

[11] SMITH J M，PRICE G R. The Logic of Animal Conflict[J]. Nature，1973，246(5427)：15-18.

[12] TAYLOR P D，JONKER L B. Evolutionary Stable Strategies and Game Dynamics[J]. Mathematical Biosciences，1978，40(1-2)：145-156.

[13] NOWAKM A. Five Rules for the Evolution of Cooperation[J]. Science，2006，314(5805)：1560-1563.

[14] KRUPP D B，DEBRUINE L M，BARCLAY P. A Cue of Kinship Promotes Cooperation for the Public Good[J]. Evolution and Human Behavior，2008，29(1)：49-55.

[15] ESHEL I，SANSONE E，SHAKED A. The Emergence of Kinship Behavior in Structured Populations of Unrelated Individuals[J]. International Journal of Game Theory，1999(28)：447-463.

[16] OHTSUKI H，PACHECO J M，TRAULSEN A，et al. Repeated Games and Direct Reciprocity Under

Active Linking[J]. Journal of Theoretical Biology,2008,250(4): 723-731.

[17] PRESS W H,DYSON F J. Iterated Prisoner's Dilemma Contains Strategies that Dominate any Evolutionary Opponent[J]. Proceedings of National Academy of Science of the United States of America,2012,109(26): 10409-10413.

[18] MILINSKI M,SEMMANN D,KRAMBECK H. Reputation Helps Solve the Tragedy of the Commons[J]. Nature,2002,415(6870): 424-426.

[19] MCGUIRE M. Group Size,Group Homogeneity,and the Aggregate Provision of a Pure Public Good Under Cournot Behavior[J]. Public Choice,1974(18): 107-126.

[20] WANG W,REN J,CHEN G,et al. Memory-based Snowdrift Game on Networks[J]. Physical Review. E,2006,74(5): 056113.

[21] HAMILTON W D. The Genetical Evolution of Social Behavior[J]. Journal of Theoretical Biology,1964,7(1): 1-16.

[22] IMHOF L A,NOWAK M A. Stochastic Evolutionary Dynamics of Direct Reciprocity[J]. Proceedings of the Royal Society B: Biological Sciences,2010,277(1680): 463-468.

[23] NOWAK M A,MAY R. Evolutionary Games and Spatial Chaos[J]. Nature,1992,359(6398): 826-829.

第 7 章 群体智能与演化博弈

第 8 章

大数据智能

在数字化与智能化快速发展的当代,大数据不是数据的简单堆积,而是一个庞大的信息资源库,它已经成为人工智能的一类重要载体,内含无限潜力和可能性。

《新一代人工智能发展规划》在建立新一代人工智能基础理论体系中明确提出:"大数据智能理论重点突破无监督学习、综合深度推理等难点问题,建立数据驱动、以自然语言理解为核心的认知计算模型,形成从大数据到知识、从知识到决策的能力",并针对大数据智能理论具体部署"研究数据驱动与知识引导相结合的人工智能新方法、以自然语言理解和图像图形为核心的认知计算理论和方法、综合深度推理与创意人工智能理论与方法、非完全信息下智能决策基础理论与框架、数据驱动的通用人工智能数学模型与理论等"。

通过本章的学习,读者应掌握大数据的基本概念,了解相关技术,为开展大数据智能理论研究、掌握大数据系统并构建大数据平台奠定基础,更好地把握信息时代的机遇,迎接未来的挑战。

8.1 大数据的概念与意义

8.1.1 何为大数据

大数据指的是体量巨大、类型丰富并且需要快速处理的数据集合,包括结构化、半结构化和非结构化数据。在数字化时代,数据来源已从书籍、唱片、绘画等传统形式扩展到互联网、传感器设备、社交媒体和移动通信等现代技术。这种变化彻底改变了数据的生成、存储和分析方式。

信息论是大数据的科学基础,它探讨信息的本质和传输规律。大数据可以通过分析与处理减少不确定性:系统的熵(不确定性和混乱程度的度量,熵值的增加,表示系统的不确定性和混乱程度增加,反之则为减少)与收集到的信息量成反比,即信息越多,系统的熵值越低,不确定性越小。

表 8-1 回顾了大数据的发展历程,以及这些事件对大数据领域及其在社会应用中的深远意义。

如今,大数据技术已广泛应用于日常生活和各行各业,从数据分析到决策支持,它正在重新定义我们的工作和生活方式,成为现代社会不可或缺的部分。

表 8-1 大数据发展历程与关键里程碑事件

年　份	关键里程碑事件	意　义
20 世纪 90 年代	互联网普及和信息技术的发展使得大规模数据产生和存储成为可能，大数据的概念首次被提出[1]	标志着数据处理和分析的新时代开始，为后续大数据技术的发展奠定了基础
2004 年	Google 发表关于分布式文件系统 GFS、大数据分布式计算框架 MapReduce 和数据库系统 BigTable 的三篇论文	这些技术的发表，为处理大规模数据集提供了创新的方法和工具，极大地推动了大数据技术的发展
2011 年	麦肯锡研究院发布报告 *Big data：The next frontier for innovation，competition，and productivity*[2]，明确定义了"大数据"	报告强调了大数据对创新、竞争和生产力提升的重要性，将大数据的重要性推向了公众视野
2012 年	美国政府推出《大数据研究和发展倡议》，将大数据比喻为"未来的新石油"	倡议内容包括政策框架、数据开放和共享、隐私保护、人才培养和技术发展等方面
2016 年	中国的"十三五"规划纲要将大数据发展纳入国家战略。通过建设强大的大数据基础设施提升数据处理和分析能力，大数据将成为重要战略资源	确立了大数据在国家发展中的核心地位，为经济社会发展提供支撑，有助于促进企业管理优化、推动创新和产业升级，并提供科学依据支持政府决策，改善公共服务
2017 年	国务院 2017 年 7 月出台的《新一代人工智能发展规划》把大数据作为新一代人工智能的核心要素之一	指出大数据智能理论的发展方向，重点突破无监督学习、综合深度推理等难点问题，建立数据驱动、以自然语言理解为核心的认知计算模型，形成从大数据到知识、从知识到决策的能力
2018 年	欧盟推出通用数据保护条例（GDPR），加强了对个人数据隐私的保护	强化了数据隐私保护规范，对全球数据管理和数据驱动的业务模式产生深远影响
2019 年	5G 技术正式商用，为大规模数据传输和实时处理提供了更高的带宽和速度	使得数据应用更为广泛和高效，促进了大数据和人工智能技术的融合和应用
2020 年	新冠疫情暴发，各国政府和组织通过大数据分析和人工智能技术应对疫情	凸显了大数据和人工智能在应急管理和公共卫生危机管理方面的关键作用

8.1.2　大数据的特征

2001 年，IBM 的研究员道格·莱尼（Doug Laney）首次明确提出大数据具有"3V 特征"。

体量大（volume）：大数据最明显的特征是数据量庞大，通常指的是海量的数据集，无法用传统的数据处理工具来处理。这些数据来自多个来源，如社交媒体、传感器、日志文件等。

种类多（variety）：数据来源广泛，维度多样，类型复杂，包括结构化、半结构化和非结构化数据，对数据整合和处理技术提出了更高要求。如文本、图片、音频、视频等。多样化的数据类型带来了处理和分析上的复杂性。

速度快（velocity）：大数据的生成速度非常快，数据实时或接近实时地生成，需要快速地处理和分析。这包括社交媒体上的实时动态、金融市场数据流等。

基于莱尼的理论，IBM 和麦肯锡等机构进一步扩展了大数据的特征，引入了第四和第五特征。

数据真（veracity）："数据真"是指数据求真，追求数据的质量和可靠性。在大数据环境中，数据可能来自不同的来源，数据本身可能不完整、错误或含有噪声，因此对数据的可信度进行验证尤为重要。

价值高（value）："价值高"是指价值更高,体现了大数据的最终目标是从庞大的数据集中提取更有价值的信息。这涉及通过分析挖掘来发现潜在的商业价值、趋势、模式等,以指导决策和提升效率。

图 8-1 直观展示了大数据的 5V 特征（volume、variety、velocity、veracity、value）。这五个 V 是理解和应对大数据的关键特征,有助于识别处理大数据时可能遇到的挑战和要求。

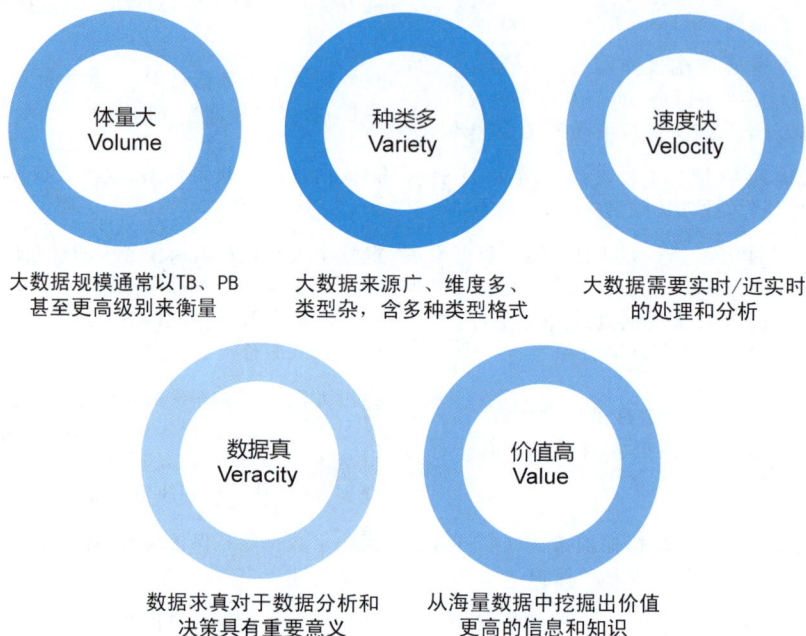

体量大 Volume
大数据规模通常以TB、PB甚至更高级别来衡量

种类多 Variety
大数据来源广、维度多、类型杂,含多种类型格式

速度快 Velocity
大数据需要实时/近实时的处理和分析

数据真 Veracity
数据求真对于数据分析和决策具有重要意义

价值高 Value
从海量数据中挖掘出价值更高的信息和知识

图 8-1　大数据的 5V 特征示意图

8.1.3　大数据思维

大数据思维（big data thinking）是指在面对庞大、多维、高速和复杂的数据集时采用的一种全新的思维方式。目的是通过处理和分析数据获取新的理解和意想不到的价值。这种思维方式超越了传统的因果分析方法,转而依赖数据驱动的探索,即使在缺乏明确假设的情况下也能通过数据揭示答案。

经典案例:
【熟视无睹是大数据思维的天敌】
啤酒与尿布

图 8-2　从接受因果关系转到接受强相关性

如图 8-2 所示,经典案例"啤酒与尿布"是大数据思维中一个非常著名的例子。乍一看,尿布和啤酒似乎没有任何直接的关联,因为尿布是给婴儿使用的,而啤酒则是成人饮品。但是商家通过关联分析发现一个显著的模式:购买尿布的顾客在同一次购物中往往还会购买啤酒。而且,这一趋势不受消费者性别、年龄等常规因素的影响。基于这一数据洞察,商家开始将尿布和啤酒摆放在同一位置,甚至推出了联合促销活动。所以,对于日常行为的熟视无睹,反而

可能成为大数据思维的天敌。

大数据常见的分析方法包括关联分析(association analysis)和发现型分析(exploratory analysis)。这些方法强调从数据中挖掘出深入的信息和意义,以指导决策和行动。

(1)关联分析:此方法不限于寻找显而易见的关联,而是深挖数据中隐藏的、非直观的联系。例如,通过挖掘顾客的购买数据可以发现某些产品之间的共同购买模式,从而帮助商家优化库存和营销策略。

(2)发现型分析:数据科学家利用算法探索未知的数据模式或趋势,这些发现可以引导新的研究方向或产品开发。

典型应用场景如下。

(1)市场营销:通过购物车分析,帮助企业从顾客浏览历史、购买记录等数据中发现哪些商品经常同时被购买,促进有效的交叉销售和定价策略优化。

(2)医疗健康:通过关联分析,辅助医生从大量病历数据中揭示疾病间的潜在联系,提升早期检测、诊断和治疗的精准度。

(3)金融行业:银行和金融机构利用大数据分析贷款申请人的交易历史、支付行为和社交活动来评估其信用风险,预测还款能力。

(4)城市规划:城市规划者通过分析交通流量数据、居民活动模式和社区服务使用情况优化公共交通系统设计和城市设施布局。

尽管大数据思维为各行各业带来了前所未有的机遇,但它也面临着数据隐私、数据安全和伦理问题等挑战。

(1)隐私保护:随着越来越多的个人数据被用于分析,保护用户隐私成为一个紧迫的问题。

(2)数据质量:确保数据的真实性和准确性是分析可靠性的关键,需要持续关注数据质量的提升。

(3)算法偏见:机器学习模型可能会因为训练数据的偏见而产生有偏的结果,消除这些偏见是一个重要的研究领域。

总之,大数据思维要求我们用全新的视角看待数据的潜力和价值,通过先进的分析技术不断探索数据的深层含义,同时关注分析过程中的伦理和法律问题。这种思维方式不仅可以帮助我们解决当前的问题,还能预见并应对未来的挑战,推动社会和科技的持续进步。

8.1.4 大数据的意义

大数据的核心意义在于其通过挖掘和分析海量数据集来获取有价值的信息,"用数据说话,使数据发声",已成为人类认知世界的一种全新方法。这不仅能帮助我们更好地理解和应对现实世界的挑战,而且实现了更高效、智能和可持续的生产与生活方式。大数据可支持决策制定、业务优化、市场推广、产品创新等关键活动。

具体价值体现如下。

(1)洞察消费者行为:大数据可以揭示消费者的偏好、行为趋势和购买模式,为企业提供了解市场需求,推动产品创新,并优化市场策略的关键洞见。

(2)提升运营效率:通过监测和分析企业运营的各个环节,大数据帮助企业发现并解决瓶颈问题,优化流程,提高效率,降低成本。

（3）预测趋势和风险：依托历史数据和预测模型，大数据能够帮助企业在面临不确定性和变化时预测市场趋势和潜在风险，使决策更加科学和准确。

（4）个性化服务：大数据使企业能够根据用户的个人兴趣、需求和行为提供定制化的服务，改善用户体验，提高客户满意度和忠诚度。

（5）支持科学研究和技术创新：为科学家和研究人员提供了分析和挖掘新规律、新关联的强大工具，推动了科学进步和技术革新。

（6）促进社会发展和政策制定：政府和公共机构利用大数据进行社会调查和分析，制定科学合理的政策和规划，优化城市管理和公共服务，促进社会的可持续发展。

8.2 大数据的来源与获取途径

在信息时代，随着互联网基础设施建设日益完善、移动互联网持续发展、网络应用爆发增长、物联网技术日益成熟，全球的数据量正以不容忽视的爆发式姿态迅猛增长。根据不同的标准，可以从以下角度分析大数据的来源。

8.2.1 按产生数据的主体划分

目前，大数据的来源日益多样化，表 8-2 是按照产生数据的主体划分大数据。

表 8-2　数据产生主体划分的不同类型的大数据来源

数据产生主体	数据类型	具体例子
互联网用户	社交媒体数据、交易数据、浏览数据等	根据 2023 年二季度数据，中国移动互联网用户已超过 12 亿，年增长率为 2.8% 来自用户在社交平台上的互动，如聊天记录、评论、点赞、分享等；电商平台购物记录，包括购买频率、购买类别等；搜索查询、网页浏览、广告单击等
企业和机构	运营数据、财务数据、客户服务数据等	企业的 CRM 系统、ERP 系统以及电子商务平台等，都记录了详细的业务交易和操作数据，这些数据是优化业务流程、提高运营效率、制定战略决策的重要基础 运营数据包括产品销售量、服务调用次数等；财务数据包括收入、支出、利润等；客户服务数据包括通过客户服务渠道收集的客户反馈和服务请求数据
机器与设备	传感器数据、监控数据、设备状态数据	随着物联网技术的成熟和应用的扩展，越来越多的机器和设备被用来收集和传输数据。这些数据不仅支持设备的自主运作，还为城市规划、安全监控、环境监测等提供了实时数据支持 智能温控系统的温度数据、城市监控摄像头录像、智能电表的电力使用数据、智能车的行驶数据等

8.2.2 按数据来源的行业划分

随着信息化的快速发展，计算机早已广泛进入各行各业，现在每一个行业每时每刻都在产生大量新的数据信息。按照产业划分来源可以更好地指导数据的具体应用方向和个性化需求设置。表 8-3 具体展示了各个行业产生的大数据类型和具体示例。

表 8-3 各个行业产生的大数据类型和具体示例

行业分类	数据类型	具体示例
互联网公司	用户行为数据、交易数据、社交数据等	百度公司数据总量达到 EB 级别,每日搜索多达 70 亿次以上;阿里巴巴公司数据总量超过了百 PB 级别,拥有 90% 以上的电商数据;腾讯 2023 年微信用户量达到 14 亿,拥有社交数据、游戏数据、交通数据、舆论数据、支付平台数据等涉及各项生活领域的数据集,这些也是场景化非常高的数据
电信与电力	运营数据、用户数据等	电信行业的用户通信数据;国家电网的供电使用和缴费情况数据总量达到了数十 PB 以上
石化与金融	交易数据、监控数据、保险数据等	石化工业产生和保存的数据量,包括仓储、炼化设备、反应堆的日常追踪等,达到了百 PB 级别;金融、保险系统产生的数据每年以数十 PB 的规模增长
交通行业	物流数据、运输数据等	航班和列车的运行数据,物流公司的货运记录形成的视频、文本类数据均在百 PB 级
制造业	生产数据、设备监控数据等	现代机械设备产生的数据;工人作业活动产生的追踪数据,包括从采购、生产、物流再到销售的内部流程以及外部产业信息等
公共安全与医疗	健康数据、监控数据等	公共安全领域的监控视频数据;整个医疗卫生行业包含就诊病例、医学图像、用药进药等环节,每年均达到数百 PB 规模数据
政务领域	行政数据、地理信息数据等	政府掌握着气象、地质、教育、人力资源管理等全社会最大、最核心的数据,气象局保存的数据将近 10PB,每年约增数百 TB;各种城市规划地图和地理位置信息每年约增长数十 PB
其他传统行业	消费数据、物流数据、科研实验数据等	餐饮行业的订单数据;快递物流行业的配送数据;院校研究所的科研实验数据;这些数据量剧增,但也处于积累期,多则达到 PB 级别,少则为数十数百 TB

8.2.3　按数据存储的形式划分

大数据不仅体量巨大,其丰富的数据类型也是促成其规模庞大的另一个重要原因。按照数据存储的具体形式,可以将现有的大数据分为结构化数据、半结构化数据和非结构化数据[3],如表 8-4 所示。

表 8-4 大数据的存储形式、常见例子和处理工具

数据类型	定义与特征	常见例子	处理工具
结构化数据	数据在固定字段内严格组织,易于存储和查询,通常存储在关系数据库中	客户数据库、库存记录、金融交易等	数据库管理系统(如 MySQL、Oracle)
半结构化数据	不符合严格的数据库结构,但具有可识别的模式和标记,灵活性较高	网页的 HTML 代码,JSON 格式的数据交换文件、XML 文档、电子邮件等	XML 解析器、JSON 解析器
非结构化数据	没有预定义的数据模型,也无法轻易地适应传统数据库的行和列的结构	社交媒体帖子、视频、音频文件、PDF 文件、卫星图像等	使用人工智能技术,如大模型、自然语言处理、图像和视频分析工具等

　　根据现有的数据来看，现在已经产生的大数据中仅有 20％左右属于结构化数据，80％的数据属于广泛存在于社交网络、物联网、电子商务等领域的半结构化和非结构化数据。

8.2.4　常见的大数据获取途径

　　随着大数据需求的增长，特别是各类智能系统不断拓展应用导致可以提供的数据种类空前增加，获取大数据的途径也变得多样化。表 8-5 清晰地展示了大数据的获取途径。

表 8-5　大数据的获取途径

获 取 途 径	描　　　述	适 用 情 况	常 用 工 具
系统日志采集	收集系统软硬件运行和变化的日志信息，用于分析系统问题	需要监控和分析系统性能及安全事件	Logstash、Filebeat、Fluentd、Logagent、rsyslog 等常见的日志采集工具
互联网数据采集	通过爬虫程序或 API 获取网页的 HTML、文本、图片等数据	需要分析网页内容或用户行为，适用于市场分析、竞争情报等	Web 数据提取器、数据抓取工具、API 调用工具
App 移动端数据采集	通过 API 接口获取 App 相关信息，如应用详情、评分、下载量等	针对移动应用市场的分析，包括用户行为分析、应用性能监控等	通过 API 接口获得应用详情、评分、下载量、版本信息以及其他数据
与数据服务机构合作	与专门的数据服务机构合作，获取特定的、难以直接获取的数据	数据获取难度大或数据量巨大，需要高保密性和准确性的场合	专业数据服务平台、寻求许可和合作协议

8.3　大数据挖掘与分析

　　大数据的真正价值就像海洋上的冰山，我们只能看到冰山上很小的一部分。为了最终挖掘出隐藏在表面下的价值，需要对大量的数据进行剥离、清洗、整理、归类、建模和分析等操作，以建立数据分析的维度，并对不同维度的数据进行分析与展示。其基本流程如图 8-3 所示。

大数据的采集　→　导入/预处理　→　统计/分析　→　大数据挖掘　→　展现和应用

图 8-3　大数据处理的基本流程

　　但是挖掘大数据的价值并非易事，传统的数据处理和分析方法无法适应大数据数据量大、流速快、多样性等特点，需要不断更新迭代技术和工具。本节将详细介绍大数据挖掘与分析的具体处理方法，包括预处理、统计分析以及数据挖掘技术，其主要处理方法如图 8-4 所示。

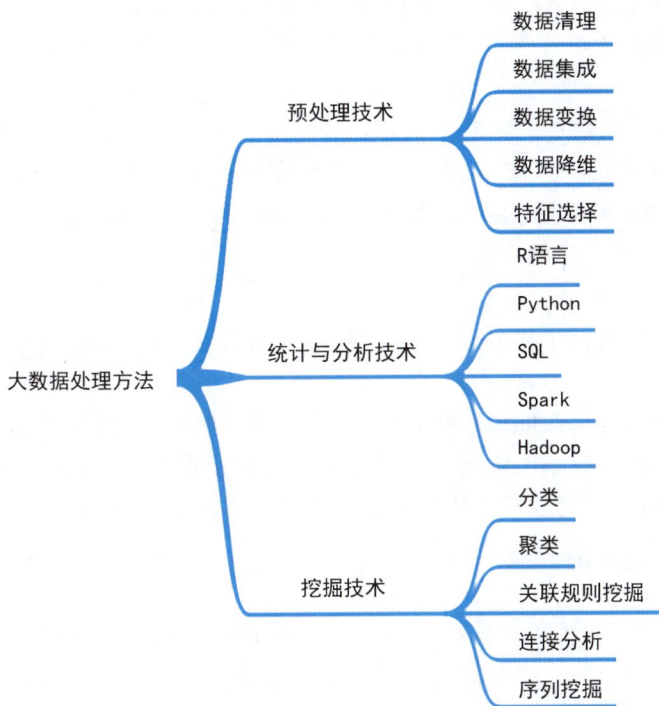

图 8-4　大数据处理方法

8.3.1　大数据智能的技术支撑

开始大数据挖掘与分析之前,先介绍一下支撑大数据挖掘与分析的 3 项关键技术。

1. 存储技术

大数据的存储需求导致了传统数据库技术的演进,如分布式文件系统和 NoSQL 数据库的使用,以应对大规模数据的存储和快速访问需求。

大数据的处理需要能够高效存储和管理大规模的数据。传统的关系数据库处理大数据时存在容量和性能上的限制,因此,各种新型的存储技术应运而生。例如,分布式文件系统(如 Hadoop distributed file system,HDFS),列式存储数据库(如 Apache Cassandra),NoSQL(Not only SQL)数据库以及分布式键值存储(distributed key-value store)等先进技术。

值得一提的是,数据库作为最常见的数据存储和管理工具,其发展经历了从关系的、结构良好的(relational,well-structured)到非关系、无模式的(non-relational,schema-less)的技术转变[4]。这些存储技术的发展和应用使得大规模数据的存储、管理和访问更加高效和可靠,为大数据的分析和应用提供了坚实的基础。同时,随着技术的不断进步,存储技术也在不断发展和创新,以满足不断增长的数据需求,让大数据处理具有高容量性、高可扩展性和高可靠性。

2. 计算技术

大数据处理需要高性能的并行计算和分布式计算技术来快速分析和处理庞大的数据集。

并行和分布式计算:传统的串行计算方式无法满足需求,并行计算和分布式计算由此成为大数据处理的主要技术。例如，分布式计算框架（如 Apache Hadoop 和 Apache Spark）能够将任务切分成多个子任务，并在集群的多台服务器上并行执行，从而提供高效、可扩展的数据处理能力。

实时处理技术：大数据的不断增长，对实时处理能力的需求也越来越高。实时处理技术可以快速地处理即时产生的大数据，并实时生成分析结果。例如，流式计算引擎（如 Apache Kafka 和 Apache Flink）可以实时接收、处理和存储连续产生的数据流，实时分析和可视化数据，及时发现数据的变化和异常[5]。

3. 智能技术

大数据的核心价值在于从数据中提炼"智慧"，而机器学习、大模型等智能技术则不断提升大数据的处理与理解能力，使得数据的潜在价值得以深度挖掘。智能技术的应用使大数据分析不仅可以揭示深层次的洞察与趋势，还能为各行业的决策提供数据支持，从而更全面地释放数据价值。这些技术的发展推动了数据分析的精准度和广度，让数据驱动决策成为现实，为大数据在各领域的广泛应用打开了更为广阔的前景。

8.3.2　大数据预处理技术

在现实世界中，我们经常面对着不完整、不一致的数据，这些数据被称为"脏"数据，无法直接进行有效的数据挖掘。或者即使进行了数据挖掘，得到的结果也并不令人满意。为了高效地进行数据挖掘，数据预处理技术就此产生。大数据预处理技术是在开始主要处理之前对数据进行的一系列操作，包括数据清理、数据集成、数据变换和数据规约等，如表 8-6 所示。

表 8-6　大数据预处理技术

序号	预处理技术	技术内容	作用	实例
1	数据清理	去除噪声数据、修正错误值、删除重复记录	提高数据的准确性和完整性，确保分析结果的可靠性	例如，在用户注册数据中删除重复的用户记录，修正不可能的出生日期（如未来日期）
2	数据集成	合并来自不同数据源的数据，解决数据冲突	创建一个统一的数据视图，便于进行全面的数据分析	将 CRM 系统中的客户数据与交易系统中的交易记录合并，以获得完整的客户活动视图
3	数据变换	标准化、归一化、对数变换、离散化等	将数据转换为适合分析的格式，调整数据尺度，简化模型建立过程	对收入数据进行对数变换，以处理极端值，并改善其在统计模型中的表现
4	数据规约	对大量数据集合进行筛选、清洗、转化和重组等操作	降低数据的复杂性，包括维度降低、数据压缩、数值简化等，减少数据量，提高数据处理效率，同时尽可能保留重要信息	分析顾客满意度时，仅选择与研究问题最相关的特征（如顾客反馈和产品评分）
5	特征提取	从数据中抽取新的特征集，通常通过数学变换实现，如主成分分析（PCA）	减少数据集中的冗余信息，提取关键信息，用于建模	使用 PCA 处理高维数据，减少特征数量，同时保持数据的大部分变异信息

续表

序号	预处理技术	技 术 内 容	作　　用	实　　例
6	特征选择	从众多特征中选择最相关的特征，剔除无关特征	提高模型的性能，减少过拟合，加快学习速度	通过自动化特征选择技术，识别出对房价预测最有影响的变量，如位置、大小和房龄
7	数据降维	将高维数据转换为低维表示的过程，减少随机变量的数量，如通过特征提取或特征选择实现	简化模型，减少计算量，同时降低噪声和提高模型的解释能力	对遥感影像数据进行降维，以提高在地形分类任务中的处理速度和分类精度
8	数据集平衡	在分类不平衡的数据集中，通过技术手段调整类别样本的数量，如过采样或欠采样	提高分类模型的性能，特别是在预测较少出现的类别时能够提高准确性	使用 SMOTE 算法对医疗数据中的少数类病例进行过采样，改善模型对罕见疾病的预测能力

8.3.3　大数据统计与分析技术

大数据技术的核心在于通过一系列方法和工具，从海量、复杂、无序的数据中自动提取出有价值的信息和潜在模式。这一过程涉及对数据进行深入的统计和分析，以帮助人类更好地理解数据、组织数据并预测未来趋势。大数据统计与分析技术，是指利用高级分析方法对大规模且多样化的数据集进行系统处理和分析的过程，通常在分布式数据库或计算集群等系统中进行海量数据的分类、汇总与分析，以满足广泛的分析需求。

1. 基于 R 语言的大数据统计与分析

R 语言是大数据分析中的重要工具之一，作为一款开源数据处理、统计计算和制图软件，R 语言具有高度灵活性，提供了丰富的统计工具及数学计算、统计计算的函数。用户可以基于 R 语言定制新的统计和分析方法，其扩展包（如 SparkR 和 H2O）能够与 Apache Spark 和 Hadoop 集成，用于大数据处理，成为全球专业数据分析的标准工具。由于数据量庞大，统计分析过程往往对系统资源特别是 I/O 有较大需求。

2. 基于 Python 语言的大数据统计与分析

Python 因其丰富的数据可视化、统计描述和深度学习工具库而在大数据分析中广泛使用。

Python 中的多种可视化库（如 Matplotlib、seaborn、Plotly 等）可以用线图、散点图、柱状图和饼图展示数据的分布和趋势；pandas 库的 describe() 函数能计算数据基本统计量，而 scipy 库则提供了概率分布、置信区间和假设检验功能（如 ttest_ind 和 chisquare）。statsmodels 库支持线性回归、逻辑回归和多元回归等多种回归分析，Prophet 库则适用于时间序列分析，NetworkX 库支持网络分析。Python 还通过深度学习库（如 TensorFlow、PyTorch）处理图像数据，支持 CNN 进行图像分类。通过结合 Apache Spark 等分布式计算框架，Python 能够高效处理超大规模数据集，为大数据技术的发展提供有力支持。

8.3.4　大数据挖掘技术

大数据挖掘源自数据挖掘技术，是从大规模数据集中发现有用信息和知识的过程，涉及应用统计学、机器学习、人工智能等多个领域的方法。数据挖掘技术揭示数据中隐藏的模式、关联和趋势，支持决策制定和策略发展，主要任务和应用包括分类、聚类、关联规则挖掘、链接分析和序列挖掘等。

核心技术及应用如下。

（1）分类技术。

描述：分类是将数据样本划分为预定义的类别或标签的任务。使用的方法包括决策树、朴素贝叶斯、支持向量机、随机森林等。

应用：广泛应用于信用评分、客户细分、图像识别和垃圾邮件检测等领域。

（2）聚类技术。

描述：聚类旨在将具有相似特征的数据样本聚集在一起，常见方法有 K 均值、K-近邻、层次聚类和 DBSCAN 等。

应用：用于市场细分、社交网络分析、基因数据分析和图像分割等任务。

（3）关联规则挖掘。

描述：探索数据项之间的关联和频繁模式，主要方法包括 Apriori 算法和频繁模式增长算法。

应用：适用于零售购物车分析、推荐系统、生物信息学等领域。

（4）序列挖掘。

描述：从时间序列数据中识别频繁出现的模式和趋势，重要技术包括广义序列模式和前缀树算法。

应用：用于股票市场分析、顾客购物行为分析、天气预测等。

（5）链接分析。

描述：分析和解释数据中的链接关系，主要算法有页面排名和超链接分析法。

应用：在网页排名、社交网络影响力分析和反欺诈领域中有广泛应用。

大数据挖掘技术涉及的算法众多，如属于分类算法的决策树（decision tree）、支持向量机（SVM）、朴素贝叶斯分类（naive bayes）和 K-近邻（K-nearest neighbors，KNN）等；属于聚类算法的 K 均值聚类（K-means clustering）、层次聚类（hierarchical clustering）和密度聚类（DBSCAN）等；属于关联规则算法的 Apriori 算法和 FP-Growth 算法等；属于回归分析的线性回归（linear regression）和逻辑回归（logistic regression）等；属于降维算法的主成分分析（PCA）、线性判别分析（LDA）和 t-SNE（t-distributed stochastic neighbor embedding）等；属于神经网络与深度学习的 CNN、RNN 和 DBN 等；属于集成学习算法的随机森林（random forest）、梯度提升树（gradient boosting trees）和 XGBoost 等；属于时间序列分析的自回归积分滑动平均模型（ARIMA）和长短期记忆网络（LSTM）等。这些算法在不同场景和需求下被灵活应用，以应对大数据挖掘的多样性和复杂性。若干典型算法举例如下。

（1）决策树算法。

决策树（decision tree）[6]算法是一类常见的机器学习方法，也是一种典型的分类方法。决策树是通过一系列规则对数据进行分类的过程，从而形成树状的分类模型。

基本原理：以根节点开始，使用归纳算法基于最优属性值逐层划分数据，直到达到预设条件或完全分类。

决策树算法的伪代码如下。

输入：训练集 $D=\{(\boldsymbol{x}_1,\boldsymbol{y}_1),(\boldsymbol{x}_2,\boldsymbol{y}_2),\cdots,(\boldsymbol{x}_m,\boldsymbol{y}_m)\}$；

　　　属性集 $A=\{a_1,a_2,\cdots,a_d\}$。

过程：函数 TreeGenerate($\boldsymbol{D},\boldsymbol{A}$)

1：　生成节点 node；

　　　//递归返回，当前节点包含的样本全属于同一类别，无须划分

2：　**if** $\boldsymbol{D}$ 中样本全属于同一类别 $\boldsymbol{C}$ **then**

3：　　将 node 标记为 $\boldsymbol{C}$ 类叶节点；**return**

4：　**end if**

　　　//递归返回，当前属性集为空，或是所有样本在所有属性上取值相同

5：　**if** $A=\varnothing$ **OR** D 中样本在 $\boldsymbol{A}$ 上取值相同 **then**

6：　　将 node 标记为叶节点，其类别标记为 $\boldsymbol{D}$ 中样本数最多的类；**return**

7：　**end if**

8：　从 $\boldsymbol{A}$ 中选择最优划分属性 a_*；

9：　**for** a_* 的每一个值 a_*^v **do**

10：　　为 node 生成一个分支；令 $\boldsymbol{D}_v$ 表示 D 中在 a_* 上取值为 a_*^v 的样本子集；

　　　　//递归返回，当前节点包含的样本集合为空，不能划分

11：　　**if** $\boldsymbol{D}_v$ 为空 **then**

12：　　将分支节点标记为叶节点，其类别标记为 D 中样本最多的类；**return**

13：　　**else**

　　　　//从 $\boldsymbol{A}$ 中去掉 a_*

14：　　以 TreeGenerate($\boldsymbol{D}_v,\boldsymbol{A}\backslash\{a_*\}$)为分支节点

15：　　**end if**

16：　**end for**

输出：以 node 为根节点的一棵决策树

算法流程：包括节点生成、最优属性选择、分支处理，直到所有数据被合理分类或达到树的最大深度限制。其中关键步骤如下：①选择最优属性：这通常涉及计算各属性的信息增益，选择最佳属性来分割数据集。②递归构建树：对于选择的属性，为每个唯一值创建一个分支，递归地应用算法在这些分支上构建子树。③处理空分支：如果任何属性值对应的子集为空（即没有数据点），则创建一个叶节点，使用数据集中最常见的类别标记此节点。

决策树学习算法是一种广泛使用的分类技术，通过从训练数据中自动学习决策规则来构建树状结构模型。通过这种方法，决策树能够将复杂的数据集分解成更简单的子集，最终形成一个易于解释的分类模型。

（2）K 均值算法。

K 均值算法[6]是原型聚类（prototype-based clustering）的一种，在现实聚类任务中比较常用。

基本原理：给定样本集 $D=\{\boldsymbol{x}_1,\boldsymbol{x}_2,\cdots,\boldsymbol{x}_m\}$，$K$ 均值（K-means）算法针对聚类所得簇划分 $C=\{C_1,C_2,\cdots,C_k\}$ 最小化平方误差：

$$E=\sum_{i=1}^{k}\sum_{\boldsymbol{x}\in C_i}\|\boldsymbol{x}-\boldsymbol{\mu}_i\|_2^2 \tag{8-1}$$

其中，$\boldsymbol{\mu}_i=\dfrac{1}{|C_i|}\sum_{\boldsymbol{x}\in C_i}\boldsymbol{x}$ 是簇 C_i 的均值向量。直观来看，式(8-1)在一定程度上刻画了簇内样

本围绕均值向量的紧密程度，E 值越小，则簇内样本的相似度越高。K 均值算法采用了贪心策略，通过迭代优化来近似求解式(8-1)。

K 均值算法的伪代码如下。

输入：样本集 $D=\{x_1,x_2,\cdots,x_m\}$；
　　　聚类簇数 k。

过程：
1: 从 D 中随机选择 k 个样本作为初始均值向量 $\{\mu_1,\mu_2,\cdots,\mu_k\}$
2: **repeat**
3: 　令 $C_i=\varnothing(1\leqslant i\leqslant k)$
4: 　**for** $j=1,2,\cdots,m$ **do**
5: 　　计算样本 x_j 与各均值向量 $\mu_i(1\leqslant i\leqslant k)$ 的距离：$d_{ji}=\|x_j-\mu_i\|_2$；
6: 　　根据距离最近的均值向量确定 x_j 的簇标记：$\lambda_j=\underset{i\in\{1,2,\cdots,k\}}{\arg\min}\, d_{ji}$；
7: 　　将样本 x_j 划入相应的簇：$C_{\lambda_j}=C_{\lambda_j}\bigcup\{x_j\}$；
8: 　**end for**
9: 　**for** $i=1,2,\cdots,k$ **do**
10: 　　计算新均值向量：$\mu'_i=\dfrac{1}{|C_i|}\sum_{x\in C_i}x$；
11: 　　**if** $\mu'_i\neq\mu_i$ **then**
12: 　　　将当前均值向量 μ_i 更新为 μ'_i
13: 　　**else**
14: 　　　保持当前均值向量不变
15: 　　**end if**
16: 　**end for**
17: **until** 当前均值向量均未更新

输出：簇划分 $C=\{C_1,C_2,\cdots,C_k\}$

算法流程：其中第 1 行对均值向量进行初始化，在第 4～8 行与第 9～16 行依次对当前簇划分及均值向量迭代更新，若迭代更新后聚类结果保持不变，则在第 18 行将当前簇划分结果返回。

(3) Apriori 算法。

Apriori 算法[7]是第一个关联规则挖掘算法，由 IBM 的研究员于 1993 年提出。

Apriori 算法的工作原理如下。

Apriori 算法中的每个关键步骤都旨在识别项集及其所有可能的超集，寻找最常见的项集，以创建关联规则。

步骤 1：生成频繁项集。

该算法首先识别数据集中的唯一项(有时称为 1 项集)，并计算其频率。然后，将那些出现概率超过指定阈值的项组合成候选项集，并筛选出不常见的项集，以降低后续步骤中的计算成本。此过程称为频繁项集挖掘，即仅查找具备有意义频率的项集。

步骤 2：扩展并修剪项集。

该算法利用 Apriori 特性进一步组合频繁项集，形成更大的项集。针对概率较低的大项集的组合会进行修剪。这样可以进一步减少搜索空间，提高计算效率。

步骤 3：重复步骤 1 和步骤 2。

该算法重复步骤 1 和步骤 2，直至完成生成所有符合定义阈值概率的频繁项集。每次迭代都会生成更复杂、更全面的项集关联。

用 Apriori 算法创建项集后，可以进一步分析其关联规则的强度和关系。

Apriori 算法已经被广泛地应用于商业、网络安全等领域，算法简单明了，易于实现。

大数据挖掘技术为企业和组织提供了深入理解庞大和复杂数据集的能力，帮助他们在竞争激烈的市场环境中做出更快、更准确的决策。随着技术的不断进步，大数据挖掘的应用领域将进一步扩大，影响力也将持续增强。

8.4 大数据应用及其对社会的影响

本节介绍与大数据应用息息相关的可视化呈现形式，并讨论大数据如何重塑行业格局和社会经济结构，提示大数据可能的风险以及采取的对策。

8.4.1 大数据的呈现形式

数据呈现形式，一般是指数据以何种形式存在于这个世界上，或者以何种方式被人们所感知，具体涉及数据存储、数据可视化等。大数据的有效呈现不仅涉及技术的选择和应用，还包括如何通过这些技术使数据更易于理解和分析，更好地推进相关应用落地。

1. 数据存储形式和相关技术

（1）分布式系统。如 Hadoop 和 Spark 等提供了一个可扩展、可靠且容错的数据存储和处理框架。这些系统将数据分布在多个服务器上，不仅优化了存储效率，也加快了数据处理速度。

（2）NoSQL 数据库。如 MongoDB、Cassandra 和 HBase 等，这些数据库支持大量非结构化数据的存储，适用于需要灵活性和水平扩展能力的应用场景。

（3）云数据库。如 Amazon Web Services、Google Cloud 和 Microsoft Azure 提供的数据库服务，这方面国内华为云、阿里云也有非常好的替代数据库服务，允许用户在云端存储和管理数据，提供高可用性、灵活的扩展性及成本效益。

2010 年后，随着移动通信技术的突破，流处理框架和云原生数据存储的应用开始广泛普及，这些技术支持对海量非结构化数据的高效处理。

2. 数据可视化

数据可视化是将复杂数据转换为易于理解的视觉格式，使信息一目了然，支持快速决策。数据的可视化方式需要由数据本身的形式以及人们的目标来决定。

最简便的方式是文字描述，但其展现的信息量有限，而图表则更为形象和具体。

（1）基础图表：直方图、折线图、饼状图等，适用于展示数据的绝对大小、变化趋势或比例分布。

（2）高级图表：箱线图展示数据分布的统计特性；热力图揭示数据项间的相关性。

（3）地理数据可视化：结合实际地图，用颜色等视觉元素表示数据的分布或属性，如人口迁移、疫情分布等。

3. 可视化的应用实例

（1）实时大屏展示：在公共场合或决策中心使用大型显示屏实时展示关键业务指标和趋势，如交通流量监控中心或网络安全运营中心。

（2）动态仪表板：在企业管理中，使用仪表板工具，展示销售数据、库存水平、市场分析等，帮助管理者做出快速决策。

（3）增强现实（augmented reality，AR）和虚拟现实（virtual reality，VR）：在复杂数据环境下，通过 VR 来模拟天气系统或通过 AR 来辅助地理位置数据分析，提供更直观的数据感知方式。

大数据可视化呈现可以帮助分析和理解复杂数据集。以下是一个使用热力图来分析和呈现某城市的交通流量数据的具体例子。

第一步，数据收集，交通流量数据通过在主要路口安装的交通摄像头和传感器收集得到。这些设备每 15 分钟记录一次数据，包括车辆数量、车速等信息；第二步，数据处理，对收集到的数据进行清洗和预处理，以消除错误读数和填补数据缺失，数据被整理成一个时间序列格式，每个时间点记录每个路段的车流量；第三步，用热力图来进行可视化呈现。

图 8-5 是一个热力图，显示了该城市 10 条主要路段一天 24 小时内的交通流量数据。横轴表示一天中的时间，从凌晨到晚上；纵轴表示城市的不同路段；这个图表使用了颜色渐变方式进行可视化呈现，颜色越深，表示交通流量越大，从而直观地展示了各时间段、各路段的拥堵情况。

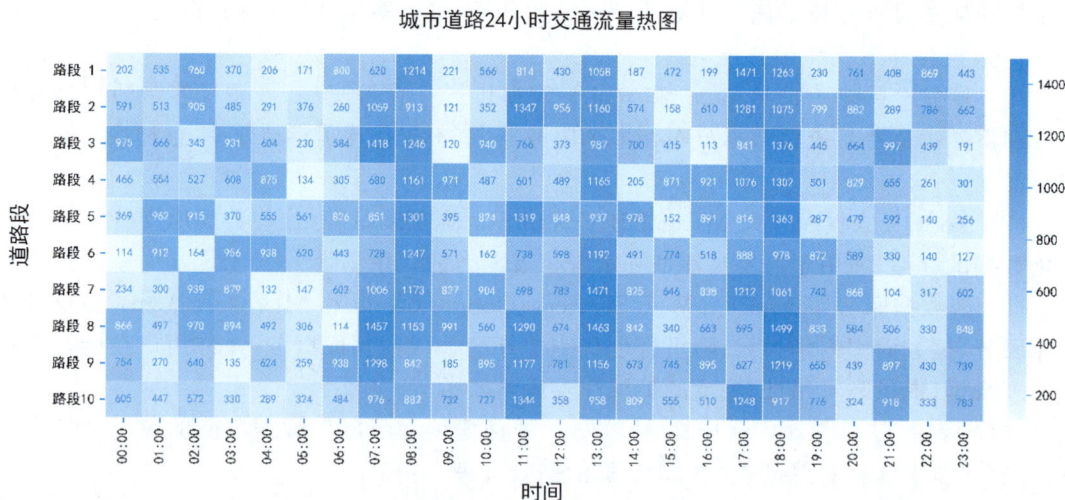

图 8-5　城市交通热力图

通过这样的热力图，城市交通管理者可以轻松识别出交通高峰时段和拥堵路段，从而采取适当的交通管理措施，如调整信号灯控制、增加公共交通服务等，以优化交通流，并提高道路使用效率。这只是大数据可视化在实际城市管理中应用的一个例子，类似方法还可以广泛应用于其他领域，如环境监测、资源分配、公共安全等。

关于大数据的终极呈现形式，不可能简单给出结论。目前大数据的应用在不断扩大和深化，未来会产生更多、更复杂的数据模式，驱动着芯片、服务器、超级计算机等载体的更新迭代，同时会推动数据可视化技术不断创新。

8.4.2 大数据的应用场景

大数据涵盖了人类社会生产生活的方方面面,而对大数据的有效应用是实现数据价值的关键,也体现了大数据对社会的巨大影响。目前大数据应用已经融入各个行业中。如图 8-6 所示,零售、金融、医疗、教育、农业、环境、智慧城市是大数据应用的七大主要行业。

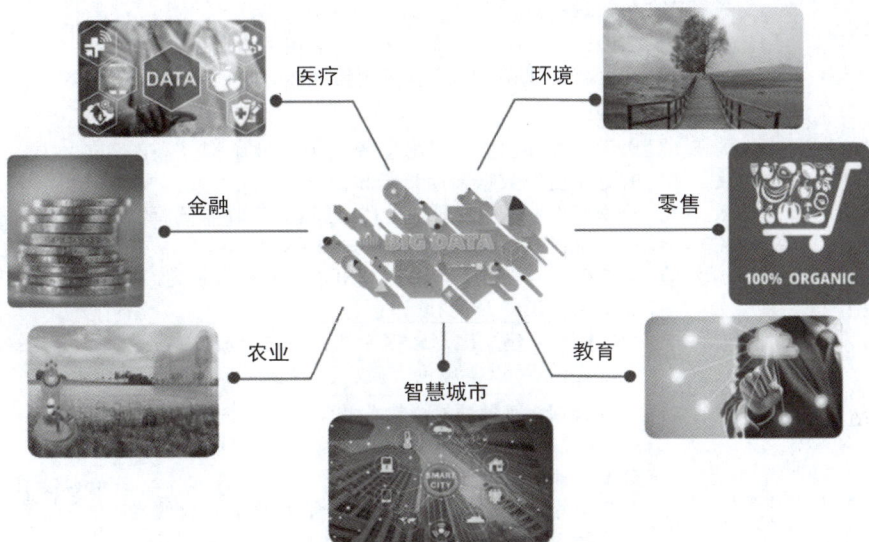

图 8-6　大数据应用的七大主要行业

具体而言,在零售行业,通过大数据技术精确分析消费者行为和市场动态,实现个性化营销和优化定价策略,增强客户的忠诚度和市场竞争力。在金融领域,利用大数据进行资产管理、风险评估和量化投资,提高交易效率和风险控制,确保投资回报和资本安全。在医疗行业,通过大数据提高医疗诊断的准确性,加速新药开发,优化保险产品,提高整体医疗服务的效率和质量。在教育领域,应用大数据优化教学资源配置,实现教学个性化,提升教育质量和管理效率。在农业领域,通过大数据技术进行精准种植、病虫害预测和防治,提高农业生产效率和作物品质。在环境保护行业,使用大数据进行环境监测和管理,确保环境保护措施的实时性和有效性。在智慧城市领域,通过整合大数据技术优化城市管理,实现资源优化分配,提高居民生活质量和城市可持续发展。

表 8-7 总结了大数据在每个行业的应用场景。

表 8-7　典型的大数据应用场景

行业	应用目的	具体应用	常用技术/工具
零售	通过分析消费者行为数据优化营销策略,提升客户满意度和商业效率	精准营销:分析消费者行为,识别潜在的消费者需求,以定制个性化营销信息,提高转化率。 客户情绪分析:利用自然语言处理技术分析客户反馈,识别客户的情绪和态度,帮助零售商改进产品和服务。 价格优化:分析市场数据,包括竞争对手价格、产品需求和库存情况,动态调整价格,以最大化利润	数据分析平台、CRM 系统、自然语言处理、机器学习模型

自动化与智能科学概论（微课视频版）

续表

行　业	应 用 目 的	具 体 应 用	常用技术/工具
金融	提高交易效率，降低风险，增强客户服务和合规性管理	资产管理：监控和调度资产，如飞机和船舶的租赁，监控资产的性能和维护需求，确保资产的最优使用和投资回报。 量化投资：通过算法交易分析历史数据和市场趋势，构建投资模型，自动执行交易策略。 风险评估：评估贷款申请人的信用风险，量化贷款和投资的风险，并评估预测市场变动对投资组合的影响	大数据分析工具、风险管理软件、量化分析工具
医疗	提高医疗服务的效率和质量，支持临床决策，加速药物和治疗方法的研发	医学诊断和治疗：利用患者的历史健康记录和实时健康监控数据辅助诊断和治疗决策。 药物研发：在药物研发阶段，通过分析临床试验数据和患者反馈，优化药物配方和治疗方案。 医疗保险：分析大量的保险申请和索赔数据，优化保险产品设计，减少欺诈行为。 智能医疗：建立医疗数据库和云系统，辅助专家学者远程问诊，以实现重大疾病预防等目标	健康信息系统、临床决策支持系统、生物统计软件
教育	优化教育资源分配，个性化学习经验，提高教学质量和管理效率	学校管理：通过分析学生的出勤率、成绩和行为模式，学校管理层可以优化课程安排和教学资源分配。 教学策略制定：教师可以利用学生的学习成绩和在线学习行为调整教学方法和内容，以满足学生的具体需求。 个性化学习：通过分析学生的学习习惯和成绩提供个性化的学习资源和建议	学习管理系统、数据分析平台、自适应学习技术
农业	优化农作物生产、病虫害管理和农业供应链	精准农业：分析气候数据、土壤条件和作物生长数据，决定灌溉和施肥的最优时间。 生长分析：利用卫星图像和传感器数据监测作物生长状态，预测产量，快速响应可能的疾病或营养不足问题。 病害防治：通过分析气象数据和历史病虫害发生记录预测病虫害发生概率和扩散趋势，及时部署防治措施，自动通知农户	地理信息系统、遥感技术、智能分析软件
环境	通过大数据技术提高环境监测和管理的精确性和效率	环境数据收集：集成多源环境监测数据，实时追踪空气质量、水质和土壤状况。 空气质量检测：分析预测空气污染趋势，制定防治措施，预测未来的污染事件。 环境治理保护：分析污染源数据和环境质量指标，优化资源分配和环境治理策略	物联网传感技术、环境监控系统、数据可视化工具
智慧城市	通过整合各种城市运营数据提高城市管理效率，改善居民生活	政府调控：分析宏观经济数据和城市发展数据，制定经济政策，优化资源配置。 资源规划：利用城市数据进行空间规划，优化交通和公共设施布局。 智慧交通：实时监控交通状况，优化信号控制和路线规划，减少交通拥堵。 安防预警：整合视频监控和紧急响应系统，提高城市安全和应急效率	物联网、大数据分析平台、智慧交通系统、安防系统

8.4.3　大数据的风险及对策

大数据虽为技术创新带来诸多益处,但也伴随着重大挑战,特别是在隐私保护、数据安全和社会伦理方面。

1. 数据泄露风险

实例:2018 年,社交媒体巨头 Facebook 与 Cambridge Analytica 的数据共享丑闻中暴露了大数据平台在隐私保护方面的重大漏洞。Facebook 透露了数百万用户的个人数据,未经同意就用于政治广告,引发全球对数据隐私的关注。

解决方向:部署端到端加密技术,确保数据在传输和存储过程中的安全。

2. 隐私侵犯风险

实例:一些手机 App 软件会在后台收集通信录、浏览记录、语音通话、文字消息、地理位置以及行踪等,凭借这些信息,通过人工智能算法推断出用户的喜好,从而进行商品推荐。如果这些数据被未经授权的第三方获取,可能被用于不当目的。

解决方向:实施严格的数据访问权限管理和用户同意管理系统,强化用户对自己数据的控制权。

3. 算法偏见

实例:2016 年的报道指出,用于预测未来犯罪可能性的算法,在评估中对少数族裔存在偏见,导致不公平的执法结果。

解决方向:使用更多元化的训练数据集,引入算法审计流程,确保算法的公平性和透明度。

4. 安全漏洞与数据篡改

案例:Equifax 数据泄露事件。2017 年,美国信用评分机构 Equifax 遭受了重大的数据泄露事故,影响了近 1.5 亿消费者。黑客利用一个已知的安全漏洞,在几个月内访问了消费者的个人数据,包括社会安全号码、出生日期、家庭地址,甚至有些情况下的驾驶执照号码。此次数据泄露不仅对受影响消费者的财务和隐私安全造成了巨大风险,还对 Equifax 的商业信誉造成了严重打击,引发了全球范围内对企业数据保护措施的重新评估。

解决措施:Equifax 在确认数据泄露后,立即启动应急响应计划,关闭了受影响的应用,并通知了所有可能受影响的消费者。公司增强了网络安全措施,包括加强内部网络的监控和加密,以防止未来的数据泄露事故。Equifax 承诺提高对消费者数据处理的透明度,增加消费者对自己数据管理的控制权。与监管机构合作,遵守数据保护法规,确保合规性,并通过第三方安全审计来恢复公众的信任。

上述这些案例凸显了大数据时代企业面临的安全挑战和潜在的数据保护问题。为了应对大数据应用可能带来的风险,特别是随着大数据应用的跨国界扩展,国际合作在制定数据治理标准和监管措施方面尤为重要,成为应对风险的重要对策之一。具体需要考虑如下几点。

(1)国际标准。通过国际组织,如联合国、国际电信联盟等推动全球数据保护标准的统一,以应对跨境数据流动的监管挑战。这包括制定共享的数据安全规范和隐私保护措施,确保各国在数据治理上能够达成共识。

(2)技术创新与伦理。鼓励跨国技术交流和协作,共同研发更安全、更透明的数据处理技术，提升全球范围内的数据处理能力和伦理意识。同时强化数据伦理教育和隐私意识教育，培养公众和组织对数据处理风险的认识，增强个人和组织的隐私保护意识。

（3）法律与技术并进。政府应制定或更新数据保护法规，确保数据处理的合法性和安全性，加强对数据使用者的管理。数据使用者在必要场合采取高级数据加密、访问控制和身份验证技术，同时公开数据处理的目的和方式，增加数据处理的透明度，保护数据免受未经授权的访问和篡改。

通过这些措施，我们可以更好地利用大数据的优势，同时降低其潜在的风险，推动构建一个更安全、更公正的数字社会。

8.5　实践

【实践8.1】　现如今有许多数据挖掘工具，如 R 语言、SPSS(statistical package for the social sciences)软件、Apache Spark 等。请从中选择一个，尝试下载安装或者部署环境。

【实践8.2】　尝试使用数据收集技术，如 Python 爬虫、Hadoop 的 Chukwa 等。

【实践8.3】　尝试对数据进行预处理，熟悉相关 API 操作流程，如 Pandas、Scikit-learn 等工具包，并实现相关预处理操作，如数据清洗、标准化、数据去噪等。

【实践8.4】　尝试对处理后的数据进行挖掘和分析，如回归、聚类、相关性分析等；如果是文本，可以对数据进行自然语言分析等。

以下推荐若干数据挖掘实战网站，可以从中选择合适的项目进行练习。

（1）kaggle：https://www.kaggle.com/。

（2）阿里云天池：https://tianchi.aliyun.com/。

8.6　思考

【思考8.1】　数据伦理和隐私：大数据应用在收集和分析个人数据时，如何平衡商业利益和个人隐私权？请讨论可能的策略和技术解决方案。

【思考8.2】　数据质量的影响：数据质量问题（如不准确、不完整或过时的数据）如何影响大数据分析的结果？应如何确保数据分析的准确性和可靠性？

【思考8.3】　数据治理：企业如何建立有效的数据治理框架来管理其大数据资产？请讨论数据治理中的关键组成部分。

【思考8.4】　行业特定的大数据应用：选择一个行业（如医疗、金融或教育），探讨大数据如何在该行业中创造价值，并讨论可能面临的独特挑战。

【思考8.5】　大数据与人工智能：大数据如何加速人工智能的发展？这种交叉应用对未来的技术革新有何意义？

【思考8.6】　技术发展的双刃剑：大数据技术的发展带来了哪些潜在的社会挑战和风险？如何利用政策和技术创新来缓解这些问题？

【思考8.7】　随着互联网和信息技术的快速发展，大数据的职业方向及职业前景备受关注，请思考如何胜任下面这些研究和开发类岗位：①ETL(extract-transform-load)研发岗位，ETL 指的是将原始数据经过提取(extract)、转换(transform)、加载(load)到目标存储数据仓库的过程。②大数据平台开发岗位,在 ETL 处理后,数据需要在大数据平台如 Hadoop 上进行进一步的处理和存储,以支持大规模数据的处理需求。③数据仓库研究岗位,需要根据业务需求和技术趋势设计和规划信息系统的整体架构(包括硬件、软件、网络和数据等)。④信息架构开发岗位,是指对某一特定内容的信息进行统筹、规划、设计等一系列处理过程的构思。⑤OLAP(on-line analytical processing)开发岗位,负责从各种数据源中建立模型,创建数据访问的用户界面,为用户提供多维查询功能。⑥可视化工具开发岗位,根据业务需求和用户反馈设计和开发高效、易用的数据可视化工具,跨越多个资源和层次,从而实现数据连接等。⑦数据科学研究岗位,运用统计学知识和数据分析方法,对数据进行深入挖掘和分析。⑧数据安全研究岗位,负责对组织内部的数据安全漏洞进行深入的分析和评估,识别潜在的安全风险,并及时采取措施修复。

8.7 习题

【作业 8.1】 概述大数据的含义,并简要分析大数据的形成原因(可从经济、技术发展、人类活动等几个角度出发)。

【作业 8.2】 基于大数据的 5V 特征(volume、variety、velocity、veracity、value),对比大数据与小数据的差异,尝试挖掘出大数据更多的特征。

【作业 8.3】 聚类和分类均为常用的数据挖掘方法,尝试总结和对比这两个方法(如这两个方法的区别、适用场景等)。

【作业 8.4】 数据预处理是大数据分析和挖掘的重要步骤,如数据清理、数据集成、数据变换、数据规约等,尝试说明每一种操作的内容和达到的目的。

【作业 8.5】 调研中国大数据的现状,结合中国国情,尝试发掘中国大数据独有的特点。

参考文献

[1] Big Data:The Next Google[J]. Nature,2008,455(7209):8-9.

[2] MANYIKA J,CHUI M,BROWN B,et al. Big Data:The Next Frontier for Innovation,Competition, and Productivity[EB/OL]. [2024-10-10]. https://personal.utdallas.edu/~muratk/courses/cloud11f_ files/MGI-full-report.pdf.

[3] HOERL R W,SNEE R D,DE VEAUX R D. Applying Statistical Thinking to "Big Data" Problems [J]. Wiley Interdisciplinary Reviews:Computational Statistics,2014,6(4):222-232.

[4] GEORGE G,HAAS M R,PENTLAND A. Big Data and Management[J]. Academy of Management Journal,2014,57(2):321-326.

[5] ANADIOTIS A C,BALALAU O,CONCEICAO C,et al. Graph Integration of Structured, Semistructured and Unstructured Data for Data Journalism[J]. Information Systems,2022 (104):101846.

[6] 周志华. 机器学习[M]. 北京:清华大学出版社,2016.

[7] AGRAWAL R,IMIELINSKI T,SWAMI A.N. Mining Association Rules between Sets of Items in Large Databases[J]. ACM SIGMOD Record,1993,22(22):207-216.

第 9 章

虚拟仿真技术

虚拟仿真技术可以利用计算机图形学、物理引擎等技术模拟现实世界中的各种系统和过程。使用虚拟仿真,可以预测和优化系统的性能,减少物理实验的需求,从而降低研制成本和风险。这种技术广泛应用于工业设计、航天、能源、交通等领域,已经成为现代工业设计和科学研究的重要工具。

随着人工智能技术的不断突破,虚拟仿真技术的应用范围正在持续扩大。例如,借助人工智能、机器视觉等技术,能够创建更加智能化的虚拟仿真模型,提高增强现实的准确性和稳定性,达到更自然和真实的融合效果,从而实现更精准的预测和优化,实现更多激动人心的应用和成果。

虚拟仿真技术广泛应用于高校的实验教学环节,可以在实景式教学、开放式教学和融合式教学的创新性实验教学模式中发挥重要作用。如图 9-1 所示,南开大学虚拟现实与智能仿真实验室的实景式教学采用穿戴式惯导定位系统、虚拟/增强现实眼镜、数据手套/手柄和三维交互大屏等设备,将"人"与"虚拟人"进行映射,学生进入复杂、动态的虚拟环境中开展实验。开放式教学依托"开源框架用户可编程虚拟仿真引擎与开发平台",支持用户导入各类地理信息、环境与智能体虚拟模型,并通过 Python/Lua 等脚本进行任务编排与参数设置,编译运行后进行实验方法验证。融合式教学体现为"人、机、环境"的深度融合,如图 9-2 所示,在用户端分别支持程序驱动、远程操控以及虚拟/增强/沉浸式三种人机交互方式,在任务端则支持实际实验和虚拟仿真实验两种模式,构成了虚实结合的完整实验模式,避免了"虚而不实、仿而不真"的弊端。

图 9-1　南开大学虚拟现实与智能仿真实验室(VrsLab)

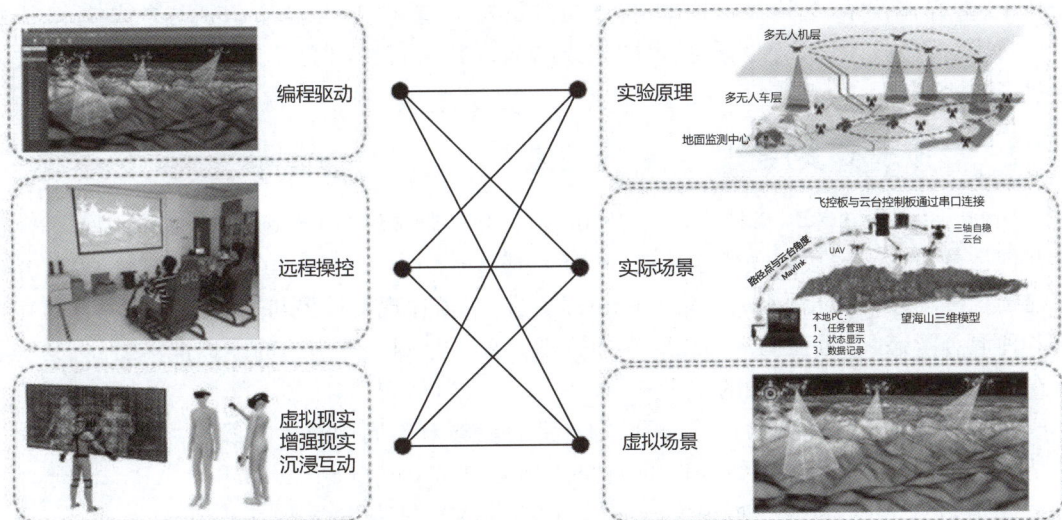

图 9-2　智能系统复杂任务的虚拟仿真与可视化

9.1　虚拟仿真技术概述

9.1.1　虚拟仿真技术的定义

虚拟仿真技术是人工智能技术的重要可视化手段,主要包括虚拟现实技术和智能仿真技术,如图 9-3 所示。虚拟现实技术以人机交互为核心,通过创建逼真的虚拟世界,用户能够身临其境地感受和互动。智能仿真技术则侧重于科学计算,通过计算机模型和算法模拟现实世界中的各种行为和过程。两者的共同特征在于三维可视化表现,使得复杂的数据和模型可以直观地展示和操作。

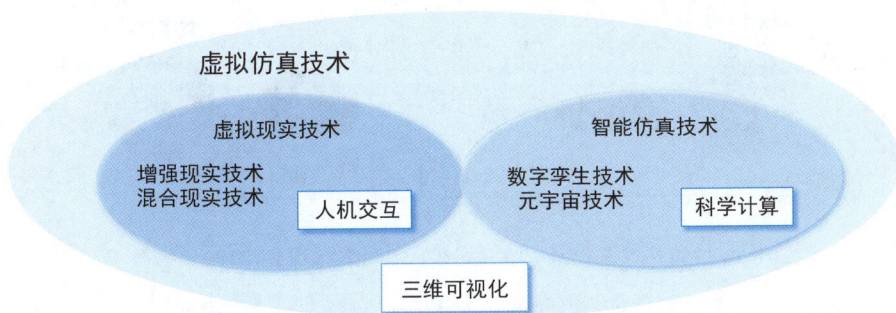

图 9-3　虚拟仿真:人工智能的可视化

虚拟仿真技术是一种用数字系统模仿真实系统的技术,一般指能够创建和体验虚拟世界(virtual world)的计算机系统。这种虚拟世界由计算机生成,可以是现实世界的再现,也可以是构想中的世界。用户可以通过视觉、听觉和触觉等多种传感通道与虚拟世界进行自然的交互。

虚拟仿真技术是计算机图形学、计算机视觉、视觉生理学、视觉心理学、仿真技术、微电子技术、多媒体技术、立体显示技术、传感与测量技术、软件工程、语音识别与合成技术、人机接口技术、网络技术等多种高新技术的集成结晶。其逼真性和实时交互性为系统仿真技术提供了有力支撑。

9.1.2　虚拟现实、增强现实、混合现实

1994 年，保罗·米尔格拉姆(Paul Milgram)和岸野文郎(Fumio Kishino)提出了一个极具开创性的概念——虚拟现实连续统一体(virtual reality continuum)[1]，也被称为"混合现实连续统一体"(mixed reality continuum)。它旨在描述现实世界与完全虚拟环境之间存在的各种混合形态，着重强调从纯粹真实的物理世界一直到全然虚构的虚拟世界之间，其实是存在着一个连续变化的谱系的。

在这个连续统一体所构建的谱系之上，我们能够对不同的技术以及与之相关的体验进行精准定位，其中就涵盖了如今广为人知的增强现实(augmented reality，AR)、混合现实(mixed reality，MR)以及虚拟现实(virtual reality，VR)等技术类型。

如图 9-4 所示，AR 所处的位置是靠近现实世界这一端的。它能够在现实场景的基础之上，通过特定技术手段叠加一些虚拟的信息元素，使得现实世界获得进一步的丰富和拓展，但整体上依然是以现实环境为主导。而 MR 则位于虚拟现实和增强现实之间。相较于增强现实，它在融合虚拟与现实元素方面更加深入和复杂，不仅能够将虚拟元素巧妙地融入现实场景之中，还能实现虚拟元素与现实元素之间更为紧密的交互，让用户在感知上难以清晰划分虚拟与现实的界限。至于 VR，它则坐落于连续统一体的另一端，所呈现的完全是一个虚拟的环境空间。当用户沉浸于虚拟现实体验时，仿佛置身于一个与现实世界全然不同的虚拟天地之中，视觉、听觉等多种感官都被虚拟环境所营造的氛围所包围。

在这三种技术中，VR 技术具有基础性地位。它为后续其他相关技术的发展奠定了重要的基础，无论是在技术原理的探索、硬件设备的研发，还是在用户体验模式的塑造等方面，都起到了开创性的引领作用。

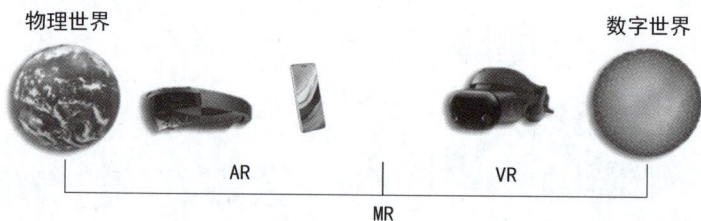

图 9-4　虚拟现实（VR）、增强现实（AR）、混合现实（MR）示意图

1. 虚拟现实

虚拟现实(VR)技术利用计算机生成逼真的图形、声音和其他感官输入，通过特定的硬件工具，如头戴显示器和追踪设备，创造出一种让用户仿佛置身于虚拟环境中的沉浸感。这种技术允许用户在虚拟世界中交互和操作，仿佛与世界中的对象在真实互动，为用户提供一种全新的体验方式。

在多个领域，包括游戏、娱乐、教育和培训，虚拟现实技术正变得越来越流行。它不仅丰富了用户的娱乐生活，还提供了更加真实和互动的学习与训练体验。通过虚拟现实技术，人们可以体验到不同的情景，无论是在模拟飞行训练中体验飞翔的感觉，还是在历史课上"亲

临"古代场景,或是探索遥远星球的虚拟冒险,都能带来深刻的学习和记忆效果。

2. 增强现实

增强现实(AR)技术是在虚拟现实技术的基础上衍生出的一种创新研究领域。它通过计算机生成信息,并将这些信息叠加在真实世界中,从而提供一种综合视觉体验。用户利用智能手机、平板电脑或头戴式显示器等设备来观察现实世界,同时在这些设备上虚拟地叠加图像、文字或实时数据

AR 技术的核心□□□□□□□□□□□□□□界视野中。这种技术能够将图像、文字、音频等虚□□□□□□□□□□□□□机、平板电脑等终端设备,为用户提供一个增强版的现□□□□□□□□□□用潜力而被广泛应用于教育、培训、医疗和旅游等多□□□□□□□□□□操作现实世界中的信息,提高工作效率和生活质量。

3. 混合现实

混合现实(M□□□□□□□□□□□念,旨在创造出一种同时包含虚拟和真实元素的环境□□□□□□□□□□对象相互交互,用户能够与这两者共同存在的环境进□□□□□□□□□□技术在用户的真实环境中引入虚拟元素,同时保留□□□□□□□□□□够与虚拟对象互动,同时感知和操控真实世界的物体□□□□□□□□□□实,提供更丰富、更直观的用户体验。图 9-5为医学临□□□□□□□□

□□□□□技术应用实例

9.1.3 □□□□□

智能体是住□□□□□□□□□环境并通过执行器作用于该环境的实体[2]。如图 9-6 所示,在虚拟仿真技术的应用□□□□,交互者(人)作为智能体与虚拟环境进行交互,通过感官刺激信号从虚拟环境中获取信息,并通过反应动作作用于虚拟环境。

1993 年,美国科学家格里戈尔·布尔代亚(Grigore Burdea)和菲利普·夸菲(Philippe Coiffet)在世界电子年会上发表了《虚拟现实系统及应用》(*Virtual Reality System and Application*)[3],提出了虚拟现实的沉浸性、交互性和想象性的 3I 特性。

1. 沉浸性

沉浸性(immersion),又称临场感,是虚拟现实最重要的技术特性之一。它是指用户借

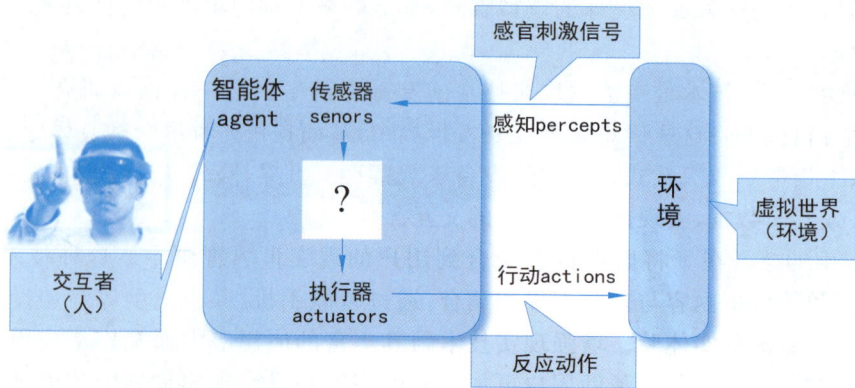

图 9-6 虚拟仿真技术中的人与虚拟环境交互

助交互设备和自身感知系统，置身于虚拟环境中的真实程度。理想的虚拟环境应该使用户难以分辨真假，全身心投入计算机创建的三维虚拟环境中。这种环境中的一切看上去是真的，听上去是真的，动起来是真的，甚至闻起来、尝起来等一切感觉都像是真的，就如同在现实世界中一样。

在现实世界中，人们通过眼睛、耳朵、手指等器官来感知外部世界。因此，在理想状态下，虚拟现实技术应该具备所有人类的感知功能。虚拟的沉浸感不仅通过视觉和听觉感知，还可以通过嗅觉和触觉等多维度感受。相应地，提出了视觉沉浸、听觉沉浸、触觉沉浸和嗅觉沉浸等概念，并对相关设备提出了更高的要求。例如，视觉显示设备需具备高分辨率和高刷新率的特点，并提供具有双目视差、覆盖人眼整个视场的立体图像；听觉设备需要能够模拟自然声、碰撞声，并能根据人耳的机理提供判别声音方位的立体声；触觉设备则应让用户体验到抓、握等操作的感觉，并提供力反馈，使用户感受到力的大小和方向等。

2. 交互性

交互性（interactivity）是指用户通过专门的输入和输出设备，以自然的方式操作虚拟环境内的物体，并从环境中获得自然反馈。虚拟现实系统强调人与虚拟世界之间的自然交互，即用户不仅可以通过传统设备（如键盘和鼠标）和传感设备（如特殊头盔、数据手套）进行操作，还能使用语言、身体运动等自然技能与虚拟环境中的对象互动。此外，计算机能够根据用户的头部、手部、眼睛、语言及身体的运动来调整系统呈现的图像和声音。例如，用户可以用手直接抓取虚拟环境中的虚拟物体，不仅能够感觉到握着东西的触感，还能感觉到物体的重量，同时视野中的被抓物体也会立即随着手的移动而移动。

3. 想象性

想象性（imagination），强调 VR 技术激发用户的创造力，使得用户沉浸在人类想象出来的"真实"虚拟环境中，与虚拟环境进行各种交互，从定性和定量综合集成的环境中获得感性和理性的认识，从而深化概念，萌发新意，产生认识上的飞跃。在后续的发展中，有研究者将 imagination 替换为 imaginability（构想性），以便更准确地表达 VR 中提供可构想和具象化创新方案的能力。构想性更加侧重于技术应用的扩展性，强调用户利用虚拟环境进行创造、设计和验证的实践功能，而想象性更偏向激发用户的主观想象力。总之，设计者能够借助 VR 技术发挥想象力和构想性，进行创作设计。例如，建造一座现代化桥梁之前，设计者需要对其结构进行细致的构思,并可以采用 VR 系统进行仿真设计,以便可视化反映设计者的思想。因此,VR 是启发人们创造性思维的重要工具。

9.1.4　虚拟仿真相关技术的演进

从 VR、AR、数字孪生到元宇宙,这些技术的发展脉络表明数字化技术在连接虚拟与现实、提供更深层次的数据分析和更广泛应用场景方面逐步演进,如图 9-7 所示。

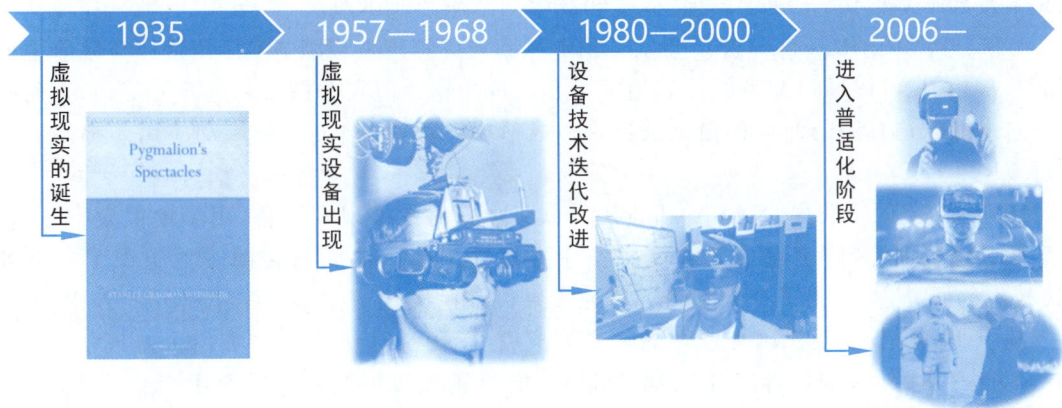

图 9-7　VR 相关技术的演进史

VR 技术的起源可以追溯到 20 世纪初期。笼统地说,这是一种有效地模仿生物在各种环境中行为的交互技术,它从 VR 概念到商业产品的出现,是不断发展和变化的。

1929 年,具有 27 项专利的发明家埃德温·林克(Edwin Link)发明了一种飞行模拟器,它可以在室内某一固定地点让飞行员通过模拟器进行飞行训练,实现了乘坐者对飞行的一种感觉体验。可以说这是人类模拟仿真物理现实的初次尝试。其后,随着控制技术的不断发展,各种仿真模拟器也陆续问世。

1935 年,小说家斯坦利·温鲍姆(Stanley Weinbaum)写了小说《皮格马利翁的眼镜》。这部小说以一种神奇的眼镜为基础,在已有的视觉和听觉体验上增加了嗅觉、触觉等全方位沉浸式体验的场景,被后世认为是最早涉及 VR 概念的作品之一。

1956 年,在电子技术还处于真空电子管为基础的时候,美国电影摄影师莫顿·海利格(Morton Heileg)受到了全息电影的启发,开发了一个摩托车仿真器 Sensorama,它通过“拱廊体验”让观众经历了一次沿着美国曼哈顿兜风的想象之旅,在具有三维显示及立体声效果的场景里还能产生振动和风吹的感觉。但由于缺乏相应的技术支持,缺乏硬件处理设备,找不到合适的传播载体等,直到 20 世纪 80 年代末,随着计算技术的高速发展及互联网技术的普及,VR 技术才得到广泛应用。但是,他在 1962 年获得的 Sensorama Simulator 专利已具有一定的 VR 技术的思想。

1965 年,计算机图形学的重要奠基人、美国科学家伊万·萨瑟兰(Ivan Sutherland)博士发表了短文《终极显示》(*The Ultimate Display*)。文中以敏锐的洞察力和丰富的想象力描绘了一种全新的显示技术。他设想在这种显示技术的支持下,观察者可以直接沉浸在计算机控制的 3D 视觉模拟环境中,就如同在真实世界中生活一样。同时,观察者还能以自然的方式与虚拟环境中的对象交互,例如触摸感知和控制虚拟对象等。这是一种全新的、富有挑战性的图形显示技术。萨瑟兰博士开发的第一台头盔式显示器"达摩克利斯之剑"推动了计算机图形图像技术的发展，并启发了头盔显示器、数据手套等新型人机交互设备的研究，在 VR 技术发展史上树立了里程碑，被誉为"虚拟现实技术之父"。从此，人们正式开始了对 VR 系统的研究探索历程。

1973 年，迈伦·克鲁格（Myron Krueger）提出了 artificial reality（人工现实）一词，这是早期出现的 VR 词语。由于受计算机技术本身发展的限制，20 世纪 60—70 年代，这一方向的技术发展不是很快，正处于思想、概念和技术的酝酿形成阶段。

1985 年，VPL Research 公司开发了第一款商业虚拟现实设备 RB2，其设计与目前主流产品非常相似，可以通过配备的体感追踪手套实现操作。但它的造价将近 5 万美元，因而决定了它未能创造真正的商业价值就被扼杀在摇篮中。那时，相关的技术和应用还都没有提到过 VR。

1985 年，美国宇航局（NASA）研发出一款头戴式的虚拟现实设备，用于模拟太空环境，对宇航员进行训练，使宇航员能够在太空中更好地工作。他们与美国军方组织了一系列 VR 技术的研究，并取得了令人瞩目的研究成果，从而引起了人们对 VR 技术的广泛关注。

基于 20 世纪 60 年代以来取得的一系列成就，美国计算机科学家杰伦·拉尼尔（Jaron Lanier）于 1987 年利用各种组件"拼凑"出第一款真正投放市场的 VR 商业产品。这款 VR 头盔看起来有点像后期 Meta 公司 Oculus 的 VR 眼镜，但 10 万美元的天价却阻碍了其普及之路。但与此同时，这又是令人欣喜的，因为在此基础上，1989 年，拉尼尔正式提出了 Virtual Reality 来表示"虚拟现实"一词，并且把 VR 技术作为商品，推动了 VR 技术的发展和应用。

1990 年，在美国达拉斯召开的 SIGGRAPH 会议上，明确提出了 VR 技术的主要内容：实时三维图形生成技术、多传感器交互技术、高分辨率显示技术，为 VR 技术发展确定了方向。

1993 年，IEEE 在西雅图召开了第一届虚拟现实国际学术会议，吸引了大批科技工作者，发表了大量有价值的论文。同一时期，由乔纳森·沃尔德恩（Jonathan Waldern）创立的英国 W 工业公司制作并推出了第一款 VR 游戏，使公众也可以使用 VR。

1995 年，任天堂也推出了首款便携式 3D 游戏机 Codename VR32（虚拟男孩），但因为像素低，且没有头部追踪的功能，即便售价从 180 美元步步下跌，最终也夭折了。

当然，这些产品只是当时众多 VR 产品的一部分。由此不难看出，人们对 VR 研发的道路虽然荆棘丛生，却一直没有中断，这也为如今的 VR 技术研发打下了基础。

进入 20 世纪 90 年代，迅速发展的计算机硬件技术与不断改进的计算机软件系统相匹配，使得基于大型数据集合的声音和图像的实时动画制作成为可能；人机交互系统的设计不断推陈出新，变化无穷，且实用的输入/输出设备不断进入市场，都为虚拟现实系统的发展打下了良好的基础。人们对迅速发展中的 VR 系统的广泛应用前景充满了憧憬与兴趣，也使得资本市场趋之若鹜。

2014 年 3 月，Facebook 公司宣布与沉浸式虚拟现实技术的领头羊 Oculus VR 公司达成最终协议，以近 20 亿美元的价格收购 Oculus VR 公司。在 Facebook 开发者大会上，Oculus 首席科学家 Mike Abrash 提出，人类或许可以被视作一颗外接着多重感应器的 CPU。这一观点强调了人类通过感官获取信息并进行处理的能力，类似计算机处理器通过外部输入设备(如传感器)接收和处理数据的方式。这凸显了全球对沉浸式VR技术的兴趣,预示着众多企业将会跟随这些新的VR巨头开启新征程。

人们对于再造梦境的追求从未停歇。21世纪的前15年,VR领域呈现了指数级的进步。伴随着智能手机的普及,VR应用领域的迅速扩张,2016年被称为"虚拟现实应用元年"。

"数字孪生"的概念最早由NASA的迈克尔·格里弗(Michael Grieves)教授于2002年提出,并在之后的研究中不断深化和发展这一理念。数字孪生的灵感来自生物学中的"孪生"概念,即两个相似或相同的个体。在工程和制造领域,数字孪生指的是对现实世界中的物理实体、过程或系统进行数字化建模、仿真和模拟,以创建其数字化的双胞胎。这使得在数字环境中对物理实体进行测试、优化和分析成为可能,为设计、制造和运营等领域提供了强大的工具。

2019年后,"元宇宙"的概念开始引起广泛关注。这一年,一些科技公司和行业领袖开始在各种场合讨论元宇宙的概念,提出元宇宙是一个将VR、AR、AI等技术整合在一起的数字化空间。2020年,元宇宙的概念进一步深化,并成为科技产业和创新领域的热门话题。一些大型科技公司和企业开始将元宇宙纳入它们的愿景和战略规划中,强调构建数字化的、互联的虚拟空间。2021年,元宇宙的概念进一步融入公众视野。一些公司宣布了与元宇宙相关的项目,行业峰会开始专注于元宇宙技术及其发展趋势。这一年,元宇宙也逐渐成为数字经济和数字化社会的核心概念之一。

9.2 虚拟现实的关键技术

VR是多种技术的综合,包括实时3D计算机图形技术,广角(宽视野)立体显示技术,对观察者头、眼和手的跟踪技术,以及触觉/力觉反馈、立体声、网络传输、语音输入/输出技术等。

根据VR产品给消费者带来舒适及良好视觉的体验,业界明确提出VR产品的三大关键技术标准:延时低于20ms,刷新率在75Hz以上,以及陀螺仪刷新率在1kHz以上。

9.2.1 立体显示技术

立体显示技术是一种能够呈现视差效果,使图像或视频在观察者眼中具有三维感的技术。其目标是模拟或提供类似人眼在现实世界中感知深度的效果。

如图9-8所示,立体显示技术的主要类型包括以下几点。

(1)立体视觉:这是最常见的立体显示技术之一,通过同时给左右眼提供不同的图像,利用人眼的视差效应产生深度感。这可以通过特殊的眼镜(如偏振镜或活动式快门眼镜)或裸眼立体显示技术实现。

(2)自动立体视觉:这种技术试图不使用眼镜或其他外部设备,通过某些屏幕或投影设备直接向不同的眼睛提供不同的图像,以产生立体效果。这样的技术有时被称为裸眼3D技术。

(3)全息显示:全息显示是一种使用相干光波产生三维图像的技术。与传统的图像在平面上显示不同,全息图像似乎悬浮在空中,并可以从不同角度观看。

(a) 分色技术　　　　　　　(b) 分光技术　　　　　　　(c) 分时技术

(d) 全息技术　　　　　　　　　　(e) 立体显示技术

图 9-8　立体显示技术

（4）体感技术：体感技术结合了 VR 和 AR，通过跟踪用户的头部或眼睛移动来调整显示内容，以模拟用户在现实世界中对物体的感知。

（5）全景显示：全景显示通常用于 VR 应用，提供更加广阔的视野，使用户感觉被完全包围在虚拟环境中。

这些技术的不断发展和创新推动了立体显示领域的进步，为用户提供更为沉浸式和逼真的视觉体验。

9.2.2　三维建模技术

三维建模技术是指通过计算机技术和图形学手段，以三维数字模型的形式来模拟和重现现实世界中的场景、对象或过程。

三维建模技术的一些关键方法包括以下内容。

（1）建模方法：三维建模方法包括多边形建模、曲面建模、体素建模等。多边形建模是最常见的一种，通过连接顶点、边和面来构建物体表面的多边形网格。曲面建模更适用于创建光滑曲线和表面，而体素建模则通过在三维空间中的体素单元中表示物体。

（2）扫描和摄影：虚拟仿真可以通过三维扫描技术将现实中的物体或场景转换为数字化的三维模型。此外，摄影测量学和激光扫描等技术也常用于获取真实世界的几何和纹理信息。

（3）纹理映射：为了使三维模型更真实，可以将真实世界的纹理信息映射到模型表面。包括颜色、图案、光照等方面的纹理映射。

（4）动画与骨骼：三维建模技术不仅能够创建静态模型，还可以实现动态模型的建立。

骨骼动画是一种常见的技术，通过为模型添加骨骼和关节，使其能够实现自然的运动和动作。

（5）光照和渲染：光照模型用于模拟光在物体表面的反射和折射，而渲染技术则决定了最终呈现在屏幕上的图像质量。

（6）物理仿真：为了使虚拟世界更加真实，物理仿真技术被引入，模拟物体之间的物理交互，如碰撞、重力、机构动力学和流体动力学等。

虚拟仿真的三维建模技术不断发展，为各行各业提供了更加逼真和交互性强的数字化体验。

9.2.3　三维立体声音技术

三维立体声音技术是指通过音频技术在 VR 环境中实现立体、全方位的音频体验。其目标是使用户感觉声音来自特定的方向和距离，以增强虚拟环境的真实感和沉浸感。

三维立体声音技术的一些关键方法如下所示。

（1）空间声音定位：VR 三维立体声音技术旨在模拟现实世界中的声音传播方式。通过使用立体声音源和三维空间中的声音处理算法，用户能够感知声音来自特定的方向和位置。

（2）头相关传递函数（head related transfer function，HRTF）：HRTF 是一种用于模拟声音在头部和耳朵之间传播的技术。通过测量个体的头部和耳朵的形状可以创建个性化的HRTF，提供更逼真的三维声音定位效果。

（3）binaural 录音和渲染：binaural 录音是一种通过两个麦克风记录音频的技术，模拟人耳对声音的感知。在虚拟现实中，binaural 渲染则是通过模拟耳朵对声音的处理创造具有方向感的声音体验。

（4）声音反射和吸收：VR 三维立体声音技术可以模拟环境中的声音反射和吸收，使得声音在不同材质和表面上的传播更加真实。

（5）实时声音处理：在 VR 环境中，通常需要实时计算和处理音频，以确保用户在移动或改变方向时仍能获得准确的声音体验。实时声音处理包括定位、混响、均衡等方面的处理。

（6）空间音频引擎：专门设计用于 VR 的空间音频引擎，能够支持复杂的三维声音环境。这些引擎通常与 VR 开发平台和游戏引擎集成，为开发者提供更便捷的音频实现工具。

（7）立体声音耳机：使用立体声音耳机是实现 VR 三维立体声音的关键。这些耳机能够提供高质量的音频输出，并通过精细调校来模拟立体声效果。

VR 三维立体声音技术在 VR 应用、游戏开发、培训模拟等领域中起到关键作用，为用户提供更加沉浸式的感官体验。这种技术的不断发展和改进将进一步提高 VR 体验的真实感和感知水平。

9.2.4　体感交互技术

体感交互技术是一种通过感应和解释用户身体动作、姿态、触摸或其他生理信号来实现用户与计算机或虚拟现实环境之间互动的技术，可增强用户与数字系统之间的自然性和沉浸感。

自动化与智能科学概论（微课视频版）

体感交互技术的一些关键方法如下。

（1）摄像头和深度感应器：利用摄像头和深度感应器（如 Microsoft Kinect、Intel RealSense 等），系统可以追踪用户的身体动作和姿态。该技术允许用户在不使用任何物理控制器的情况下与计算机或虚拟环境交互。

（2）惯性传感器：使用加速度计、陀螺仪和磁力计等惯性传感器可实时监测用户的运动和姿态。该技术常用于体感游戏控制器和虚拟现实头戴式设备。

（3）电容触摸和触控板：通过在表面布置电容传感器或触控板，系统可以检测和识别用户的手指或物体在表面上的触摸和手势，实现触摸交互。

（4）生物识别技术：如指纹识别、虹膜识别和面部识别可以用于身份验证，并进一步扩展到情感识别，使系统更好地理解用户的情感状态。

（5）声音和语音识别：利用麦克风和声音处理技术，系统可识别用户的声音和语音指令，从而实现语音控制和交互。

（6）振动反馈：通过嵌入触摸表面或手持设备中的振动装置，可提供触觉反馈，使用户感受到与其交互的数字环境中的物体和事件。

（7）力反馈：通过模拟受力或提供触觉反馈，用户在与计算机系统、虚拟环境或设备互动时感受到实际的阻力、力量或触感。

（8）脑机接口：允许直接从用户的大脑活动中获取信息，通过脑电波等方式实现与计算机或设备的交互。

（9）灵敏材料：一些灵敏材料和传感器可嵌入用户的衣物或配件中，以监测身体动作、姿态和生理信号，实现更隐蔽的体感交互。

体感交互技术的发展使得人机交互更加自然、直观，为用户提供更丰富、沉浸式的体验。在不同领域，这些技术的应用也在不断拓展和深化。

9.2.5　物理引擎

物理仿真是利用计算机模拟现实世界中物体的物理行为的过程，涵盖运动、碰撞、重力、弹性等方面。通常，这一过程依赖专门的软件工具——物理引擎。物理引擎是一种专注于实现物理仿真的软件组件，能够计算和模拟物体之间的相互作用，从而在虚拟环境中生成逼真的物理效果。物理引擎为虚拟仿真技术特别是三维建模提供了重要的基础支持。

物理引擎的一些关键方法如下。

（1）刚体模拟：模拟不会改变形状的物体，即刚体。刚体仿真通常涉及运动、旋转和碰撞等基本行为。

（2）碰撞检测：确定物体是否相互碰撞的过程。碰撞检测是物理仿真中关键的一步，用于处理物体之间的相互作用。

（3）关节模拟：在物理仿真中，关节是模拟连接物体的连接点，移动关节可以定义物体之间的相对移动，旋转关节可以定义物体之间的相对旋转。

（4）弹性和变形：弹性模拟涉及处理物体的弹性行为，而变形模拟则关注物体的形状变化，通常用于仿真软体或液体。

（5）流体仿真：用于模拟液体、气体等流体行为的技术。流体仿真在游戏、电影特效和工程领域中得到广泛应用。

常见的物理引擎包括 Unity 3D 的物理引擎、Unreal Engine 的物理引擎、Bullet Physics、PhysX 等。这些引擎提供了丰富的功能,使开发者能够创建出更加真实和动态的虚拟环境。

9.3　虚拟仿真的常用装备

在虚拟仿真的环境中,为了实现用户通过自然动作与虚拟世界的深度交互,需要借助一系列先进的设备。这些设备不仅包括头戴式显示器和交互控制器,还涉及多种感官刺激技术,以提供视觉、听觉、触觉、运动、空间定位、平衡与方向感,以及嗅觉与味觉等全方位的沉浸式体验。

在上述技术装备的共同作用下,VR 场景提供了一种前所未有的体验,让用户不仅能够看到和听到虚拟世界,还能够感觉到它,仿佛真实存在于那个空间。这种全感官的沉浸体验是虚拟现实技术的核心魅力,也是其在各行各业中广泛应用的关键因素。

9.3.1　虚拟现实头戴式设备

虚拟现实头戴式设备(VR 头显)是最常见的虚拟仿真装备之一。其技术原理是通过模拟人的视觉和听觉创造一个数字生成的三维环境,从而让用户产生身临其境的感觉。

这类设备通常包括一对高分辨率屏幕,模拟人的双眼视野,以及头部跟踪系统,确保图像随头部运动而改变,提高真实感。高质量的音频输出也是重要组成部分,增强沉浸感。此外,VR 头显还整合了运动传感器,如加速度计和陀螺仪,来跟踪用户的头部和身体动作。这些数据被实时处理,以确保虚拟环境中的视角和用户的实际动作同步。某些高级设备还可能包括眼球追踪和手势识别技术,进一步丰富交互体验,图 9-9 所示为虚拟现实头戴式设备(VR 头显)使用示意图。

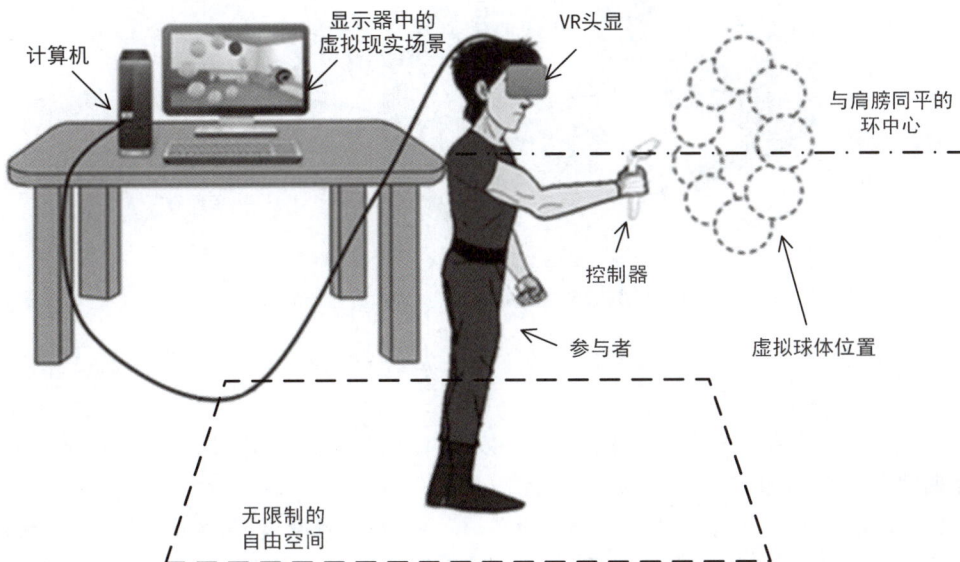

图 9-9　虚拟现实头戴式设备(VR 头显)使用示意图[4]

9.3.2　增强现实头戴式设备

增强现实头戴式设备（AR 头显）也是常见的虚拟仿真装备，其核心目的是在用户的视野中无缝地融合虚拟信息和现实世界，是一种融合了高级计算机视觉、图像处理、显示技术和交互设计的复杂设备。

首先，这些设备通常配备了高级显示系统，如透明的光学透镜或者直接将图像投射到用户眼睛的微型显示器，使得数字图像能够与现实环境重叠。这种叠加不是简单的叠加，而是根据用户的视角和环境的具体细节进行精确调整，以提供尽可能真实的体验。为了实现这种高度集成的视觉体验，AR 头显内置了多种传感器，如加速度计、陀螺仪、磁力计和 GPS。这些传感器共同工作，实时跟踪用户的头部移动和定位，确保虚拟图像与用户的实际视角和位置精确对齐。

此外，集成的摄像头或深度感应器能够扫描用户周围的环境，识别物体和表面，进而使得虚拟对象能够在物理空间中以逼真的方式呈现和交互。AR 头显的处理单元通常是一种小型化、高效能的微处理器，负责处理传感器数据、渲染图像，并运行复杂的算法来支持环境识别和增强现实体验。这些处理器需要具备高速计算能力和低能耗特性，以支持设备的持续运行，并提高便携性。

在软件方面，AR 头显依赖专门开发的操作系统和应用程序来提供丰富的用户体验。这些软件不仅支持基本的 AR 功能，还可以扩展到各种应用场景，如游戏、教育、工业设计等。为了使用户能够自然地与 AR 环境互动，这些设备通常采用了先进的用户界面设计，如手势识别、语音控制和眼动跟踪技术，如图 9-10 所示。

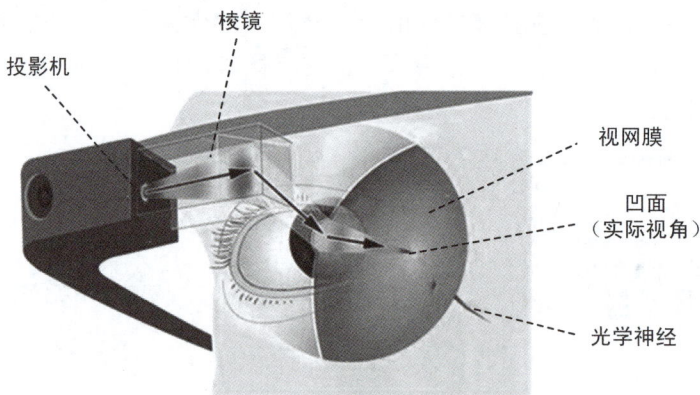

图 9-10　增强现实头戴式设备（AR 头显）示意图

9.3.3　VR 手柄和力反馈器

VR 手柄和力反馈器是 VR 体验中不可或缺的组成部分，它们使用户能够在虚拟环境中以直观的方式交互和感受实际的物理反馈。

VR 手柄通常是经过精心设计的输入设备，配备按钮、触摸板、触发器和运动传感器，如加速度计和陀螺仪，这些传感器可以精确追踪用户的手部运动和姿势。通过无线方式与VR 系统相连，手柄巧妙地将用户的每一个物理动作精准转换为虚拟环境中的相应互动。

无论是挥动手臂的流畅姿态,还是捏取物体的微妙触感,都能在虚拟世界中得以真实而生动地展现,为用户带来沉浸式的体验。为了进一步提升沉浸感,VR手柄通常还集成了振动马达或其他力反馈机制,当用户在虚拟世界中触碰、抓取或与物体互动时,手柄会产生相应的震动或力感,模拟真实的物理接触。

力反馈器则是一种更为先进的技术,它可以在VR体验中提供更加复杂和细腻的物理反馈,如图9-11所示。这些设备通过电机、气动或液压系统产生力反馈,能够模拟从轻微的触觉到强烈的物理阻力的各种感觉。例如,当用户在虚拟环境中推动一个重物或使用虚拟工具时,力反馈器可以模拟出相应的阻力和重量感,增强了体验的真实性。此外,一些高级的力反馈系统甚至能够模拟温度、纹理和形状的变化,使用户能够感受到更加丰富多样的物理属性。

图 9-11　VR手柄和力反馈器示意图

这些设备背后的技术原理基于精确的运动追踪和复杂的力反馈算法。运动追踪确保了虚拟环境中的手部动作与现实中的动作同步,而力反馈算法则根据虚拟环境中的互动情境实时计算并产生相应的力反馈。这一过程涉及高度复杂的软件编程和硬件协调,确保了虚拟与现实之间的无缝对接。

9.3.4　VR手套和手部追踪器

VR手套和手部追踪器是增强虚拟现实体验的关键技术之一,它们允许用户以极其自然和直观的方式与虚拟环境互动,如图9-12所示。VR手套通常由柔软、灵活的材料制成,内置有众多传感器和驱动器。这些传感器包括弯曲传感器、触觉传感器和温度传感器,能够捕捉用户手指和手掌的细微运动及其力度,从而将这些动作精确地映射到虚拟环境中。一些高级的VR手套还集成了微型马达或气动装置,能够提供真实的触觉反馈,例如模拟触摸、抓握物体时的压力和质感。此外,它们还可能包含温度控制元件,以增强用户在虚拟环境中接触不同物体时的温度感知。

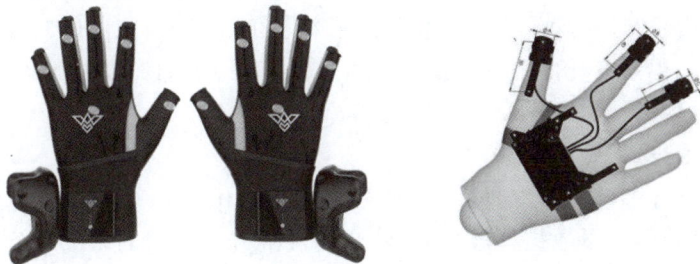

图 9-12　VR手套和手部追踪器示意图

手部追踪器则使用了一系列高精度的摄像头或光学传感器来捕捉和追踪手部及指尖的位置和运动。这些设备通过分析手部的三维模型和运动轨迹实现对用户手势和动作的实时追踪。该技术使用户能够以比较自然的方式与虚拟环境中的对象交互，如用手指点击、抓取或操纵虚拟物体。在某些系统中，手部追踪技术还能够捕捉到更为复杂的手势，如手语，从而为不同的应用场景提供更丰富的交互可能性。

VR手套和手部追踪器的关键技术原理在于其能够精确捕捉和解析用户的手部动作，并将这些动作无缝地转换为虚拟环境中的交互。通过结合先进的传感器技术、机器学习算法和精密的运动追踪系统，这些设备不仅提高了虚拟现实体验的沉浸感和真实性，还扩展了用户在虚拟世界中的交互方式。

9.3.5 VR全息显示设备

VR全息显示设备结合了VR和全息投影技术，创造出沉浸式且具有高度真实感的三维视觉体验，图9-13展示了该设备的技术路线。这类设备的核心是它能够生成看起来在空中悬浮的全息图像，用户不需要佩戴任何特殊的眼镜或头盔就能观看。全息显示设备通常由高分辨率的显示器、光学组件（如激光、镜片和光栅）以及精密的图像处理硬件和软件组成。显示器负责生成图像，光学组件则用来操控光线的路径和特性，创造出立体的全息影像。

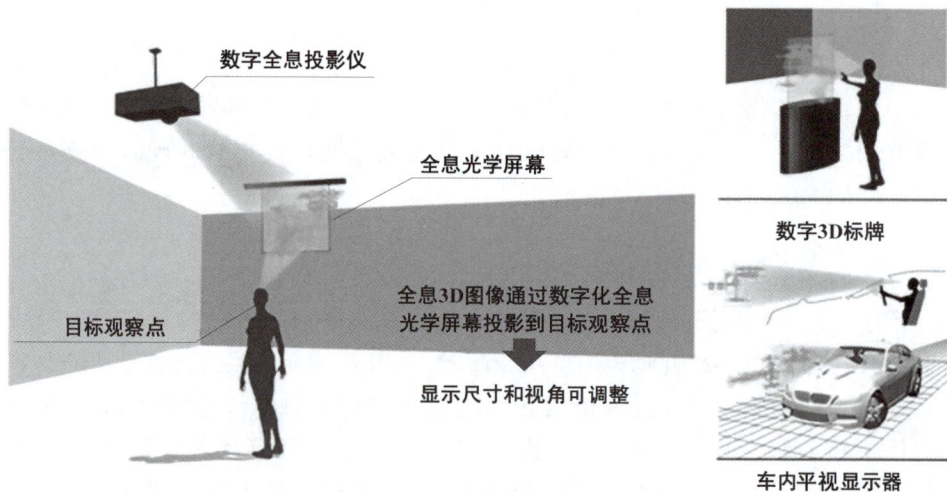

图9-13 VR全息显示设备的技术路线示意图[5]

全息技术的关键是它能够记录和重现光波的振幅和相位信息，这使得全息图像不仅包含了色彩和亮度信息，还包含了深度信息。通过精密的光学和计算处理，这些设备能够生成具有真实深度感和视角变化的三维影像。此外，为了实现更加逼真的体验，一些全息显示设备还集成了头部追踪技术，这样就可以根据观看者的视角和位置动态调整图像，创造出更具沉浸感的视觉效果。

在VR全息设备中，图像处理软件起着至关重要的作用。它不仅负责生成复杂的三维图像，还需要实时处理大量数据，确保图像的流畅和准确性。这通常要求使用高性能的处理器和高效的算法。除了视觉效果外，这些设备还可能集成了其他感官刺激系统，如音频和触觉反馈设备,以提供更全面的沉浸式体验。

综上所述,VR全息显示设备是将VR和全息投影技术相结合的产物。它通过高级的光学和计算技术,能够在用户不需要佩戴任何辅助设备的情况下提供高度逼真且互动的三维视觉体验。

9.3.6　VR运动捕捉系统

VR运动捕捉系统主要用于捕捉人体运动,并将其精确地映射到虚拟环境中。这类系统通常由多个关键部件组成,包括传感器、摄像头、数据处理单元和相应的软件。传感器被装配在用户的身体或特制的服装上,用于实时捕捉运动数据,如姿势、方向和速度。这些传感器可能是惯性传感器、光学传感器或磁性传感器,可以单独使用或结合起来,以提高捕捉精度,减少遮挡问题。摄像头则被放置在周围环境中,用于从不同角度捕捉用户的运动。在光学运动捕捉系统中,这些摄像头通常追踪附着在用户身上的反光标记或特制服装上的光学标记。通过分析这些标记在不同摄像头中的位置和运动,系统能够创建用户运动的三维模型。

除了传统的外部摄像头系统,一些运动捕捉技术还使用了基于计算机视觉和深度感知的方法,这些方法不依赖外部标记,而是直接通过分析用户的形态和运动来捕捉。数据处理单元负责接收传感器和摄像头的数据,并将这些数据转换为可以在虚拟环境中使用的动作和姿态。这通常涉及复杂的算法,包括数据融合、噪声过滤和动作预测等。

此外,为了实现更加真实和流畅的运动表现,这些系统还需要进行实时数据处理和校准。软件部分负责数据处理和分析,还包括用户界面和与其他虚拟现实系统的集成。这些软件使用户能够在虚拟环境中看到自己的动作和交互效果,甚至能够与虚拟角色或物体交互。总体来说,VR运动捕捉系统通过集成先进的传感器技术、摄像头追踪和复杂的数据处理算法,为用户提供了一个高度逼真且互动的虚拟现实体验,图9-14展示了该系统应用于虚拟手术示意图。

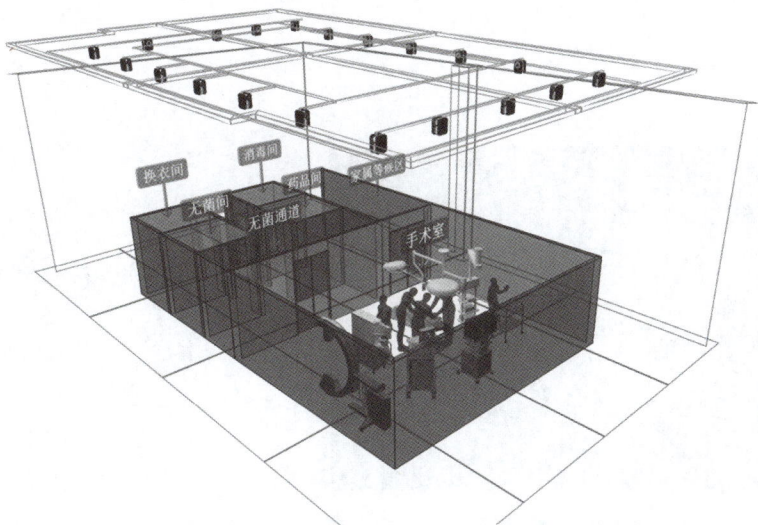

图9-14　VR运动捕捉系统应用于虚拟手术示意图

9.3.7 三维声音定位和音频设备

立体声音（stereo sound）和三维声音（3D sound）都是用于增强音频体验的技术，但它们在定位能力和沉浸感方面有所不同。

立体声音通过左右两个声道来模拟声音的空间感，主要用于音乐、电影和广播等领域，提供基本的左右方向的音频定位。而三维声音则利用复杂的音频处理算法模拟来自任何方向的声音，包括前后、上下和左右，从而提供更高的沉浸感，广泛应用于 VR、AR 和游戏等需要高度沉浸感的场景。两者的共同点在于提升用户的听觉体验，但三维声音在技术复杂性和真实感上优于立体声音。

虚拟现实中的三维声音定位和音频设备是创造沉浸式体验的关键组成部分，通过模拟真实世界中的声音环境增强用户的空间感知和参与感。这种技术通常称为 3D 音频或空间音频，使声音能够在三维空间中定位，给用户一种声源似乎来自特定方向和距离的感觉。

要实现这种效果，首先需要高质量的音频捕捉设备，如多通道麦克风阵列，用于捕捉声音的方向性和空间特性。接下来，通过复杂的算法处理这些音频数据，如 HRTF。播放时，VR 音频系统使用特殊设计的耳机或扬声器重现这种三维声音效果。耳机通常被优化，以提供精确的声音定位，确保用户可以准确判断声音的来源。此外，某些系统还使用了声学跟踪技术，根据用户头部的方向和位置动态调整音频输出，以保持声音源的空间一致性。关于软件，3D 音频处理软件能够根据虚拟环境中的对象和用户的相对位置动态生成声音效果，模拟各种声学效应，如回声、混响以及声音在不同环境中的传播特性，从而增强环境的真实感。这种软件通常结合高级的声音引擎和物理模拟，以确保声音效果与虚拟环境中的视觉元素和互动行为一致。

总之，VR 中的三维声音定位和音频设备通过集成高级的音频捕捉技术、精确的声学处理算法和专门设计的播放硬件提供极其真实和沉浸的听觉体验，如图 9-15 所示。

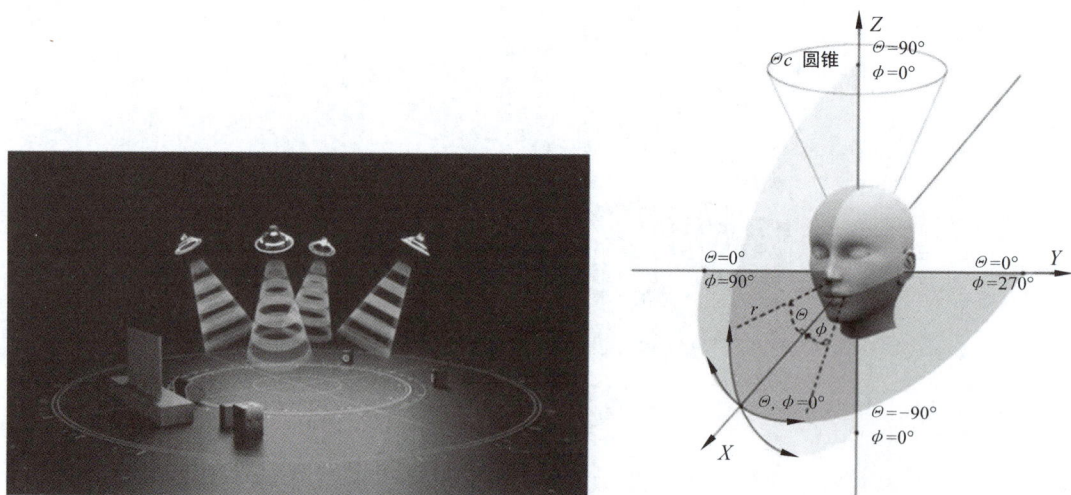

图 9-15 三维声音定位和音频设备示意图[6]

9.4 智能系统的虚拟仿真软件

VR 开发软件是用于创建 VR 应用程序和体验的工具。这些软件提供了开发者创建虚拟环境、模拟现实感觉、设计互动元素的功能。更进一步,智能系统虚拟仿真软件是一类用于模拟和测试 AI 系统的工具,通常用于开发、验证和优化各种智能算法、机器学习模型和决策系统。这些软件提供了虚拟环境,允许开发者在模拟中测试他们的智能系统,而无须直接在实际环境中开展实验。

VR 开发软件的主要功能包括:图形渲染、物理引擎、用户交互、虚拟现实设备支持、音频系统、场景编辑器、动画工具、虚拟现实导航、数据交互传输等。虚拟仿真开发软件还包括传感器模拟、实时渲染、多用户协同、数据记录与分析、虚拟仿真语言与脚本支持等。这些功能共同确保了 VR 开发软件能够提供丰富、逼真和交互性强的虚拟现实体验与智能算法驱动。

9.4.1 从商用工具到开源平台

图 9-16 展示了常见的智能系统虚拟仿真开发平台,其中开源平台提供了更大的定制性和灵活性,如 Gazebo、V-REP、OpenAI Gym、Webots、Robot Works、SprutCAM、RobotSudio 等,这些开源虚拟仿真开发平台提供了丰富的功能,用于模拟和测试不同应用领域的虚拟环境,涵盖了机器人学、人工智能、自动驾驶、强化学习等多个领域。图 9-17 展示了 VT MAK (DI-GUY)大规模虚拟仿真软件开发平台的典型开发内容。

图 9-16 各类智能系统虚拟仿真开发平台

表 9-1 列出了典型的开源虚拟仿真平台的主要功能、适用领域、支持的编程语言及开源性质。

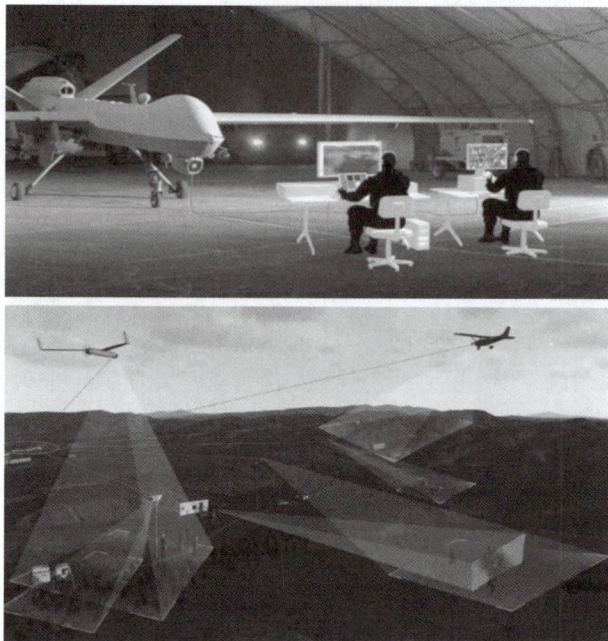

图 9-17　VT MAK（DI-GUY）大规模虚拟仿真软件开发平台

表 9-1　典型的智能系统虚拟仿真开发平台

平台名称	主要功能	适用领域	支持的编程语言	开源性质
Gazebo	物理仿真、机器人控制、传感器模拟、环境建模	机器人学、自动驾驶、智能系统	C++、Python	是
V-REP（CoppeliaSim）	多机器人仿真、物理引擎、传感器模拟、AI决策模型、仿真与控制接口	机器人学、人工智能、自动化	Lua、Python、C++	是
OpenAI Gym	强化学习仿真环境，支持多种任务和算法，包括机器人控制、游戏模拟等	强化学习、人工智能、机器人学	Python	是
Webots	机器人仿真、传感器模拟、动力学与控制接口、支持多种机器人的开发与测试环境	机器人学、自动化、教育与研究	C++、Python	是
Robot Works	机器人路径规划、机器人离线编程、虚拟仿真、数控仿真、3D建模、工业自动化仿真	工业机器人、数控仿真、路径规划	Python、C++、Java	否
SprutCAM	数控机床仿真、机器人离线编程、路径规划、数控加工、CAM与CAD集成	数控加工、机械制造、工业自动化	C++、Python	否
RobotStudio	机器人离线编程、仿真、虚拟调试、路径规划、机器人任务编程与测试	工业机器人、离线编程、虚拟调试	RAPID（RobotStudio脚本语言）、Python	否
VT MAK（DI-GUY）	大规模虚拟仿真、战术与战略模拟、军事仿真、交互式训练与测试环境	军事仿真、战术训练、大规模虚拟环境	C++、Python	否

9.4.2　智能系统虚拟仿真引擎与平台研制

设计与开发基于地理信息、智能系统驱动、VR/AR 人机交互的实时虚拟仿真引擎与平台。图 9-18 为基于开源架构的用户可编程实时虚拟仿真引擎与开发平台,图 9-19 为机器人系统仿真与监控开源用户可编程框架。

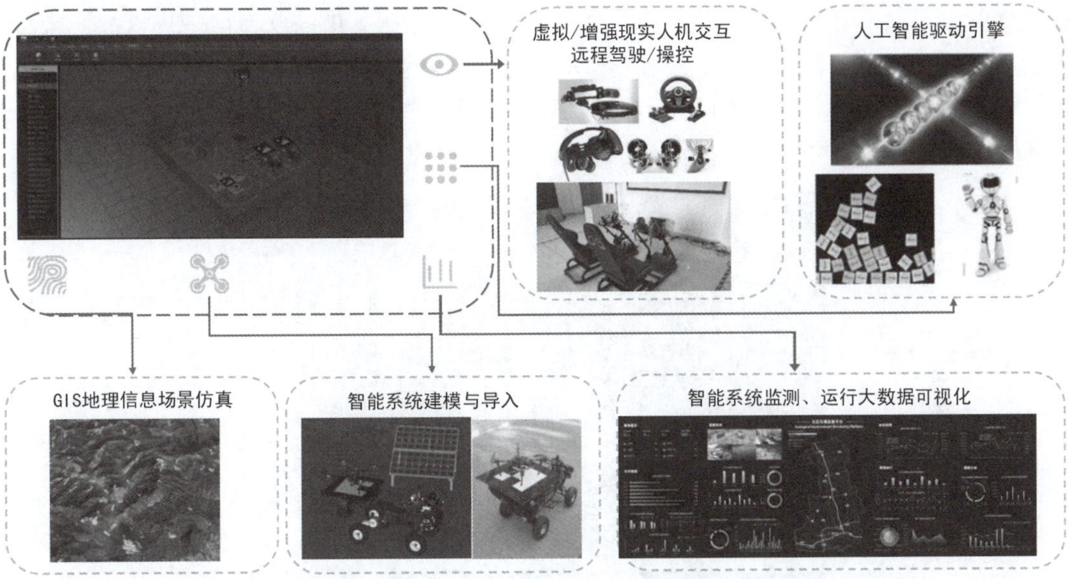

图 9-18　基于开源架构的用户可编程实时虚拟仿真引擎与开发平台

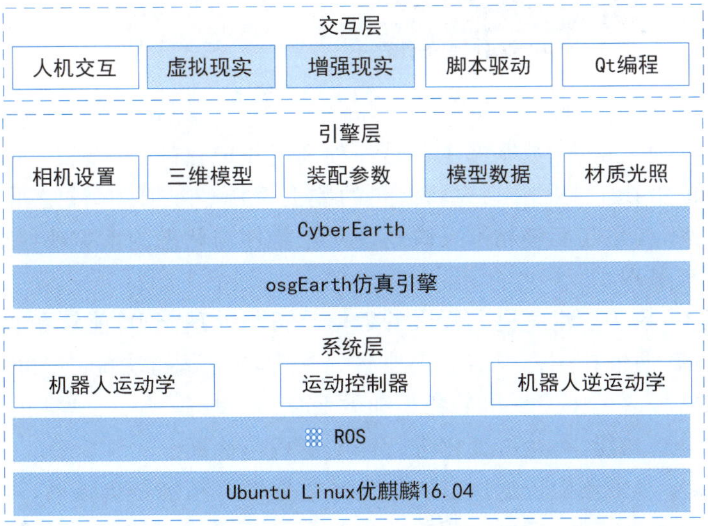

图 9-19　机器人系统仿真与监控开源用户可编程框架

9.5 数据与模型驱动的智能仿真

9.5.1 数字孪生技术

数字孪生，其内涵在于针对物理世界里存在的各类物体，运用先进的数字化技术手段精心构建出一个能够在数字世界里与之精准对应的虚拟实体。借助这样一个与物理实体高度相似甚至可以说是一模一样的数字镜像，人们得以全方位、深层次地对物理实体展开了解，进行细致入微的分析，并实现有针对性的优化，从而为物理实体在实际应用场景中的运行、管理以及效能提升等诸多方面提供强有力的支撑与保障。如图 9-20 所示。

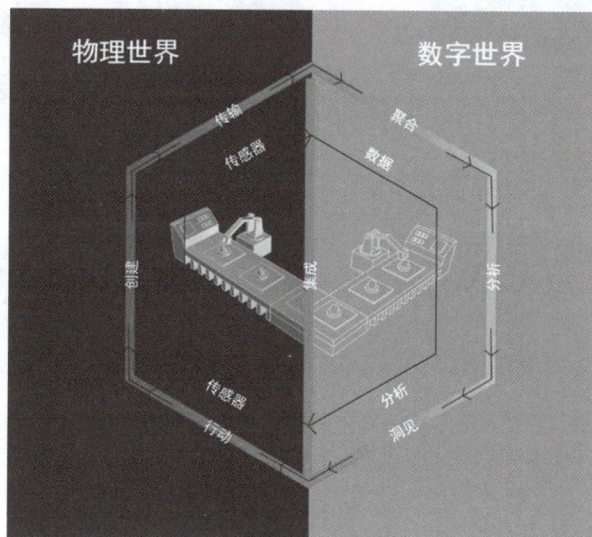

图 9-20 数字孪生技术

从更为专业的视角审视，数字孪生乃是一种高度集成化的技术理念与应用体系，深度融合了人工智能等前沿技术手段。通过将海量的数据资源、精准的算法逻辑以及缜密的决策分析有机结合起来，构建起能够精准反映物理对象特性与状态的虚拟映射模型，也就是实现对物理对象的模拟呈现。

在这一过程中，数字孪生凭借其强大的数据分析与处理能力，能够在实际问题尚未在物理世界中发生之前，便依托虚拟模型敏锐地察觉到潜在问题的端倪。它可以实时且持续地监控物理对象在虚拟模型中呈现出的各类细微变化，借助基于人工智能的多维数据复杂处理机制以及异常分析功能，对这些变化进行深度剖析与诊断。

不仅如此，数字孪生还能依据所掌握的丰富数据以及精准分析结果，对物理对象可能面临的潜在风险进行精准预测，从而为相关运营与管理工作提供极具前瞻性的决策依据。基于这些预测与分析，人们可以针对物理对象所属的相关系统或设备制订出合理且有效的规划方案，例如科学安排设备的维护周期、精准确定维护内容等，以此确保物理对象能够始终保持良好的运行状态，实现高效、稳定且安全的运转。

在数字孪生的架构体系里，有五大驱动要素起着决定性作用。首先是物理世界的传感器,它们负责实时收集生产流程相关的数据,如同为整个数字孪生系统开启了一扇洞察物理世界的窗口。数据是极为重要的要素,丰富多样的数据为后续的分析、决策等提供了充足的素材。集成作为连接各部分的关键环节,能够把分散的各种数据、不同的系统以及相关技术巧妙地融合在一起,使数字孪生系统形成一个有机整体,实现协同运作。分析则借助专业的分析工具和方法,对集成后的海量数据进行深度剖析,梳理出其中的规律、关系以及可能存在的问题等,为精准决策提供依据。促动器作为依据分析结果实施行动的关键所在,根据分析所得到的情况,在物理世界或数字版本的生产流程中推动相应动作的发生,从而对生产流程起到优化和调控的作用。

与此同时,持续更新的数字孪生应用程序也是至关重要的一部分。它就像一个不断迭代升级的智能大脑,根据实际情况的变化以及新的数据更新持续地对自身的功能、性能进行优化,以更好地适应数字孪生系统的运行需求,确保数字孪生在不同生产场景下都能高效、准确地发挥作用。

9.5.2　元宇宙技术

元宇宙(metaverse)是通过整合多种新兴技术所形成的新型互联网应用和社会形态呈现出虚实相融的特点。它借助科技手段实现链接与创造,构建出与现实世界相互映射、交互的虚拟世界,是具备新型社会体系的数字生活空间。

从本质来讲,元宇宙是对现实世界的虚拟化、数字化操作,需要针对内容生产、经济系统、用户体验以及现实世界中的内容等做大量改造。然而,元宇宙的发展是渐进式的,在共享的基础设施、标准及协议的支撑下,由众多工具、平台不断融合、演变,最终完成成型过程。

元宇宙基于扩展现实技术赋予沉浸式体验,依靠数字孪生技术打造现实世界的镜像,基于区块链技术构建经济体系,由此将虚拟世界与现实世界在经济系统、社交系统、身份系统方面紧密结合,并且准许每个用户从事内容生产和世界编辑事宜。

元宇宙技术涵盖了多个领域,其中包括但不限于:

(1) VR 和 AR 技术:提供了沉浸式的虚拟体验,让用户感觉好像置身于一个虚拟的现实环境中。

(2) AI:AI 在元宇宙中扮演着重要角色,包括智能代理、自然语言处理、计算机视觉等。这些技术使虚拟实体能够做出自主决策、理解和回应用户的语言,并与用户进行更智能的交互。

(3) 区块链技术:区块链技术提供了去中心化、不可篡改的账本,支持数字资产的创建和交换。在元宇宙中,区块链可以用于管理数字身份、虚拟资产的所有权,以及实现智能合约。

(4) 云计算:为元宇宙提供了强大的计算和存储能力,支持大规模的虚拟环境和云服务。

(5) 传感器技术:用于感知虚拟和现实世界的环境,这类传感器能够收集环境信息,使虚拟世界更加真实和具有交互性。

(6) 网络技术:提供高速、低延迟的网络连接,如 5G 技术,是元宇宙中实现实时互动和流媒体的关键。

(7) 数据分析和人机交互:利用大数据分析技术了解用户行为,为用户提供个性化的

自动化与智能科学概论（微课视频版）

体验。人机交互技术则包括用户体验设计、手势识别等，使用户能够更自然地与虚拟环境交互。

元宇宙技术的不断创新和整合使得元宇宙逐渐成为一个更加复杂、丰富和具有潜力的数字化空间。这些技术的发展推动了元宇宙从概念到实际应用的转变，图 9-21 为 Meta 公司的元宇宙（Metaverse）技术展示。

图 9-21　Meta 公司的元宇宙（Metaverse）技术展示

但是元宇宙的发展面对许多跨领域技术挑战，需要克服大量非技术方面的难题。只有随着技术的不断进步和社会对于元宇宙的认识逐渐深入，才能推动元宇宙技术的持续进步。

9.6　思考

【思考 9.1】　VR 与 AR 对于元宇宙（metaverse）意味着什么？请阐述原因。

【思考 9.2】　VR 与 AR 对于数字孪生技术意味着什么？请阐述原因。

【思考 9.3】　了解 VR 与 AR 技术在人工智能系统研究中的作用。

【思考 9.4】　探讨物理仿真及引擎技术在虚拟仿真中的应用。要求：

（1）阐述物理仿真及引擎技术的基本概念和工作原理。

（2）调研 Unity3D、Unreal Engine、Bullet Physics、PhysX 等常见物理引擎的特点和应用实例。

（3）分析物理仿真技术在虚拟仿真中的关键应用场景（如游戏物理、工程仿真、动画制作）。

（4）讨论物理仿真技术在 VR 应用中可能遇到的问题及其解决方法。

9.7　习题

【作业 9.1】　调研 VR 技术在医疗康复机器人领域的应用现状和前景。要求：

（1）分析至少一篇有关 VR 在医疗应用中的学术论文或研究报告。

（2）总结 VR 技术在手术培训、康复治疗、心理治疗等方面的应用实例。

（3）展望 VR 技术在该领域未来的发展趋势和潜在挑战。

【**作业 9.2**】 比较 AR 技术在教育和娱乐领域的不同应用。要求：

（1）分别介绍 AR 技术在教育和娱乐领域的应用实例。

（2）分析 AR 技术在这两个领域的不同应用特点。

（3）探讨 AR 技术在教育和娱乐领域的未来发展方向及其可能面临的技术和伦理问题。

【**作业 9.3**】 研究三维建模技术在虚拟仿真中的应用和挑战。要求：

（1）介绍三维建模技术的基本原理和常用方法（如多边形建模、曲面建模、体素建模）。

（2）调研三维建模技术在虚拟仿真中的典型应用实例（如虚拟现实、工业仿真）。

（3）分析三维建模技术在虚拟仿真应用中面临的主要挑战（如计算复杂度、实时渲染、模型精度等）。

（4）提出应对这些挑战的可能解决方案和技术改进方向。

参考文献

[1] MILGRAM P, KISHINO F. A Taxonomy of Mixed Reality Visual Displays（Special Issue on Networked Reality）[J]. IEICE Transactions on Information and Systems,1994,77(12)：1321-1329.

[2] RUSSELL S J, NORVIG P. Artificial Intelligence：A Modern Approach[M]. 4th ed. Hoboken,New Jersey：Prentice Hall,2019.

[3] BURDEA G, COIFFET P. Virtual Reality Technology[J]. Presence,2003,12(6)：663-664.

[4] NING H, WANG H, LIN Y, et al. A Survey on Metaverse：the State-of-the-art, Technologies, Applications,and Challenges[J]. IEEE Internet of Things Journal,2023,10(16)：14671-14688.

[5] JOSEPH I, KUMAR V M, MANIVANNAN M. Effect of Visual Awareness of the Real Hand on User Performance in Partially Immersive Virtual Environments：Presence of Virtual Kinesthetic Conflict[J]. International Journal of Human-Computer Interaction,2020,36(16)：1540-1550.

[6] WAKUNAMI K, HSIEH P Y, OI R, et al. Projection-type See-through Holographic Three-dimensional Display[J]. Nature Communications,2016(7)：12954.

第 10 章

机器人视觉控制

得益于机器人视觉技术的迭代进步,机器人视觉控制得到了快速发展。机器人视觉控制的基本框架通常包括图像采集、视觉处理和运动控制三部分。具体实现涉及位置控制、图像控制和混合视觉控制三种方式,并依赖硬件构成、软件算法和系统集成等方面的先进技术。

机器人视觉控制技术在多个领域得到广泛应用。在工业自动化中,用于检测、装配和监控生产线;在自动驾驶汽车中,用于环境感知和决策支持;在医疗领域,用于手术导航、病理诊断和患者监护;在虚拟现实和增强现实中,视觉技术也可用于创建真实的用户体验。总之,机器人视觉控制技术对于提高机器人在不同环境中完成各种任务的成功率和安全性具有重要意义。

10.1 机器人视觉控制概述

10.1.1 计算机视觉、机器视觉和机器人视觉

讲解机器人视觉控制之前,首先需要明确计算机视觉(computer vision)、机器视觉(machine vision)和机器人视觉(robot vision)的关系,具体如表 10-1 所示。

表 10-1 计算机视觉、机器视觉和机器人视觉的关系

特 性	计算机视觉	机 器 视 觉	机器人视觉
定义范围	视觉获取、理解和分析的算法与系统	工业自动化中的视觉检测与控制系统	机器人系统中的视觉感知与环境交互
主要目标	让计算机"理解"图像和视频内容	提高生产效率与产品质量,替代人工检测	使机器人能够感知环境,并执行自主操作
应用领域	医疗影像分析、安防监控、AR/VR 等	制造业、装配线、质量控制等	服务机器人、自动驾驶、仓储物流机器人等
技术侧重点	图像识别、模式识别、机器学习	实时图像处理、工业控制、自动检测	环境感知、运动控制、任务执行
系统组成	摄像头、图像处理算法、计算资源	专用相机、光源、图像处理硬件与软件	摄像头/传感器、图像处理与分析模块、机器人控制系统

计算机视觉、机器视觉和机器人视觉三者的共性体现在都涉及视觉信息的获取、处理和理解,依赖图像处理和计算机算法,旨在通过视觉感知实现一定的智能行为或功能,如图 10-1 所示。

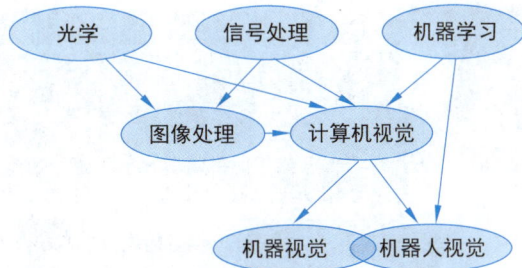

图 10-1　计算机视觉、机器视觉和机器人视觉的关系

　　三者的区别主要体现在应用覆盖面上：计算机视觉研究范围最广，关注基础算法和技术，应用领域多样，涵盖医学、安防、娱乐等多个领域。机器视觉聚焦工业场景应用，强调实用性和效率，旨在提高生产自动化水平。而机器人视觉侧重机器人在动态和复杂环境中的感知和决策，强调自主性和适应性，支持机器人执行具体任务。三者的关系是从一个广泛基础到两个特定领域的递进，共同推动了视觉技术的发展和应用。

10.1.2　机器人视觉的发展历程

　　机器人视觉是指机器人系统使用视觉传感器和图像处理技术来获取、处理和理解环境信息的能力。机器人视觉的发展历史可以追溯到 20 世纪 50 年代，以下阐述机器人视觉的主要发展阶段和关键事件。

1. 20 世纪 50 年代至 60 年代初：二维图像的识别与分析

　　早期机器视觉关注二维图像的基本识别与分析（如字符、工件表面、显微图片、航空图片等），主要应用于工业自动化和军事领域。1957 年，拉塞尔·基尔希（Russell Kirsch）及其同事开发的扫描仪首次将图片转换为数字图像，标志着数字图像处理的开始。1959 年，神经生理学家大卫·休伯尔（David Hubel）和托斯滕·威塞尔（Torsten Wiesel）通过对猫的视觉系统研究，首次发现了视觉初级皮层神经元对移动边缘的敏感性，奠定了后续计算机视觉技术发展的基础，相关研究成果获得了 1981 年诺贝尔生理学或医学奖。1964 年，美国喷气推进实验室处理了"徘徊者 7 号"返回的 4000 多张月球照片，并去除图像噪声、增强清晰度和对比度以及校正相机畸变，然后用计算机将多张照片拼接在一起，创建了连续的月球表面图像，如图 10-2 所示，确定了月球表面的

图 10-2　月球表面图像

坑洞、山脉等地形特征，为阿波罗任务着陆点的确定提供了重要参考。

2. 20 世纪 60 年代：从二维到三维视觉

　　这一时期，计算机视觉领域经历了重大转变，尤其是"积木世界"（blocks world）项目的实施，标志着视觉从二维向三维的演进。麻省理工学院的劳伦斯·罗伯茨（Lawrence Roberts）教授开始从图像中提取三维结构信息，如立方体、楔形体和棱柱体等，如图 10-3 所示，使得机器人能够识别和操作三维物体，也为后续的 VR 和 AR 提供了技术基础。

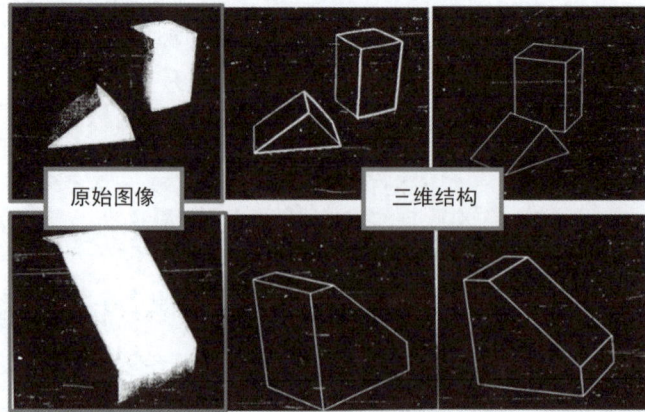

图 10-3　由二维到三维的"积木世界"

3. 20 世纪七八十年代：场景理解与视觉理论

1977 年，麻省理工学院的大卫·马尔（David Marr）教授提出了著名的 Marr 视觉理论[1]，如图 10-4 所示。该理论试图解释生物视觉系统是如何工作的，并提供了关于视觉信息处理的层次化和系统性观点，推动了计算机视觉理论框架的建立。

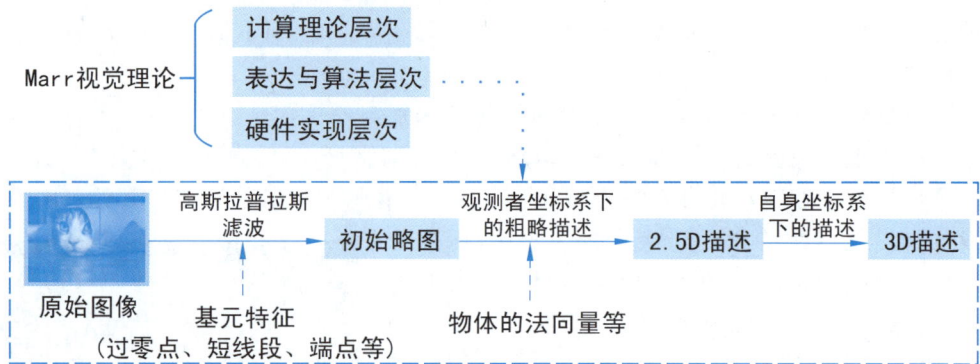

图 10-4　Marr 视觉理论

David Marr 的视觉理论是计算机视觉领域的一块基石，提出了对视觉信息处理的层次化方法，明确了视觉处理的三个关键层次，每一层都针对视觉系统的不同方面和功能进行解析，为理解复杂的视觉现象提供了系统性的分析方法。以下是 Marr 视觉理论的三个层次。

（1）计算理论层次（computational theory level）。

探讨了视觉系统需要解决的基本问题：如何从二维视觉信息中重构出三维场景的描述，包括理解物体的形状、位置、运动、表面特性等。计算理论层次的核心在于如何定义视觉处理的目标和约束，指导从视觉输入中提取有意义的结构信息，为高级的认知任务提供基础。

（2）表达与算法层次（representational and algorithmic level）。

关注视觉信息的具体处理方法和数据表示。Marr 提出了"2.5D 视觉"或"表面法线表示"的概念，首先是建立初始略图，即抽取原始图像的角点、边缘、纹理等基元特征；其次是2.5D 描述，即通过输入图像和基元图恢复场景的深度、轮廓等信息；最后是 3D 描述，即由输入图像、基元图、2.5D图来重建和识别3D物体。这些方法和表示形式帮助计算机系统在没有完整三维信息的情况下理解和推断三维空间的结构。

（3）硬件实现层次（hardware implementational level）。

涉及视觉系统实际的物理实现，包括视觉传感器、处理单元和其他硬件组件，对应生物视觉系统中的生理结构，如眼睛和大脑视觉处理区域的相应部分，阐释什么样的神经结构和神经元活动实现了视觉系统。Marr通过比较生物视觉系统和人造系统，强调了视觉处理任务在生物体和机器中如何构建硬件架构。

Marr视觉理论强调了从视觉感知到认知处理的整个过程，体现了理论、算法和硬件的紧密交织，对后来的视觉科学研究和机器视觉应用产生了深远影响。

除了Marr视觉理论，20世纪80年代计算机视觉领域的其他关键进展如表10-2所示。

表 10-2　20世纪80年代计算机视觉领域的关键进展

技术领域	技术描述与进展	关键技术或算法	应用示例
边缘检测和特征提取	开发了用于检测图像中物体边缘的算法，如Sobel算子和Canny算子，这些算子能有效识别图像边缘，为后续处理提供关键信息	Sobel算子、Canny算子	图像预处理、物体识别
图像分割和区域生长	通过分析像素间的相似性，使用区域生长等方法将图像分割成具有统一特征的区域，为更深入的图像分析和识别提供基础	区域生长算法	医学影像、遥感图像处理
三维重建和立体视觉	提出多种立体匹配算法，从不同视角获得的图像中重建三维场景，推动了三维计算机视觉的发展	立体匹配算法	虚拟现实、增强现实
运动检测与跟踪	开发了如光流法等新方法，用于从图像序列中估计物体的运动轨迹，支持动态环境下的视觉分析	光流法	视频监控、运动分析
模式识别和机器学习	引入机器学习技术，如支持向量机和神经网络，提高图像分类和目标识别的效率和准确性	SVM、神经网络	工业检测、自动驾驶汽车

4. 20世纪90年代：算法与应用的快速发展

20世纪90年代，机器人视觉领域取得了显著的技术突破，开展了广泛的应用拓展。这一时期的研究更加侧重面向特定应用的定制化解决方案，不仅加速了计算机视觉技术的成熟，还为后续的智能系统和人工智能应用奠定了坚实的基础。表10-3总结了这一时期的关键进展。

表 10-3　20世纪90年代计算机视觉领域的关键进展

发展领域	主要进展及技术	应用示例	影　响
物体识别和图像分类	引入SVM和神经网络等复杂机器学习算法，发展经典数据集，如MNIST和ImageNet	手写数字识别、图像分类	促进了图像分类算法的竞争和技术发展
目标跟踪与运动分析	发展基于特征点、轮廓的复杂目标跟踪算法	视频监控、虚拟现实	提高了运动目标的检测与跟踪能力
三维视觉和立体重建	立体匹配算法改进，应用结构光和激光雷达等新传感器	工业检测、数字化建模	加速了三维场景的重建速度和精确度

续表

发 展 领 域	主要进展及技术	应 用 示 例	影 响
运动规划和导航	基于地图的定位、路径规划和避障技术	自主导航机器人	使机器人能够在复杂环境中自主导航
图像处理硬件	图形处理器(GPU)和数字信号处理器(DSP)的快速发展	加速图像处理任务	提高了视觉算法的执行速度和效率
面向应用的研究	技术广泛应用于实际场景,如医学、工业、安全等领域	医学影像分析、工业自动化	拓展了机器视觉技术的应用领域

5. 21 世纪初至今: 与机器学习的深度整合

进入 21 世纪,机器人视觉领域通过与机器学习的深度整合取得了革命性进步。CNN 等深度学习模型的广泛应用极大地提升了机器视觉的性能,使其在精度、速度和复杂度上达到了前所未有的水平。表 10-4 总结了 21 世纪初至今计算机视觉领域的关键进展。

表 10-4 21 世纪初至今计算机视觉领域的关键进展

发 展 领 域	关键技术或模型	主要进展和应用	影响和意义
物体检测和识别	Faster R-CNN、YOLO、SSD	实现图像中多个物体的实时准确识别和位置定位	推动自动驾驶、监控安全等领域的技术进步
语义分割和实例分割	深度学习技术	使计算机能够理解图像中每个像素的含义,区分不同物体的精确边界	对自动驾驶、医学图像分析等应用至关重要,提高了决策的精度
姿态估计和动作识别	深度学习算法	理解图像或视频中人体的姿态和动作,支持 VR 和运动分析的发展	增强交互式应用的自然性和响应性
自动驾驶技术	环境感知技术、障碍物检测	使用相机和传感器数据实现高级环境感知功能,如障碍物检测、道路标志识别等	推动自动驾驶技术的商业化,增加交通的安全性和效率
VR 与 AR	图像与虚拟世界融合技术	实现图像与虚拟世界的无缝融合,提供沉浸式用户体验	打开新的娱乐和教育市场,为用户提供前所未有的交互体验
医学图像分析	深度学习在图像分析中的应用	用于肿瘤检测、疾病诊断、手术导航等,显著提高诊断的准确性和效率	改善医疗服务质量,对提高患者治疗效果具有重要作用
人脸识别技术	深度学习增强的人脸识别技术	广泛应用于安全系统、移动设备解锁、支付认证等场景,提高了识别的准确性和速度	增强个人和公共安全,同时推动了生物识别技术的普及和应用

总之,由于深度学习技术的广泛应用,21 世纪的计算机视觉领域实现了在算法设计、硬件性能和实际应用等多个方面的重大突破。这些技术不仅提升了机器人视觉系统的性能,还极大地扩展了其应用领域。

10.1.3 机器人视觉控制的定义

机器人视觉控制是指通过视觉传感器(相机等)获取环境信息,并利用这些信息帮助机器人执行各类任务的技术。换言之,机器人视觉控制利用成像系统代替人类视觉器官作为输入,由计算机代替大脑完成感知处理,使机器人能够理解外部世界,并完成相关操作。如图 10-5 所示。

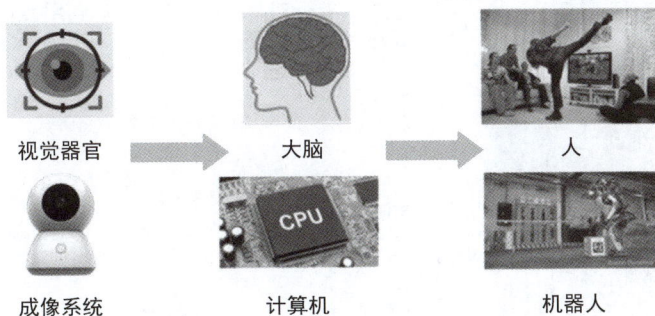

图 10-5　机器人视觉控制的定义

10.1.4　机器人视觉控制面临的挑战

机器人视觉控制具有广泛的应用,但也面临着一系列挑战。现有的机器人在环境感知与理解、智能决策等方面与人类仍然存在巨大差距,通常只能胜任重复性较强的工作。现阶段机器人视觉控制面临的主要挑战如下。

1. 三维场景感知与多模态融合

机器人需要理解和感知三维空间环境,包括物体的形状、位置、姿态等信息。这需要结合立体视觉、深度学习等技术,实现对三维场景的准确感知。但是,现实世界中的环境信息通常是多模态的,包括视觉、声音、触觉等。如何将多种传感器的信息进行有效融合,以提供更全面、准确的环境感知信息,是当前亟待解决的关键技术挑战。

2. 实时性与延迟

在自动驾驶和机器人协作等领域,对实时性要求非常高。提高视觉算法的实时性,并减小感知输入决策执行的延迟,是一个持续性挑战。

3. 对抗性攻击和数据安全

针对机器学习模型的对抗性攻击也是一个挑战。恶意攻击者可以通过修改输入图像使得机器学习模型产生误导性的结果。另外,使用视觉传感器获取数据时,涉及隐私和数据安全的问题。确保采集、存储和处理图像数据的隐私安全,是一个需要慎重考虑的问题。

突破这些挑战需要跨学科的研究,结合计算机视觉、深度学习、传感器技术、机器人控制等多个领域的知识,持续地进行探索和创新。

10.2　机器人视觉控制的基本框架

机器人视觉控制的基本框架如图 10-6 所示,通常包括图像采集、视觉处理和运动控制三个组成部分,它们协同工作,以实现机器人感知环境、做出决策及执行任务。

10.2.1　机器人视觉控制系统组成

机器人视觉控制系统包括硬件和软件两部分。

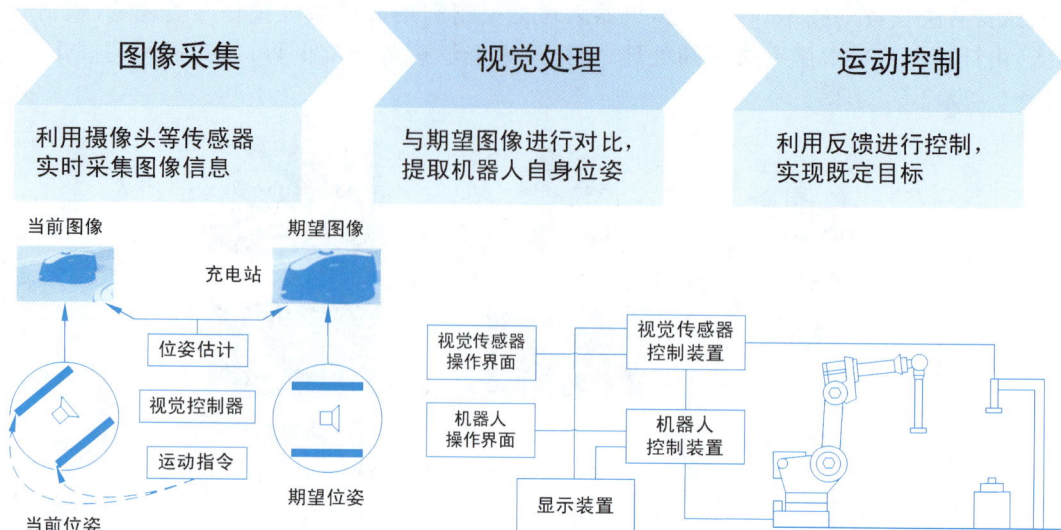

图 10-6　机器人视觉控制的基本框架

1. 机器人视觉控制系统硬件组成

如图 10-7 所示，硬件主要包括镜头、相机、图像采集卡、输入/输出单元、控制装置等。具体来说，镜头与相机一般是配套的，镜头的选型主要考虑成像视距；图像采集卡需要匹配采集相机帧率；输入/输出单元是机器人与外部环境进行信息交互的关键组件；控制装置是整个系统的"大脑"，负责协调和控制机器人的运动和行为。

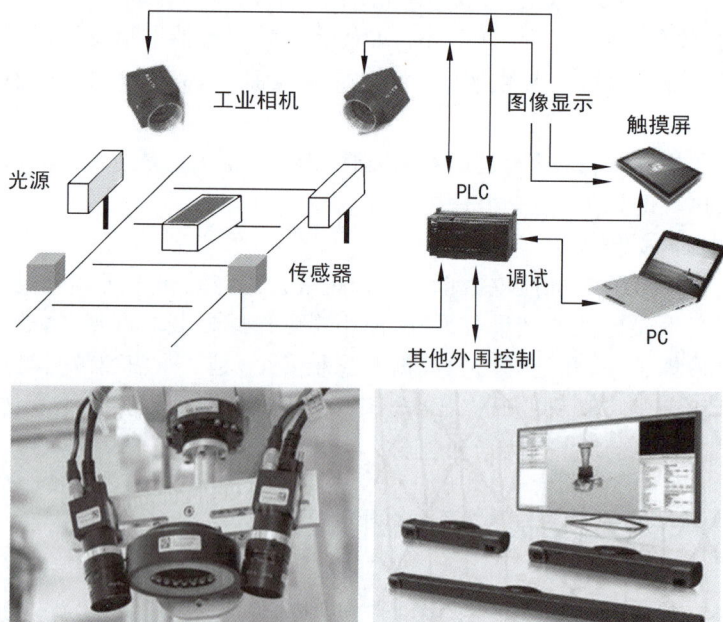

图 10-7　机器人视觉控制系统软硬件设计

2. 机器人视觉控制系统软件组成

机器人视觉控制系统的软件部分通过合理的算法选择、优化和系统设计，实现机器人视觉系统在各种应用场景中的高效、稳定和可靠运行。具体介绍如下。

（1）**程序设计的最优化**。在机器人视觉系统中，最优化指的是设计和选择能够最大化或最小化某个性能指标的算法或方法。这些性能指标可能包括速度、准确性、资源利用率、能耗等。最优化可以确保机器人执行任务时具有较高的效率、速度和准确性，实现更好的性能。

（2）**算法的有效性、可行性、鲁棒性**。有效性指算法能够准确地处理各种复杂的视觉任务，并在不同的环境条件下稳定运行。可行性指所选算法和方法能够在现有的硬件平台上实现，易于集成和维护。鲁棒性指系统在面对异常情况或变化时仍能保持稳定和可靠的能力。

10.2.2　机器人视觉控制系统分类

机器人视觉控制可分为位置控制、图像控制和混合视觉控制三类，具体介绍如下。

1. 位置控制（position-based visual servo）

机器人通过视觉反馈获取目标位置信息，并利用这些信息来控制其末端执行器（例如机械臂末端或机器人工具）的运动，以达到预期的位置和姿态。这种方法主要依赖视觉信息中的位置信息，通常用于需要高精度定位的任务，例如精准装配和操作、医疗机器人中的精确手术操作等。

2. 图像控制（image-based visual servo）

机器人直接使用图像数据作为控制输入，而不是将其转换为位置或姿态信息。图像控制通常更加灵活，适用于复杂的环境和变化的任务需求。该方法适用于目标位置不容易精确测量的情况，例如环境感知和导航、灵活的操作任务等。

3. 混合视觉控制（hybrid visual servo）

结合了位置控制和图像控制的特点，利用视觉信息进行位置和姿态控制，以实现更精确和灵活的机器人操作。混合控制可以综合利用视觉反馈和位置信息来调整机器人的运动，也可以根据具体任务的要求灵活地选择使用位置信息或直接的图像反馈进行控制决策。

另外，基于端到端的自动驾驶方案的实质是通过深度学习模型直接从原始传感器数据（如摄像头、激光雷达、雷达等）输入直接到控制系统，完成从感知到决策与控制的全过程，而无需传统的模块化处理流程。基于端到端的自动驾驶方案可以视为一种新型的混合视觉控制。

10.3　机器人视觉控制的实现

机器人视觉控制的目标是感知和理解周围世界，使得机器人可以通过视觉观察和理解世界，执行各种复杂的任务，具体实现包括以下几部分。

10.3.1　图像信息获取

相机是机器人视觉系统中的核心传感器之一。如图 10-8 所示，机器人通过相机或其他传感器将目标场景的光学信息转换成模拟信号，并传送给专用图像处理系统。随后，图像处理系统根据像素分布和亮度、颜色等信息获取对应的数字信号；在此基础上，图像系统通过计算机视觉算法提取目标的面积、长度、数量、位置等特征信息；最后，根据预设的容许度和其他条件输出结果，如尺寸、角度、偏移量、个数、合格/不合格、有/无等。

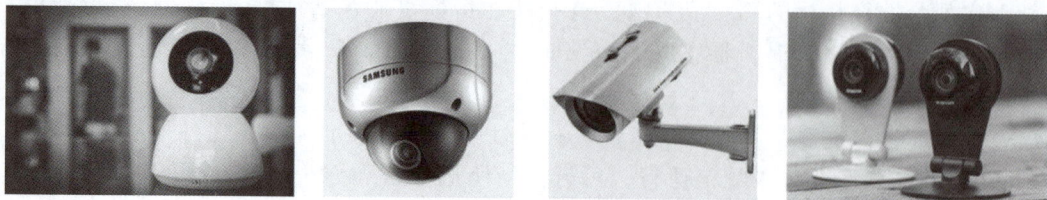

图 10-8　采集机器人视觉信息的相机

图像采集是机器人视觉控制的第一步，它涉及使用相机或其他视觉传感器来获取周围环境的图像或视频。相机可以是 2D 相机或深度相机，后者能够提供物体的距离信息。图像采集的质量和精度对后续的视觉处理非常重要。

图像采集如图 10-9 所示，采用两个固装式相机和一个机器人末端安装式相机，均能够捕捉大型目标，并生成数字图像或视频。

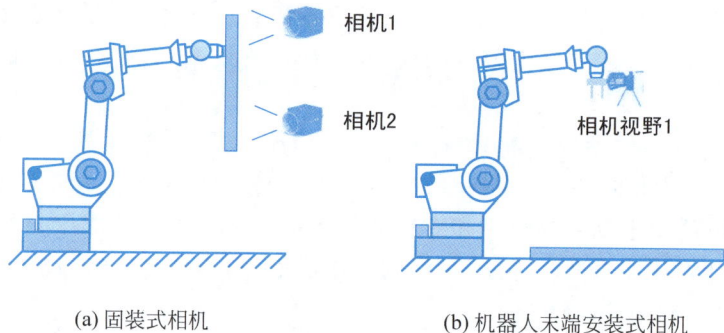

(a) 固装式相机　　　　　　　(b) 机器人末端安装式相机

图 10-9　图像采集

图像采集包括照明系统、视觉传感器、模拟数字转换器、图像帧存储器四部分。

1. 照明系统

可以提供足够的光线，以照亮被拍摄的场景，使相机能够捕获清晰的图像，同时，可以增强图像的对比度，减少阴影和反射。照明系统的安装位置、方向和角度非常关键。例如，侧光可以凸显表面纹理，而底部照明则可以产生阴影，突出物体的轮廓。

2. 视觉传感器

作为一类用于捕获环境中可见光的设备，以生成数字图像或视频的视觉信息，主要包括相机、深度传感器、激光雷达、超声波传感器、红外传感器、多光谱传感器、HDR 传感器。

3. 模拟数字转换器

模拟数字转换器是用于将模拟图像信号转换为数字形式的设备。它将连续的模拟信号（如来自相机或传感器的模拟图像信号）转换为离散的数字值，以便进行数字信号处理和分析。

4. 图像帧存储器

图像帧存储器是一种用于存储和缓冲图像数据的设备或组件。它通常用于捕获、处理和传输图像数据，以便后续分析、显示或存档。

10.3.2 图像信息分析

图像信息分析涉及对图像进行处理,提取特征并进行分析,以实现更深入的理解。在视觉处理阶段,采集的图像被送入计算机处理。特征提取用以识别图像中的角点、边缘等特殊部位;目标检测与跟踪用以识别图像中的目标,并跟踪它们的运动轨迹;深度学习技术进行图像识别、分类、分割等任务[2]。

视觉处理如图 10-10 所示,图像信息分析的主要步骤如下。

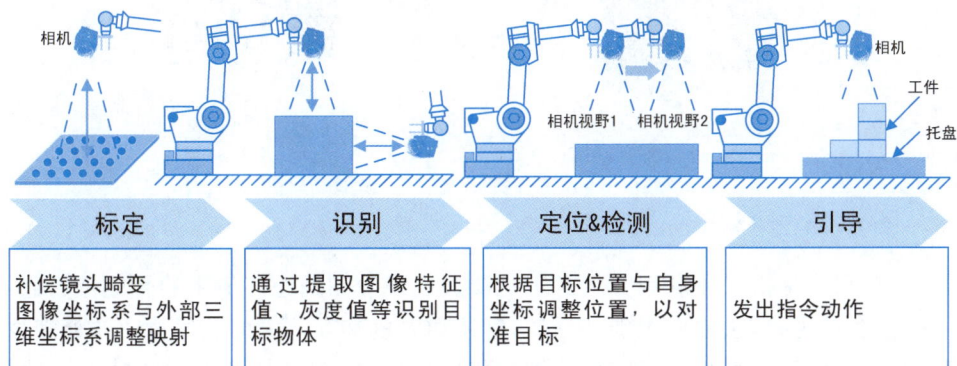

标定	识别	定位&检测	引导
补偿镜头畸变 图像坐标系与外部三维坐标系调整映射	通过提取图像特征值、灰度值等识别目标物体	根据目标位置与自身坐标调整位置,以对准目标	发出指令动作

图 10-10 视觉处理

1. 图像预处理

图像预处理是图像分析的第一步,目的是减少噪声、改善图像质量,使得后续的分析能够更加准确和可靠,常见方法有去噪处理、图像增强、归一化和几何校正等。

2. 特征提取

特征提取是图像分析的核心步骤之一,指的是从预处理后的图像中提取能够有效表示图像内容的特征。特征可以分为局部特征(如边缘、角点、纹理等)和全局特征(如颜色直方图、形状描述符等),特征的选择取决于具体的分析任务和应用需求。

3. 目标检测与分割

目标检测与分割是图像分析中的两项关键任务,涉及识别图像中的目标,并将图像分割成不同的区域或物体。

4. 特征匹配与识别

特征匹配与识别是图像分析中进一步提高语义理解的步骤,涉及将从图像中提取的特征与已知模式进行比较,识别目标或进行高层次的分析。

5. 机器人辨识物体并提取位姿

利用图像中的特征进行目标检测和识别,使用已训练好的模型或利用机器学习、深度学习算法来识别物体,或者根据特征进行模式匹配。一旦物体被识别,机器人可以估计物体的位姿,即其位置和姿态。此外,位姿估计通常包括以下两点[3]:

(1)位置估计:确定物体在机器人坐标系中的位置(通常是三维坐标)。

(2)姿态估计:确定物体姿态的方向或朝向(通常是欧拉角或四元数)。

具体视觉处理实例参见图 10-11,这是一个铸件自动加工的工作站,机器人依靠视觉系统位姿估计完成铸件吸附上料。

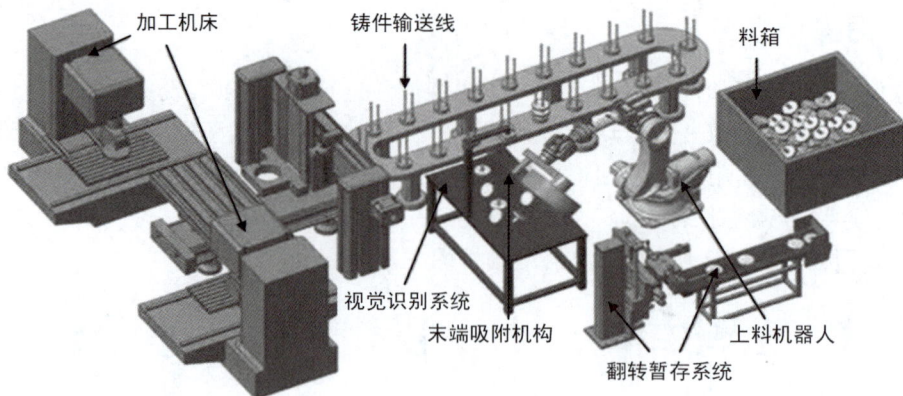

图 10-11　视觉处理实例

10.3.3　图像信息利用

图像信息利用是指这种利用方式对于机器人在复杂和动态环境中的智能行为起着关键作用，尤其是在自主导航、物体识别、障碍物避让和人机交互等方面。通过图像处理技术，机器人能够对视觉信息进行分析、理解，并做出相应的决策，提高任务执行的精度与效率。如图 10-12 所示，对视觉信息的不同利用会得到不同的控制效果。

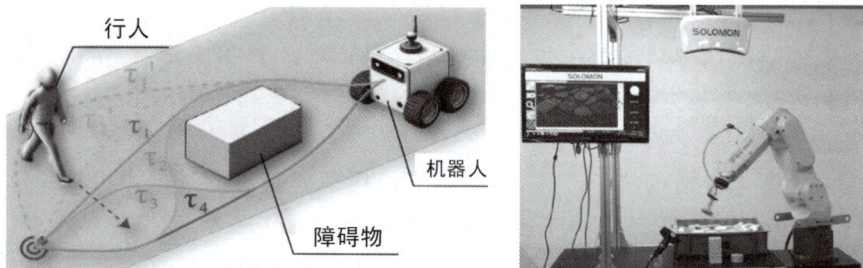

图 10-12　基于机器视觉的机器人智能决策

对于机器人视觉控制而言，运动控制阶段是典型的图像信息利用阶段。机器人系统通过视觉传感器（如摄像头、激光雷达等）获取图像数据，并通过分析这些图像信息感知周围环境，做出决策和执行任务[4]。具体来说，路径规划用以规划机器人从当前位置到达目标位置的路径；轨迹规划用以规划机器人沿着路径如何运动，包括速度、加速度等参数的规划；根据规划好的轨迹和运动方式，通过机器人的执行单元（例如电机）实时控制机器人的运动。

典型运动控制如图 10-13 所示，包括多无人机系统和高精度运动捕捉系统等。其中，运动捕捉系统用于实时测量无人机运动位姿，并传输至控制器，控制器根据控制算法和反馈信息输出驱动指令，并控制无人机进行实时位姿调整，从而实现期望轨迹的精确跟踪或设定目标位置的精准抵达，具体步骤如下。

1. 分析处理采集到的运动学数据

分析之前，需要对数据进行滤波和校准，以去除噪声，提高数据的准确性。一旦数据被采集并校准，接下来的步骤是对数据进行处理和分析，以获得有关运动行为的信息。具体包括位姿分析，确定其在空间的位置和方向，以及速度和加速度分析，了解其运动状态的变化。

图 10-13　运动控制

2. 进行导航和运动规划

导航和运动规划允许机器人在复杂环境中移动、避开障碍物、到达目标位置以及执行任务。导航是机器人决定如何在环境中移动以达到目标的过程。运动规划是导航的子系统，其关注如何找到机器人在复杂环境中的最佳运动策略，以实现给定的目标。

3. 对动作、步态和位姿进行估计和控制

动作估计通常依赖运动传感器，如加速度计、陀螺仪、编码器、视觉传感器等，以收集有关物体或机器人运动的数据。动作、步态和位姿控制是指通过调整机器人的运动来实现特定的目标。控制器可以根据估计的运动状态和目标运动状态生成控制指令，进而控制电机、执行器或关节的动作。

10.4　机器人视觉控制的关键技术

机器人视觉控制依赖硬件构成、软件算法和系统集成等方面的先进技术。

10.4.1　硬件构成是基础

硬件系统是机器人视觉控制的核心组成部分，它为数据的稳定采集与高效处理提供了必需的物理设备和接口支持。根据各自的功能，硬件系统可分为以下主要组件。

1. 视觉传感器（镜头、相机和光源）

光源提供稳定的照明条件，确保在不同环境下获取清晰的图像，特别是在低光或高对比度场景中起到关键作用。相机是机器人视觉系统的基础组件，负责捕捉高质量的图像或视频流，从而对环境信息进行详细采集。镜头的选择与质量对图像清晰度和细节捕捉至关重要。

2. 非视觉传感器

包括激光雷达（LiDAR）、毫米波雷达和超声波传感器等，主要用于获取除普通视觉信息外的环境数据。这些传感器增强了机器人对环境感知的全面性和精确性，是对传统视觉传感器的有力补充。

下面介绍一种经典的标定方法——张正友标定法。

张正友标定法（Zhang's camera calibration method）是一种用于计算相机内部和外部参数的标定方法。该方法由张正友于 1999 年提出，基于拍摄的多个不同角度平面靶标图像，

计算摄像机的内外参数。与传统标定法相比,它不需要高精度标定物,只需要一张棋盘格作为标定板。相较于自标定法,张正友标定法易于应用、精度高、鲁棒性强,适用范围广,因此成为了相机标定领域广泛采用的方法(图 10-14)。具体标定流程如下。

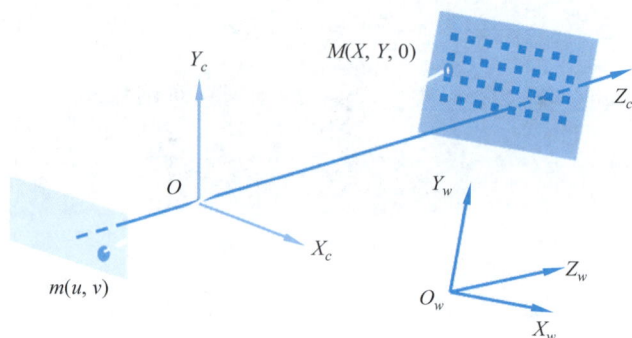

图 10-14　相机标定技术

（1）拍摄标定板图像:在不同位置和角度下,使用相机拍摄标定板(通常是特定尺寸的棋盘格图案)的多个图像。

（2）提取角点:对每张图像,使用角点检测算法(如 Harris 角点检测)提取标定板上的角点。

（3）建立图像坐标和物体坐标的对应关系:标定板的物体坐标系已知(通常是平面上的二维坐标),通过提取的角点与物体坐标建立对应关系。

（4）计算相机参数:使用这些对应关系,利用最小二乘法或其他数学优化方法计算相机的内部参数(焦距、主点等)和外部参数(平移向量、旋转矩阵)。

（5）畸变矫正:计算得到畸变参数,用于校正图像中的径向和切向畸变。

（6）评估标定结果:通常使用重投影误差(reprojection error)来评估标定的准确性。重投影误差是指将标定结果应用于标定板图像,然后将计算得到的图像点重新投影回图像平面,与原始提取的角点进行比较,评估标定精度。

3. 特征提取

特征提取从图像或数据中识别、提取出具有信息量的局部或全局特征,以便后续的检测、识别、分类或分析,是将图像信息转换成可用于分析和处理的形式。特征提取也是图像处理中的初级运算,是对图像进行的第一步运算处理,通过检查每个像素确定该像素是否代表一个特征,如图 10-15 所示,具体方法参见文献[5]。

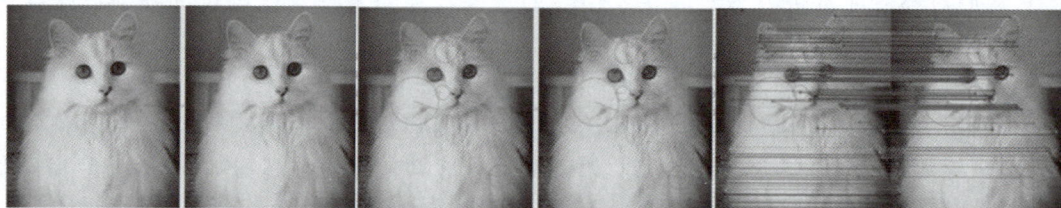

(a) 原图　　　　　　(b) 特征提取　　　　　　(c) 特征点匹配

图 10-15　特征提取实例

特征的精确定义往往由问题或应用类型决定,它是许多计算机图像分析算法的起点。特征提取最重要的一个特性是"可重复性",即针对同一场景不同图像所提取的特征应该是相同的。关于特性描述,具体参见文献[6]。

4. 立体匹配

立体匹配如图 10-16 所示,旨在从两个或多个传感器获取的图像中确定对应像素点,从而实现深度信息的估计。立体匹配的核心任务是通过寻找图像中具有相同物理意义的像素对(即图 10-16(a)和(b)中的对应点)来计算每个像素的视差(disparity)。视差是指相同物体在两个视角图像中的位置差异。深度信息则通过视差计算得到,深度和视差呈反比关系。

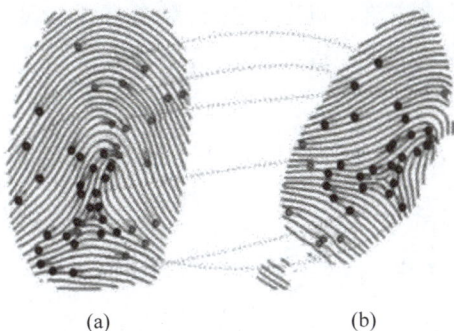

(a)   (b)

图 10-16   立体匹配

立体匹配通过设计能量代价函数来衡量图像中每对候选像素点的匹配程度,目标是最小化该代价函数,以找到最优的像素匹配。代价函数通常包括数据项(表示像素点的相似性)和平滑项(确保视差图的平滑性,避免误匹配)。通过优化方法(如动态规划、图割算法等)求解最小化问题,最终获得视差图,反映每个像素点的视差值,进而推算深度信息。立体匹配广泛应用于三维重建、物体跟踪、避障、虚拟现实和自动驾驶等领域,提供精确的空间理解和环境感知能力。

5. 三维重建

人类生活在三维空间里,将虚拟世界恢复到三维,可以方便人类与环境交互。三维重建是通过相机获取场景物体的图像数据,分析并处理图像,结合计算机视觉技术推导出物体的三维信息,从而建立适合计算机处理的数学模型。三维重建广泛应用于多个领域,如自动驾驶、虚拟现实、增强现实、机器人视觉、文化遗产保护、医学影像和地理信息系统等,为这些领域提供精确的空间数据和环境感知能力。

10.4.2   系统集成是关键

系统集成是机器人视觉控制系统高效运作的核心,它将硬件和软件整合在一起,确保系统的性能与可靠性。系统集成的关键支持因素如下。

(1)实时操作系统(RTOS)。对于自动驾驶等需要快速响应的应用,RTOS 保证了关键任务的优先级和时效性,能够高效处理实时数据流。

(2)云计算和边缘计算集成。通过结合云计算的强大数据处理能力与边缘计算的实时响应能力优化数据处理流程,减少延迟,并提高处理速度和可靠性。

(3)用户接口和交互设计。提供直观的用户界面,使操作者能够轻松管理和控制机器人视觉系统，提升用户体验。

（4）**传感器融合**。通过融合多种传感器（如相机、激光雷达、超声波等）的数据，提供更全面的环境感知，提升系统的鲁棒性和精度，减少单一传感器误差的影响。

（5）**智能算法和机器学习**。集成先进的机器学习和深度学习算法，使机器人视觉系统能够通过训练提高识别、判断和决策能力，从而在动态和复杂的环境中表现出更好的适应性和自主性。

（6）**分布式处理与多核计算**。采用分布式计算架构和多核处理技术可以有效提高系统的计算能力，支持更复杂的视觉处理任务，这在实时性要求高的应用中尤为重要。

（7）**网络安全和数据保护**。随着机器人视觉系统与外部设备的连接越来越密切，确保系统的网络安全性和数据保护尤为重要。这包括加密通信、身份验证、数据完整性验证等措施，防止潜在的网络攻击和数据泄露。

这些因素的有效整合和优化，将确保机器人视觉控制系统在各种应用场景中高效、安全和可靠运行。

10.5　机器人视觉控制的典型应用案例

当前，机器人视觉控制技术的应用已经非常广泛。表 10-5 展示了机器人视觉控制在不同领域中的应用和关键技术，帮助读者更好地理解机器人视觉控制技术的多样化应用及其对各行各业的影响。

表 10-5　机器人视觉控制技术在不同领域中的应用和关键技术

应用领域	应用描述	关键技术	具体案例或成就
工业自动化	机器人视觉在工业自动化中广泛应用于检测、装配和监控生产线	物体识别、精确位置测定、自动化质量控制	使用视觉系统的工业机器人实现零件的自动分类和装配，提升生产效率，减少人力需求
自动驾驶	视觉系统是自动驾驶技术的核心，负责环境感知和决策支持	实时图像处理、物体和障碍物检测、交通标志识别	自动驾驶汽车利用机器视觉系统进行道路和障碍物检测，实现安全导航
无人机	无人机使用机器视觉进行飞行控制和导航，特别是在 GNSS 信号弱的环境中	空中图像分析、目标跟踪、地形识别	无人机在灾区开展搜索和救援，通过视觉系统识别地形，定位受困者
医疗应用	机器视觉在医疗领域帮助进行手术导航、病理诊断和患者监护	微创手术支持、病理图像分析、行为监测	机器视觉辅助的手术机器人可以进行精确的切割和缝合，提高手术成功率和安全性
服务机器人	在家庭环境中，视觉系统使机器人能完成清洁、辅助和互动任务	物体识别、情感分析、动态交互技术	家庭服务机器人通过视觉识别技术帮助识别家庭成员，执行清洁和互动任务
新兴领域	视觉系统在 VR、AR 中创建更真实的用户体验	深度感知、三维重建、环境融合	在 VR 和 AR 应用中，机器视觉技术用于创建身临其境的三维互动环境

10.5.1 移动机器人视觉伺服

移动机器人视觉伺服是指通过设计视觉控制器使移动机器人运动至指定的位置/方向[7],如图 10-17 所示。该应用融合了计算机视觉、感知、路径规划和控制系统,使得机器人能够在复杂多变的环境中实现自主导航和任务执行。通过搭载相机、激光雷达和深度相机等传感器,移动机器人能够感知周围的物体、障碍物和目标位置,并通过实时图像处理和定位技术进行智能决策和规划路径,最终实现高效安全的移动。这项技术已经在自动驾驶汽车、无人机、仓储机器人以及工业巡检机器人等领域应用。

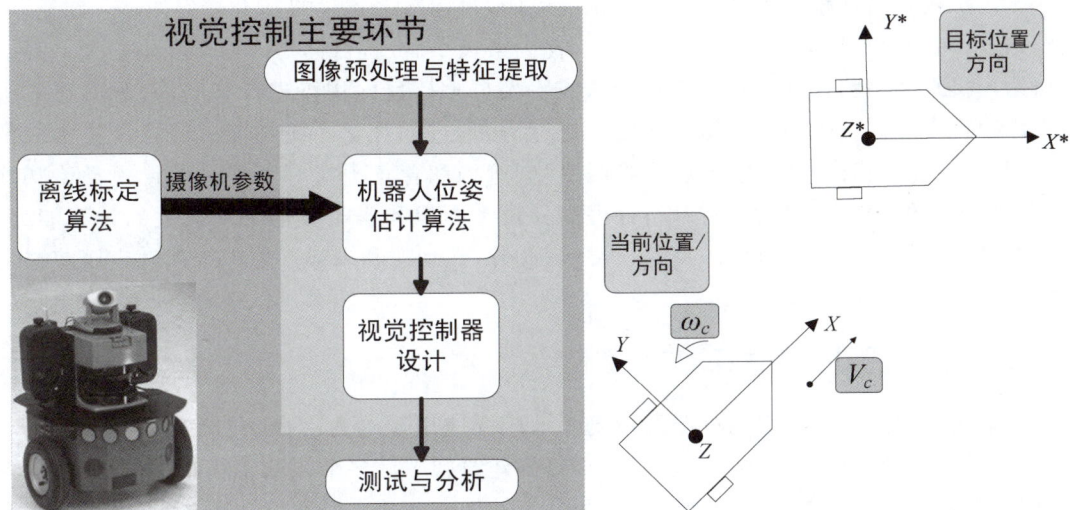

图 10-17 移动机器人视觉伺服

然而,当前移动机器人视觉伺服仍然存在一些问题和难点,如缺乏深度信息、摄像机标定不够准确、非完整约束导致的复杂运动约束、特征点易偏离视野(FOV)等。针对特征点易偏离视野,影响机器人移动的准确性,图 10-18 展示了一种主动视觉伺服控制框架,其中内层框架通过控制云台姿态使目标始终保持在视野中心位置,外层框架则根据单应矩阵控制机器人运动到目标位置,两层框架的结合可以部分解决偏离视野问题。

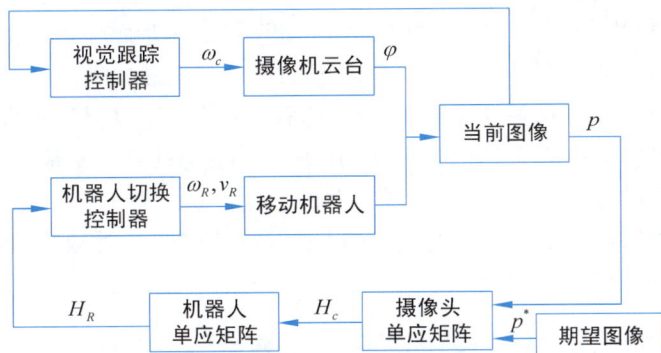

图 10-18 针对偏离 FOV 的主动视觉伺服控制框架

10.5.2　无人机视觉目标跟踪

除了地面移动机器人，无人机也是一种重要的飞行机器人。为了实现无人机精准的目标跟踪任务，相关的视觉控制算法已经得到了持续研究。通过利用视觉传感器和图像处理算法，无人机已经可以实现自主感知和理解周围环境，并被应用于目标跟踪、环境监测、导航等多个任务领域。通过实时处理视觉信息，无人机能够动态调整飞行路径，精确定位和跟踪目标，甚至在复杂和未知环境中实现自主飞行。无人机视觉控制的实现不仅提高了无人机的自主性和智能化水平，也拓展了其在军事、农业、物流、灾害救援等领域的应用前景。

无人机视觉目标跟踪是其中一个常见的应用，目标跟踪实验的基本过程如下：首先，确认风力、风向和卫星导航系统漂移等外部干扰因素较小后，将目标物体置于场景中央；然后，启动无人机地面站的视觉控制系统；接着，实验人员手持目标物体进行移动，并观察无人机的跟踪表现；最后，实验数据传送至地面站进行分析，进而优化系统性能。尽管该技术取得了较大进展，仍面临许多挑战。例如，光照变化、遮挡和背景干扰等因素会导致视觉传感器输出不稳定图像，严重影响跟踪精度；处理高分辨率图像和实时数据要求强大的计算能力，而无人机的硬件性能通常难以满足这一要求；此外，在动态和未知环境中维持稳定跟踪也是当前亟需解决的关键问题。

10.5.3　吊车视觉目标检测与识别

吊车是一种典型的欠驱动机器人系统[8-9]，广泛应用于电力冶金、仓储搬运、航空航天、新能源开发、机械制造、港口装卸以及工地/路桥建筑施工等多个领域。然而，由于欠驱动特性，吊车无法直接控制负载的摆动。小车和台车的加减速常常引发负载摆动，不仅降低工作效率，还可能引发安全事故。因此，传统的人工操作模式已难以满足对效率和安全性的双重需求，开发自动化操作吊车系统，实现负载的快速、精确和稳定运输，显得尤为重要。

当前，吊车视觉目标检测与识别面临的主要难点是复杂的工作环境和多变的目标特征。吊车作业环境常常存在光照变化、遮挡物多、背景复杂等问题，这使得目标检测和识别的准确性和鲁棒性受到挑战。此外，不同目标的形状、颜色、大小等具有多样性，要进行实时处理和高精度操作，进一步提高了视觉算法的适应性和计算效率要求。这些因素的共同作用，使得吊车在复杂环境中实现精准、实时的目标检测与识别成为一项具有挑战性的任务。

为了应对这些挑战，国内首台32t智能工业吊车采用了精确的视觉检测、高效的轨迹规划和智能控制算法，成功解决了吊车运输中的摆动和定位问题。其中关键技术是吊车场景三维重建。首先，用步进电机控制单线激光雷达移位扫描工作场景，获取场景中的相关信息。随后，工控机采集单线激光和相机数据，并进行存储与计算。最后，拼接多次移位扫描数据，获得吊车下方的完整三维场景，实现全面的视觉信息反馈。基于视觉检测所提供的运动目标数据，吊车能够进行最优轨迹规划，在保证运行速度的同时减少负载摆动，并通过智能控制算法进一步抑制负载的摆动。

10.5.4　有色金属修锭机器人视觉感知与控制

有色金属浇铸工艺包括浇铸、扒渣、修锭、打码、码垛入库等多个环节，这些工序通常在高温和强腐蚀等恶劣环境中依赖人工操作。具体工艺流程如下：在浇铸过程中，浇铸速度、角度等工艺参数会影响铸锭质量;扒渣工序通过人工观察氧化渣形貌,检查半固态浮渣与金属溶液的界面,并主动调整扒渣动作;人工修锭则依赖人工判断铸锭毛刺的位置和形状,进而切削毛刺,得到合格铸锭。由于生产过程中各工序的工艺与操作参数需要精确配合才能保证铸锭质量,因此,研发能够自主识别有色金属铸锭信息的浇铸机器人系统,并实现工业机器人视觉伺服控制可以显著提高生产效率,实现智能化生产。

然而,有色金属表面纹理复杂且不规则,这给视觉传感器的图像识别和分析带来了巨大挑战。同时,各类金属锭的形状和尺寸差异较大,要求视觉系统具备高度的适应性和精确性,以便准确识别和定位修锭区域。此外,生产线的动态变化对视觉感知的鲁棒性和实时性提出了更高要求。

为应对这些挑战,科研团队设计了金属锭边缘检测、作业参照点与毛刺提取算法。通过去噪、边缘检测、多边形拟合和角点提取等技术,可以准确识别铸锭的关键信息和毛刺。针对不同作业对象的几何特性,团队对算法进行了改进和调整,以确保作业轨迹锚点的精准检测。同时,为了应对实时变化的生产环境,团队还完善了工业相机的实时连接和图像亮度调节功能,并进行了时间优化,形成了可实时、准确提取不同作业对象作业轨迹锚点的智能感知算法。如图 10-19 所示,该算法为后续作业提供了精准的参照坐标。

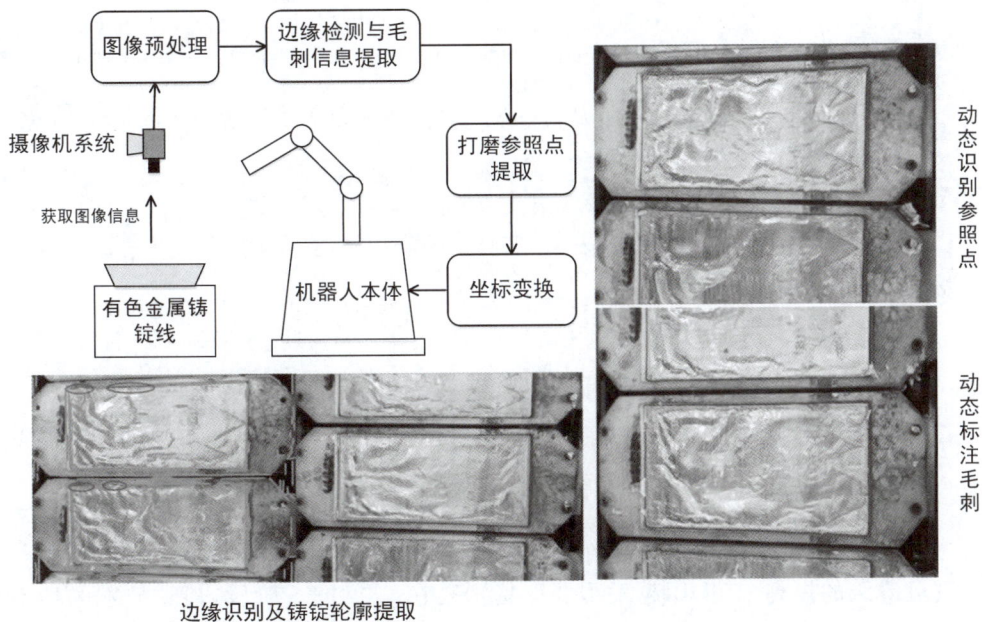

图 10-19 铸锭识别和毛刺检测方法

基于上述技术,有色金属修锭机器人通过智能控制算法成功实现了对铸锭毛刺的自动去除[10],显著提高了铸锭生产线的自动化和智能化水平。该系统每小时可完成数百块有色金属铸锭的修锭工序,铸锭识别率超过 95%,毛刺残余率低于 5%,大幅改善了产品质量,应用效果获得了企业认可。

10.5.5 智能驾驶汽车上的应用

在自动驾驶汽车的分级体系中(L1—L5),机器人视觉控制技术在不同自动驾驶级别实现中起着关键作用,其作用体现在方方面面,参见表 10-6。

表 10-6　机器人视觉控制技术在不同自动驾驶级别时的作用

主要体现	自动驾驶级别	具体应用
感知环境	L2—L5	机器人视觉技术是环境感知的核心之一,利用摄像头和视觉处理算法,汽车可以实现以下功能: • 识别道路标志:如交通信号灯、限速标志、禁止标志等 • 检测障碍物:包括行人、自行车、车辆和其他可能的路上障碍 • 车道线检测:识别车道边界,确保车辆保持在正确车道内 这些能力为 L2(部分自动化驾驶)和更高级别的自动化提供了基础
动态目标跟踪与预测	L3—L5	视觉控制技术可以通过深度学习和目标检测算法对动态目标(如行人或其他车辆)进行跟踪,并预测其运动轨迹,帮助车辆做出安全的决策: • 行人避让:检测并预测行人位置,避免碰撞 • 车辆避让:预测其他车辆的行驶路径,调整自身轨迹 在 L3(有条件自动化驾驶)及以上级别,车辆需要在复杂交通环境中准确预测目标行为
构建高精度场景模型	L4—L5	在高自动化(L4)和完全自动化驾驶(L5)中,机器人视觉控制技术与其他传感器(如激光雷达、雷达)结合,帮助构建高精度的三维场景模型: • 感知深度信息:通过视觉技术估算物体的距离和相对位置 • 语义分割:对场景中的每个像素赋予语义标签,识别不同区域,如道路、建筑物、植被等 • 多传感器融合:与其他传感器结合,补充视觉技术在特定条件(如弱光或恶劣天气)下的不足
决策与控制辅助	L3—L5	机器人视觉技术还能通过视觉反馈机制辅助车辆的决策和控制模块: • 路径规划:根据感知数据生成最优行驶路径 • 紧急制动:在检测到危险时及时发出制动信号 • 停车控制:识别停车区域和车位边界,实现精准停车 在 L3 及更高阶段,视觉控制技术通过实时数据反馈,帮助系统实现高效、智能的决策
人机交互支持	L4—L5	在完全自动驾驶中,机器人视觉控制技术还可用于人机交互场景: • 手势识别:识别乘客或交通指挥人员的手势信号 • 表情识别:监测乘客状态,提供个性化的驾驶体验

　　总之,机器人视觉控制技术贯穿自动驾驶汽车的感知、预测、决策、控制等多个环节,随着自动驾驶等级的提高,其作用越发重要。特别是在 L4 和 L5 阶段,视觉技术的精准度和鲁棒性直接关系到车辆的安全性和智能化水平。

10.6　思考

【思考 10.1】　机器人视觉控制的发展历程对现代机器人技术有何影响?

【思考 10.2】　生物体的眼睛千差万别,带给机器人视觉的启示是什么?

【思考 10.3】　为什么三维场景感知与多模态融合对机器人视觉控制至关重要?

【思考 10.4】　机器人视觉控制技术在实现不同自动驾驶级别时起着关键作用,而端到端技术方案也日益得到重视。基于大模型的端到端学习架构是指:直接将原始输入(如摄像头图像、雷达数据等)映射到输出(如转向、加速、刹车等控制指令)。端到端系统基于大量标注数据进行训练,通常采用强大的计算能力处理海量数据,特别是在自动驾驶场景中,深度神经网络能够从复杂的驾驶环境中学习有效的驾驶策略。在自动驾驶汽车的不同级别(L1—L5)中,机器人视觉控制技术与基于大模型的端到端技术均发挥着重要作用,除了技术架构不同之外,分析二者在可解释性与透明度、灵活性与适应性、性能与效率、部署与维护等方面的特点和优劣。

10.7 习题

【作业 10.1】 忽略价格因素,调研分析一种你认为的最高性能的机器人视觉系统,重点关注其技术特点和应用场景。

【作业 10.2】 调研一种市场在售的万元人民币以内的机器人视觉系统,分析其技术特点和性能。

【作业 10.3】 讨论人工智能在机器人视觉控制中的作用,分析机器学习特别是深度学习技术如何提升机器人视觉的性能。

【作业 10.4】 选择一个机器人视觉控制的应用案例(如自动驾驶汽车、工业自动化等),分析其技术实现过程、面临的主要挑战以及解决方案。

参考文献

[1] DAWSON M. Understanding Cognitive Science[M]. Hoboken,New Jersey:Wiley Blackwell,1998.

[2] ZHANG Y,WANG X,SUN L,et al. Mask-guided Deep Learning Fishing Net Detection and Recognition Based on Underwater Range Gated Laser Imaging[J]. Optics & Laser Technology,2024 (171):110402.

[3] YU Z,JIANG X,LIU Y. Pose Estimation of an Aerial Construction Robot Based on Motion and Dynamic Constraints[J]. Robotics and Autonomous Systems,2024(172):104591.

[4] LEVINE S,PASTOR P,KRIZHEVSKY A,et al. Learning Hand-eye Coordination for Robotic Grasping with Deep Learning and Large-scale Data Collection[J]. The International Journal of Robotics Research,2018,37(4-5):421-436.

[5] LUO K,ZHENG H,SHI Z. A Simple Feature Extraction Method for Estimating the Whole Life Cycle State of Health of Lithium-ion Batteries Using Transformer-based Neural Network[J]. Journal of Power Sources,2023(576):233139.

[6] SZELISKI R. Computer Vision:Algorithms and Applications[M]. Berlin:Springer Nature,2022.

[7] MARIOTTINI G L,ORIOLO G,PRATTICHIZZO D. Image-based Visual Servoing for Nonholonomic Mobile Robots Using Epipolar Geometry[J]. IEEE Transactions on Robotics,2007,23 (1):87-100.

[8] 刘卓清,孙宁,吴易鸣,等. 考虑状态约束的五自由度塔式吊车多目标最优轨迹规划[J]. 中国科学:信息科学,2022,52(3):521-538.

[9] 王岳,孙宁,吴易鸣,等. 深海起重机系统的实时轨迹规划方法[J]. 自动化学报,2021,47(12):2761-2770.

[10] QIU Z,SUN N,ZHANG C,et al. Visual Detection for Non-ferrous Metal Ingots with Wavelet Denoising and Contour Corner Extraction[C]//2022 7th Asia-Pacific Conference on Intelligent Robot Systems (ACIRS). IEEE,2022:76-81.

第 ⟨11⟩ 章

机器人同步定位与建图

机器人开始执行任务时,首先需要明确自身所处的位置,实现精准的自主定位是其开展各项工作的先决条件。同步定位与建图(simultaneous localization and mapping,SLAM)技术就是研究如何让机器人在确定自身方位的同时构建环境地图。

随着计算机、传感系统和人工智能等技术的蓬勃发展,各种智能系统,如地面移动机器人、水下机器人及空中无人机等,已经逐渐融入人们的日常生活和生产活动中。这些自主无人系统的广泛应用,让自主导航技术的重要性越发凸显,特别是在全球导航卫星系统(global navigation satellite system,GNSS)无法覆盖的山区、丛林、地下、峡谷和室内环境中,SLAM 技术成为实现自主导航的关键。

人类在陌生环境中常会依靠视觉观察具有明显特征的物体,通过估计与这些物体的相对空间关系确定自身位置,并利用物体之间的空间关系理解环境、规划路径,在按照该路线行进的同时,根据新观察到的信息不断估计自身相对位置,并逐步扩充和完善记忆的环境结构。类似地,家用扫地机器人通过激光雷达和摄像头收集周围环境数据,测量障碍物的距离和形状,并使用这些信息构建环境地图,规划移动路径,然后在移动过程中持续地通过传感器数据进行定位,并实时更新地图,以高效地完成清洁工作。

本章将探讨同步定位与建图的基本概念、实现平台、地图形式、基本方法以及技术难点,展示 SLAM 技术在 1986 年之后的重大进步和技术变革。

11.1 同步定位与建图的概述

11.1.1 机器人自主定位与 SLAM 定义

深入讨论 SLAM 之前,有必要先探究一下机器人自主定位的基本问题,机器人自主定位主要包括相对定位和绝对定位两种方式。

相对定位,又称为位姿跟踪,即在给定机器人初始位姿的条件下,采用相邻时刻的传感器信息估计位姿变换。相对定位一般存在误差累积,通常只适用于短时间或短距离定位。主要方法如下。

(1)里程计法:利用机器人车轮上的光电编码器,通过航迹推测实现机器人位姿估计。

(2)惯性导航法:利用陀螺仪测得角速度,利用加速度计测得线加速度,通过积分得到机器人的姿态和位置。

(3)扫描匹配法:利用相邻两帧传感信息的匹配估计机器人两帧之间的相对平移和旋

转变换。例如,图 11-1(b)和(d)分别表示机器人在两个不同位姿下获得的激光扫描数据,通过最小化两帧激光数据之间的匹配误差估计出两帧之间的平移和旋转变换数据。

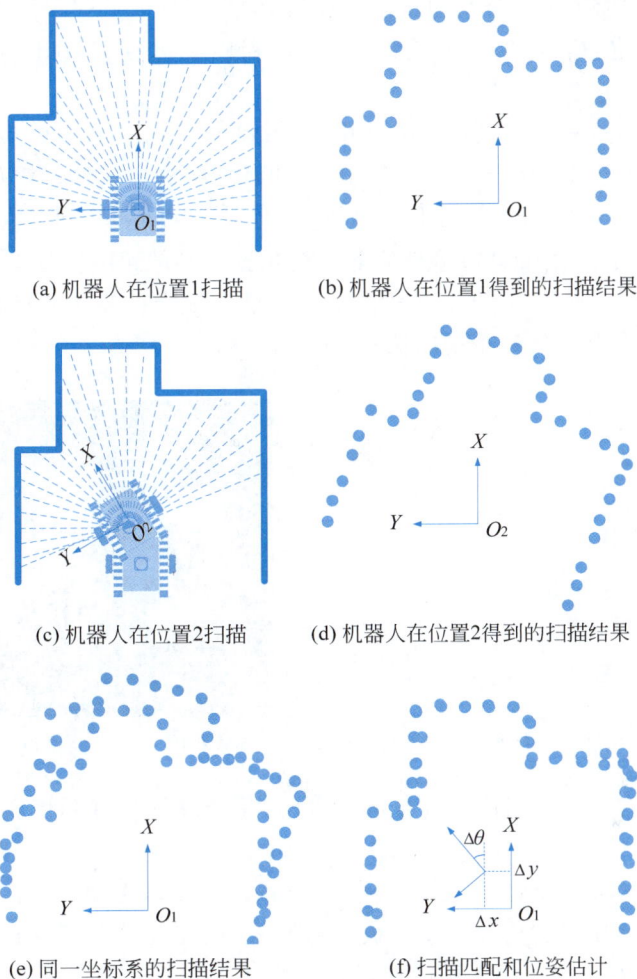

(a) 机器人在位置1扫描

(b) 机器人在位置1得到的扫描结果

(c) 机器人在位置2扫描

(d) 机器人在位置2得到的扫描结果

(e) 同一坐标系的扫描结果

(f) 扫描匹配和位姿估计

图 11-1　基于扫描匹配的相对定位

绝对定位,又称为全局定位,即利用先验环境模型或全局定位传感器直接提供的位置数据计算机器人在全局坐标系中的位置,一般不存在误差累积,但可能会受到环境遮挡或信号干扰的限制。主要方法如下。

(1) 基于全球导航卫星系统定位:通过捕获跟踪卫星信号实现定位,适用于室外定位。

当前联合国卫星导航委员会(ICG)认定的全球导航卫星系统的四大核心供应商有:美国的 GPS、俄罗斯的 GLONASS、中国的 BDS 和欧盟的 GALILEO。

美国:全球定位系统(GPS)共有 24 颗工作卫星,1978 年首次发射,1994 年建成。定位精度为 0.3~5.0m。

俄罗斯:全球导航卫星系统(GLONASS)共有 24 颗工作卫星,1982 年首次发射,1995 年建成。定位精度为 2.8~7.4m。

中国:北斗卫星导航系统(BDS)共有 30 颗工作卫星,2000 年首次发射,2020 年建成。

北斗 2.0 版的定位精度为 1.2m,加密定位精度为 0.1m。

欧盟：伽利略定位系统（GALILEO）共有 24 颗工作卫星,2011 年首次发射。2023 年有 23 颗卫星在轨。2023 年 1 月公布的定位精度为 0.2m。

（2）基于信标定位：观测人工或自然路标,利用三边测量（trilateration）或三角测量（triangulation）原理定位。

如图 11-2 所示,在三边测量定位方法中,已知二维平面上的三个路标位置和机器人到三个路标的观测距离,以此构建距离约束方程,进而求解机器人的二维位置。例如,在储油罐中作业的机器人通常装有超声测距传感器,可利用三边测量原理定位。如图 11-3 所示,机器人搭载超声发射单元,储油罐罐壁安装多组位置已知的超声接收单元,通过测量超声信号从发射单元到接收单元之间的传播时延计算机器人与接收单元之间的距离,利用三边测量原理算出机器人在全局坐标系中的位置。

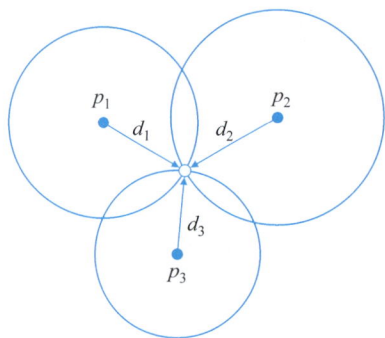

图 11-2　三边定位原理

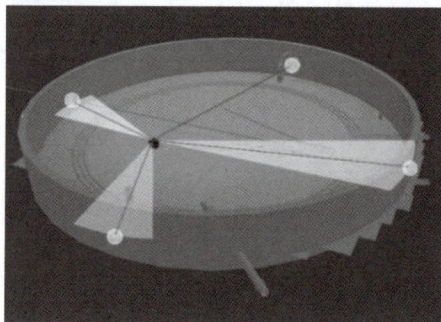

图 11-3　储罐机器人定位

如图 11-4 所示,在三角测量定位方法中,已知三个路标位置和机器人扫描路标得到的夹角,利用三角函数原理构建位置约束方程,可使用最小二乘法等方法求解机器人的位置。

如图 11-5 所示,自动导向车（automated guided vehicle,AGV）安装的激光扫描器发出旋转的激光束由环境中设置的多组反光板反射回来,回传旋转激光遇到反光板时的角度信息,此时计算 AGV 在全局坐标系中的位置采用的就是三角测量原理。

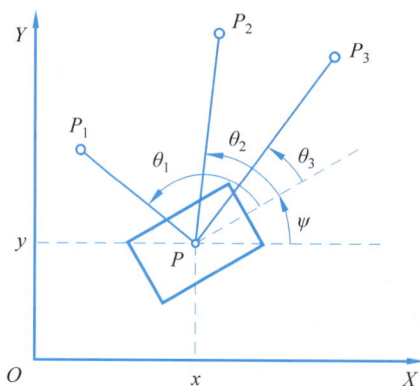

图 11-4　三角定位原理

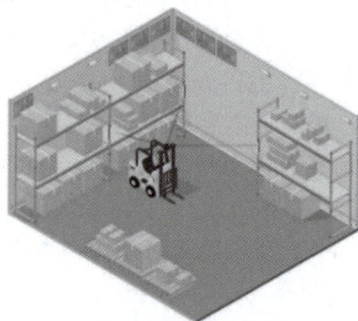

图 11-5　激光反光板定位

（3）基于地图匹配定位：利用传感器信息与预先存储好的地图进行匹配,计算出机器人在全局坐标系中的位姿。

如图 11-6 所示,假设环境地图已知,机器人利用车载的激光传感器扫描环境,获得激光点云数据(深色离散点部分)。机器人将激光点云或点云特征与先验的环境地图进行匹配,从而计算出自身在环境中的位置和姿态。

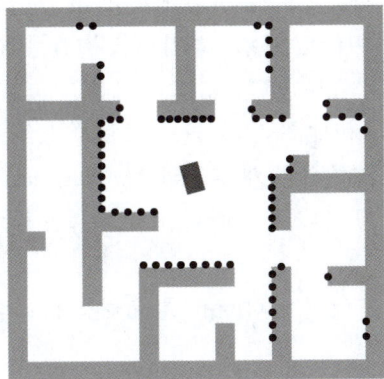

图 11-6 基于地图的匹配定位

相对定位与绝对定位的对比如表 11-1 所示。

表 11-1 相对定位与绝对定位对比

比较维度	相对定位	绝对定位
实时性	高,依赖传感器数据实时更新	中,依赖外部基准,更新频率受限制
误差特性	误差累积,时间越长,误差越大	误差不累积,定位精度稳定
依赖性	低,不依赖外部基准	高,依赖外部基准(GNSS、已知地图)
实现难度	低,算法简单,计算量小	高,需额外硬件设备或预先构建地图
适用范围	短时间、短距离定位	大范围、长时间定位
环境限制	传感器噪声影响大,适用未知环境	需外部信号支持,不适用于无信号环境

在实际的机器人导航中,定位和建图通常交织在一起。在理想情况下,若环境地图精确已知,但机器人位姿未知,则可利用上述方法计算机器人在地图中的位姿;反之,若机器人位姿已知,但环境地图未知,则可将不同位姿上获得的传感器数据进行拼接或融合,实现增量式建图。然而,在实际应用中,机器人位姿和环境地图常常都是未知的,这就引出了"先有鸡还是先有蛋"的问题。SLAM 技术的目标是将定位和建图问题综合考虑,同步在线地完成机器人状态估计与环境地图构建。

同步定位与建图(SLAM)定义如下:在没有环境先验信息的条件下,机器人在移动中感知周围环境,确定自身的运动状态(位置、姿态、速度等),同时根据这些信息增量式构建环境地图。

自 1986 年兰德尔·史密斯(Randall Smith)和彼得·奇斯曼(Peter Cheeseman)首次提出 SLAM 以来[1],SLAM 技术飞速发展,并取得了显著成果,许多实现方案已被应用于生产和生活中。

SLAM 的定位既涉及相对定位,也涉及绝对定位。很多 SLAM 系统解决的是相对定位问题,通过传感器(如激光雷达、相机、惯性导航单元 IMU 等)实时获取环境信息和运动数据,以此估计机器人的相对位姿(位置和姿态的变化)。SLAM 系统依赖连续时刻的传感器数据进行位姿更新,因此存在误差累积的问题。同时,解决相对定位问题的 SLAM 系统也包含一些绝对定位的成分,SLAM 在构建环境地图的过程中,通过识别和关联环境中的特征点建立了机器人相对于地图的位姿关系,这相当于构建一个绝对定位的基准。特别是通过回环检测(即机器人重新访问已知位置,并识别出这一位置),SLAM 系统可以校正累积误差,从而实现全局一致的位姿和地图更新,这一过程类似绝对定位。

此外,还有一些 SLAM 系统关注绝对定位问题。每一时刻都维护机器人相对于全局坐标系的位姿,并不断利用新的观测或回环信息优化和校正全局位姿,尽量消除定位误差的累积。

综上所述,SLAM 是一种综合了相对定位和绝对定位技术的复杂系统,旨在获取准确的运动状态,并构建环境地图。

11.1.2　SLAM 的基本流程

如图 11-7 所示,典型的 SLAM 算法包括五个主要步骤:特征提取、数据关联、状态估计、回环检测和回环校正。

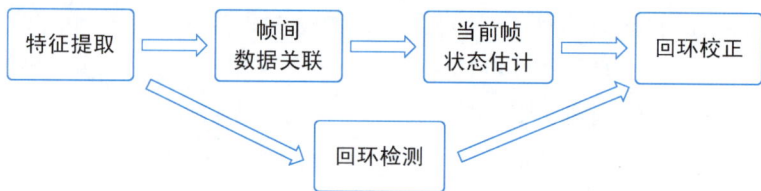

图 11-7　SLAM 的基本流程

SLAM 基本流程的关键步骤、概念描述和技术方法如表 11-2 所示。

表 11-2　SLAM 的基本流程

关键步骤	概 念 描 述	技 术 方 法
特征提取	从传感器数据中提取出具有代表性和区分性的信息,如点特征和点云特征	通过分析图像中的颜色和纹理信息,计算像素点的梯度来识别梯度值高的特征点,并计算描述子向量,以表征其独特性。激光和 RGB-D 视觉则利用点云(或经过降采样的点云)提取角点、面点、线段和平面等结构特征
数据关联	匹配连续两帧数据中的特征,建立它们之间的对应关系	在视觉 SLAM 中,数据关联通常采用光流跟踪和描述子匹配方法,前者基于光度不变假设计算连续两帧图像之间的光流,完成特征点的匹配;后者通过比较不同帧之间特征描述子的相似性进行匹配。在激光 SLAM 中,数据关联则主要依赖点云的最近邻匹配,涉及暴力搜索、体素搜索、kd 树搜索等搜索算法

续表

关键步骤	概念描述	技术方法
状态估计	估计机器人自身位姿和环境地图	可分为滤波和优化两类框架。滤波框架将机器人的位姿与地图中的特征参数作为系统状态,传感器测量值作为系统观测,通过递推更新的方式估计机器人和环境地图的状态;优化框架将机器人位姿与地图中的特征参数作为优化变量,利用传感器的测量数据建立约束关系,通过最小化损失函数优化状态变量。帧间状态估计利用帧间数据关联估计当前帧的机器人位姿以及特征参数,此过程在基于优化的 SLAM 方法中常被称为"前端"
回环检测	解决位姿估计随时间漂移的问题,通过建立当前观测与历史观测的关联来校正位姿	回环检测类似数据关联,但涉及长时间运动和累积误差后的匹配,难度较大。在视觉 SLAM 中,回环检测常使用词袋(bag-of-words,BoW)模型[2],通过对关键点的描述子进行匹配,实现回环检测;而在激光 SLAM 中,回环检测依赖描述子匹配和位置信息的结合
回环校正	利用检测到的回环信息调整机器人轨迹和全局地图,以减小误差,得到全局一致的轨迹和地图	在滤波框架中,机器人利用回环误差计算新息(innovation),更新系统状态,得到校正后的位姿和环境地图;而在优化框架中,则是利用回环信息构建回环约束,与其他约束一同进行非线性优化,进而得到全局一致的机器人轨迹和环境地图,这一过程对应优化框架的"后端"

以上步骤共同构成了 SLAM 的主要流程,确保了机器人在未知环境中能够有效地进行自我定位和环境建图。

11.1.3　典型的 SLAM 系统

SLAM 系统可以根据使用的传感器类型大致分为激光 SLAM 和视觉 SLAM 两大类,这两类系统是目前 SLAM 领域内最受关注的分支。

(1) 激光 SLAM。早期 SLAM 系统主要基于 2D 激光雷达,例如 Gmapping[3] 和 Karto[4],这些系统通常用于室内小规模环境的地图构建。随着技术的发展,3D 激光雷达的使用日益普遍,激光 SLAM 扩展到了更大规模和更复杂的室外非结构化环境。LOAM[5] 算法为 3D 激光 SLAM 提供了重要基础。

(2) 视觉 SLAM。与激光雷达相比,得益于相机小巧、成本低廉和信息丰富的特点,视觉 SLAM 受到了广泛关注。ORB-SLAM2[6] 及其升级版本 ORB-SLAM3[7] 是基于特征点方法的代表性算法,它们能在广阔的环境中实现实时定位和稀疏地图构建,是当前最经典的视觉 SLAM 算法。此外,直接法的算法如 DSO[8],在处理低纹理环境和快速运动的情况下展现了更高的鲁棒性。

(3) 多传感器融合 SLAM。为了提高 SLAM 算法的性能,近年来出现了多种基于多传感器融合的方法,如基于滤波框架的 FAST-LIO2[9] 和 ROVIO[10] 以及基于优化框架的 LIO-SAM[11] 和 VINS[12] 等,它们结合了激光雷达、相机和 IMU 的数据,提高了定位和地图构建的精度和稳定性。

(4) 深度学习在 SLAM 中的应用。最近几年,深度学习技术也被引入 SLAM 领域。例如,DeepVO[13] 和 LO-NET[14] 等算法采用端到端的方法,通过深度网络处理 SLAM 问题,展现了这一领域的新发展方向。

表 11-3 是一些典型的 SLAM 系统的总结,展示了 SLAM 技术在不同应用场景和不同技术路线上的多样化和专业化发展。

表 11-3　典型的 SLAM 系统

算 法 名 称	传感器配置	状态估计方法
Gmapping(2007 年)	2D 激光雷达	滤波(粒子滤波)
Karto(2010 年)	2D 激光雷达	优化
LOAM(2014 年)	3D 激光雷达	优化
FAST-LIO2(2022 年)	3D 激光雷达＋IMU	滤波(IEKF)
LIO-SAM(2020 年)	3D 激光雷达＋IMU	优化
ORB-SLAM 系列(2015 年、2017 年、2021 年)	单目/双目＋IMU	优化
DSO(2017 年)	单目/双目/RCB-D	优化
ROVIO(2017 年)	单目＋IMU	滤波(IEKF)
VINS 系列(2018 年、2019 年)	单目/双目＋IMU	优化
DeepVO(2017 年)	单目	深度网络(ConvNet＋RNN)
LO-NET(2019 年)	3D 激光雷达	深度网络(DCNN)

11.1.4　SLAM 的应用

随着机器人技术的发展,SLAM 已被广泛应用到众多领域,发挥出越来越显著的作用。

(1)生活服务:在家庭、商超、酒店等场景中,SLAM 技术得到了一定程度的应用。例如,迎宾机器人通过 SLAM 实现精准定位及路径规划,完成自主移动和人员引导,提升服务能力和用户体验;扫地机器人能够借助环境信息精确地规避障碍物,避免碰撞和意外,保证运行安全。

(2)安防巡检:在变电站、机场跑道、大型楼宇等场景中,机器人可以利用 SLAM 技术完成大规模环境下的自主导航,进而快速、准确地检查设施的运行状况,监测潜在的安全隐患,如电力设备故障、跑道损坏、楼宇设施异常等,从而弥补人工巡检存在的风险高、效率低、误报率高等不足。

(3)物流配送:在机场、港口、社区等物流运输应用中,SLAM 技术能够使快递车、无人机准确定位货物位置,进行智能分拣和装载,从而提高配送效率,减少人力成本。

(4)智慧交通:作为智慧交通的一个重要发展方向,自动驾驶受到了广泛关注,其利用 SLAM 提供定位、避障、地图构建等技术支持。在现阶段,谷歌、滴滴、百度等自动驾驶技术研究公司均有无人车产品推出。然而,受限于城市道路场景的复杂性和不确定性,目前该项技术仍有很大的发展空间。

(5)特种作业:SLAM 技术不仅可以应用于矿山开采、地质勘查、气体泄漏检测等特殊任务,还可以应用于地震救援、深海勘测、太空探索等极端危险的场景中,从而完成人所难及和人所不及的任务。

(6)消费娱乐:SLAM 技术已经渗透到了生活的各方面。例如,家居设计师可以利用

AR 技术直观展示装修设计效果,其中的虚拟家具摆放就是依赖 SLAM 技术定位和建模的。此外,VR 游戏等同样应用了 SLAM 技术。

11.2 SLAM 的实现平台

11.2.1 SLAM 的传感设备

SLAM 技术主要利用两大类传感设备:激光雷达和相机。激光雷达通过测量光波与物体反射的时间差获取环境信息,而相机则通过捕捉光线形成图像,获取环境信息。

(1)激光雷达。根据扫描方式的不同,激光雷达可分为机械式激光雷达、半固态激光雷达和全固态激光雷达,具体如表 11-4 所示。

表 11-4　激光雷达分类

激光雷达类型	具体分类		扫描方式
机械式激光雷达	单线激光雷达		发射器和接收器在电机的带动下进行 360°旋转扫描
	多线激光雷达		
半固态激光雷达	转镜类	一维转镜	发射器和接收器固定不动,电机带动光学器件旋转,实现激光束的扫描
		二维转镜	
	MEMS 振镜类		
	棱镜类		
全固态激光雷达	OPA 固态激光雷达		不具备任何机械摆动结构,使用半导体技术实现光束的发射、扫描和接收
	Flash 固态激光雷达		

(2)相机。按照结构组成的不同,相机大致可以分为 7 种,这些相机能够为 SLAM 系统提供丰富的视觉数据,具体如表 11-5 所示。

表 11-5　相机分类

相机类型	主要结构	特点
单目相机(monocular)	单个摄像头	捕获二维图像,提供像素、纹理信息,无法直接获取深度信息
双目相机(stereo)	两个摄像头	捕获两个不同视角的二维图像,模拟人眼获取视差信息,推算出深度信息
深度相机(RGB-D)	RGB 摄像头＋深度传感器	同时捕获彩色图像和深度图像,能够直接输出深度信息
全景相机(panoramic)	多镜头系统＋图像传感器＋同步控制系统	捕获完整的全景图像,提供全方位的视角覆盖
事件相机(event)	事件产生器＋感光元件＋光学透镜系统	独立且异步地检测每个像素,在亮度变化发生时报告亮度变化,否则保持沉默,适用于高动态和高速度环境

自动化与智能科学概论（微课视频版）

续表

相机类型	主要结构	特点
光场相机(light field)	微透镜阵列＋图像传感器＋光场计算引擎	不仅捕获传统的二维图像信息，还能捕获场景中的光线方向和强度信息
热成像相机(thermal imaging)	红外传感器＋信号处理器＋光学透镜系统	捕获物体发出的热辐射或周围环境的能量分布，并将其转换为可见的热图像

除此之外，SLAM 技术还可以结合其他类型的传感器，如超声波传感器、射频识别（radio frequency identification，RFID）、WiFi 阵列等，以提升环境感知的准确性和鲁棒性。

11.2.2　SLAM 系统的部署平台

SLAM 系统可部署在多种移动平台上，具体取决于应用场景和执行任务的需求。常见的移动平台包括地面移动机器人、无人飞行器（无人机）、无人驾驶汽车等，这些平台通常搭载激光雷达或相机等传感器，以实现在未知环境中的有效定位和导航。

随着技术的进步和应用范围的扩展，SLAM 系统的部署平台也在不断增加。在特殊领域，如水下勘探、极地科考、灾难搜救中，SLAM 技术被应用于水下机器人、扑翼飞行器和各种特种机器人，以更好地完成高难度任务。此外，SLAM 技术还被集成到可穿戴设备、手持设备和 VR 眼镜中，用于实现测绘、AR 和 VR 技术。

图 11-8 展示了 SLAM 技术的各种应用平台，从传统的机器人到现代的智能设备，SLAM 的实用性和灵活性得到了广泛证明。

(a) 地面机器人　　　　(b) 无人飞行器　　　　(c) 无人驾驶车[15]

(d) 水下机器人[16]　　　　(e) 扑翼飞行器　　　　(f) 特种机器人[17]

(g) 可穿戴设备[18]　　　　(h) 手持设备　　　　(i) VR眼镜

图 11-8　SLAM 技术的应用平台

11.3　SLAM 的地图形式

11.3.1　点云地图

点云地图(point cloud map)通常由多帧激光雷达或深度相机等传感器采集的数据构建而成,是一系列描述三维空间中物体位置信息的离散点。如图 11-9 所示,点云地图能够准确地描述环境中物体的形状及位置,但存储和计算代价高。

图 11-9　点云地图

11.3.2　特征地图

构建特征地图(feature map)时,机器人利用激光雷达、相机等传感器提取环境中的特征,同时追踪这些特征的位置及机器人位姿,并生成由特征组成的环境地图。如图 11-10 所示,常见的三种特征包括点、线(线段)以及平面。另外,有些工作使用了面元(surfel)和形状等作为特征,提升了鲁棒性,但这些特征的计算较为复杂。

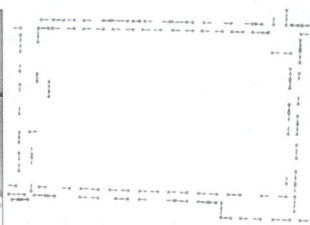

(a) 点特征地图　　　　　　(b) 线段特征地图　　　　　　(c) 平面特征地图

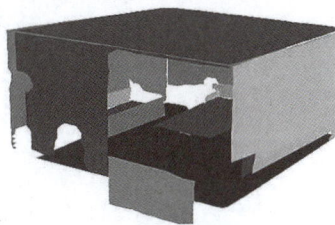

图 11-10　特征地图

11.3.3　拓扑地图

拓扑地图(topological map)由节点和边组成,节点表示环境中的重要区域(例如路口),

边表示节点之间的连通关系，如图 11-11 所示。拓扑地图不需要计算边的长度和形状，只维护边的连通关系，它的计算简单、存储量小且利于路径规划，但对环境缺少精确的定量描述。

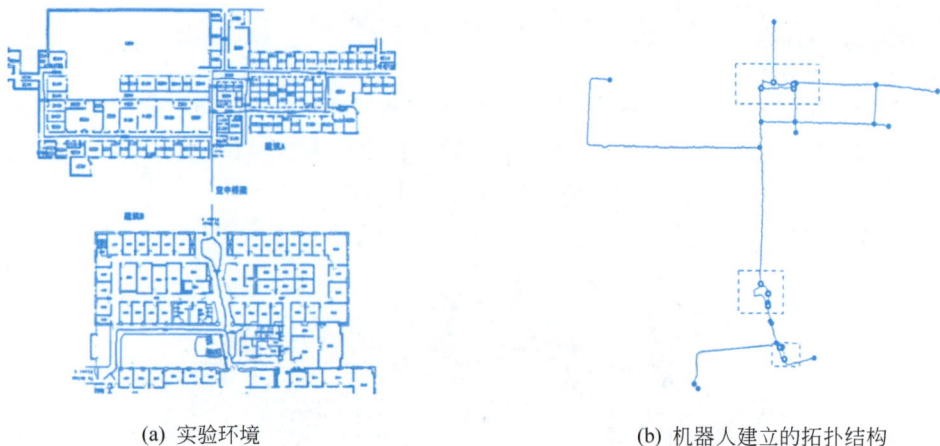

(a) 实验环境

(b) 机器人建立的拓扑结构

图 11-11　拓扑地图

11.3.4　栅格地图

栅格地图又称为占据栅格地图（occupancy grid map），它使用由大小相等的栅格组成的网格表示地图，栅格里存储的数值表示该栅格被占据的概率。对栅格地图进行可视化时，一般选择不同的颜色表示地图的不同状态，图 11-12(a)中的立体栅格和图 11-12(b)中的黑色栅格代表障碍物，白色栅格代表自由区域。栅格地图常用于导航规划，其中三维栅格实现了对环境的有效描述，不过存储空间开销较大；而二维栅格占据的存储空间小，但只能存储环境中一个切面的障碍信息。

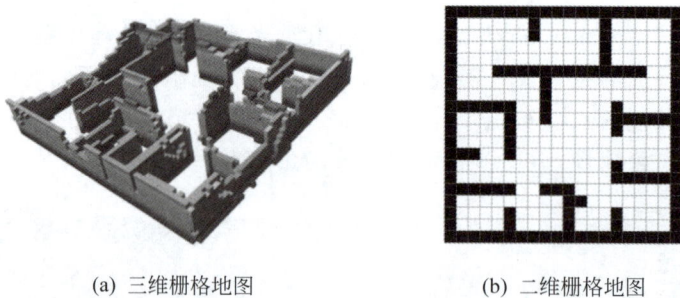

(a) 三维栅格地图

(b) 二维栅格地图

图 11-12　栅格地图

11.3.5　语义地图

语义地图（semantic map）是用来描述环境语义信息的地图形式，它不仅包含了环境的几何信息，还包含了环境中物体、实例的语义信息（类别、形状等）。语义地图通常被可视化为图 11-13 所示的形式，其中划分出了不同语义类别的区域，例如汽车、车道以及树木等。地图中的语义信息通常需要人工标注，或通过有监督学习进行自动标注。

图 11-13　语义地图

11.3.6　指纹地图

指纹地图(fingerprint map)是一种利用已知位置的无线接入点(wireless access point,WAP)所发射信号的强度信息建立的地图,其中无线信号可以是 WiFi 信号或蓝牙信号等。使用指纹地图进行定位时,移动终端在定位点接收到信号强度及物理地址,并与指纹地图中存储的定位参考点进行匹配,进而估算出当前位置。

11.3.7　混合地图

地图的表现形式很大程度上取决于机器人的任务、传感器以及环境类型,有时候单一的地图表达形式很难满足需求,通常会采用混合地图(hybrid map)的表达形式,例如特征地图与拓扑地图混合,混合后的地图不仅具有拓扑地图的高效性,还具有特征地图的精确性和一致性。

11.4　SLAM 的基本方法

SLAM 的基本方法可以分为三类:传统的 SLAM 方法、端到端的深度学习方法和前两类的结合。

传统的 SLAM 方法遵循问题建模—估计求解的思路,基于多视图几何、点云配准等原理,能取得较为准确的估计结果。目前,传统的 SLAM 方法在 SLAM 领域仍占主导地位,概括地说,一般包括特征提取、数据关联、帧间状态估计、回环检测和回环校正五个环节,具体的实现框架包括滤波框架和优化框架。基于滤波框架的 SLAM 方法实时性好、计算复杂度低,但精度略低;基于优化框架的 SLAM 方法具有更高的精度,更适用于大规模复杂环境,但相应的计算复杂度较高,实时性较差。SLAM 技术的发展初期以滤波框架为主导,随着处理器算力的提升和 SLAM 系统灵活性需求的增高,目前优化框架成为 SLAM 技术的主导。

端到端的深度学习方法从输入的传感器数据直接输出机器人的运动轨迹与环境地图,此类方法最近几年受关注度逐渐上升。对视觉传感器而言,深度网络的输入一般为图像序列,输出为机器人位姿和视觉深度地图(即图像每个像素的深度);对激光雷达而言,网络的输入一般为点云帧序列,输出为机器人的位姿以及环境的点云地图。基于深度学习的方法依赖大样本离线训练,目前的泛化能力较弱,且准确性较低。

两者结合的 SLAM 方法通常使用深度神经网络实现传统 SLAM 方法中的某些环节,例如特征提取和匹配、回环检测等,以进一步提升 SLAM 系统的准确性和鲁棒性。

11.4.1 传统的 SLAM 方法

传统的 SLAM 方法一般先进行特征提取与匹配,为后续的状态估计和回环检测提供约束。具体的状态估计包括滤波框架和优化框架两种实现形式。

1. 传统 SLAM 的滤波框架

滤波框架的核心问题是状态的递推估计,其系统状态包括机器人的位姿与地图中特征(如点、线、面等)的参数,地图中的特征一般称为路标(landmark),系统的观测为传感器的测量值。

1) 滤波框架的主要思想

滤波框架一般包括预测与更新两步。如图 11-14 所示,矩形表示机器人,上方的圆形表示传感器,星形表示路标。在初始时刻,机器人通过传感器测量和特征提取获得路标的参数(图 11-14(a))。机器人向前运动一步,并利用里程计和运动模型预测自身位姿(图 11-14(b)中虚线矩形)。之后机器人再一次测量到路标(图 11-14(c)),由于运动与测量噪声,机器人发现此时系统状态与预测的并不一致,则利用对路标的观测,计算自身的位姿(图 11-14(d)中实线矩形)。然后机器人将上述两个位姿估计结果进行融合,得到更新后的更加准确的位姿估计(图 11-14(e)中白色实线矩形)。

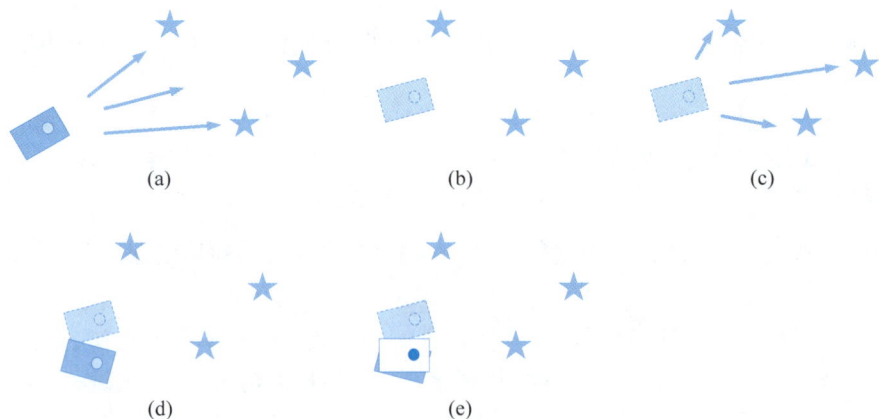

(a)   (b)   (c)

(d)   (e)

图 11-14　滤波框架的主要思想

2) 基于滤波框架 SLAM 的代表性方法

SLAM 问题中常用的滤波器包括粒子滤波器(particle filter,PF)、扩展卡尔曼滤波器(extended Kalman filter,EKF)和迭代扩展卡尔曼滤波器(iterative extended Kalman filter,IEKF),下面将分别介绍。

（1）**粒子滤波器**。

粒子滤波基于蒙特卡洛方法，用后验概率中随机抽取的粒子集合对目标概率密度函数进行近似，其最大特点是原理与实现都较为简单，能够处理非线性、非高斯系统的状态估计。粒子滤波一般包括初始化、预测、更新和重采样四个步骤。

粒子滤波定位的核心思想为：用很多个粒子代表机器人的位姿，每个粒子的权重表示该粒子对应位姿的可信度。在预测阶段，根据机器人的控制信息（速度、转角等）与运动模型预测下个时刻的粒子分布；在更新阶段，根据机器人的观测值与预测的观测值的接近程度计算出每个粒子的新的权重。最后，在重采样阶段，根据粒子的权重重新采样粒子。随着SLAM的进行，粒子的平均位姿会逐渐接近真实的机器人位姿。

图 11-15 展示了粒子滤波定位过程。图 11-15（a）表示初始时刻，在没有任何先验信息的情况下，在环境的自由空间中按照均匀分布进行采样，得到的粒子集合代表机器人可能的位姿。图 11-15（b）表示由于环境结构的相似性，当前的传感器数据不足以区分出机器人处于位姿 1 还是位姿 2。图 11-15（c）表示在机器人行走一段距离后，由于采集到了更多的外部传感器数据，机器人对自身的位姿估计更加确信，绝大多数粒子都汇聚到了真实位姿附近，消除了图 11-15（b）中的歧义性。

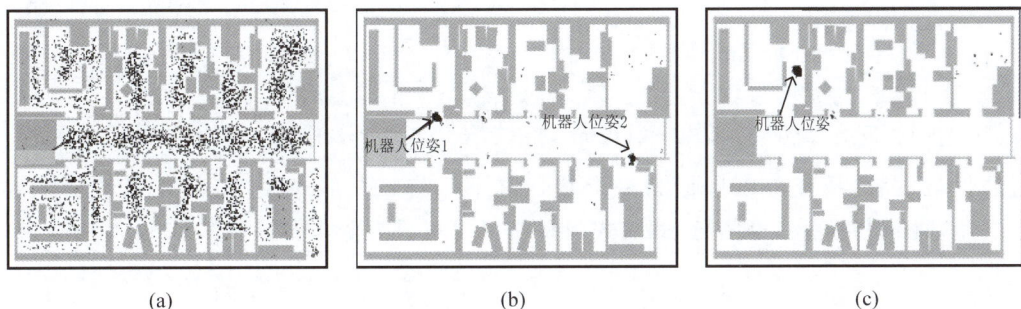

（a）　　　　　　　　　　　（b）　　　　　　　　　　　（c）

图 11-15　粒子滤波定位示意图[19]

Gmapping 是代表性的基于 RBPF（Rao-Blackwellized particle filters）的 SLAM 算法，它使用 2D 激光雷达，结合了粒子滤波（particle filters）和卡尔曼滤波（Kalman filter）的优点，通过将地图构建和机器人的轨迹估计分开，提高了 SLAM 的精度和效率。

（2）**卡尔曼滤波器、扩展卡尔曼滤波器和迭代扩展卡尔曼滤波器**。

卡尔曼滤波是一种利用线性系统状态方程，通过系统地观测数据，对系统状态进行最优估计的算法。由于观测数据中通常包含噪声，这个最优估计也可以看作是一个滤波的过程。与粒子滤波器处理非线性系统和非高斯分布的情况不同，卡尔曼滤波器主要针对线性高斯系统的状态进行估计。

SLAM 求解的一般是非线性系统的估计问题，针对线性问题的卡尔曼滤波器并不能直接适用，因此一般采用 EKF 或 IEKF 解决 SLAM 问题。EKF 的主要思想是对非线性系统的状态方程或观测方程进行线性近似，之后根据卡尔曼滤波的原理进行求解。

针对线性、高斯系统，卡尔曼滤波一般用式（11-1）进行描述。

$$\boldsymbol{x}_{k+1} = \boldsymbol{A}_k \boldsymbol{x}_k + \boldsymbol{\omega}_{k+1}$$
$$\boldsymbol{y}_k = \boldsymbol{C}_{k+1} \boldsymbol{x}_{k+1} + \boldsymbol{v}_{k+1}$$

（11-1）

其中，A_k 为状态转移矩阵，C_{k+1} 为观测矩阵；x_k、x_{k+1} 为系统在 k 时刻和 $k+1$ 时刻的状态，ω_{k+1} 为状态模型的噪声；y_{k+1} 为系统在 $k+1$ 时刻的观测数据；v_{k+1} 为观测的噪声；ω_{k+1} 和 v_{k+1} 均为零均值高斯白噪声，即 $\omega_{k+1} \sim N(0, Q_{k+1})$，$v_{k+1} \sim N(0, R_{k+1})$，$Q_{k+1}$、$R_{k+1}$ 是两个噪声服从的高斯分布的协方差矩阵。

针对 SLAM 问题而言，系统在各个时刻的状态为向量 $x_1, x_2, \cdots, x_k, \cdots$，通常包括机器人位姿和环境路标参数。一般用式(11-2)对系统进行描述：

$$x_{k+1} = f(x_k, u_{k+1}, \omega_{k+1})$$
$$y_{k+1} = g(x_{k+1}, v_{k+1})$$

(11-2)

其中，$f(\cdot)$ 为系统状态方程，描述系统如何从状态 x_k 转移到状态 x_{k+1}；u_{k+1} 为系统在 $k+1$ 时刻的输入；$g(\cdot)$ 为观测方程，描述系统如何在状态 x_{k+1} 得到观测结果 y_{k+1}。

定义：$\hat{x}_{k|k}$ 为 k 时刻对当前状态的估计；$\hat{x}_{k+1|k}$ 为 k 时刻对 $k+1$ 时刻状态的预测；$\tilde{x}_k = x_k - \hat{x}_{k|k}$ 为 k 时刻状态估计的偏差；$\tilde{x}_{k+1} = x_{k+1} - \hat{x}_{k+1|k}$ 为 k 时刻状态预测的偏差；$P_{k|k} = E(\tilde{x}_k \tilde{x}_k^T)$ 为 $\hat{x}_{k|k}$ 的协方差矩阵；$P_{k+1|k} = E(\tilde{x}_{k+1} \tilde{x}_{k+1}^T)$ 为 $\hat{x}_{k+1|k}$ 的协方差矩阵。

使用 EKF 求解 SLAM 的非线性问题时，一般对式(11-2)中的运动方程 $f(\cdot)$ 和观测方程 $g(\cdot)$ 进行线性化近似：

$$f(x_k, u_{k+1}, \omega_{k+1}) \approx f(\hat{x}_{k|k}, u_{k+1}, 0) + \frac{\partial f}{\partial x_k}\Big|_{x_{k|k}} \tilde{x}_k + \frac{\partial f}{\partial \omega_{k+1}} \omega_{k+1}$$
$$g(x_{k+1}, v_{k+1}) \approx g(\hat{x}_{k+1|k}, 0) + \frac{\partial g}{\partial x_{k+1}}\Big|_{x_{k+1|k}} \tilde{x}_{k+1} + \frac{\partial g}{\partial v_{k+1}} v_{k+1}$$

(11-3)

经过线性化之后，系统可以近似为一个线性高斯系统。一般来说，SLAM 系统中的输入 u_{k+1} 已知，通常为里程计等信息，此时式(11-2)可以写成类似式(11-1)的形式，其中：

$$A_k = \frac{\partial f}{\partial x_k}\Big|_{x_{k|k}}, \quad C_{k+1} = \frac{\partial g}{\partial x_{k+1}}\Big|_{x_{k+1|k}}$$

(11-4)

基于 EKF 的 SLAM 通常包括以下 4 个迭代步骤。

① 运动预测：通过里程计等信息预测出下一时刻机器人的状态。这里涉及对状态值 $\hat{x}_{k+1|k}$ 和它的方差 $P_{k+1|k}$ 的计算，具体为：

$$\hat{x}_{k+1|k} = A_k \hat{x}_{k|k}$$
$$P_{k+1|k} = A_k P_{k|k} A_k^T + Q_{k+1}$$

(11-5)

② 观测：通过传感器获取传感数据，并从中提取环境特征。

③ 数据关联：将新测量的特征与地图中的路标进行匹配，确定它们的对应关系。

④ 更新：通过关联上特征的预测信息与观测信息计算出系统的新息，用于更新系统的状态。具体为：

首先，对下一时刻来自路标的观测信息进行预测，即在 k 时刻预测 $k+1$ 时刻的观测 $\hat{y}_{k+1|k}$：

$$\hat{y}_{k+1|k} = C_{k+1} \hat{x}_{k+1|k}$$

(11-6)

之后在 $k+1$ 时刻获得传感器的观测数据 y_{k+1}，计算新息 $\tilde{y}_{k+1|k}$：

$$\tilde{y}_{k+1|k} = y_{k+1} - \hat{y}_{k+1|k}$$

(11-7)

利用新息进行状态更新：

$$\hat{x}_{k+1|k+1} = \hat{x}_{k+1|k} + K_{k+1}\tilde{y}_{k+1|k} \tag{11-8}$$

其中，

$$K_{k+1} = P_{k+1|k}C_{k+1}^{\mathrm{T}}(C_{k+1}P_{k+1|k}C_{k+1}^{\mathrm{T}} + R_{k+1})^{-1} \tag{11-9}$$

K_{k+1} 是在 $k+1$ 时刻的卡尔曼增益，更新后的系统状态协方差为：

$$P_{k+1|k+1} = (I - K_{k+1}C_{k+1})P_{k+1|k} \tag{11-10}$$

上述 4 个步骤迭代运行，即可完成 SLAM 的状态估计。

EKF 在 2D 激光雷达的 SLAM 方法中较为常用。近年来，其也开始应用于 3D 激光雷达与 IMU 的融合中，其中具有代表性的方法是 FAST-LIO2。FAST-LIO2 是一种计算效率较高且鲁棒性较强的激光—惯导里程计，它利用 IEKF 将激光雷达与 IMU 数据进行融合，在机器人快速运动以及噪声或杂波环境中实现较为鲁棒的定位建图。为了降低在测量数据量过大的情况下滤波器的计算量，FAST-LIO2 提出了一个新的计算卡尔曼增益的方法，降低了计算复杂度。此外，基于 EKF 的 SLAM 算法还包括基于视觉—惯导的 ROVIO 等。

2. 传统 SLAM 的优化框架

相对滤波框架而言，基于优化框架的 SLAM 类似求解只有观测方程的状态估计问题。具体而言，根据传感器的测量数据，可以建立新的观测信息与地图之间的约束关系，构建损失函数，从而优化机器人的位姿和地图信息。

1）优化框架的主要思想

优化框架一般分为两个模块——前端和后端。在前端，通过对连续两帧数据中的特征进行匹配，建立特征之间的关联关系，同时也可以融合 IMU 信息。然后计算机器人的位姿变换，前端实际上实现的是里程计，一般要求实时在线完成。另外，在前端还要进行回环检测，为后端的回环优化提供约束。

优化框架的后端主要完成机器人位姿以及地图的维护与优化，一般采取图优化实现。具体来说，以关键帧（在局部范围或一定时间内选出的具有代表性的一帧）对应的机器人位姿和地图中的路标参数作为节点，路标到各个关键帧的重投影误差作为边（约束关系）构建图，然后进行图优化，即通过调整节点的状态，使之满足边的约束，从而校正机器人位姿和地图，这一优化过程一般称为光束平差法（bundle adjustment，BA）。后端通常采用非线性优化技术来实现，如高斯牛顿法等，常用的优化库包括 Ceres Solver、g2o 等。一般来说，后端优化的计算量较大，往往不能实时运行。

2）SLAM 中的典型优化策略

对于优化框架的 SLAM 而言，采取哪种优化策略，即如何组织优化变量，是需要重点考虑的问题，下面将介绍一些 SLAM 中的典型优化策略。

（1）单帧优化。

对于里程计而言，一般采取单帧优化的优化策略。具体而言，系统每获取一帧数据（图像或点云等），完成特征提取后，与上一帧数据（或局部地图）的特征进行匹配，基于建立的匹配关系，优化当前帧相对于上一帧（或地图）的位姿变换。

著名的 2D 激光 SLAM 算法 Karto 和 3D 激光 SLAM 算法 LOAM 采用了单帧优化的优化策略。例如，在 LOAM 中，前端将当前帧与上一帧的点云进行特征匹配，用于求解位姿，一般能达到 10Hz 左右的频率，满足实时运行的要求；而后端将当前帧与地图进行特征匹配,用于优化位姿,频率一般在 1Hz 左右。另外,许多视觉 SLAM 方案在前端也都选择了单帧优化的优化策略。

(2) **滑动窗口优化**。

单帧优化并不涉及历史位姿的优化,容易导致误差的累积,影响定位与建图的效果。反之,如果每获得一帧新的传感数据,就优化当前和所有的历史位姿,以及整个地图,将会产生巨大的计算代价。为了平衡所用信息量与计算时间,研究人员提出了滑动窗口优化的优化策略,即通过滑动窗口组织固定长度的关键帧序列,优化它们的位姿。在一般情况下,滑动窗口内的关键帧具备时间上的相邻关系,例如 DSO;也有通过局部回环在滑动窗口内引入回环关键帧的处理方式,例如 VINS。

如图 11-16 所示,在 VINS 中,滑动窗口内的关键帧有时间上与当前帧比较靠近的关键帧($x_0,x_1,\cdots,x_4$),也有通过局部回环检测引入的能够形成共视关系的关键帧(x_{v0},x_{v1},x_{v2}),f_0、f_1、f_2、f_3 表示地图中特征点的位置。通过将地图中的特征向滑动窗口内的各个关键帧进行投影,并最小化重投影误差,即可实现对滑动窗口内关键帧的位姿和地图中特征点位置的优化。采用滑动窗口的代表性 SLAM 方法,除了 VINS、DSO 之外,还包括视觉-激光-惯导紧耦合 SLAM 方法 R3LIVE[20]。

(3) **图结构优化**。

滑动窗口的优化策略主要用于 SLAM 前端,而在后端,常采用图结构优化策略,其中比较经典的是位姿图优化。

图 11-17 为位姿图的基本结构。当 SLAM 系统检测到回环时,将当前帧与回环涉及的关键帧共同组成位姿图。利用位姿之间的约束关系,通过最小化当前帧和形成回环的关键帧之间的投影误差,即可实现对回环涉及的所有关键帧以及当前帧的位姿的优化。

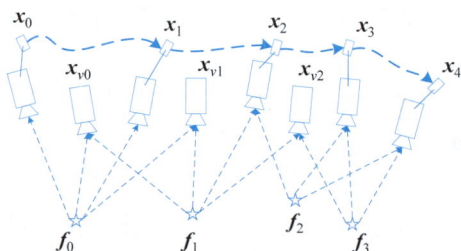

图 11-16　滑动窗口[12]

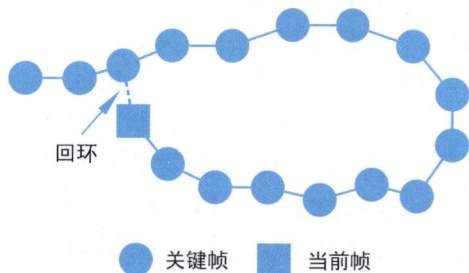

图 11-17　位姿图的基本结构

除了传统的位姿图优化,近年来,因子图优化也被 SLAM 领域广泛使用。LIO-SAM 的后端采用了典型的因子图优化的方法,因子图结构如图 11-18 所示。其中,m_i 表示 IMU 的测量值,x_i 表示系统的状态,F_i 表示激光对应的关键帧。系统包含 IMU 预积分、激光里程计、GPS 以及回环四种因子,每个因子表示一种代价函数。对每一个关键帧,通过最小化上述不同因子的组合,得到关键帧的位姿估计结果。

3) **基于优化框架的 SLAM 代表性方法**

近年来的 SLAM 以优化框架为主导,出现了许多有代表性的算法。为了进一步说明上述优化思想与优化策略的具体实现,这里以 ORB-SLAM 为例,介绍基于优化框架的 SLAM 算法。

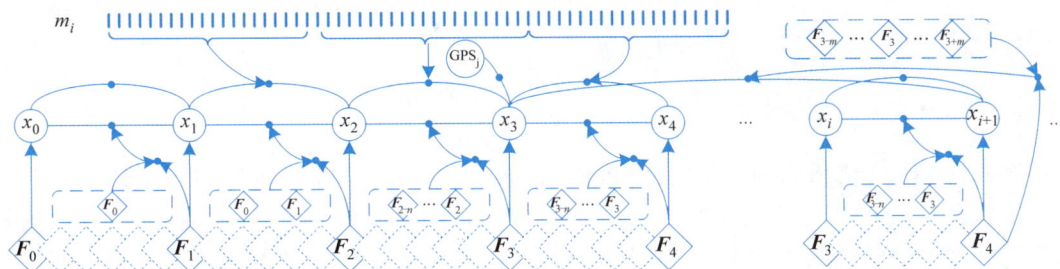

图 11-18 因子图结构[11]

ORB-SLAM 的系统框架如图 11-19 所示。包含 3 个线程：跟踪线程、局部建图线程和回环线程。跟踪线程负责对每帧图像的相机位姿进行初始定位，并决定是否在局部地图中插入新的关键帧；局部建图线程负责处理关键帧，找到形成共视关系的关键帧，对这些关键帧的相机位姿和局部地图进行局部光束平差法 BA 优化，并生成新的地图点；回环线程负责判断局部地图中的关键帧是否形成了回环，当检测到回环时，进行全局 BA 优化，进一步优化全局的地图和关键帧位姿。

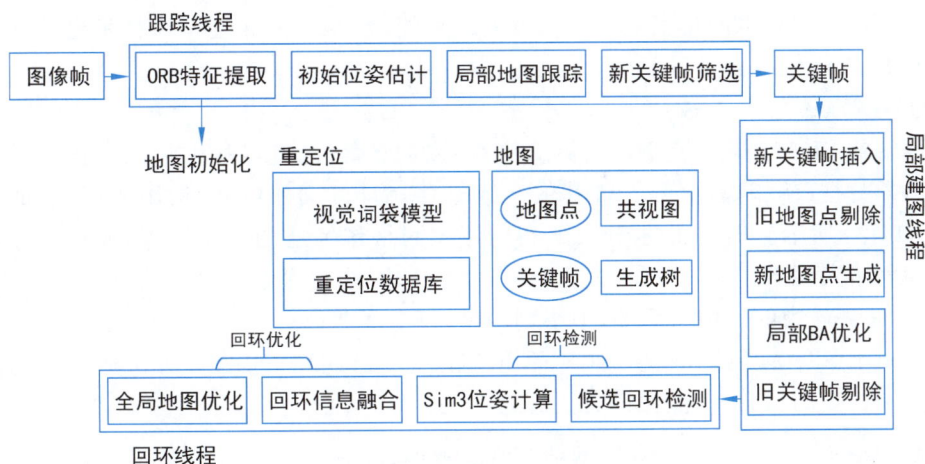

图 11-19 ORB-SLAM 的系统框架

在跟踪线程中，优化策略为单帧优化，优化变量为当前帧的相机位姿，代价函数为关联上的地图点到当前帧的重投影误差。假设一共有 N 个关联成功的地图点，则代价函数可写为

$$T_{cw} = \arg\min_{T_{cw}} \sum_{i=1}^{N} [x_i - \pi(T_{cw}, X_i)] \tag{11-11}$$

其中，$X_i \in \mathbb{R}^3$ 为第 i 个关联上的地图点的三维坐标，$x_i \in \mathbb{R}^2$ 对应的特征点的像素坐标，T_{cw} 为当前帧的相机位姿，即由世界坐标系到当前帧相机坐标系的位姿变换矩阵：

$$T_{cw} = \begin{bmatrix} R_{cw} & t_{cw} \\ 0 & 1 \end{bmatrix} \tag{11-12}$$

其中，R_{cw} 为由世界坐标系到当前帧相机坐标系的旋转矩阵，$t_{cw} \in \mathbb{R}^3$ 为两坐标系间的平移向量。式(11-11)中的 $\pi(\cdot)$ 表示投影函数：

$$\pi(\boldsymbol{T}_{\mathrm{cw}}, \boldsymbol{X}_i) = \begin{bmatrix} f_u \dfrac{x_i}{z_i} + c_u \\ f_v + c_v \end{bmatrix} \tag{11-13}$$

$$[x_i, y_i, z_i]^{\mathrm{T}} = \boldsymbol{R}_{\mathrm{cw}} \boldsymbol{X}_i + \boldsymbol{t}_{\mathrm{cw}}$$

在局部 BA 优化和全局 BA 优化中，优化策略为图结构优化。这里的图结构是由若干关键帧以及它们共同观测到的地图点组成的共视图，优化变量为形成共视关系关键帧的相机位姿和观测到的地图点的坐标，代价函数为地图点到各个关键帧的重投影误差。假设一共有 N_F 个关键帧和 N_P 个地图点，则代价函数可写为

$$\{\boldsymbol{T}_{\mathrm{iw}}, \boldsymbol{X}_j\} = \underset{\boldsymbol{T}_{\mathrm{iw}}, \boldsymbol{X}_j}{\arg\min} \sum_{i=1}^{N_F} \sum_{j=1}^{N_P} \left[\boldsymbol{x}_{i,j} - \pi(\boldsymbol{T}_{\mathrm{iw}}, \boldsymbol{X}_j) \right] \tag{11-14}$$

其中，$\boldsymbol{X}_j \in \mathbb{R}^3$ 为观测到的第 j 个地图点的三维坐标，$\boldsymbol{x}_{i,j} \in \mathbb{R}^2$ 为第 i 个关键帧上对应的特征点的像素坐标，$\boldsymbol{T}_{\mathrm{iw}}$ 为第 i 个关键帧的相机位姿。通过局部 BA 和全局 BA，对多帧的相机位姿和地图点坐标进行优化，得到更准确的定位和建图结果。

11.4.2 基于深度学习的端到端 SLAM

随着深度学习技术的迅猛发展与机器人计算能力的提升，深度学习技术已被越来越多地应用到 SLAM 领域。

1. 基本思路

端到端的 SLAM 属于完全数据驱动的 SLAM 方案，它直接从大量的数据中学习从输入的传感器数据（例如视觉、激光或其他传感器）到输出（例如位姿、地图或语义）的映射关系，如图 11-20 所示。端到端的 SLAM 利用深度网络作为通用的求解器，通过在数据集上训练深度网络实现 SLAM 的所有过程，一般由特征网络或深度预测网络和位姿网络组成，类似传统 SLAM 中的前端与后端，但不同的是，每个环节都由深度网络构成，所有过程都是"黑箱"。由于 SLAM 问题的复杂性和环境依赖性，端到端的 SLAM 方法通常需要海量的训练数据和极高的算力，才能保证方法的通用性。

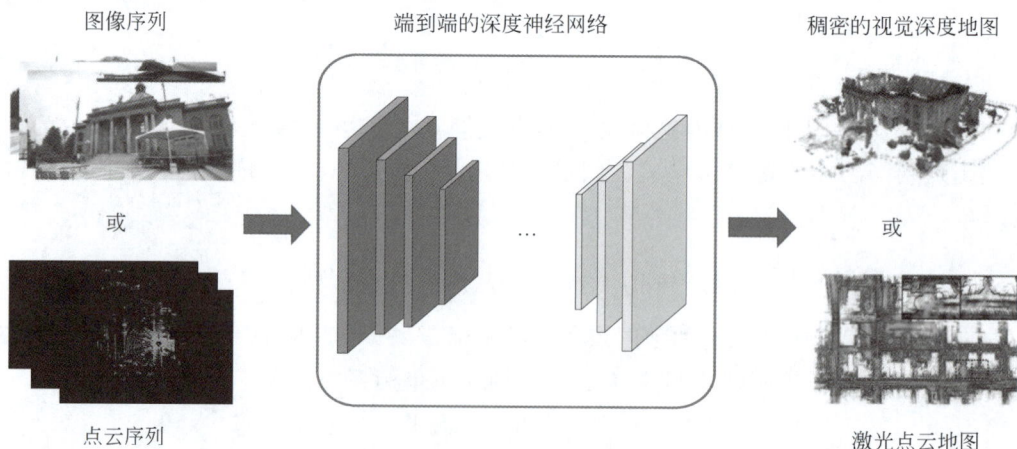

图像序列　　　　　端到端的深度神经网络　　　　　稠密的视觉深度地图

或

点云序列　　　　　　　　　　　　　　　　　　　激光点云地图

图 11-20　端到端的 SLAM 示意图

2. 代表性方法

LO-NET[14]是面向无人驾驶提出的激光雷达定位建图系统,通过三个深度学习网络实现,系统输入为连续的激光点云序列,输出为位姿和地图。该方法在许多数据集上定位精度优于 LOAM 算法,建图结果如图 11-21 所示,即使没有回环检测模块,系统在城市街区环绕一周回到起点时,轨迹的漂移仍较小。

图 11-21　LO-NET 的建图结果[14]

SimVODIS[21]是针对无人驾驶提出的单目视觉定位建图系统。该系统利用 MASK-RCNN 提取图像特征,并用同一套特征实现了五种功能,包括位姿估计、环境建图、目标(行人和车辆)识别、目标定位和目标的实例分割。该方法运行过程中,目标识别与实例分割的结果如图 11-22 所示。

图 11-22　SimVODIS 系统的运行结果图[21]

11.4.3　深度学习与传统方法的结合

1. 基本思路

传统的 SLAM 是一个很复杂的过程,从前端到后端都是透明的,通常需要对特定的环节进行针对性的改进,以适配不同的环境和任务。而深度学习虽然可解释性不强,但可以基于大量先验数据学习到复杂的映射关系,在特定场景和任务下表现良好。因此,基于传统 SLAM 方法的基本框架使用深度学习改进或替换其中的某些模块,能够绕开许多建模和实现上的棘手问题。例如,将基于深度学习的特征提取、深度估计、语义理解、回环检测等模块与传统 SLAM 系统相结合,能够取得较好的效果。

2. 代表性方法

TANDEM[22]无缝融合了传统的视觉 SLAM 前端和 MVSNet 环境重建方法,有效地利

自
动
化
与
智
能
科
学
概
论
（
微
课
视
频
版
）

用关键帧和预测的深度图实现了单目视觉的实时三维稠密建图。如图 11-23 所示，该方法达到了较好的定位和建图效果。

图 11-23　室内场景的 TANDEM 定位和建图结果[22]

SRVIO[23]是适用于自主移动机器人的视觉惯导定位建图系统。该系统在 VINS 的基础上，利用深度神经网络分别实现动态区域的特征点去除、IMU 数据去噪和回环检测，在动态环境、光照变化等场景下均有较好的表现。如图 11-24 所示，在同一个场景的白天和夜晚，SRVIO 依然能够进行准确的特征匹配，完成回环检测。但该方法的性能依赖动态区域检测与分割的效果，且在系统运行前，需要预先采集 IMU 数据训练 IMU 去噪网络。

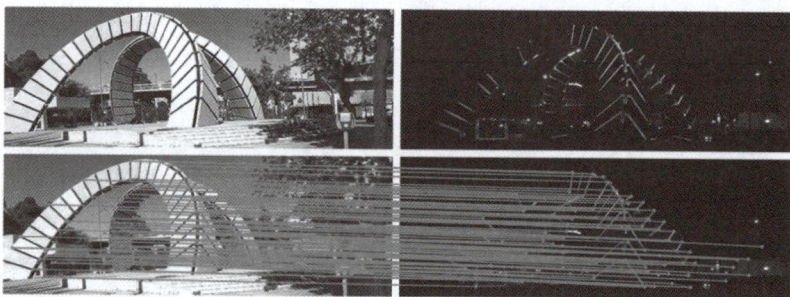

图 11-24　SRVIO 系统在相同场景下白天和夜晚的特征匹配结果[23]

虽然，目前基于深度学习的 SLAM 在某些方面展现出巨大的优越性，但考虑到实现成本和机器人应用场景的复杂性，基于深度学习的 SLAM 发展仍然任重而道远。首先，深度学习对计算能力的要求远远超过传统算法，不利于在机器人上直接部署。其次，深度学习的训练需要海量的数据样本，而许多 SLAM 的应用场景缺少先验数据，无法满足深度学习的训练要求。最后，深度学习的训练效果和性能较依赖数据集的质量，并且要求应用场景与训练场景相似，因此泛化能力不强。

11.5　SLAM 的发展脉络与未来展望

11.5.1　SLAM 的发展脉络

SLAM 算法 1986 年展开研究并延续至今，按照研究热点趋势，可分为三个时期：经典时期(1986—2004 年)、算法分析时期（2004—2015 年）和鲁棒感知时期（2015 年至今）[24]，如图 11-25 所示。

图 11-25　SLAM 发展脉络

经典时期提出 SLAM 概念，主要关注 SLAM 技术的概率解释，包括扩展卡尔曼滤波、Rao-Blackwellized 粒子滤波和最大似然估计的方法；算法分析时期研究 SLAM 的基本性质，包括可观测性、收敛性和一致性，并开发了主要的开源 SLAM 库；鲁棒感知时期主要研究 SLAM 系统的鲁棒性能、高层感知理解能力、根据可用算力资源调整负载的能力以及任务驱动的感知能力，并逐渐发展为多传感器融合 SLAM、语义 SLAM 等。

1. 激光 SLAM

EKF-SLAM 1991：使用最大似然估计进行数据关联，将扩展卡尔曼滤波应用于在线 SLAM 中。

Fast-SLAM 2002：将 SLAM 问题分解为机器人定位问题和基于已知机器人位姿的建图问题，利用粒子滤波来模拟机器人位姿的估计，每个粒子维护 k 个 EKF，用于 k 个路标点位置的估计。

Fast-SLAM 2.0 2003：对 Fast-SLAM 进行改进，在更新粒子位姿时加入观测信息，定义一个新的权重系数，并加入了对路标点真实性的判断。

Gmapping 2007：在 Fast-SLAM 的基础上进行优化的一种 SLAM，使用了改进的 RBPF 粒子滤波算法，将粒子数量控制在一定范围内，减少重采样次数，缓解粒子耗散的问题。

Karto-SLAM 2010：基于图优化的思想，将机器人运动姿态及约束关系采用稀疏有向图表示，使用了高度优化和非迭代 Cholesky 矩阵对系统进行解耦并求解。

Hector-SLAM 2011：利用高斯牛顿法解决前端扫描匹配问题，将每一帧采集到的激光雷达数据和地图进行匹配。

LOAM 2014：提取激光扫描数据中的角点和平面点，进行匹配和优化，实现实时定位与三维建图，分为高频、低精度的里程计与低频、高精度的地图构建两部分实现。

Cartographer 2016：基于图优化的激光 SLAM 算法，同时支持 2D 和 3D 激光 SLAM，分为前端局部建图和后端全局优化两部分。

LeGO-LOAM 2018：在 LOAM 的基础上，为应对可变地面进行了地面优化，并加入回环检测，同时保证轻量化，可在嵌入式系统上实现实时定位与建图。

BALM 2021：提出了适用于激光 SLAM 的光束平差法（BA），特征点位置可以通过解析方法求解，不参与 BA 过程，BA 只考虑关键帧位姿。

VoxelMap 2022：为激光里程计提出一种高效的概率自适应体素建图方法，每个体素包含一个平面特征，实现环境的概率表示和激光帧的精确配准。

2. 视觉 SLAM

Mono-SLAM 2007：首个单目 SLAM 算法，基于扩展卡尔曼滤波，使用单个线程逐帧更新相机位姿和地图。

PTAM 2007：首个将跟踪和建图分离到两个不同线程的 SLAM 算法，也是第一个利用非线性优化将光束平差法（BA）与视觉 SLAM 相结合的方法。

DTAM 2011：使用单个 RGB 相机进行实时稠密定位和跟踪的方法，是首个使用直接法的视觉 SLAM，分为稠密建图和稠密跟踪两个线程。

LSD-SLAM 2014：是一种基于半稠密建图的直接法视觉 SLAM，包含跟踪、深度图估计和地图优化线程。

SVO 2014：一种半直接法视觉里程计，通过结合直接法和特征点法的优点，实现了快速准确的特征跟踪和地图构建，并利用基于均匀-高斯混合分布的深度滤波器保证系统在低纹理和重复纹理场景中的鲁棒性。

ORB-SLAM 2015：在 PTAM 的基础上提出基于 ORB 特征点的单目 SLAM 算法，主要分为三个并行线程，包括跟踪、建图以及回环线程。

ORB-SLAM2 2017：在 ORB-SLAM 的基础上，从单目相机扩展到双目和 RGB-D 相机，能够实现地图复用、回环检测和重定位的功能。

DSO 2017：一种稀疏直接法里程计，将相机曝光时间加入光度误差模型中，通过最小化光度误差估计相机位姿、内参和特征的逆深度，进一步提高了直接法的准确性。

3. 多传感器融合 SLAM

MSCKF 2007：一种基于滤波的视觉惯性融合算法，系统状态变量只包含相机位姿，而不包含特征点位置，利用多个相机状态之间形成的几何约束构建观测模型，用于更新 EKF，解决了传统基于 EKF 的 SLAM 的维度爆炸问题。

OKVIS 2015：针对双目＋IMU 的基于优化的紧耦合方法，将 IMU 误差项和视觉重投影误差组合成一个目标函数，共同优化。

VINS-Mono 2018：一种基于滑动窗口优化的视觉惯导系统，使用一个鲁棒的初始化方法对系统状态进行初始估计，并在滑动窗口中对视觉特征点、IMU 预积分和先验信息进行紧耦合优化，实现实时且鲁棒的相机位姿估计。

VINS-Fusion 2019：在 VINS-Mono 的基础上，增加对双目相机、双目相机＋IMU 以及 GPS 的支持。

LIC-Fusion 2019：基于 MSCKF 框架，利用从激光雷达检测和跟踪到的稀疏边缘或平面特征、稀疏的视觉特征以及 IMU 数据进行多模态传感器融合，并具有在线标定功能。

LIC-Fusion 2.0 2020：在 LIC-Fusion 的基础上，将激光平面特征的跟踪从相邻两帧扩展到滑动窗口中的多帧，并将其加入状态变量中进行优化。

LIO-SAM 2020：在 LeGO-LOAM 的基础上，增加了对 IMU 和 GPS 的紧耦合，采用因子图优化位姿，包括 IMU 预积分因子、激光里程计因子、GPS 因子、回环因子。

ORB-SLAM3 2021：在 ORB-SLAM2 的基础上增加了对 IMU 融合的支持，兼容鱼眼相机模型，且增加了对多地图的支持，跟踪丢失时可以重建地图，并将该地图和原来构建的地图进行对齐，以实现自动重定位。

FAST-LIO 2021：采用迭代误差状态卡尔曼滤波实现激光雷达与 IMU 的紧耦合，提出反向传播过程补偿运动畸变，并提出一个新的卡尔曼增益计算公式，使计算量依赖状态维度而非观测维度，从而降低了计算量。

LVI-SAM 2021：基于因子图优化的紧耦合激光雷达视觉惯导 SLAM 系统，由视觉-惯导和激光-惯导两个子系统组成，视觉-惯导系统利用激光—惯导系统的估计值进行初始化，并利用激光雷达的测量为视觉特征提供深度，提升精度，同时激光—惯导系统利用视觉—惯导的估计值作为初值进行匹配。

R2LIVE 2021：一种鲁棒、实时紧耦合的多传感器融合框架，融合激光雷达、视觉相机、IMU 的测量结果，实现鲁棒准确的状态估计，包含基于滤波的里程计和因子图优化两部分，里程计部分通过迭代误差状态卡尔曼滤波进行状态估计，并通过因子图优化局部滑动窗口内的视觉路标点，进一步提高整体精度。

GVINS 2022：一种基于非线性优化的紧耦合方法，在概率框架下融合视觉、IMU 信息与 GNSS 原始数据，实现了复杂场景下无漂移的实时位姿估计。此外，还提出了一种由粗到精的在线初始化方法，用于系统的初始状态估计。

FAST-LIO2 2022：在 FAST-LIO 的基础上，使用增量式 ikd-tree 数据结构维护局部地图，有效降低激光点最近邻搜索的耗时，提升效率。

R3LIVE 2022：一种多传感器融合框架，利用激光雷达、IMU 和 RGB-D 相机的测量实现准确的状态估计，并实时地重建精确、稠密、带有 RGB 着色的地图，包含激光-惯导和视觉-惯导两个子系统，激光-惯导系统构建全局地图的几何结构，视觉-惯导系统通过最小化帧与地图的光度误差直接有效地融合视觉数据，渲染地图的纹理（即 3D 点的颜色）。

FAST-LIVO 2022：一种快速的激光雷达-惯性-视觉里程计，包含激光-惯导和视觉-惯导两个紧耦合的里程计子系统，激光-惯导子系统将激光原始点云配准到增量式点云地图中，地图中的点带有颜色、纹理信息，将其投影到新图像上，用于视觉-惯导子系统通过最小化光度误差估计新图像的位姿，复用了激光点，避免了视觉特征的提取。

Point-LIO 2023：提出逐点 LIO 框架，消除点云的运动畸变，并允许系统以接近激光点采样的频率进行位姿估计和地图更新。同时，使用随机过程模型对 IMU 测量进行建模，进而提出随机过程增强的运动学模型，并将 IMU 测量值作为系统输出，进一步提高系统带宽。

4. 语义 SLAM

SLAM++ 2013：一个基于先验物体模型的纯面向物体的语义 SLAM 系统。首先，为场景中可能出现的每一个物体构建高质量的物体模型，并构造物体数据库；随后，在追踪过程中，基于先验物体模型数据库检测场景中的物体及其位姿；最后，将检测到的物体模型添加到图优化中，实现面向物体的地图构建。

SemanticFusion 2017：一种利用 SLAM 输出信息改善语义分割性能的方法。首先利用 SLAM 估计像素点的运动，得到相邻帧像素点的关联结果。随后，基于像素点关联信息和分类概率，利用贝叶斯方式更新当前像素点的分类概率，实现连续多帧分类概率的整合，从而增强语义分割的结果。

Fusion++ 2018：一种基于体素的物体级语义 SLAM 系统。使用 Mask-RCNN 检测场景中的物体，获得 2D 实例掩膜。随后，利用 TSDF 对同一物体在连续多帧图像中的 2D 掩膜进行融合，得到物体模型的 3D“体素掩膜”。最后，Fusion++ 将物体的体素模型引入 SLAM 中，设计完整的物体级 SLAM 系统。

DynaSLAM 2018：一种面向动态环境的基于点特征的语义 SLAM 系统。首先，利用语义分割结果标记图像中的疑似动态区域。随后，利用多视图几何对疑似动态区域进行验证，从而确保 SLAM 的稳定性和准确性。

QuadricSLAM 2018：一种基于对偶二次曲面的物体级语义 SLAM 系统。首次将基于对偶二次曲面的物体表示形式引入 SLAM 中，提出对偶二次曲面的投影观测模型和边界框约束模型，并将其与 SLAM 的追踪和建图相融合，实现了基于对偶二次曲面表示的物体模型与相机位姿的联合优化。

CubeSLAM 2019：一种基于长方体模型的物体级语义 SLAM 系统，首次提出了基于消失点的单目 3D 物体检测方法，在假定物体支撑平面已知的前提下，通过采样物体偏航角和顶点位置得到完整的物体模型。最后，将单目 3D 物体检测结果引入 SLAM 中，构建优化目标，实现了物体模型和相机位姿的联合优化。

EAO-SLAM 2020：一种基于参数化和非参数化检验的数据关联方法，首先提出一种基于独立森林的物体点云外点剔除方法，并利用点云估计物体模型。随后，通过假设检验实现物体模型之间的关联，提升了关联的准确度和鲁棒性。

SO-SLAM 2022：一种考虑物体对称性的单目语义 SLAM 系统。采用 Quadric 模型表示物体，并引入三种空间约束增强物体模型，包括比例约束、对称纹理约束和平面支撑约束。SO-SLAM 首次将物体对称性引入物体模型估计和 SLAM 优化中，降低了物体 SLAM 系统对观测数量的依赖。

SGS-SLAM 2024：首个能够同时实现定位、重建和分割的基于 3D 高斯的稠密语义视觉 SLAM。采用多通道优化进行建图，将外观、几何和语义约束与关键帧优化相结合，在提供精确的 3D 语义分割的同时产生高质量的重建结果。

SemGauss-SLAM 2024：一种基于 3D 高斯的语义 SLAM 系统。将语义特征嵌入与 3D 高斯表示相结合，有效编码环境空间的语义信息，实现精确的语义场景表示，同时引入基于语义感知的光束平差法减少累积漂移，提高重建精度。

11.5.2 SLAM 的未来展望

SLAM 技术已经取得了显著进展，但在实际应用中仍面临诸多挑战。表 11-6 总结了几个关键的技术难点与未来展望。

表 11-6　SLAM 的技术难点与未来展望

技 术 难 点	描　述	未 来 展 望
大规模动态环境中的 SLAM	动态干扰：传统 SLAM 假设环境静止，实际应用中动态物体干扰大。 误差累积：长时间运行时，误差累积影响定位精度	动态物体识别与跟踪：结合深度学习和传统 SLAM，提升动态物体识别与跟踪能力。 自适应算法：开发自适应 SLAM 算法，根据环境动态变化自动调整参数和模型
提高 SLAM 系统的鲁棒性	复杂环境适应性：光照变化、遮挡、低纹理等环境下鲁棒性差。 非线性和非高斯噪声：现实环境非线性和非高斯噪声影响大	多传感器融合：结合多种传感器数据，提升环境感知精度和鲁棒性。 鲁棒优化方法：研究基于非线性和非高斯噪声的鲁棒优化方法
实时性与高效计算	高计算量：处理大量传感器数据，难以实时运行。 数据存储与传输：高效的数据存储和传输机制是关键	专用硬件加速：开发 SLAM 专用计算芯片，提高处理效率，降低功耗。 高效数据结构和算法：研究更高效的数据结构和算法
环境语义理解	高层语义信息缺乏：传统 SLAM 关注几何信息，对环境的高层语义信息理解较少。 语义信息集成：将语义信息与几何信息有效融合，实现语义级别的环境理解	深度学习与 SLAM 结合：利用深度学习进行物体识别、语义分割等，将语义信息集成到 SLAM 系统中。 语义地图构建：构建包含语义信息的环境地图
SLAM 与深度学习/大模型的结合	数据驱动与机理驱动结合：深度学习需要大量标注数据，SLAM 依赖精确的物理建模。 泛化能力：大模型在不同环境中的泛化能力有限	混合模型：结合传统 SLAM 物理模型和深度学习，构建混合模型。 自监督学习：利用自监督学习，减少标注数据依赖，提升深度网络/大模型的泛化能力

11.6　思考

【思考 11.1】　探究最新的 SLAM 研究进展，探讨其未来的发展方向和挑战。

【思考 11.2】　现阶段 SLAM 的技术难点是什么？SLAM 技术还有哪些可能的应用？

【思考 11.3】　如果你是一个 SLAM 工程师，想要实现一个 SLAM 系统，你会选择哪种传感器？为什么？

【思考 11.4】　思考 SLAM 在自动驾驶中的应用，探讨现阶段自动驾驶最可能的落地方向以及对交通安全的影响。

【思考 11.5】　分析一个现有 SLAM 系统，如何协助机器人完成在陌生环境中收集数据的任务？描述各个步骤以及它们之间的依赖关系。

11.7　习题

【作业 11.1】　请解释 SLAM 系统前后端的差异，简要说明前端和后端在 SLAM 中的作用是什么、分别处理哪些任务，以及为什么要同时包括前后端。

【作业 11.2】　SLAM 的基本方法可以分为 3 类：传统的 SLAM 方法、端到端的深度学

自
动
化
与
智
能
科
学
概
论
（
微
课
视
频
版
）

习方法和前两类的结合，分析三者的优劣。

【作业 11.3】 请阐释 SLAM 技术在目前的智能家居中是如何应用的，未来会有哪些新的突破。

【作业 11.4】 除 SLAM 技术外，还有哪些机器人定位方法？SLAM 和这些方法的差异以及 SLAM 方法的特殊性体现在哪里？SLAM 在机器人领域和其他无人系统中的重要性体现在哪里？

参考文献

[1] SMITH R C, CHEESEMAN P. On the Representation and Estimation of Spatial Uncertainty[J]. The International Journal of Robotics Research, 1986, 5(4): 56-68.

[2] GÁLVEZ-LÓPEZ D, TARDOS J D. Bags of Binary Words for Fast Place Recognition in Image Sequences[J]. IEEE Transactions on Robotics, 2012, 28(5): 1188-1197.

[3] GRISETTI G, STACHNISS C, BURGARD W. Improved Techniques for Grid Mapping with Rao-Blackwellized Particle Filters[J]. IEEE Transactions on Robotics, 2007, 23(1): 34-46.

[4] KONOLIGE K, GRISETTI G, KÜMMERLE R, et al. Efficient Sparse Pose Adjustment for 2D Mapping: Proceedings of IEEE/RSJ International Conference on Intelligent Robots and Systems (IROS)[C]. IEEE, 2010: 22-29.

[5] ZHANG J, SINGH S. LOAM: LiDAR Odometry and Mapping in Real-time[J]. Robotics: Science and Systems, 2014, 2(9): 1-9.

[6] MUR-ARTAL R, TARDOS J D. ORB-SLAM2: An Open-source SLAM System for Monocular, Stereo, and RGB-D Cameras[J]. IEEE Transactions on Robotics, 2017, 33(5): 1255-1262.

[7] CAMPOS C, ELVIRA R, RODRÍGUEZ J J G, et al. ORB-SLAM3: An Accurate Open-source Library for Visual, Visual-inertial, and Multimap SLAM[J]. IEEE Transactions on Robotics, 2021, 37(6): 1874-1890.

[8] ENGEL J, KOLTUN V, CREMERS D. Direct Sparse Odometry[J]. IEEE Transactions on Pattern Analysis and Machine Intelligence, 2017, 40(3): 611-625.

[9] XU W, CAI Y, HE D, et al. FAST-LIO2: Fast Direct LiDAR-inertial Odometry[J]. IEEE Transactions on Robotics, 2022, 38(4): 2053-2073.

[10] BLOESCH M, BURRI M, OMARI S, et al. Iterated Extended Kalman Filter Based Visual-inertial Odometry Using Direct Photometric Feedback[J]. The International Journal of Robotics Research, 2017, 36(10): 1053-1072.

[11] SHAN T, ENGLOT B, MEYERS D, et al. LIO-SAM: Tightly-coupled LiDAR Inertial Odometry via Smoothing and Mapping: Proceedings of IEEE/RSJ International Conference on Intelligent Robots and Systems (IROS)[C]. IEEE, 2020: 5135-5142.

[12] QIN T, LI P, SHEN S. VINS-Mono: A Robust and Versatile Monocular Visual-inertial State Estimator[J]. IEEE Transactions on Robotics, 2018, 34(4): 1004-1020.

[13] WANG S, CLARK R, WEN H, et al. DeepVO: Towards End-to-end Visual Odometry with Deep Recurrent Convolutional Neural Networks: Proceedings of IEEE International Conference on Robotics and Automation (ICRA)[C]. IEEE, 2017: 2043-2050.

[14] LI Q, CHEN S, WANG C, et al. LO-NET: Deep Real-time LiDAR Odometry: Proceedings of IEEE/CVF Conference on Computer Vision and Pattern Recognition (CVPR)[C]. IEEE, 2019:

8473-8482.

[15] GEIGER A,LENZ P,URTASUN R. Are We Ready for Autonomous Driving? the KITTI Vision Benchmark Suite：Proceedings of IEEE/CVF Conference on Computer Vision and Pattern Recognition (CVPR)[C]. IEEE,2012：3354-3361.

[16] BULICH C,KLEIN A,WATSON R,et al. Characterization of Delay-induced Piloting Instability for the Triton Undersea Robot：2004 IEEE Aerospace Conference Proceedings[C]. IEEE,2004：409-423.

[17] WISTH D,CAMURRI M,FALLON M. VILENS：Visual,Inertial,LiDAR,and Leg Odometry for All-terrain Legged Robots[J]. IEEE Transactions on Robotics,2022,39(1)：309-326.

[18] KOIDE K,MIURA J,MENEGATTI E. A Portable Three-dimensional LiDAR-based System for Long-term and Wide-area People Behavior Measurement[J]. International Journal of Advanced Robotic Systems,2019,16(2)：1-16.

[19] FOX D,BURGARD W,DELLAERT F,et al. Monte Carlo Localization：Efficient Position Estimation for Mobile Robots：AAAI-99：Proceedings of the Sixteenth National Conference on Artificial Intelligence and The Eleventh Annual Conference on Innovative Applications of Artificial Intelligence[C]. Computational Intelligence,1999：343-349.

[20] LIN J,ZHANG F. R3LIVE：A Robust,Real-time,RGB-colored,LiDAR-inertial-visual Tightly-coupled State Estimation and Mapping Package：Proceedings of IEEE International Conference on Robotics and Automation (ICRA)[C]. IEEE,2022：10672-10678.

[21] KIM U H,KIM S H,KIM J H. SimVODIS：Simultaneous Visual Odometry,Object Detection,and Instance Segmentation[J]. IEEE Transactions on Pattern Analysis and Machine Intelligence,2022,44(1)：428-441.

[22] KOESTLER L,YANG N,ZELLER N,et al. TANDEM：Tracking and Dense Mapping in Real-time Using Deep Multi-view Stereo：Proceedings of Conference on Robot Learning[C]. Proceedings of Machine Learning Research,2022：34-45.

[23] SAMADZADEH A,NICKABADI A. SRVIO：Super Robust Visual Inertial Odometry for Dynamic Environments and Challenging Loop-closure Conditions[J]. IEEE Transactions on Robotics,2023,39(4)：2878-2891.

[24] CADENA C,CARLONE L,CARRILLO H,et al. Past,Present,and Future of Simultaneous Localization and Mapping：Toward the Robust-perception Age[J]. IEEE Transactions on Robotics,2016,32(6)：1309-1332.

第 ◇12◇ 章

移动机器人建模与控制

在机器人领域,数据驱动和模型驱动两大科学研究范式各有优势,相互支撑。数据驱动方法利用大量数据进行学习和预测,提高了机器人的智能化水平;而模型驱动方法通过构建和利用物理模型实现了精确的控制和优化。本章的重点放在模型驱动的机器人研究上,当然两者的结合会进一步推动机器人技术的发展,使机器人能够在更复杂和动态的环境中高效工作。

移动机器人是指具有移动能力的机器人,一切可以在空中飞行的、地上奔跑的和水中游动的机器人都属于移动机器人。

对于形态各异的移动机器人,构建其运动学与动力学模型,可以更有效地理解、预测和操控机器人,并在此基础上设计相应的感知、规划和控制算法。可以说,移动机器人建模和控制是其自主导航的基础。

12.1 移动机器人的发展历程

从古至今,为了降低物流环节的人力需求,人们发明了大量具有一定运动能力的装备。我国古代就发明了由杠杆和轮轴等简单机构组成的、具有特定运动功能的"木牛流马"。但是,这些移动装置只能在人的操控下工作,本身并不具备自主作业能力。具有环境感知和自主规划能力的移动机器人平台直到 20 世纪 60 年代才出现,如图 12-1 所示,是美国斯坦福大学开发的 Shakey 机器人。之后移动机器人伴随着相关技术的突破不断进步,完成了从简单的自动化设备到高度复杂、智能化的机器人系统的演变。

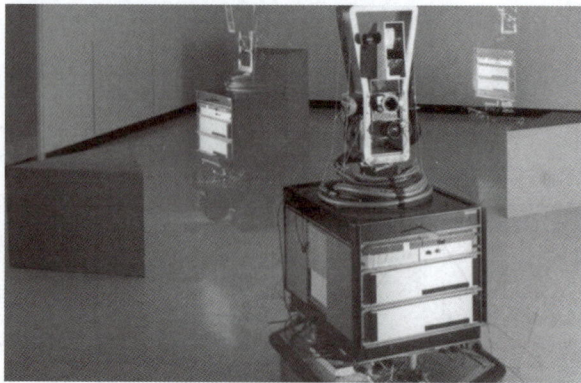

图 12-1 移动机器人 Shakey

12.1.1 初期阶段（1950s—1970s）

移动机器人的早期探索始于 20 世纪 50—70 年代。这一时期受计算和传感能力的限制，机器人仅能完成结构化环境下简单的运动和避障动作，主要用于科学研究。

早在 1948 年，移动机器人原型平台 Tortoises 由威廉·沃尔特（William Walter）完成，如图 12-2(a)所示，它通过简单的旋转式光电二极管感知环境信息，实现自主移动。

20 世纪 60 年代末，美国斯坦福大学人工智能中心研发的 Shakey 机器人被认为是第一个能够对其自身行为进行推理的移动机器人。与其他需要顺序指令操作的机器人不同，Shakey 能够自行分析命令，并将其分解为基本的操作步骤，该项目取得了一些影响深远的成果，包括 A* 搜索算法、霍夫变换和可视图方法等，奠定了移动机器人的研发范式。

1970 年 11 月 17 日，第一台月球车 Lunokhod 1（图 12-2(b)）借助苏联的月球探测器 Luna 17 着陆在月球表面上，这是人类历史上第一个成功在地外星体表面行驶的无人车辆。它在月球表面行驶了大约 10.5km，并发送了大量有关月球地质和环境的数据。

1973 年，日本早稻田大学推出世界上首个仿人智能机器人 WABOT-1，如图 12-2(c)所示，它可以与人类进行简单的日常会话交流，以人工耳朵和眼睛作为遥感器来识别物体，并测量距离和方向，采用双脚行走来移动，并装配具有触觉能力的双手，以完成物体抓取和搬运等工作。

(a) 第一台移动机器人原型 Tortoises　　(b) 第一台月球车 Lunokhod 1　　(c) 第一台仿人机器人 WABOT-1

图 12-2　早期的移动机器人

12.1.2 技术发展阶段（1980s—1990s）

20 世纪 80 年代，移动机器人开始装备更复杂的传感系统和更高级的导航算法，能够执行更复杂的任务，如在未知环境中自主导航和创建地图。

1991 年，MIT 开发的六足机器人平台 Genghis 如图 12-3(a)所示。其采用的"分层递阶架构"是一种控制系统设计方法，它将系统分为多个层次，每个层次负责不同的功能和任务，从而实现复杂任务的有效管理与执行。

1997 年，CMU 开发的 Nomad 机器人漫游车如图 12-3(b)所示。它部署了一个全景摄像机、三对立体摄像头和激光测距仪，并在 45 天内通过远程遥控操作完成了前所未有的 215km 穿越智利北部阿塔卡马沙漠的行程，其中 20km 是在自主控制下完成的。

1997 年，NASA 的 Sojourner 火星车成功着陆火星表面，如图 12-3(c)所示，这是人类历史上第一次成功地将一个机器人车辆送到火星表面并进行探索。

自动化与智能科学概论（微课视频版）

(a) 第一个应用人工智能技术的Genghis移动机器人

(b) CMU开发的Nomad机器人漫游车

(c) 第一次成功登陆火星的Sojourner火星漫游车

图 12-3　典型的移动机器人平台

12.1.3　商业化阶段（2000s—2010s）

21世纪初，随着相关技术的成熟和成本的降低，移动机器人开始从实验室走向市场。这一时期，家庭服务机器人、工业自动化机器人和军用无人车辆开始广泛部署。同时，自动驾驶技术的研发也初见端倪。

2001年，Segway公司推出两轮机器人Segway Personal Transporter，如图12-4（a）所示，通过倾斜和加速度传感器实现平衡，并由用户改变身体重心来控制移动。

2002年，iRobot公司推出了第一款家庭清扫服务机器人Roomba，如图12-4（b）所示，标志着机器人进入了日常消费领域。

(a) 两轮机器人Segway Personal Transporter　　(b) 第一款家庭清扫服务机器人Roomba

图 12-4　面向家庭个人消费的移动机器人

2005年，波士顿动力公司开发出BigDog，如图12-5（a）所示，通过模拟四足动物的运动机理实现了机器人在野外复杂环境下的自主运行。

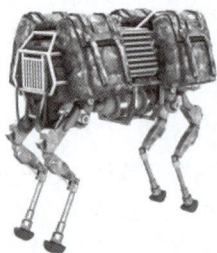

(a) 四足机器人BigDog　　　　(b)飞行机器人Smartbird

图 12-5　仿生机器人平台

2011年，Festo公司发布了一种仿生飞行机器人SmartBird，如图12-5（b）所示，它模仿了鸟类飞行的翅膀运动,并且能够以类似的方式在空中飞行。

12.1.4 智能化和网络化阶段(2010s 至今)

近年来,随着云计算、大数据、物联网和人工智能的快速发展,移动机器人的智能化水平显著提高。通过深度学习技术的加持,机器人不仅能够通过感知系统理解复杂的环境,还能与部署在环境中的传感器系统实时交换信息,实现泛在感知和人机协同工作。

2017 年,顺丰集团研发的中大型固定翼无人机如图 12-6 所示,实现了与顺丰航空物流网络干支的对接,并于 2022 年 1 月获得中国民航局颁发的全球首张大型支线物流无人机商业试运行牌照。

图 12-6 顺丰无人机

2020 年,华为公司面向城市环境发布了高阶智能驾驶系统 ADS 1.0(advanced driving system)。ADS 1.0 基于 Transformer 的 BEV 算法架构,实现了接近 L3 级别的自动驾驶。2023 年 8 月,如图 12-7 所示,华为 ADS 2.0 搭载了激光融合 GOD(general obstacle detection)网络,增强了对道路拓扑结构的推理,实时判断路况,无需高精地图,可以在仅使用标准导航地图的情况下实现决策和规划。2024 年 4 月,华为公司发布了基于端到端的乾崑智驾 ADS 3.0,乾崑 ADS 3.0 进一步去掉了 BEV 网络,采用 PDP(predictive decision planning)网络实现预决策和规划一张网,从而实现类人化的决策和规划。

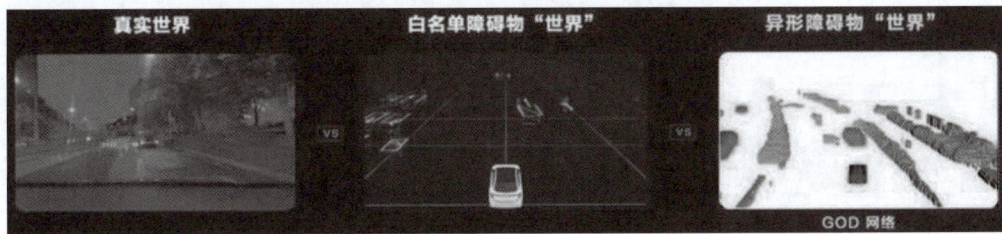

图 12-7 华为高阶智能驾驶系统 ADS 2.0

2023 年,南开大学将深度强化学习引入蛇形机器人规划控制中,研发出了可以适应各种复杂环境、具有高机动性能的机器蛇,如图 12-8 所示,可以根据实际作业任务实现自组装、越障、攀爬等功能。

图 12-8 南开大学机器蛇

12.1.5 未来展望

人工智能技术的快速发展和不断迭代应用将进一步增强移动机器人的自主性、适应性和协作能力,并拓宽其在工业生产、公共服务和特殊任务中的应用,进而使移动机器人与人类社会更加紧密地融合,成为人们日常生活和工作的一部分。

12.2 移动机器人的工作流程

如图 12-9 所示,移动机器人要在陌生环境中自主完成某项作业,首先需凭借机载传感器了解自身所处环境信息,进而同步定位与建图;然后根据自身所处环境态势,结合任务要求进行决策,规划一条可行的轨迹;最终,移动机器人通过其驱动系统,如电机和伺服机构,执行移动、转向等具体动作。在执行任务的过程中,机器人还会持续利用其传感器监测周围环境,实时更新数据,并根据新的环境信息调整其行动策略,确保任务能够高效安全地完成。

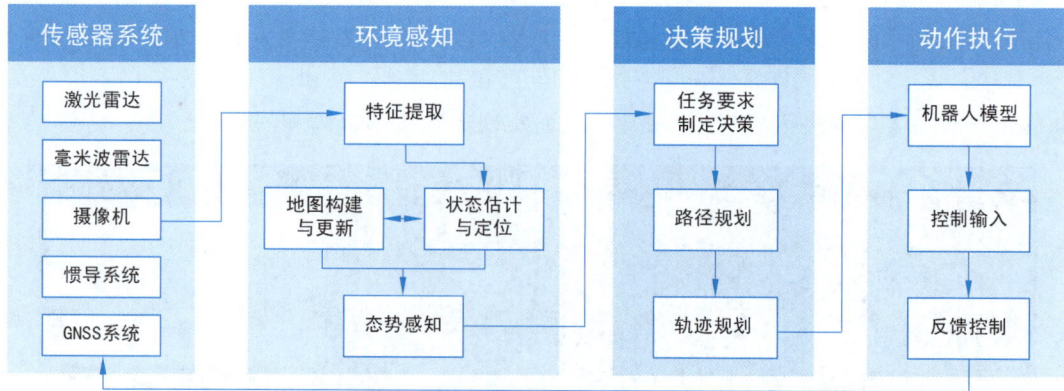

图 12-9 移动机器人的工作流程

12.2.1 环境感知

移动机器人通过传感器(如摄像头、激光雷达、红外传感器等)收集周围环境的数据,从原始数据中提取出几何特征,并以此为基础进行聚类,形成语义信息,实现对环境的数字化表达(构建和更新地图),获取机器人所处环境态势(包括机器人位姿、障碍物位置以及运动趋势等)。

1. 特征提取

完成从传感器数据中识别有用信息,使得机器人能够理解和解释其周围环境。特征提取涵盖了从原始数据(如图像、声音、雷达或激光雷达信号)中抽取特定属性的过程,属性既包括能够描述物体的形状、大小、位置和空间结构的几何特征,也包括能够描述物体、场景或行为含义和上下文信息的语义特征。这些属性对于后续的任务(如导航、避障、物体识别和地图构建)至关重要。

2. 状态估计与定位

状态估计是机器人导航的关键任务,其作用在于当机器人在环境中移动时,识别并关联机器人在不同时间点通过传感器(如相机或激光雷达)收集的数据中的相同环境特征,通过这些重复出现的特征估计位姿变化,有效更新和维护环境地图的一致性。这一过程对于实现准确的导航和地图构建是至关重要的。

3. 态势感知

移动机器人的态势感知是指机器人对其周围环境的状态、动态变化和潜在威胁的识别、解释和预测能力。这一能力是机器人进行有效决策和行动规划的基础,尤其在复杂和动态环境中,如自动驾驶车辆、搜索与救援任务中,态势感知显得尤为重要。

12.2.2 决策规划

移动机器人的决策规划是指机器人系统根据任务要求自主做出行为选择,并规划达到某个目标状态的路径以及轨迹序列的过程。具体而言,就是依据机器人的感知结果,面向实际复杂的作业任务,基于某种策略,选择最优动作行为,在保障机器人运动过程中与人、环境以及其他机器人之间的安全前提下,在起点和终点之间生成能够被机器人执行(满足机器人运动学、动力学与执行器约束)的轨迹。这些能力对于实现机器人在动态环境中的有效操作至关重要。决策规划通常包括制定策略、路径规划、轨迹规划三部分。

1. 制定策略

制定策略是机器人根据环境信息和任务要求选择最佳行动方案的过程。通常包括对当前环境状态、可用动作及其对后果的评估。常见的决策方法如下。

1)基于规则的行为决策

根据预设的规则和逻辑来选择动作,常见于较为简单或高度结构化的任务。基于规则的系统通常易于实现,响应速度高,透明性较高。但是,由于其行为完全依赖预定义的规则,导致该种方法缺乏灵活性,无法有效应对未预见到或环境发生变化的情况,且随着环境和任务复杂性的增加,所需规则的数量可能呈指数级增长,使得管理和维护变得困难。

2)基于模型的决策

使用预先构建的环境数学模型预测每个可能动作的结果,设计奖励策略,评估每个动作导致的潜在结果的效用或价值,通过优化算法(如动态规划、蒙特卡洛树搜索或线性规划等)计算出最优策略,即在给定状态下选择最佳动作的规则,进而得到最优的动作序列,实现最大化长期收益或最小化成本。这种决策方式通常用于复杂的动态环境中,机器人需要根据预测的未来状态优化其行为。通过这种决策方法,移动机器人能够在预见未来环境变化的前提下做出更加精确和有效的行动选择。但是其强烈依赖模型的准确性，如果模型与实际环境有较大偏差，决策的有效性可能会受到影响。

3）学习型决策

利用机器学习方法，如强化学习使得机器人能够通过与环境的交互来学习最优的决策策略。特别是在面对复杂和动态环境时，学习型决策在移动机器人的决策制定中扮演着重要角色。学习型决策依赖奖励机制，其中机器人的每个行动都会根据其对任务目标的贡献获得奖励或惩罚。这种机制帮助机器人评估不同行动的效果。同时，机器人需要在探索新策略和利用已知策略之间找到平衡。学习型决策使机器人能够从经验中学习，提供了一种强大的工具来处理那些预设规则难以应对的复杂和不断变化的任务环境。因此，该类算法具有很高的适应性，通过不断学习，机器人能够适应环境的变化和未曾预见的情况。

2. 路径规划

路径规划是指依照感知的环境信息，根据给定的评判准则，在给定的地图上寻找从起始状态到目标状态的无碰撞的联通路径。路径规划关注的是安全性、连通性和可达性。路径规划可分为全局路径规划和局部路径规划。

1）全局路径规划

作用是为机器人在复杂环境中从起点到终点生成一条最优路径。在全局路径规划中，通常需要事先知道环境的完整信息（一般以地图的形式表示，包括可通行道路、静态障碍物等）。机器人利用这些地图数据评估不同路径的成本（例如距离、能耗等），并选择成本最低的路径，最终得到一条避免障碍、高效且安全的路径。全局路径规划是一种事前规划，无法适应环境的实时变化。

2）局部路径规划

类似人类驾驶车辆的过程，是一种在机器人的即时感知范围内动态生成路径的技术。这种规划策略依赖机器人的传感器系统对环境的实时感知，并根据这些信息动态调整机器人运行路线。局部路径规划的主要任务是确保机器人能够在变化的环境中快速安全地导航，同时避免碰撞。然而，局部路径规划依赖局部信息，可能无法找到全局最优的路径。

在实际应用中，局部路径规划通常与全局路径规划结合使用，以提供既考虑全局效率又能应对局部挑战的综合导航解决方案。

3. 轨迹规划

轨迹规划通常是指在给定的路径上，考虑机器人和执行器约束的情况下生成随时间变化的运动序列。轨迹规划系统不只是输出一条几何路径，还要给出机器人在路径上每一点的速度指令。由于某些移动机器人自身的非完整约束（nonholonomic constraints）特性（即无法侧向移动），机器人前向速度和转向速度间存在一定的耦合特性，增加了轨迹规划的难度。

12.2.3　动作执行

动作执行指的是机器人按照预先规划好的轨迹，基于移动机器人的物理模型计算运动指令，并根据传感器反馈的机器人状态控制机器人跟踪给定轨迹，以便运动到目标位置。这个过程包括如下两个阶段。

1. 运动指令生成

运动指令生成的过程就是确定机器人控制器给定目标的过程。具体而言,根据机器人预设轨迹,基于机器人的动力学和运动学模型生成机器人控制需要的给定输入指令。

2. 反馈控制

在移动机器人的运行过程中,受环境如地面的坑洼起伏、不同光滑程度等不确定性因素的影响,使得预先构建的系统模型无法完全准确地反映机器人在实际环境中的运行状态。因此,必须采用反馈控制机制实时调整运动指令,以便更精确地适应实际的环境条件和机器人的动态变化,确保动作执行的精度。

12.3 轮式移动机器人的结构与运动学模型

在众多移动机器人形态中,轮式移动机器人通过轮子进行移动。车轮是人类最伟大的发明之一,相较于履带或多足机器人,轮式移动机器人在运动过程中主要克服滚动摩擦,具有更高的速度和更低的能耗,在人造环境中表现出优良的能效比。同时,轮式机构简化了机械复杂性,降低了故障率和维护成本,其操作也较为直观,容易通过程序进行控制和调整,使其成为移动机器人中最常见的应用形态之一。

由于轮式移动机器人通过车轮与环境交互,因此其本体运行的灵活程度(即自由度)由车轮类型及其在本体上的安装位置决定。

构建机器人运动学模型、设计机器人规划策略和控制器时,应当尽量保持车轮与地面为纯滚动,避免产生滑动摩擦。基于此原则,可以分析各个轮型对移动机器人运动的约束。

12.3.1 主要轮型

目前,在移动机器人领域,常见的轮型主要有以下 4 种,如图 12-10 所示。

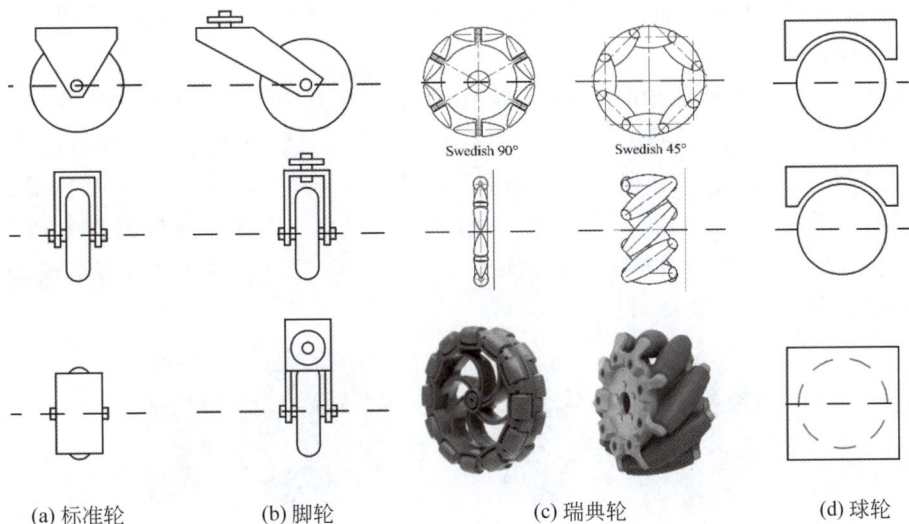

Swedish 90°   Swedish 45°

(a) 标准轮   (b) 脚轮   (c) 瑞典轮   (d) 球轮

图 12-10 移动机器人的 4 种主要轮型

1. 标准轮

标准轮是最常见的轮型,分为标准固定轮和标准转向轮(同心轮),如图 12-11 所示。标准轮通常固定在机器人的底盘上,其安装轴线与车轮轴线垂直相交。由于这种轮型沿轮轴方向的运动为纯滑动,具有较大的阻力,限制了本体沿轮轴方向上的运动,使其仅能沿着轮面方向运动和沿着安装轴线方向转动。

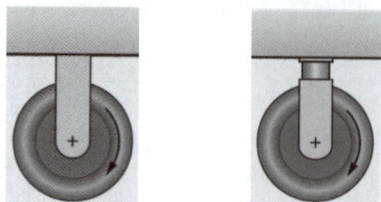

(a) 标准固定轮　　(b) 标准转向轮

图 12-11　标准轮分类

固定轮是指在其安装轴线上不能旋转的车轮(如自行车的后轮),它只能在轮子平面的方向上滚动。转向轮的车轮中心和地面接触点的连线与安装轴线重合(如自行车的前轮),其与固定轮的区别仅在于车轮可以围绕安装轴线旋转,进而改变车轮平面的指向。

2. 脚轮

如图 12-10(b) 所示,脚轮(也称偏心轮)的车轮中心和地面接触点的连线与安装轴线存在着一定的偏移。正是由于这个偏心距的存在,使得车轮沿车轮中心和地面接触点的连线旋转转化为车体连接处的侧向移动,进而机器人本体可以不受约束,全向移动,具有更高的灵活度,常常用于机器人随动轮。

虽然脚轮具有良好的灵活性,但是由于偏心距的存在,机器人载荷通过安装轴线施加在这个偏心轴上,产生了较大扭矩,使得安装轴线上的转向轴承承受很大压力,容易导致轴承的损害。因此,这种轮型无法应对重载环境。同时,机器人换向时会对机器人底盘施加一个扭矩,导致车体晃动。

3. 瑞典轮

瑞典轮也称为麦克纳姆轮、艾隆轮(Ilon wheel),是一种全向轮,由瑞典麦克纳姆公司(Mecanum AB)的工程师本特·艾隆(Bengt Erland Ilon,1923—2008)发明而得名,1972 年获得美国专利。

瑞典轮是由在一个标准轮的轮辋(主轮)上附加一系列轴线与轮面成一定安装角度的轮辊(滚轮)组成。如图 12-12 所示,滚轮与主轮轴线夹角为 45°的称为麦克纳姆轮(Mecanum wheel),夹角为 90°的称为连续切换轮(omni wheel)。瑞典轮通过轮辋上附加轮辊的方式在固定标准轮上增加一个自由度,实现无约束的全方向移动。由于瑞典轮驱动力来自主轮上的电机驱动,滚轮为随动轮,没有驱动,速度方向的分配需要通过多个轮组合实现,因此瑞典轮无法单独使用,需要成套使用。

(a) 麦克纳姆轮　　　　　　(b) 连续切换轮

图 12-12　瑞典轮分类

4. 球轮

如图 12-13(a) 所示,球轮形态为球形,可以在多个方向上自由滚动,因此,球轮也是一种全向轮。虽然球形轮胎具有转向灵活的优势,但其制造和使用成本高昂、驱动制动机构复杂,且抓地面积小,抓地力低,目前仅有少量概念车型使用,如图 12-13(b)所示。

(a) 固特异球形轮胎　　　　　　(b) 奥迪RSQ概念车

图 12-13　球轮应用

这些不同类型的轮型可以根据机器人的具体应用需求选择和组合,以实现最佳的移动性能和操作效率。

12.3.2　轮式移动机器人的自由度与种类

1. 瞬时旋转中心 ICR

限制轮式机器人移动的基本约束是每个轮子都需要满足纯滚动、无滑动的约束。

由于滑动约束存在,标准轮不应该有沿车轮轴线方向上的侧移运动。这可以通过在其车轮轴线上绘制一个零运动线进行几何表示,如图 12-14 所示,零运动线穿过轮心垂直于轮面。在任何给定时刻,要求车体沿着零运动线方向的运动必须为零。换句话说,车体每个瞬时只能沿着某个半径的圆周运动,该圆的圆心就是车体瞬时旋转中心 ICR,ICR 必须位于零运动线上。如若不然,车体就会出现漂移运动。

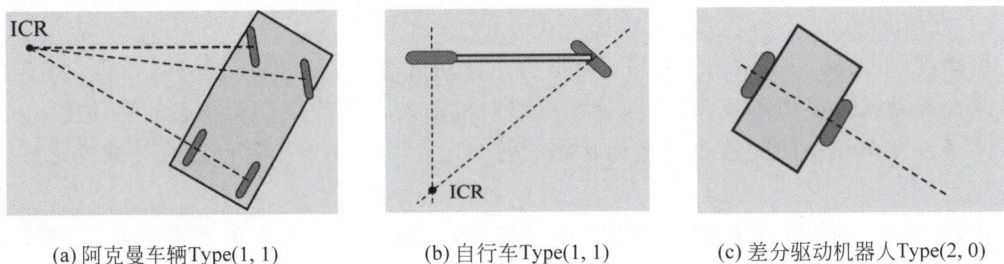

(a) 阿克曼车辆Type(1, 1)　　　(b) 自行车Type(1, 1)　　　(c) 差分驱动机器人Type(2, 0)

图 12-14　瞬时旋转中心(ICR)

2. 轮式移动机器人的自由度组成

刚体在三维空间中有 6 个自由度,即 3 个平动自由度和 3 个转动自由度。当刚体被约束在平面上运动时(如笛卡儿空间下的 XY 平面),最多有 3 个自由度,即沿笛卡儿坐标系 x 轴、y 轴的平移和绕 z 轴的转动。

轮式移动机器人的自由度是机器人在平面上运动灵活度的表征。轮式移动机器人的自由度由车轮类型及其排布决定。受到车轮本身滑动约束的限制,车体在车轮安装位置上无法沿轮轴方向上平移，进而限制了车体运动的自由度。

本书采用 Type(A, B) 表征轮式移动机器人自由度分配，其中，A 为移动度，B 为转向度。

1）移动度

移动度（degree of mobility）就是机器人瞬时运动的灵活度。对于平面运动的机器人，其移动度等于自由刚体平面运动的自由度减去独立轮组带来的独立滑动约束个数。这里的"独立"指的是机器人每个标准轮组保证沿轮轴方向无位移的滑动约束个数。

图 12-14(a)显示的是汽车采用的阿克曼架构，前面 2 个为标准转向轮，后面 2 个为标准固定轮。虽然每个标准轮均受到滑动约束，但是要同时保证 4 个标准轮无滑动，移动机器人整体仅能有一个唯一的瞬时旋转中心，即 3 个零运动线必须交为一点，2 个协同转向轮只能提供一个独立滑动约束，2 个固定轮提供一个独立滑动约束，因此其移动度为 1。如图 12-14(b)所示的自行车，2 个轮子各贡献了一个滑动约束，2 个约束共同确定了机器人的瞬时旋转中心，因此，其独立的滑动约束也为 2，其移动度为 1。图 12-14(c)的差分驱动机器人，2 个固定轮的轴线共线，第 2 个轮子对机器人运动没有增加额外的运动学约束，因此，差分驱动机器人独立的滑动约束为 1，移动度为 2。

2）转向度

转向度（degree of steerability）描述的是改变标准转向轮方向带来的额外的改变运动方向的能力。转向度大小等于独立的标准转向轮的数量。需要注意的是，转向度对机器人位姿的变化的影响是间接的，改变标准转向轮的角度后，机器人必须移动，转向角度的改变才会对姿态产生影响。

如图 12-14(a)所示的阿克曼架构，由于后面两个标准固定轮已经提供了一条零运动线约束，当确定其中一个标准转向轮的姿态后，机器人的瞬时旋转中心就被确定了，另一个标准转向轮的轴线必须通过此瞬时旋转中心，因此不是独立转向轮，所以其转向度为 1。图 12-14(b)所示的自行车前轮（标准转向轮）为独立转向轮，因此，自行车的转向度也为 1。如图 12-14(c)所示的差分驱动机器人，由于系统中不含有标准转向轮，其转向度为 0。

3）机动度

机动度（degree of maneuverability）指的是移动机器人可以操控的总自由度，是机器人总体改变运动状态能力的反映，既包括衡量移动机器人瞬时改变运动状态的移动度，也包括衡量通过改变车轮朝向间接改变运动状态的转向度。其大小等于移动度和转向度之和。

3. 轮式移动机器人种类

移动机器人的自由度反映了机器人运动特性，不同自由度组合的机器人采用的控制与规划算法也不尽相同。基于机器人的自由度不同，可以将轮式移动机器人分为两大类：全向移动机器人和非全向移动机器人。

1）全向移动机器人

全向移动机器人（omnidirectional mobile robot）是能够在任何方向上自由移动的机器人，即机动度为 3 的移动机器人。这种灵活的移动能力使全向移动机器人在空间狭小或需要高度机动性的环境中工作。根据是否存在标准轮，可将全向移动机器人分为完整约束全向移动机器人和非完整约束全向移动机器人。

（1）完整约束全向移动机器人——Type(3,0)。

由于系统中不存在标准轮，没有零运动线约束，完整约束全向移动机器人的移动度为3，机器人具有瞬时全向移动能力。

这类机器人具有极高的运动灵活度，由于没有非完整约束限制，其运动可以在三个方向上解耦，独立进行规划和控制。但是，由于组成该类机器人的轮型为脚轮、瑞典轮或球轮，导致其机械结构复杂，制造和维护成本高，实际应用较少。图 12-15 展示了几种该类机器人的典型结构。

(b) 基于主动脚轮的全向机器人（南开NK-OmniⅡ）

(a) CMU单球机器人   (c) 基于瑞典轮的全向机器人

图 12-15　完整约束全向移动机器人

完整约束全向移动机器人中比较有代表性的是基于麦克纳姆轮的全向机器人。4 个麦克纳姆轮构成的全向移动机器人的工作原理是基于向量叠加的原理。如图 12-16 所示，其

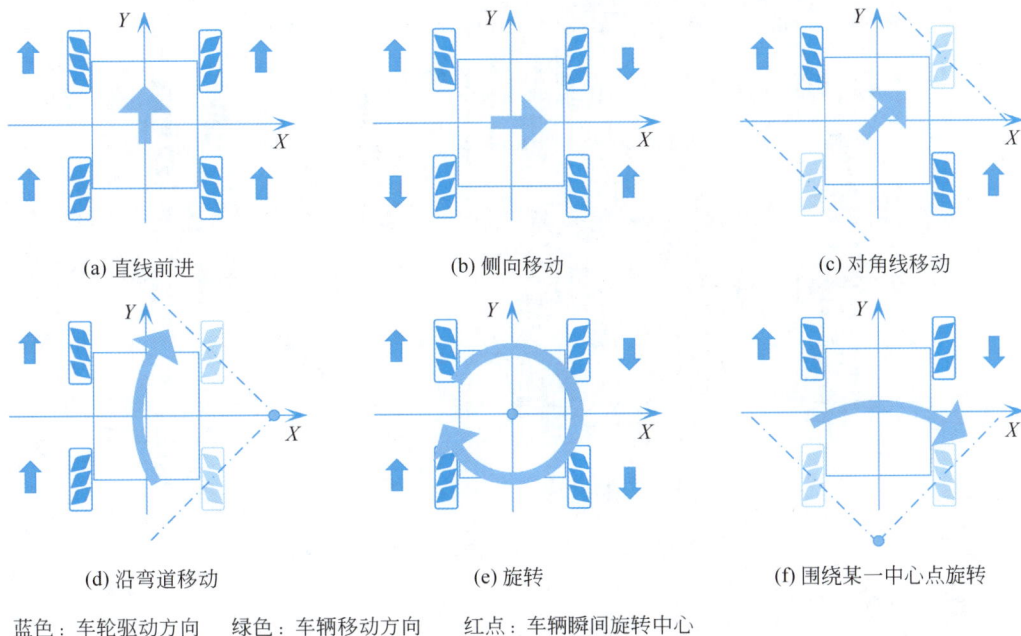

(a) 直线前进   (b) 侧向移动   (c) 对角线移动

(d) 沿弯道移动   (e) 旋转   (f) 围绕某一中心点旋转

蓝色：车轮驱动方向　　绿色：车辆移动方向　　红点：车辆瞬间旋转中心

图 12-16　基于麦克纳姆轮的移动机器人运动机理

主轮轴线与滚轮之间的夹角为 45°，使得每个主轮产生的驱动力可以分解为两个分量：一个沿车体的纵向（前后方向），另一个沿车体的横向（左右方向）。这些向量的合力决定了车体最终的活动状态。调节各个车轮独自的转向和转速可以实现整个车体前行、横移、斜行、旋转及其组合等运动方式。

瑞典轮虽然在提供全方位机动性方面具有独特优势，但在使用过程中也面临一些挑战和问题。如瑞典轮的结构更为复杂，不仅增加了成本，也提高了维护费用；另外，瑞典轮轮辊直径较小，对地面的平整度和硬度有一定要求，导致其通过性差。

（2）非完整约束全向移动机器人。

由于系统中存在零运动线约束的标准轮，非完整约束全向移动机器人移动度小于3，其全向运动能力通过间接控制标准轮转向实现。有 Type(1,2) 和 Type(2,1) 两类，机动度均为3。

图 12-17(a) 展示了一种应用在智能泊车领域的非完整约束全向移动机器人，等效安装了 4 个标准转向轮。该类机器人在运动方向改变时需要先调整任意 2 个主动转向轮朝向，以便确定瞬时旋转中心 ICR，之后其他 2 个转向轮的零运动线必须通过该 ICR，转向轮方向随之确定，由于独立转向轮为 2，所以其转向度为 2。该类机器人的运行效率和灵活度不如完整约束全向移动机器人，但是结构简单、成本相对低廉，因此在空间狭小的实际应用场景中被大量使用。图 12-17(b) 展示了另外一种非完整约束全向移动机器人，由于是三点支撑，稳定性较差。

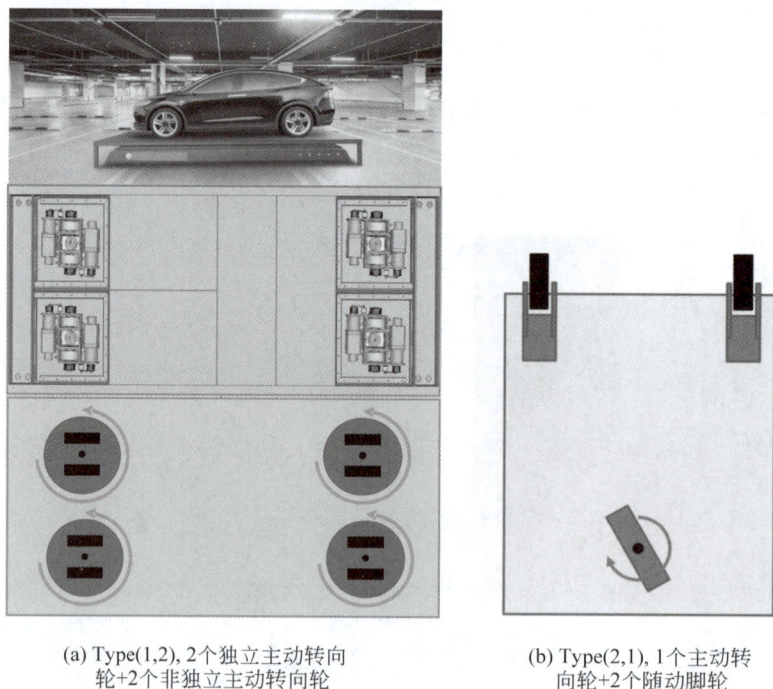

(a) Type(1,2), 2个独立主动转向
轮+2个非独立主动转向轮

(b) Type(2,1), 1个主动转
向轮+2个随动脚轮

图 12-17　两种非完整约束全向移动机器人

2）非全向移动机器人

非全向移动机器人是指机动度小于 3 的机器人，该类机器人受滑动约束限制，运动灵活

度受限,转向时往往需要更大的空间。同时,其侧向移动和姿态变化存在耦合特性,使得其规划和控制算法相对复杂。但是,这类机器人的结构相对简单,制造和维护成本低,而且运动指向性和稳定性更为出色,因而被广泛应用。

（1）差速移动机器人——Type(2,0)。

如图 12-18 所示,差速移动机器人一般采用两个独立驱动的标准固定轮作为驱动轮,有时为了保持车身平衡,常常采用随动全向轮(如脚轮)作为辅助支撑。

尽管不能像全向移动机器人那样在任何方向上直接移动,但差速驱动可以实现原地零转弯半径的旋转,在处理窄空间的转向时表现出极高的灵活性。由于其具有结构简单可靠、成本低廉、运行灵活、控制方便等优势,在仓储物流、自动化线边物流等领域被大量使用。

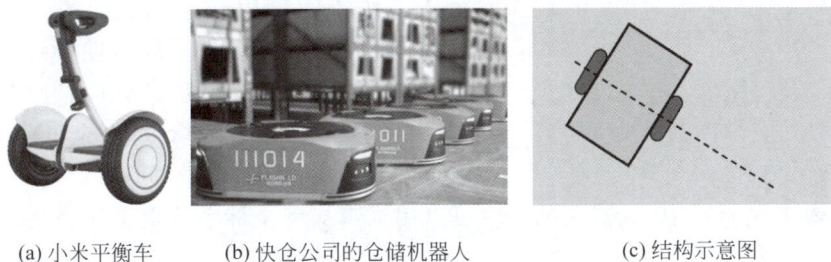

(a) 小米平衡车　　(b) 快仓公司的仓储机器人　　(c) 结构示意图

图 12-18　差速移动机器人

（2）类车移动机器人——Type(1,1)。

如图 12-19 所示,类车移动机器人一般同时包括标准固定轮和标准转向轮,标准固定轮提供一个零运动线约束,标准转向轮提供一个零运动线约束的同时提供一个附加的转向能力。

该类机器人的运动灵活度被进一步限制,因此需要更多的空间来转向。但是由于该类机器人具有更好的指向性,可以在保持较高速度的同时实现精确的操控,因此在许多应用中非常受欢迎,尤其是在运输、物流和自动化巡逻等方面。

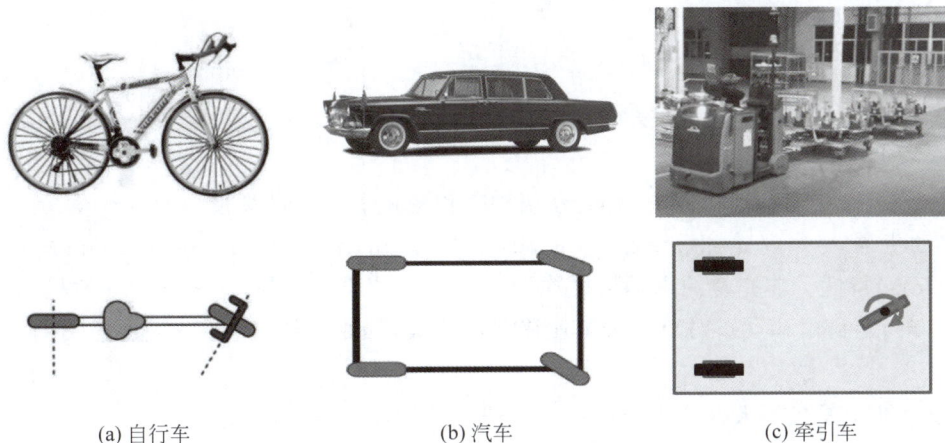

(a) 自行车　　(b) 汽车　　(c) 牵引车

图 12-19　类车移动机器人

12.3.3　差速移动机器人运动学

移动机器人运动学模型是描述机器人如何在空间中移动的数学模型。它通常用于推导机器人如何通过控制其驱动轮（如全向轮、标准轮等）来实现目标位置和姿态的变化。运动学模型并不考虑机器人的动力学（即速度、加速度和外力等），而是关注如何通过控制输入实现机器人的位置和方向变化。

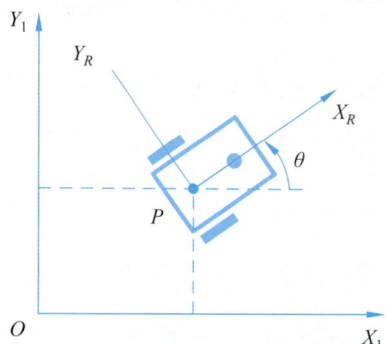

图 12-20　全局惯性参考坐标系与机器人局部参考坐标系

为了描述移动机器人空间运动规律，首先需要定义机器人工作空间以及机器人在空间中的位姿（即机器人的位置和姿态）。如图 12-20 所示，机器人工作空间可用一个正交的笛卡儿坐标系表征，这个坐标系被称为全局惯性参考坐标系$\{I\}$。另外，定义一个固结在机器人本体上的坐标系，即局部参考坐标$\{R\}$，通过计算两个坐标系间的相互关系可以描述机器人在空间中的位姿。

在全局参考坐标系中，机器人的位置可以用局部参考坐标系原点 P 在全局参考坐标系中的坐标(x,y)定义，机器人的姿态为局部参考坐标系 x_R 轴与全局参考坐标系 x_I 轴的夹角θ。由此，机器人在平面中的位姿可用一个三维向量表征，其中下标 I 标识该位姿是在全局惯性参考坐标系下描述的：

$$\xi_I = \begin{bmatrix} x_I \\ y_I \\ \theta_I \end{bmatrix} \tag{12-1}$$

为了描述机器人的空间运动规律运动，需要将全局参考坐标系下的运动 $\dot{\xi}_I$ 映射到机器人的局部参考坐标系中。这种映射可由一个正交旋转矩阵 $R(\theta)$ 实现：

$$\dot{\xi}_R = R(\theta)\,\dot{\xi}_I \tag{12-2}$$

其中，

$$\dot{\xi}_I = \begin{bmatrix} \dot{x}_I \\ \dot{y}_I \\ \dot{\theta}_I \end{bmatrix}, \quad \dot{\xi}_R = \begin{bmatrix} \dot{x}_R \\ \dot{y}_R \\ \dot{\theta}_R \end{bmatrix}, \quad R(\theta) = \begin{bmatrix} \cos\theta & \sin\theta & 0 \\ -\sin\theta & \cos\theta & 0 \\ 0 & 0 & 1 \end{bmatrix} \tag{12-3}$$

接下来，以差速移动机器人为例，介绍构建移动机器人运动学模型的方法。

移动机器人受到轮组滑动约束的限制，其运动呈现出非完整约束（nonholonomic constraints）特性。非完整约束是指机器人在移动时受到的限制，这些限制导致机器人不能在所有方向上自由移动。对于一个差速移动机器人，其非完整约束可以用如下方程表示：

$$\dot{y}_I\cos\theta - \dot{x}_I\sin\theta = 0 \tag{12-4}$$

其中，$\dot{x}_I$ 和 $\dot{y}_I$ 是机器人在全局坐标系中的速度分量，θ 是机器人的姿态。

机器人的侧向速度为零，这种约束体现在速度上，而不是其位置。因此，具有非完整约束的运动学模型无法在位置空间映射输入输出关系，需要在速度空间上建模。非完整约束的移动机器人运动学模型又称为差分运动学模型（differential kinematics）。

差分运动学模型指的是已知机器人轮子转速 $\dot{\varphi}$,舵机转角 β,舵机转速 $\dot{\beta}$ 以及机器人几何尺寸,构建从机器人控制输入全局惯性参考坐标系下机器人速度 $\dot{\xi}_I = \begin{bmatrix} \dot{x}_I & \dot{y}_I & \dot{\theta}_I \end{bmatrix}^T$ 之间的映射关系,即

$$\dot{\xi}_I = \begin{bmatrix} \dot{x} \\ \dot{y} \\ \dot{\theta} \end{bmatrix} = f(\dot{\varphi}_1, \cdots, \dot{\varphi}_n, \beta_1, \cdots, \beta_m, \dot{\beta}_1, \cdots, \dot{\beta}_m) \tag{12-5}$$

基于瞬时旋转中心的方法是一种差分机器人运动学常用的建模方法。其原理就是将整个机器人看作一个刚体,根据空间运动刚体的运动特点(即刚体上的任何一点角速度相同,刚体中两点间相对位置关系不会发生变化),通过每个标准轮提供的零运动线(车轮轴线)约束寻找瞬时旋转中心,构建方程,求解机器人运动学模型。

如图 12-21 所示,以差速移动机器人为例,机器人左右轮转速分别为 $\dot{\varphi}_l$、$\dot{\varphi}_r$,由标准轮滑动约束,可得机器人侧向速度 $\dot{y}_R = 0$,机器人瞬时旋转中心必位于标准轮线上(即坐标轴 y_R 上),设此时机器人旋转半径为 R,车轮中心到机器人坐标系原点的距离为 l,根据刚体运动特性,有如下方程:

$$\dot{\theta} = \frac{\dot{x}_R}{R} = \frac{v_l}{R-l} = \frac{v_r}{R+l} = \frac{\dot{\varphi}_l r}{R-l} = \frac{\dot{\varphi}_r r}{R+l} \tag{12-6}$$

可解出机器人控制输入机器人局部参考坐标系下的速度 $\dot{\xi}_R$ 间的映射:

$$\dot{\xi}_R = \begin{bmatrix} \dot{x}_R \\ \dot{y}_R \\ \dot{\theta}_R \end{bmatrix} = \frac{r}{2} \begin{bmatrix} \dot{\varphi}_l + \dot{\varphi}_r \\ 0 \\ \dfrac{\dot{\varphi}_r - \dot{\varphi}_l}{l} \end{bmatrix} \tag{12-7}$$

进一步通过旋转矩阵可得全局参考坐标系下的速度 $\dot{\xi}_I$:

$$\dot{\xi}_I = R^{-1}(\theta) \dot{\xi}_R \tag{12-8}$$

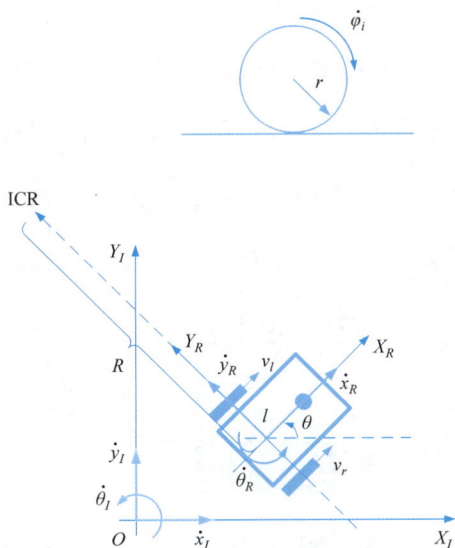

图 12-21　基于瞬时旋转中心(ICR)方法示意图

12.3.4　差速移动机器人里程计

如 12.3.3 节所述，非完整约束的移动机器人运动学模型无法在位置空间映射输入输出关系。但是，每个车轮的旋转角度提供了关于机器人相对位移的重要信息。根据机器人运动学模型，可以构建出其整体的运动轨迹。

简单来说，车轮里程计模型可以理解为基于运动学模型的数值积分过程。具体而言，忽略车轮与地面打滑因素，根据车轮相较于前一状态转过角度的增量，依据机器人运动学模型，求取机器人位移和姿态变化的增量，并将此距离投影到机器人运行方向上，进而求取其在全局惯性参考坐标系下相对位移和姿态变化。

具体过程如下，设机器人经过 T_s 时间后，通过编码器可测得左右轮相较于前一状态转过角度的增量分别为 $\Delta\varphi_l$ 和 $\Delta\varphi_r$。当机器人前后两状态的时间间隔 T_s 较小时，可以近似地认为左右两轮在此时间间隔内为匀速转动（即轮速不变），根据机器人运动学模型式(12-7)，可得机器人局部坐标系下位移和姿态变化的增量：

$$\Delta s = \int_0^{T_s} \frac{r}{2}(\dot{\varphi}_l + \dot{\varphi}_r)\,\mathrm{d}t \approx \frac{r}{2}(\Delta\varphi_l + \Delta\varphi_r) \tag{12-9}$$

$$\Delta\theta = \int_0^{T_s} \frac{r}{2l}(\dot{\varphi}_l - \dot{\varphi}_r)\,\mathrm{d}t \approx \frac{r}{2l}(\Delta\varphi_l - \Delta\varphi_r) \tag{12-10}$$

进一步，将机器人局部坐标系下位移和姿态变化投影到机器人的运行方向上，得到机器人在全局惯性参考坐标系下相对位移和姿态变化，参见表 12-1。里程计的误差来源比较复杂，比较重要的有：数值积分误差、运动学参数误差和车轮非纯滚动误差等。

表 12-1　移动机器人轮式里程计计算方法

里程计计算方法	一阶欧拉法	二阶 Runge-Kutta 法
投影方向	不考虑机器人姿态变化	考虑机器人姿态变化
示意图		
计算公式	$\begin{cases} x_{k+1} = x_k + \Delta s\cos(\theta_k) \\ y_{k+1} = y_k + \Delta s\sin(\theta_k) \\ \theta_{k+1} = \theta_k + \Delta\theta \end{cases}$	$\begin{cases} x_{k+1} = x_k + \Delta s\cos\left(\theta_k + \dfrac{\Delta\theta}{2}\right) \\ y_{k+1} = y_k + \Delta s\sin\left(\theta_k + \dfrac{\Delta\theta}{2}\right) \\ \theta_{k+1} = \theta_k + \Delta\theta \end{cases}$

12.4　移动机器人的运动规划算法

运动规划是机器人领域的核心关键问题之一，移动机器人运动规划主要解决机器人如何安全、高效地从一个位置导航到另一个位置。

运动规划可以看作多目标、多变量、多约束耦合的规划模型优化问题。多目标指的是在运动规划过程中需要同时考虑多个优化目标。这些目标通常会存在一定的竞争关系,需要在它们之间找到一个平衡。常见的目标包括最短路径、最低能耗、最短时间、最大安全性等。多变量指的是影响运动规划决策的各种参数和状态变量。这些变量包括机器人的位置姿态、速度加速度以及环境感知信息等。多约束指的是在运动规划过程中需要遵循的各种限制条件,确保规划的轨迹可以在机器人的能力范围内执行。这些约束包括移动机器人非完整约束、机器人运动学模型约束、运动路径及其曲率的连续性和光滑性约束、机器人执行机构的功率约束等。特别是由于机器人非完整约束的存在,多个目标、约束以及变量间存在着强耦合特性,且各个指标之间存在矛盾,需要进行权衡,增加了运动规划的难度。

为了有效地处理这种复杂性,运动规划通常采用解耦的方法,即将规划过程分为路径规划和轨迹规划两个阶段。首先,通过路径规划,基于地图或环境感知信息,在全局惯性参考坐标系下生成机器人位姿的一个特定序列;而轨迹规划则是根据给定的路径,基于机器人执行机构性能约束,对机器人的速度、加速度进行分配,强调了时间性。

12.4.1 路径规划

路径规划关注的是连通性、可达性和安全性。

路径规划通常需要事先知道环境的完整信息,这种信息一般以地图的形式表示,包括可通行道路、静态障碍物如建筑物、标识物等。机器人利用这些地图数据评估不同路径的成本(例如距离、时间或能耗),并选择成本最低的路径,最终得到一条避免障碍、高效且安全的路径。

路径规划算法一般可分为基于图搜索的路径规划算法和基于采样的路径规划算法,具体如下。

1. 基于图搜索的路径规划算法

顾名思义,基于图搜索的路径规划算法首先要将地图中的可通行区域利用一定算法抽象成拓扑图的形式(类似地铁线路图),然后利用搜索算法,寻求从起点到目标点的路径。

经典拓扑图生成的方法及原理如表 12-2 所示。

表 12-2 经典拓扑图生成的方法

算法名称	示　意　图	算法思路
可视图 (visibility graph)		将地图中障碍物抽象为多边形,将障碍物顶点、起始点和目标点两两连接,并判断每条连线是否穿越障碍物,保留未穿越障碍物的连线,利用树状结构存储节点间的链接关系。这种方法可实现无碰撞的最短距离规划。但是太过靠近障碍物,安全性较差

自动化与智能科学概论（微课视频版）

续表

算法名称	示 意 图	算 法 思 路
维诺图（voronoi graph）		将地图中障碍物抽象为多边形，计算通路中到两最近障碍物距离相同的点，构成维诺图的边，利用树状结构存储维诺图边上节点间的链接关系。维诺图产生的路径距离周围两个最近的障碍物的距离相等，最大化与障碍物的距离
单元分解地图	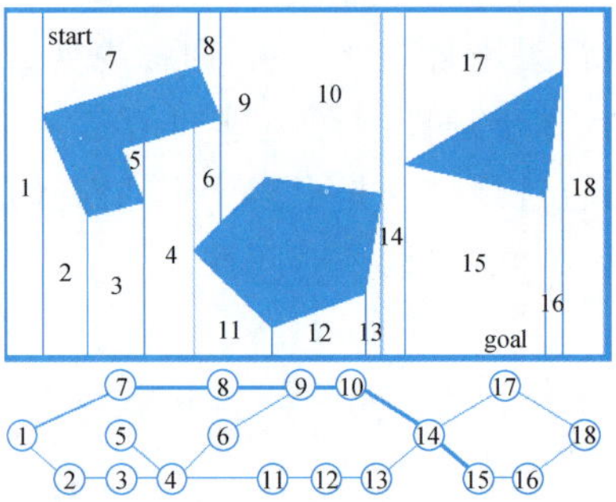	将地图中障碍物抽象为多边形，通过多边形顶线作垂线，直至与地图边界或障碍物相交，可以将地图中的联通区域分割成多个独立的区域，根据每个区域间的联通关系构建树状结构，生成拓扑图
栅格地图	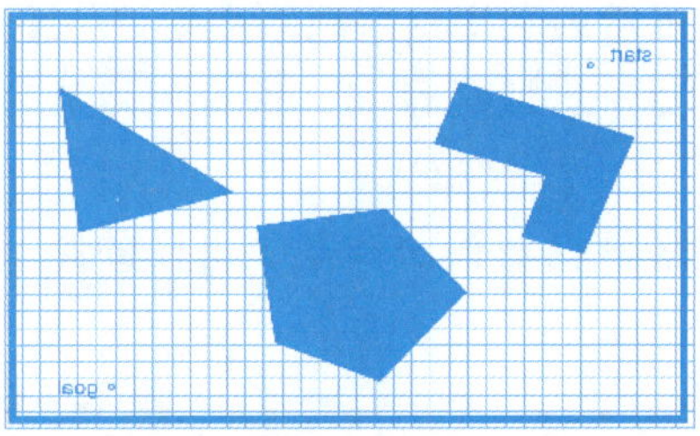	将空间划分成大小相同的正方形组成的网格，每个栅格用 0 或 1 表示空间占用状态。根据每个栅格邻接栅格占用情况构建树状结构，生成拓扑图

基于生成的拓扑图，将起点设为搜索树的根节点，寻求与该节点相连的所有节点作为子节点，每个节点与一个规划路径相关联（搜索树上从根节点到该节点的连线）可生成搜索树。利用计算机已有的搜索算法可以有效地对树进行遍历利用，进而实现机器人路径规划，经典的图搜索方法主要如下。

1）广度优先算法

广度优先搜索是计算机领域较为经典的搜索算法。该算法从指定的起始节点开始，依次探索与根节点相邻的所有节点，然后再探索这些节点的相邻节点，以此类推，逐级向外扩展，直到找到目标节点或遍历完所有节点。

广度优先搜索是一种完备的搜索算法，意味着只要在图中存在从起点到终点的连通路径，该算法总能找到这条路径。但是，由于广度优先搜索仅考虑到了节点间的连接属性，未考虑其连接代价，因此不具备最优性，不能保证最短路径。

2）Dijkstra 算法

Dijkstra 算法的核心思想是在广度优先搜索算法的基础上考虑节点间的连接代价，将广度优先算法搜索队列按照距离起点远近进行排序,每次优先选取距离起点最近的未被访问的节点,然后对其邻接点进行距离更新。重复这个过程,直到所有的节点都被访问过。Dijkstra算法虽然保证了最短路径,但是,由于未考虑目标的方向性,算法的搜素效率低下。

3) A* 算法

A* 算法是一种目标牵引的启发式搜索算法。在 Dijkstra 算法基础上,使用启发式函数来估算从当前节点到目标节点的路径成本,将其与从起始点到当前节点的实际距离相加,计算每个节点的代价,来决定节点的遍历顺序,以尽可能减少搜索空间。启发式函数是 A* 算法的关键,它帮助算法优先考虑那些看似离目标更近的路径。A* 算法引入了启发式方法来改善 Dijkstra 算法的搜索效率,可以在保证找到最短路径的前提下实现非常高效的搜索。

虽然 A* 算法保证了搜索的最优性和高效性,但是在动态环境中,如障碍物位置发生变化或目标点移动,A* 算法需要重新开始搜索整条路径以适应环境的变化,这导致了其在动态复杂场景下的效率低下。

2. 基于采样的路径规划算法

基于图搜索的路径规划算法的计算复杂度受地图规模和栅格大小影响巨大,特别是对于高位空间和复杂约束的问题时,基于图搜索的路径规划算法会遇到"维度的诅咒",搜索效率无法满足实际应用的需求。针对这一问题,基于采样的路径规划算法,通过随机采样来探索环境,并构建一个可以代表或逼近环境中自由空间的路径。

基于采样的路径规划算法不需要显式地构造整个配置空间,而是通过采样和验证采样点之间的连通性来逐渐探索空间,因此,特别适合处理高维空间和复杂约束的问题。但是,该类算法在使用过程中依然存在诸多问题。首先,基于采样的算法通常不能保证找到路径规划的最优解,尤其是在路径密集或障碍密集的环境中。其次,虽然这些算法在高维空间表现良好,但在需要极高路径质量或极大规模环境的应用中,计算和存储开销仍然是挑战。

经典的基于采样的路径规划算法主要如下。

1) 概率路图

概率路图(probabilistic roadmaps,PRM)算法首先在地图中随机采样大量点,判断采样点是否落在自由区域,去除落在障碍物中的采样点;接着连接采样点,并判断是否与障碍物发生碰撞,保留未与障碍物发生碰撞的连线,并根据采样点连接性构建路图(即拓扑图);最后,利用图搜索方法在路图中寻找从起点到终点的最短路径。概率路图算法简单,特别适用于那些一旦构建完成就需要多次查询的场景。

2) 快速随机树

快速随机树(rapidly-exploring random trees,RRT)通过迭代随机采样的方式快速构建搜索树,以探索整个配置空间。其工作原理为:从起点开始创建根节点。在配置空间中随机选择一个点作为目标点。从已有的树中选择一个最近的节点作为扩展的起点。向随机采样点方向扩展一定步长,生成新的节点。检查新节点到树的连接是否通过碰撞检测,若通过,则添加到树中。重复上述步骤,直到达到目标区域或运行指定的迭代次数。

RRT 特别适合于快速探索未知的、广阔的或障碍密集的空间。

12.4.2 轨迹规划

轨迹规划通常是指依据给定的路径,在机器人的即时感知范围内,在保证机器人在运行安全条件下，考虑机器人非完整性约束和执行器性能约束，生成随时间节拍递进的运动序列。

轨迹规划算法是移动机器人领域中一个持续研究和不断发展的热点，特别是在无人驾驶技术应用的起步阶段。在高度动态复杂环境下，如何应对各种突发情况，实现高安全性和高机动性的统一，成为该技术面临的主要挑战。

经典的轨迹规划算法主要如下。

1. 人工势场法

如图 12-22 所示，人工势场法的核心思想就是借鉴电磁场中带电粒子在电场中的行为，

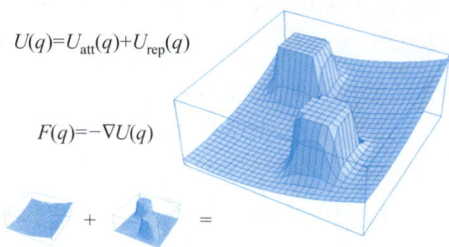

$$U(q)=U_{att}(q)+U_{rep}(q)$$

$$F(q)=-\nabla U(q)$$

图 12-22　人工势场法原理示意图

将环境中的障碍物、目标分别设置为虚拟的斥力场和引力场，势场中每一点的"势能"都与该点到产生势场的势场源（目标点或障碍物）的距离有关，虚拟势场对处于势场中的机器人施加虚拟作用力，机器人沿虚拟排斥力和虚拟引力的合力方向运动。人工势场法的原理简单和直观，且通过虚拟合力驱动机器人运动，使得机器人运动连续平滑。但是，人工势场法可能使机器人陷入局部最低点，即非目标点的低势能区域，从而无法继续前往目标。

2. 基于控制空间采样的轨迹规划算法

动态窗口法（dynamic window approach，DWA）是控制空间采样的经典算法之一。

如图 12-23 所示，其工作原理是直接在机器人的控制输入上进行采样，依据机器人车轮里程计模型生成一系列轨迹簇，依照一定的优化标准（如距离障碍物远近、偏离目标路径的距离、机器人朝向、机器人空间速度等），通过多目标加权求优，确定机器人当前最优的控制输入。

由于直接对控制命令采样，因此可以更自然地融入机器人的动力学和运动学模型，确保生成的路径在物理上是可行的。但是，由于算法直接关注机器人的控制状态，而非其输出状态（笛卡儿空间的位置和姿态），导致算法难以应对环境约束。并且由于缺乏对环境的可预见性，使得机器人在运行过程中出现过冲现象，甚至会陷入局部最小点，从而无法继续前往目标。

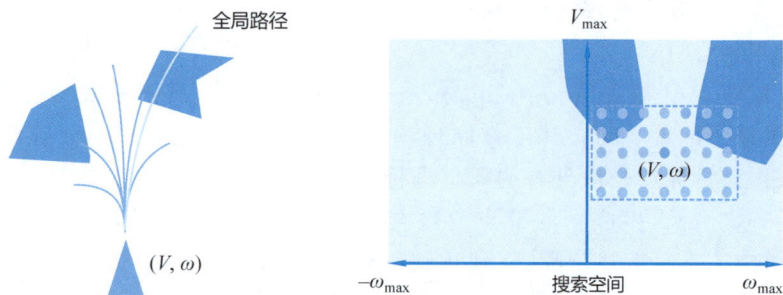

图 12-23　动态窗口法原理示意图

3. 基于状态空间采样的轨迹规划算法

如图 12-24 所示，与控制空间采样不同，状态空间采样法是在笛卡儿空间对机器人状态

（即位置和姿态）进行采样，根据采样获得机器人可能的局部目标位姿，依据机器人运动学模型约束，用光滑曲线连接采样点，生成从当前点到局部目标位姿的轨迹簇，根据机器人的即时感知获取范围内障碍物的情况，依照一定的优化标准确定最终的轨迹。

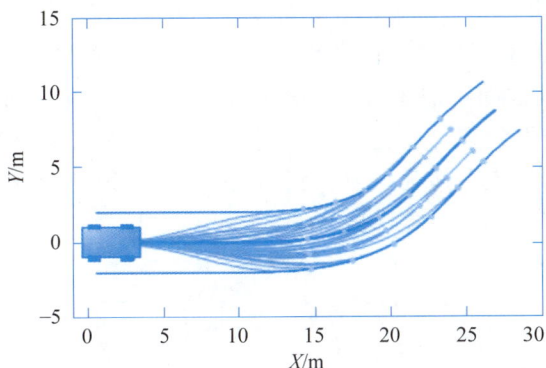

图 12-24　状态空间采样原理示意图

本算法直接在机器人任务空间采样，具有明显的任务导向，可以有效地处理各种环境约束，实现动态复杂场景下车辆安全、高效地运行。但是，由于机器人在非完整约束的限制下，连接空间采样点中，对连接曲线的光滑度、连续性、曲率变化等有诸多要求，往往需要进行复杂优化处理，导致曲线生成十分耗时，无法满足车辆高速行驶过程中对于规划算法实时性的要求。

为了解决轨迹规划实时性的问题，Lattice 算法采用离线优化的方式降低了规划算法的计算耗时，核心思想如图 12-25 所示。首先，离线生成格网（lattice）图。将机器人的状态空间进行离散化，生成状态空间的格网，每个格点代表机器人的一个可能状态，而边则代表状态之间的转换。通过离线优化方法生成相邻格点间的连接曲线簇，并在动力学约束下计算可被执行的轨迹片段，形成运动基元（motion primitives），通过对格网（lattice）和运动基元的拓展，把连续的构型空间离散化为格网空间，生成格网图，并存储至机器人中。最后，在移动机器人的运行过程中，基于传感信息，在预存的格网图中基于图搜索算法，对于这种带权有向无环图进行规划。

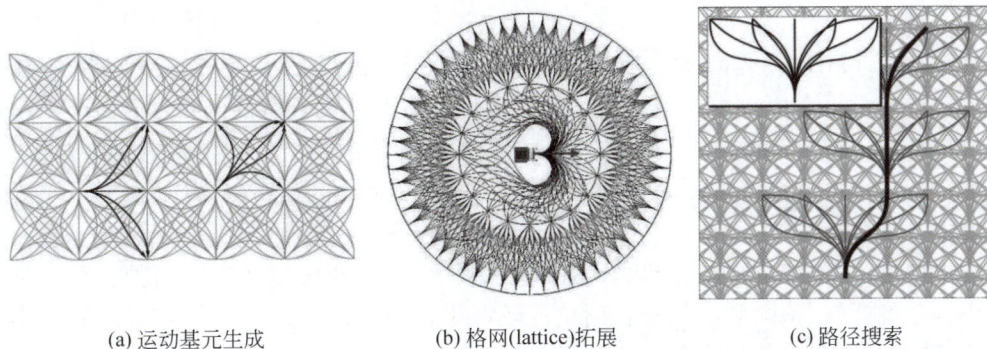

(a) 运动基元生成　　　　　(b) 格网(lattice)拓展　　　　　(c) 路径搜索

图 12-25　Lattice 算法原理示意图

Lattice 算法通过离线处理、在线搜索的方式大大降低了机器人规划导航算法的运算消耗。同时，运动基元可以离线充分地训练与优化，保障机器人的平稳运行和乘客乘坐的舒适性，已经被广泛应用到无人驾驶、智能配送等领域。

4. 基于优化的轨迹规划算法

基于优化的轨迹规划算法的核心思想就是将移动机器人轨迹规划问题转换为带约束的优化问题，利用非线性优化技术求解最优轨迹。

TEB(time elastic band)算法是一种典型的基于优化的轨迹规划算法，其原理如图 12-26 所示。TEB 算法把路径规划问题描述为一个多目标优化问题，即对执行时间、机器人非完整约束、动力学约束、安全性约束等构建对应的代价函数，利用图优化方法进行优化。即将机器人位姿、时间、障碍物位置等作为节点，将机器人所受各种约束作为边，构建超图（hypergraph)，使用图优化框架求解。

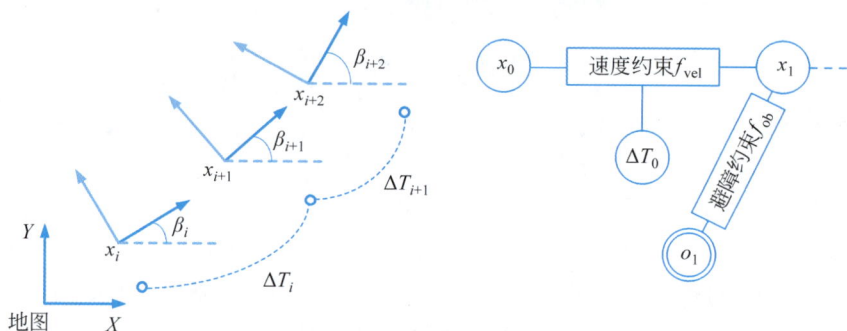

图 12-26　TEB 算法原理示意图

5. 基于学习的轨迹规划算法

该算法的核心在于机器人与其所处环境的动态交互过程中学习到优秀的行动策略。具体而言，就是将机器人对各种约束的遵循度以及目标的达成度定义为奖励函数，从起始状态到目标状态的预期累积奖励作为价值函数，用于指导智能体选择最有可能带来高奖励的行动。每一次行动后，机器人根据环境反馈的信息来调整其规划策略，以达到更优的路径规划效果。通过这样的机制，机器人不仅能在复杂环境中找到效率更高或成本更低的路径，还能实时调整其策略，以应对环境中的突发变化。此外，这种方法允许机器人在没有人为直接干预的情况下通过自我实验和错误修正来持续优化其行为，展现了人工智能自适应与学习能力的极大潜力。

2023 年，ChatGPT 凭借其技术突破，让人们看到了大语言模型带来的颠覆性技术变革。人们开始尝试利用大模型强大的学习和推理能力实现更具智能的自动驾驶。在大模型技术的加持下，基于端到端大模型的方案开始受到广泛关注，成为业界布局的重点。

与传统自动驾驶路线不同，端到端大模型取代了此前用于感知、描述、预测以及规划的多个模块，通过设计一个复杂的网络，将机器人感知、决策和规划技术进行了统一，即将传感数据输入网络中，网络直接输出机器人控制指令。端到端大模型在自动驾驶方案中具有明显优势。它将感知、预测和规划整合到单一模型中，简化了方案结构，提高了计算效率。模型由神经网络构建，以数据和算力为主导，显著提升了模型的训练效率和性能上限。相比传统模型依赖规则驱动，端到端大模型更容易实现规模化，实现性能突破。

正因如此，各方开始投入大量人力物力开发端到端大模型自动驾驶。2023 年 8 月，特斯拉发布了采用端到端模型的 FSD V12 版本。2024 年 4 月，华为公司发布了基于端到端的乾崑智驾 ADS 3.0,端到端已经成为自动驾驶领域必须攻克的高地。

12.5　移动机器人的控制方法

　　控制的目的是使移动机器人能够精确地沿预定轨迹运动至指定位姿。然而,机器人模型参数(如轮径、轮距等)的不准确性和环境因素(如地面的材质、粗糙程度等)的不确定性常常导致机器人实际运动状态与预期目标存在偏差。为了提高机器人运动指令的准确性,须采用反馈机制,根据机器人实际偏离期望目标的误差调整机器人的运动指令,保证操作的精度和效果。

　　大多数移动机器人存在滑动约束,属于非完整系统(nonholonomic system),这意味着其控制目标不能独立完成,机器人的侧向偏差与姿态偏差相互耦合,显著增加了控制器设计的复杂性。此外,移动机器人模型具有明显的非线性特性,进一步增加了控制器设计的挑战。

　　针对这一问题,学界提出了大量移动机器人控制算法,根据期望目标的不同,这些算法可分为轨迹跟踪控制和定点控制(镇定控制)两类。

12.5.1　轨迹跟踪控制

　　轨迹跟踪控制的主要目标是最小化机器人实际轨迹与期望轨迹之间的偏差。由于移动机器人本身的非完整特性,无法根据不同方向上的误差独立进行控制,各个方向的控制目标相互耦合,有时甚至存在矛盾,需要根据实际要求调整和妥协。

　　为了适应不同任务对于跟踪速度和跟踪精度的不同要求,一种基于"预瞄点"思想的轨迹跟踪控制器被广泛使用,其核心思路如图 12-27 所示,就是通过将当前机器人实际位置沿机器人当前姿态投影到前方固定距离 b(即所谓的"预瞄距离")的位置,并将其与给定轨迹的对应位置进行比较,并以此为基础,通过简单的比例控制就可以实现无偏轨迹跟踪。

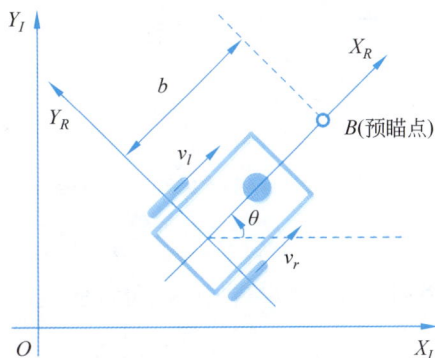

图 12-27　基于"预瞄点"的轨迹
跟踪控制器示意图

　　仿真实验结果如图 12-28 所示,分析实验数据可以看出,预瞄距离 b 越大,机器人的跟踪速度越快,但是轨迹跟踪精度越低;反之,预瞄距离 b 越小,机器人的轨迹跟踪精度越高,但是跟踪速度越慢。基于"预瞄点"的轨迹跟踪控制器原理简单直观,且可以通过调节预瞄距离实现不同的任务需求,或机器人运行过程中不同阶段对于跟踪速度和跟踪精度的特殊要求。

12.5.2　定点控制

　　移动机器人定点控制,又称镇定控制,是根据机器人实际位姿与目标位姿间的偏差调整机器人的运动指令,最终驱动机器人到达目标位姿。由于移动机器人一般具有非完整性约束,这种约束使得机器人不能直接向任意方向移动,增加了控制算法的复杂度和设计难度,

自动化与智能科学概论（微课视频版）

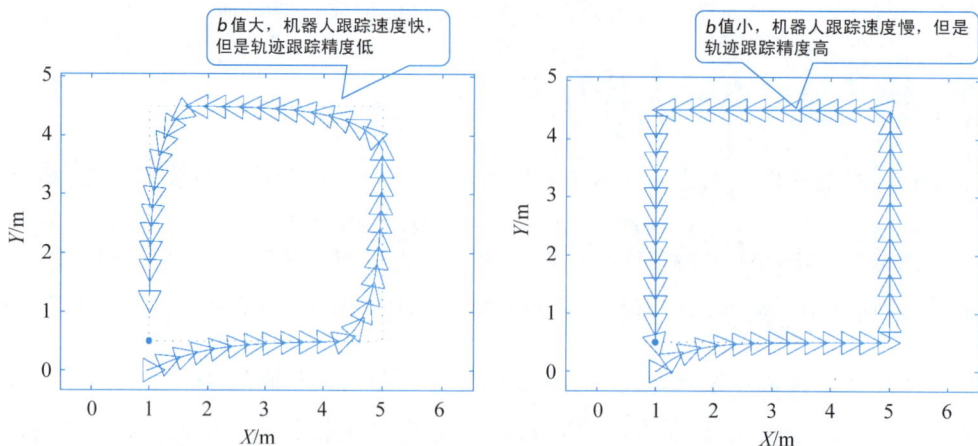

图 12-28　基于"预瞄点"的轨迹跟踪控制器仿真实验结果

使得定点控制比跟踪控制更难以实现。

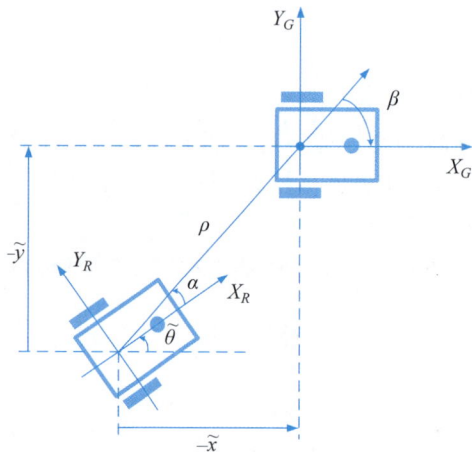

图 12-29　定点控制误差信号
极坐标转换示意图

针对移动机器人定点控制问题，一种简单直观的方法是基于极坐标的定点控制方法。该方法的思路就是将笛卡儿空间的误差转换到极坐标下，利用简单比例控制器即可实现局部无偏控制。

如图 12-29 所示，以两轮差速机器人为例，若想驱动机器人从当前位姿运动到目标位姿，一种简单直观的方法就是首先让机器人原地旋转角度 α，调整机器人姿态，使其从当前姿态旋转至机器人当前位置和目标位置的连线方向；其次，冲着目标点，沿直线运行距离 ρ，至目标位置；最后，再原地旋转角度 β，到达目标姿态。

这样就可以将笛卡儿坐标系下的误差 $\tilde{x}$、$\tilde{y}$、$\tilde{\theta}$ 转换到极坐标系下的误差 α、ρ、β。在极坐标系下设计一个比例控制器，就可以实现局部范围内的无偏控制。

12.6　思考

【思考 12.1】　"在哪儿？去哪儿？如何去？"是移动机器人面临的关键问题，解释为何定位、运动规划和导航是移动机器人技术的核心。

【思考 12.2】　通过本章的学习，分析我国首次实现月背着陆的嫦娥四号与第一台月球车 Lunokhod 1 在结构和功能上实现了哪些突破。

【思考 12.3】　尝试设计自适应复杂地形（如沙地、石路和草地）的轮式移动机器人。

（1）选择轮型：如何根据不同地形选择轮型？

（2）运动学模型：如何建立适应所选轮型的运动学模型？

（3）传感器和控制系统：如何选择增强地形适应性的传感器和控制系统？

（4）技术挑战：讨论在实际应用中可能遇到的技术挑战和对策。

【思考 12.4】　考虑一个轮式机器人在自然灾害（如地震或洪水）后的搜索与救援任务中的应用。

（1）设计考虑：机器人应具备哪些特性，以适应灾难环境？

（2）导航与避障：利用何种技术在复杂地形中导航？

（3）通信能力：在通信中断时，如何维持信息流？

【思考 12.5】　考虑自动驾驶技术在城市配送机器人中的应用。

（1）路径规划：如何优化机器人的配送路径？

（2）感知系统：描述配合自动驾驶技术的感知系统，这些系统如何帮助机器人理解其周边环境？

（3）法律与伦理：讨论在实际部署前，需要考虑哪些法律和伦理问题。

12.7　习题

【作业 12.1】　针对差速移动机器人里程计，从方方面面分析其可能误差的来源，这些误差如何影响轨迹跟踪和定点控制？

【作业 12.2】　从自身生活经验出发，结合移动机器人技术，假如对自行车进行机器人化改造，在技术上如何考虑？在自行车骑行和机器人化自行车前行过程中的运动规划和控制有何异同？

【作业 12.3】　传统燃油车正在迅速向智能电车演进，盘点一下这个演进过程，分析智能电车的发展及其与移动机器人技术的关系。

【作业 12.4】　移动机器人有多种移动方式，对比分析轮式机器人与足式机器人的优势和劣势。

参考文献

［1］　ROLAND S，ILLAH R N，DAVIDE S. 自主移动机器人导论［M］. 李人厚，宋青松，译. 2 版. 西安：西安交通大学出版社，2013.

［2］　KIRAN B R，SOBH I，TALPAERT V，et al. Deep Reinforcement Learning for Autonomous Driving：A Survey［J］. IEEE Transactions on Intelligent Transportation Systems，2022，23(6)：4909-4926.

［3］　WARREN E D，DARREN M D，ERKAN Z，et al. Nonlinear Control of Wheeled Mobile Robots (Lecture Notes in Control and Information Sciences，262)［M］. New York：Springer，2001.

［4］　HART P E，NILSSON N J，RAPHAEL B. A Formal Basis for the Heuristic Determination of Minimum Cost Paths［J］. IEEE Transactions on Systems Science and Cybernetics，1968，4(2)：100-107.

［5］　LAVALLE S M. Rapidly-exploring Random Trees：A New Tool Path Planning［R］. Ames：Iowa State University，1998：293-308.

第 13 章

医疗机器人

医疗机器人是集临床医学、生物力学、机器人学、计算机科学和微电子学等学科为一体的新型医疗器械,正作为一种革命性的技术手段,逐步改变传统医疗的技术范式。医疗机器人具备高精度、高灵活性和高智能化等特点,不仅有助于提升医疗操作的精确性和安全性,还有助于提升手术的治疗效果和患者的生活质量。

医疗机器人已经广泛应用于手术、康复、护理和诊断等多个领域,如图 13-1 所示为其在外科手术中的应用场景。医疗机器人的出现是临床医学发展中的一个重要里程碑,能够显著提高手术的精确性和效率,降低医生的工作负担。随着技术的不断进步和应用经验的逐步积累,特别是在人工智能技术的赋能下,医疗机器人的发展前景非常广阔。

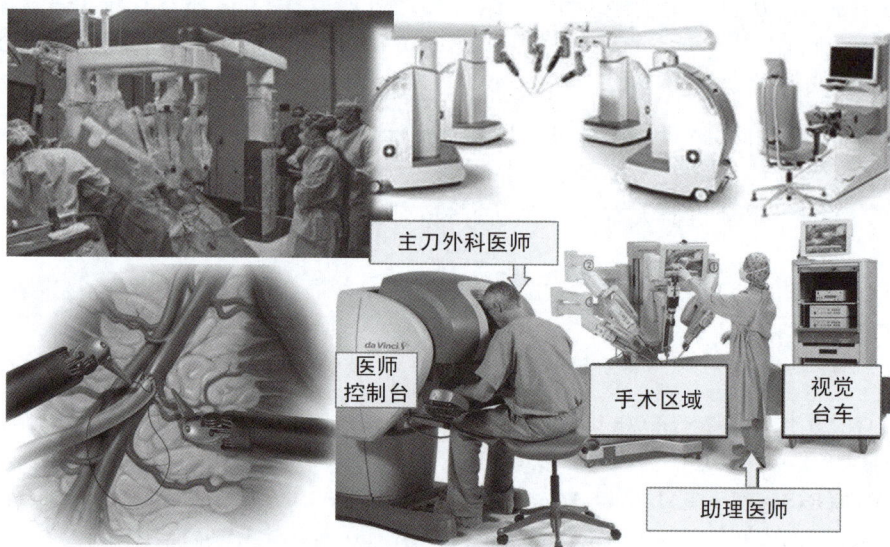

图 13-1　医疗机器人

13.1　医疗机器人的分类及发展历程

医疗机器人的历史可以追溯到 20 世纪初,当时的科学家们开始设想如何利用自动化机械来辅助医疗工作。医疗机器人从最初的概念提出到如今的广泛应用,其演变不仅见证了技术的进步,也展示了医学发展的无限可能。

20 世纪 80 年代,第一代外科手术机器人问世,它能够协助医生完成精细的手术操作,提升了手术的精确性和安全性。此后,医疗机器人的应用范围不断扩大,从手术辅助到康复治疗,从病人护理到疾病诊断,医疗机器人在各个领域都展现出独特的优势。如图 13-2 所示,根据应用场景不同,医疗机器人可以分为以下几类:外科手术机器人、康复机器人、护理机器人和微型医疗机器人。

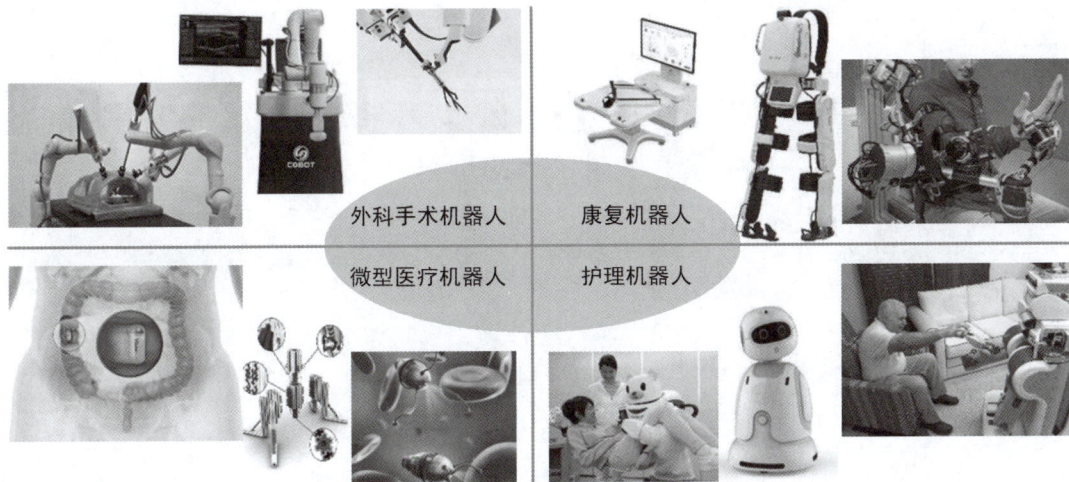

图 13-2　医疗机器人分类

13.1.1　外科手术机器人

外科手术机器人是一类辅助外科医生进行高精度手术操作的医疗器械。这些机器人系统提供了比传统手术方法更高的灵活性、精确性和控制力。例如在微创手术中,手术机器人具有降低侵入性、减小切口并加速患者康复的优势。

1987 年,美国斯坦福大学联合工程师和外科医生一起发明了 SRI System 远程呈现手术系统,可以视作是医疗机器人的雏形。1999 年,美国 Intuitive Surgical 公司开发的达芬奇(da Vinci)腔镜手术机器人系统是最具代表性的外科手术机器人之一,它于 2000 年 7 月通过了美国食品药品监督管理局(FDA)认证。

目前,机器人已经广泛应用于许多外科手术,如骨科、心内科和神经外科等。在骨科手术中,机器人的精确操作可以减少手术时间和术后恢复时间,提高患者的生活质量;在心内科手术中,机器人可以协助医生进行介入手术,提高手术的成功率和患者的生存率;在神经外科手术中,机器人可以精确地控制手术器械,减少对周围组织的损伤。

本节将以骨科手术机器人、腔镜手术机器人、神经外科手术机器人和血管介入手术机器人等典型手术机器人为例,简述外科手术机器人的发展历程。

1. 骨科手术机器人

根据手术部位的不同,骨科手术机器人包括关节骨科手术机器人、脊柱手术机器人和创伤骨科手术机器人等,如图 13-3 所示。

1992 年,美国 Integrated Surgical Systems 公司研发出关节骨科手术机器人 RoboDoc。英国 Acrobot 公司的 Acrobot 机器人首次采用主动约束式控制方式实现手术操作,术中将术前手术规划路径映射到手术操作区域,对操作机器人施加操作区域约束,由医生拖拽切骨工具实现操作。美国 Stryker 公司的 Mako 关节置换手术机器人同样采用主动约束式控制完成关节切除术,在机械臂控制中更注重人机交互操作的柔顺性。近年来,骨科手术机器人成为国内医疗机器人的研究热点,获批上市的关节骨科手术机器人包括北京天智航医疗科技股份有限公司的天玑骨科手术机器人、骨圣元化机器人有限公司的锟铻机器人以及苏州微创畅行机器人有限公司的鸿鹄机器人等。

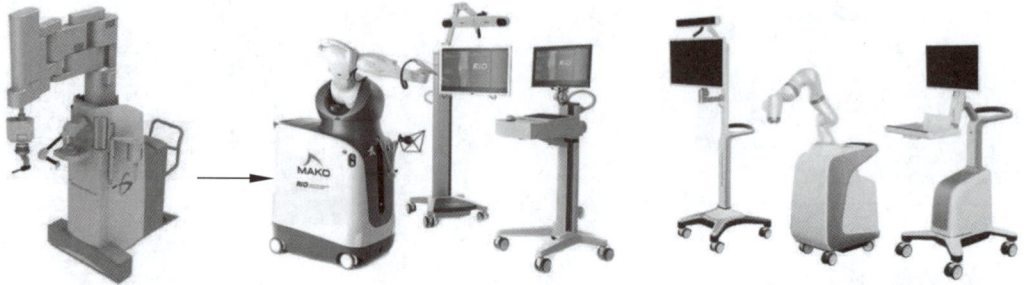

(a) RoboDoc 机器人　　　(b) Mako关节置换手术机器人　　　(c) 锟铻机器人

图 13-3　关节骨科手术机器人系统

脊柱手术机器人目前主要应用于椎板切除手术与椎弓根螺钉置入手术,如图 13-4 所示。以色列 Mazor Robotics 公司的 SpineAssist 机器人于 2004 年通过 FDA 认证,其在执行手术操作时直接放置于患者脊柱上,不受椎体位置变动的影响。美国 Medtronic 公司的 Mazor X Stealth 机器人系统通过串联型机器人实现椎弓根螺钉置钉操作,术前准备及配准时间较短。北京积水潭医院与北京天智航公司联合开发的天玑脊柱手术机器人于 2016 年获得中国国家药品监督管理局的认证。

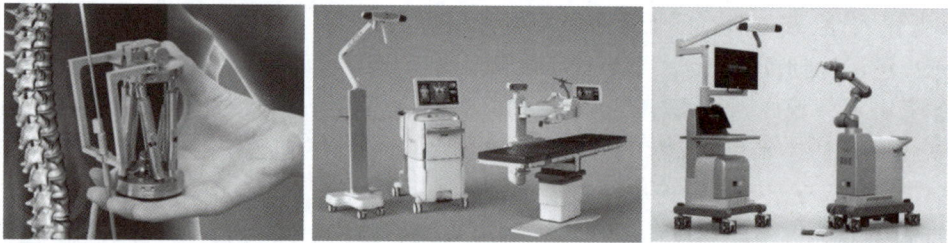

(a) SpineAssist 机器人　　　(b) Mazor X Stealth机器人　　　(c) 天玑脊柱手术机器人

图 13-4　脊柱手术机器人系统

创伤骨科手术机器人主要应用于骨折复位手术,通过医学影像引导,实现对断骨的精准复位操作。由于骨科手术分型的多样性,手术需求复杂,目前创伤骨科手术机器人更多处于研制阶段。创伤骨科手术机器人按照构型可划分为串联式、并联式和串并联混合式机器人,如图 13-5 所示。

串联式复位机器人主要由工业机器人改造而来。例如,日本东京大学研制的 FRAC-Robo 通过带有力反馈的六自由度串联机器人完成股骨干骨折复位。并联式复位机器人一般使用 Stewart 平台,该平台的结构一般为 6 根并联排列的连接杆连接上下两个平面,调整连接杆的长度对机器人进行控制,从而完成骨折复位手术。串并联混合式复位机器人结合了串联和并联机器人的优点,例如,Dagnino 等将 Stewart 平台固定在串联型机械臂上,对

(a) 串联式复位机器人　　　　(b) 并联式复位机器人　　　　(c) 串并联混合式复位机器人

图 13-5　创伤骨科手术机器人系统

猪股骨骨折进行复位手术。

2. 腔镜手术机器人

腔镜手术机器人自诞生以来发展迅速,极大地推动了现代外科手术的变革,如图 13-6 所示。

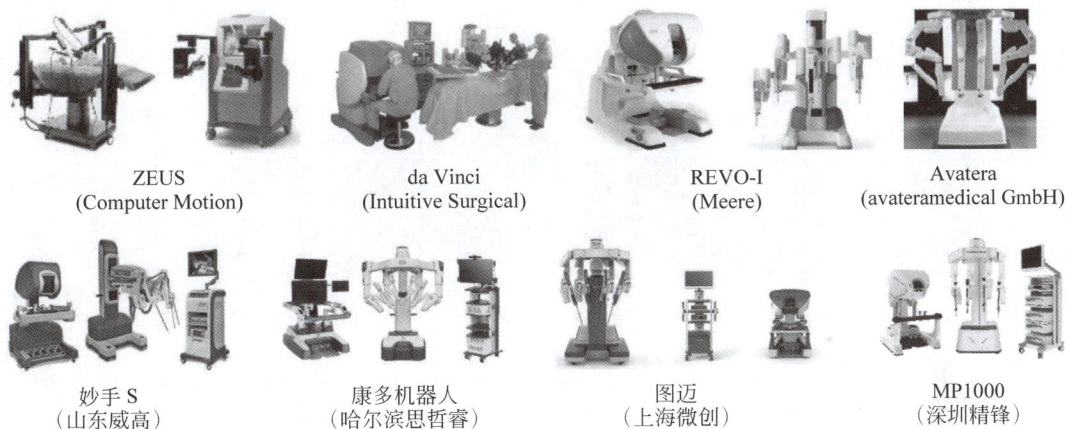

ZEUS
(Computer Motion)　　da Vinci
(Intuitive Surgical)　　REVO-I
(Meere)　　Avatera
(avateramedical GmbH)

妙手 S
(山东威高)　　康多机器人
(哈尔滨思哲睿)　　图迈
(上海微创)　　MP1000
(深圳精锋)

图 13-6　腔镜手术机器人系统

1994 年,美国 Computer Motion 公司开发了世界上第一台获得 FDA 认证的腔镜手术机器人 AESOP-1000,其采用一个机械臂辅助医生持镜,以保证术中视野的稳定,标志着机器人辅助微创手术时代的开始。1996 年,该公司开发出世界上第一台主从遥控的腔镜手术机器人 ZEUS,并获得 FDA 认证。1999 年,美国 Intuitive Surgical 公司研发出了 da Vinci 腔镜手术机器人,截至 2024 年,已经推出了六代 da Vinci 机器人。该系列机器人从泌尿外科开始,治疗领域逐步拓展到普通外科、妇科、肝胆外科、血管外科、小儿外科、胸外科和心脏外科等多个科室。2016 年,韩国 Meere 公司研制了 REVO-I 腔镜手术机器人,并于 2017 年通过韩国食品药品安全部认证。与 da Vinci 相比,REVO-I 末端手术器械的可使用次数更多。2019 年,德国 avateramedical GmbH 公司研制的腔镜手术机器人 Avatera 获得欧盟 CE 认证。与 da Vinci 不同的是,Avatera 机器人的手术器械是一次性的,无需进行器械的清洗和消毒。

进入 21 世纪,在国内众多高校、科研院所以及相关机构的共同努力下,中国在腔镜手术机器人相关领域取得了重要进展。目前共有四家腔镜手术机器人系统获批上市,分别是山东威高公司的"妙手S"手术机器人系统、哈尔滨思哲睿公司的康多机器人、上海微创公司的图迈腔镜手术机器人和深圳精锋公司的MP1000多孔腔镜手术机器人。

3. 神经外科手术机器人

脑神经穿刺介入标志着脑功能障碍类疾病诊疗与机理研究进入微创时代，无需开放式暴露即可实现对颅内靶点的定位可达与操作。早在1947年，研究人员就发明了在脑部固定框架，并通过手动调整框架上的移动部件实现对颅内靶点的体外靶向定位装置[1]。采用机器人技术辅助脑神经介入的研究开始于20世纪90年代，但正式作为医疗器械产品还不到10年时间，其中代表性产品包括ROSA、Renaissance和"睿米"手术机器人，如图13-7所示。目前的机器人辅助脑神经介入手术是采用"术前核磁影像（患者需植入标志物）＋机器人注册"的方式。手术过程分为术前、术中两个阶段，术前患者带标志物进行核磁扫描，并基于核磁影像进行手术规划；术中采用光学导航设备进行机器人注册（机器人坐标系与人体坐标系之间的标定），机器人即可依照术前规划形成进针导航通道，由医生沿通道完成进针操作。得益于机器人高精度的定位能力，这种机器人辅助定位导航系统将传统人工介入操作推进到"术前规划＋术中自动导航"模式，显著提升了脑神经介入操作的精度[2]。

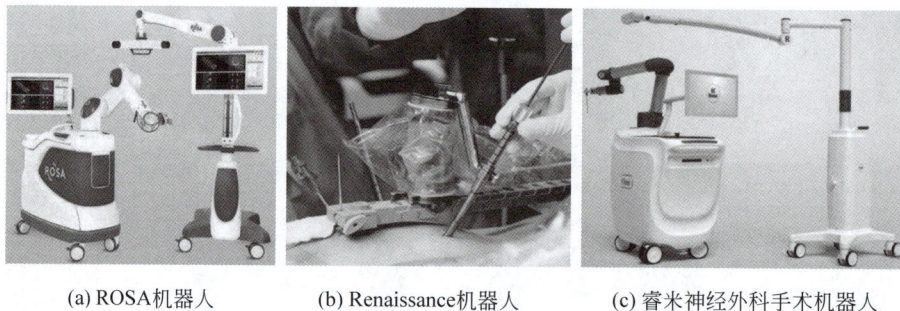

(a) ROSA机器人   (b) Renaissance机器人   (c) 睿米神经外科手术机器人

图13-7 神经外科手术机器人

4. 血管介入手术机器人

血管介入手术机器人最早可以追溯至2006年的心血管介入手术机器人Remote Navigation System（RNS），其采用多组摩擦轮分别递送导管导丝和球囊支架导管，并首次开展了临床试验。西门子公司首次使用Corpath 200进行经皮冠状动脉介入（PCI）手术，并于2012年获得FDA认证。二代产品CorPath GRX提高了介入手术的精确度，并于2016年获得了FDA认证。2007年，Hansen Medical公司的Sensei X获得FDA认证，用于电生理领域。2012年，Hansen Medical公司研制的Magellan系统用于PCI手术，可以导航外围血管的手术操作，同时提供手术器械放置通道。2012年，Catheter Precision公司的Amigo远程导管系统获得FDA批准，并已应用于临床治疗。2019年，Robocath公司开发的血管介入手术机器人R-One获得了CE认证，用于PCI手术，并开始临床应用。2020年，Stereotaxis公司推出了应用于心脏电生理介入手术的Genesis X系统。

近年来，中国的许多公司也开始研发血管介入手术机器人及其相关产品。2020年，上海微创与Robocath公司联合成立上海知脉公司，共同推进R-One血管介入手术机器人的国产化与临床应用。2021年，唯迈医疗的ETcath血管介入手术机器人系统成功进入临床试验阶段，并在首都医科大学附属安贞医院完成首例PCI手术。2021年，奥朋医疗的

ALLVAS 血管介入手术机器人在上海长海医院完成一例机器人辅助下主动脉覆膜支架介入手术人体临床试验。2022 年,润迈德医疗的 Flash Robot 血管介入手术机器人在苏州完成了冠脉介入手术的首次动物试验。2022 年,睿心医疗的 RuiXin 血管介入手术机器人在一台设备并且不更换传送装置的情况下同时完成了冠脉肾主动脉和外周三个部位支架手术的动物试验。2023 年,微亚医疗的"微亚冠通"微创血管介入手术机器人成功完成国内首例异地远程经皮冠状动脉造影及治疗动物试验。2023 年,爱博医疗的 aiboAngio 泛血管介入手术机器人基于多导管导丝的协同操作控制,完成了分岔病变动物试验。2023 年,柳叶刀机器人公司的 Robvas 血管介入机器人完成了多例冠脉及外周介入手术的动物试验。血管介入手术机器人的发展历程如图 13-8 所示。

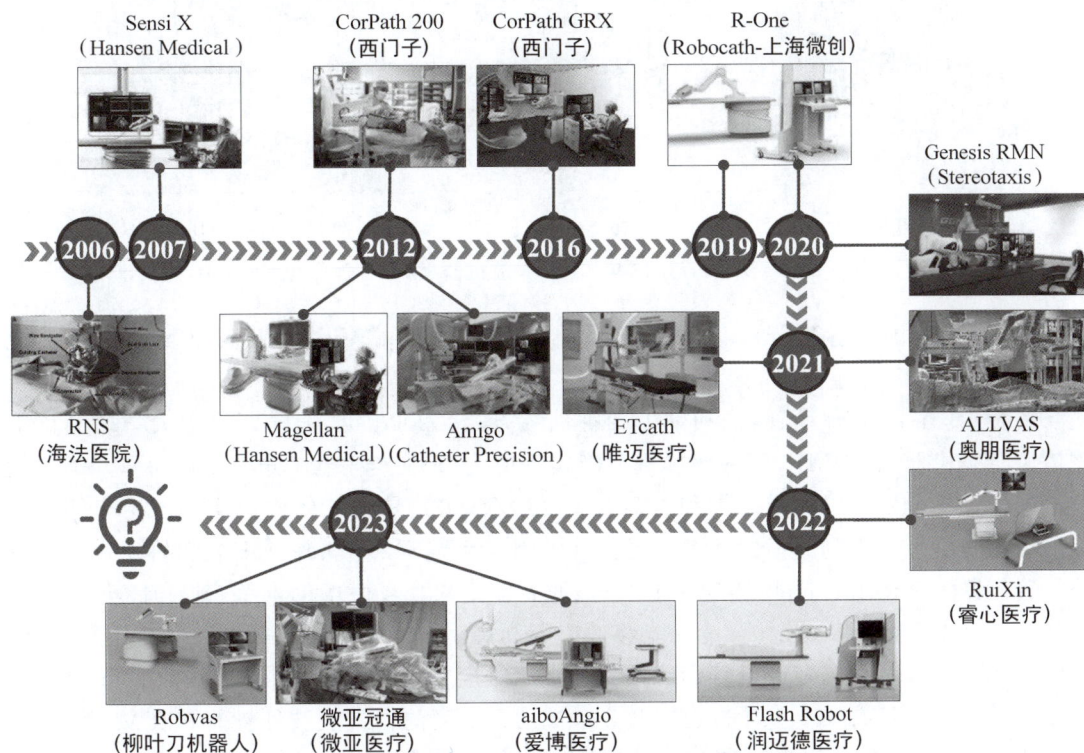

图 13-8 现有商业化血管介入手术机器人系统

13.1.2 康复机器人

康复机器人是一类利用机器人技术来协助和促进患者康复的系统,帮助患者从各种神经性和创伤性疾病中恢复肢体功能,增强肌肉力量,提高平衡和协调性等[3],如中风、脑损伤、脊髓损伤、脑瘫(儿童)和骨科损伤等。康复机器人通过传感器技术实时收集患者在康复治疗中的训练表现,通过人工智能算法自动量化评估患者的运动功能,并提供个性化定制的训练指导来优化康复治疗进程,结合虚拟现实与人机交互技术,为患者提供丰富情境交互的康复训练任务与多感觉反馈,增加训练的趣味性与患者的主动参与。康复机器人降低了治疗成本和康复医师的工作量,解决了康复医师资源严重不足与患者依从性不高的问题。

1. 上肢康复机器人

人体上肢关节包括肩关节、肘关节、腕关节以及手部各关节，主要负责完成涉及精细复杂操作的日常活动，康复难度大。上肢康复机器人从构型上主要分为末端式和外骨骼式两种，如图 13-9 所示。末端式上肢康复机器人通过与患者的手/腕接触来带动上肢运动，结构简单，但易导致异常的代偿运动模式。外骨骼式上肢康复机器人则模拟人的上肢结构，可以单独或同时控制上肢的一个或多个关节，但结构复杂，设备昂贵。

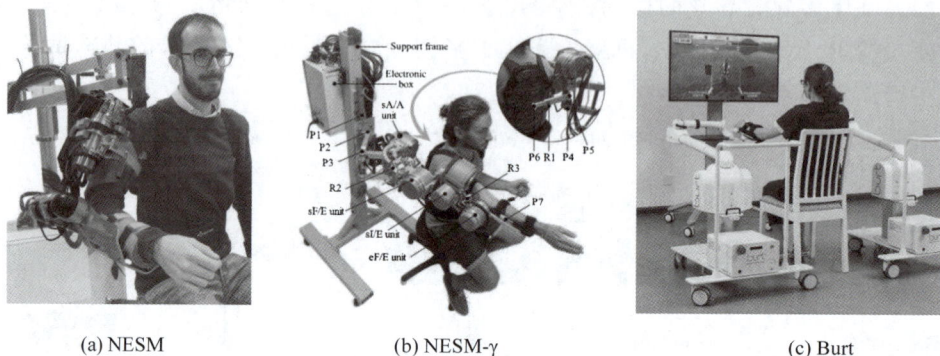

(a) NESM　　　　　(b) NESM-γ　　　　　(c) Burt

图 13-9　上肢康复机器人

1991 年，美国麻省理工学院研制出世界上第一台末端牵引式上肢康复机器人系统 MIT-MANUS，由五连杆串联组成，能完成肩关节和肘关节的康复训练。之后，改进了人机交互系统，具有主动、被动、阻抗和助力四种训练方式。2000 年，美国斯坦福大学研制出上肢镜像康复机器人 MIME，第一代样机只能实现肘关节屈/伸和上肢内/外旋动作。第二代和第三代样机分别可以完成二维和三维的康复运动，尤其是第三代样机实现预定患侧的轨迹运动和健侧带动患侧的镜像运动功能。2005 年，瑞士苏黎世联邦理工大学研发台式上肢外骨骼机器人 ARMin Ⅰ，可实现对上肢肩、肘和前臂 6 个自由度的训练，到 2017 年已更新到具有 7 自由度的 ARMin Ⅴ，具有能够适应不同患者的上肢尺寸，配置重力补偿系统，传动性好，惯性低，并具有多种康复训练模式和训练难度自适应患者的特点。2016 年，比萨圣安娜大学研制出具有 4 个主动自由度和 8 个被动自由度的台式上肢外骨骼 NESM，针对肩/肘关节康复，2023 年迭代出 NESM-γ，实现肩部自对准功能，可以适应肩部复合体和躯干间的肩胛骨节律性运动，提升了运动学兼容性[4]。

在国内，清华大学较早对上肢康复机器人进行研究，研制了末端牵引式上肢康复机器人 UECM，可以实现肩关节的内收/外展和肘关节的屈曲/伸展运动。中科院自动化所和宁波材料所分别研制出上肢末端牵引式康复机器人 CASIA-ARM 和 EULRR，可以实现丰富情景交互的康复训练。傅里叶智能公司研制的 ArmMotus EMU 采用了线驱传动方式与轻量化的碳纤维材料，减小运动过程中的惯量和摩擦力，并且内置动态重力补偿功能，可以模拟治疗师的柔顺力控动作，提供丰富的三维空间上肢训练动作轨迹。卓道医疗公司研发的 ArmGuider 通过治疗师手法录制可以提供任意轨迹的训练，实时的力学修正技术可以引导患者执行正确的运动模式，结合智能控制算法提供的抗阻训练可以减少患者屈肌痉挛的发生。埃斯顿医疗科技有限公司设计的 Burt 上肢康复机器人汇集多种功能训练模式，实现了将运动控制训练和认知训练相结合，持续改善上肢康复。

2. 下肢康复机器人

人体下肢关节包括髋关节、膝关节和踝关节，主要帮助人类保持身体平衡，完成步行等周期性运动。以色列 ReWalk 机械公司的 ReWalk 是第一个获得 FDA 认证的下肢外骨骼系统，如图 13-10 所示，其可以帮助瘫痪者独立行走，但自身并无自平衡能力，使用时需要借助拐杖来维持平衡。瑞士 Hocoma 公司的 Lokomat 下肢康复训练机器人可以根据患者的解剖学特征进行调节，确保训练时患者下肢关节的正确对准以及舒适度，并提供多种标准化的测量工具，训练时实时采集患者关节的活动范围、力量和肌张力，便于治疗师掌握患者的测量结果和训练信息。2010 年，美国伯克利仿生技术公司推出 eLEGS 外骨骼机器人，能实现 3.2km/h 的常规行走速度以及 6h 的续航能力，但与 ReWalk 类似，需要借助拐杖来维持平衡。2019 年，西班牙 Technaid 公司研制的可穿戴下肢外骨骼机器人 Exo-H3 结构轻便，可以根据患者差异改进算法，开放式的程序架构可实现不同的控制策略。

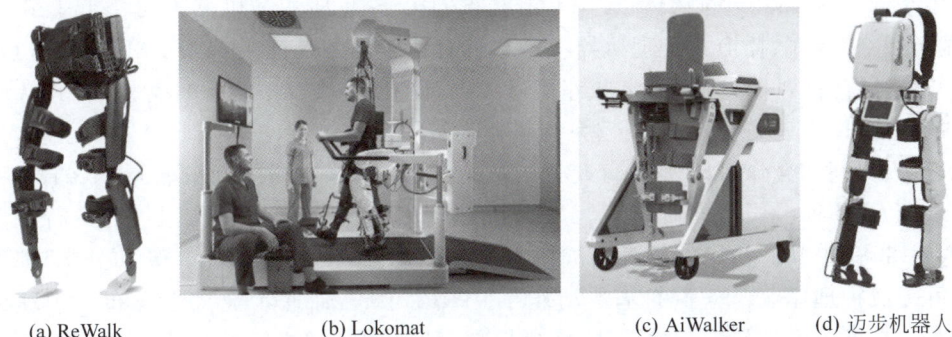

(a) ReWalk　　(b) Lokomat　　(c) AiWalker　　(d) 迈步机器人

图 13-10　下肢康复机器人

进入 21 世纪，我国开始下肢康复型外骨骼系统的研究。其中代表成果有广州一康公司研发的步态训练与评估系统 A3-2，由控制系统、步态矫正装置、动静态减重系统、医用跑台和情景互动训练系统五大模块组成，可以提供完整的标准化步态周期训练。北京大艾机器人公司研发的 AiWalker 分别针对康复早期、中期和后期，实现减重、站立、协调步态训练和功能评估等功能。迈步机器人公司下肢外骨骼康复训练机器人 H 系列基于柔性驱动器提供智能矫正力，用户可以自主控制启停、步频等，带动力的踝关节可以提供背曲助力矫正足外翻，防止足下垂。

13.1.3　护理机器人

护理机器人是一类用于辅助医疗护理工作的机器人，旨在减轻护理人员的工作负担，提升护理效率和质量，为患者提供更好的护理服务。这些机器人可以执行多种护理任务，涵盖移动、监控、沟通和辅助治疗等方面。

早期的护理机器人主要用于简单的物品运输和辅助护理，如自动送药车和病房清洁机器人。进入 21 世纪，随着传感技术和智能控制技术的发展，护理机器人的功能逐渐多样化。例如，美国 VeeBot 公司开发出基于图像引导的自动静脉穿刺机器人，该系统将静脉成像模块和穿刺机构安装在 6 自由度工业机械臂末端，穿刺时首先使用近红外成像得到二维图像，再利用激光测距传感器进行深度感知，并结合多普勒超声设备，对静脉的识别准确率可达83%[5]。Kim Y 等开发了一种机器人穿刺活检系统，同时使用阻抗和导纳控制算法补偿呼吸运动,保证穿刺活检干预的准确性和效率[6]。2019年,北京迈纳士公司研发一款具有21自由度的全自动采血设备[7]。该设备可以实现自动抓针、血管扫描、自动采血和采血管自动收集,可以完全脱离医护人员实现采血任务。

随着社会老龄化趋势加剧,失能老人数量明显增加,护理机器人可以辅助病患家属完成患者转运、陪伴患者以及房间内消毒杀菌等任务。移乘护理机器人研究主要集中在日本、美国和德国等国家,如图13-11所示。2001年,日本电工技术实验室和东京大学合作研发的类人机器人ETL-humanoid可以模仿人的动作对物体进行托抱,通过全身搭载的触觉传感器实现人-机-环境之间的交互作用和运动动态控制。2006年,日本理化研究所研发了仿人式的双臂托抱护理机器人RI-MAN,可以在不同的护理需求情况下熟练地执行物理任务,其设计理念已经开始考虑机器人的安全性、易用性和亲和力。2011年,美国海视达科技公司发布了转运护理机器人RoNA,其采用人形设计,具有串联弹性驱动系统的双手灵巧操纵器,可以举起重达135kg的物体。2014年发布的第二代RoNA机器人可举起225kg的物体。截至2021年底,托抱式护理机器人中最具有代表性的是Toshiharu Mukai公司研发的Robear系列,它有两个人形手臂,重量为140kg,能托抱140kg以下的病人,将其从床上抬到轮椅上或帮助患者站立。Robear系列机器人采用触觉引导法来调整机器人运动,护理人员和机器人之间的合作可以实现病人与床位之间、床位与轮椅之间的转运。2012年,南京理工大学和英集斯公司共同研制了MT-Bear机器人,它拥有灵巧的接触臂和可行走于复杂地形的履带底盘,其最初始的任务为战场救援,后对其结构进行改进升级,应用于护理情景中,并可完成护理作业任务中的基本动作[8]。2017年底,河北工业大学发布了护理机器人"白泽"[9],它可以模仿人体背抱动作,实现座椅、沙发和马桶之间的移位,为下肢瘫痪、行动不变的老人和病人带来了便利。

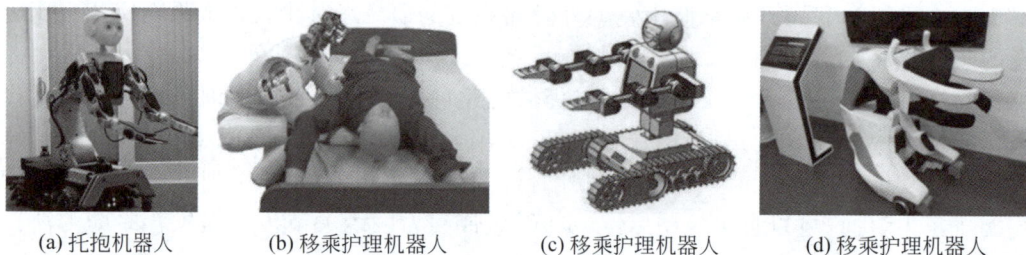

(a) 托抱机器人　　　(b) 移乘护理机器人　　　(c) 移乘护理机器人　　　(d) 移乘护理机器人

图 13-11　护理机器人

13.1.4　微型医疗机器人

微型医疗机器人是一种体积较小、能够微创或无创地进入人体深层区域,检查病变部位并执行靶向施药、消融病灶、热疗、肿瘤辅助放射治疗、活检、支架递送、电极植入和定位标记等医学任务的小型化机器人[10]。这类机器人通常采用磁场驱动、电驱动、光驱动、超声驱动、化学驱动和生物驱动等驱动方式[11],主动运动到传统手术工具难以到达的体内空间,如图13-12所示,在心脑血管系统、呼吸系统、消化系统、泌尿系统以及其他复杂器官中均具有极大应用潜力[12]。

根据尺寸不同,微型医疗机器人可以分为厘米毫米尺寸的胶囊机器人、毫米微米尺寸的连续体机器人和微米纳米尺寸的微纳机器人。本节将以磁场驱动的胶囊机器人、连续体机

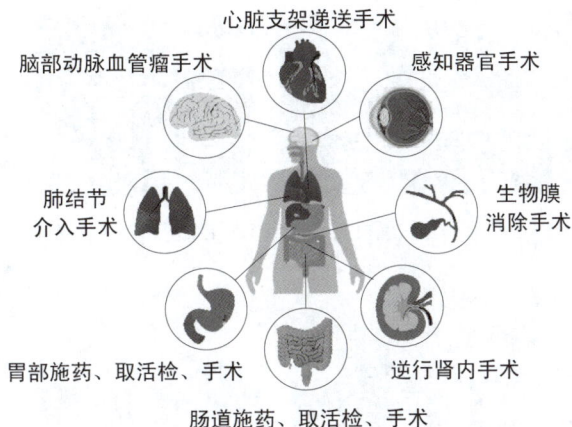

图 13-12　微型医疗机器人潜在医疗应用

器人和微纳机器人等典型手术机器人为例,简述微型医疗机器人的发展情况,其他驱动方式的微型医疗机器人不再赘述。

1. 磁场驱动胶囊机器人

如图 13-13 所示,商用胶囊机器人最早可以追溯至 1999 年以色列 Given Imaging of Israel 公司研制的 M²A 无线胶囊机器人。该公司被美国美敦力公司收购后,研制出 PillCam 胶囊机器人,加强了小肠和结肠黏膜的可视化。日本奥林巴斯公司研制出的 EndoCapsule 10 胶囊机器人具有宽视角的高质量图像,便于准确观察,实现胃部疾病检查。近年来,国内涌现出许多研发胶囊机器人及其相关产品的公司。重庆金山科技公司开发出全自动胶囊式内窥镜,实现胃部全自动检查。武汉安翰科技公司开发出巡航胶囊内窥镜,实现舒适化胃部精准检查。深圳资福医疗公司开发出大圣磁控胶囊。

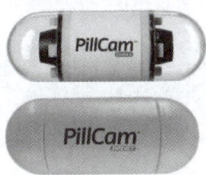

(a) PillCam胶囊机器人　　(b) EndoCapsule 10　　(c) 全自动胶囊式内窥镜　　(d) 巡航胶囊内窥镜

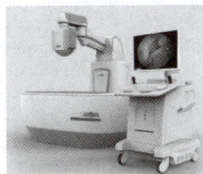

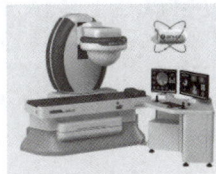

图 13-13　商用胶囊机器人

由于胶囊机器人由外部磁场控制运动速度与方向,因此往往需要特殊的结构设计或控制方法,使其能够在低雷诺数流体环境中执行检查与治疗任务,许多研究团队都取得了丰富的成果,如图 13-14 所示。上海交通大学、哈尔滨工业大学、天津大学和大连理工大学等通过设计机器人机构的滚动、摆动和旋转等方式实现胶囊机器人灵活运动[13]。中国科学院深圳先进技术研究院、马克斯·普朗克智能系统研究所、香港中文大学和香港科技大学等将磁性材料和机器人结构融合,致力于开发磁控式可降解软体胶囊机器人[14]。北京大学、西安交通大学、南开大学和苏黎世联邦理工学院等设计了具有各种医疗功能的胶囊机器人,比如靶向施药和取活检等[15]。这些研究显著推动了胶囊机器人在医疗领域的应用和发展。

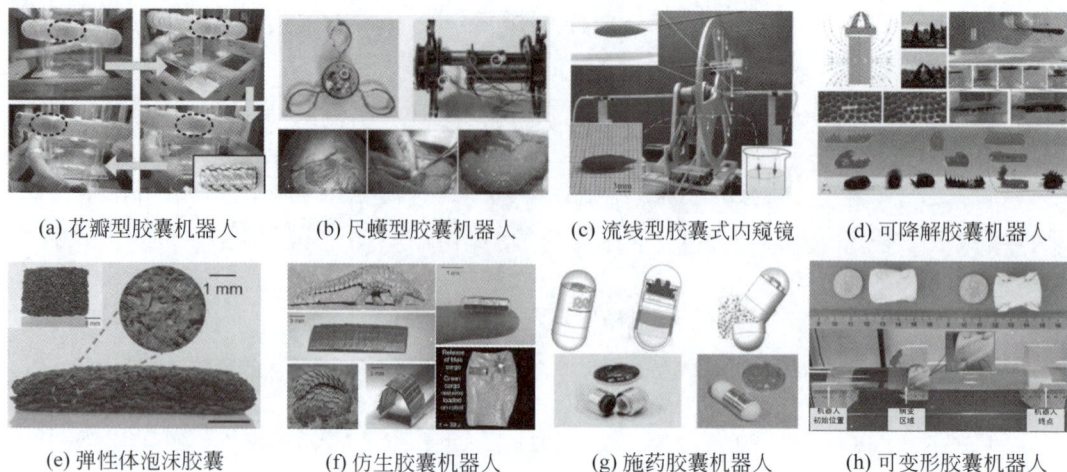

(a) 花瓣型胶囊机器人　　(b) 尺蠖型胶囊机器人　　(c) 流线型胶囊式内窥镜　　(d) 可降解胶囊机器人

(e) 弹性体泡沫胶囊　　(f) 仿生胶囊机器人　　(g) 施药胶囊机器人　　(h) 可变形胶囊机器人

图 13-14　胶囊机器人

2. 磁场驱动连续体机器人

连续体机器人在血管内执行诊疗任务方面展现出巨大的潜力[16]。当前主要由手动操作或外部推进器实现前进，由外部磁场实现转向，具有较快的移动速度，可以抵抗血液流动，可靠性好，易于在血管内执行医疗任务，如图 13-15 所示。中国科学院电工研究所、香港中文大学和苏黎世联邦理工学院等均致力于磁驱式连续体机器人的研究，即在连续体机器人尖端附着永磁体，通过外部磁场控制尖端运动到目标点。为进一步缩小体积，可将磁性材料与连续体机器人材料融合，制备出自身具有磁性的连续体机器人。这些研究表明，磁驱式连续体机器人在微创手术和精准医疗方向具有广阔的发展前景。

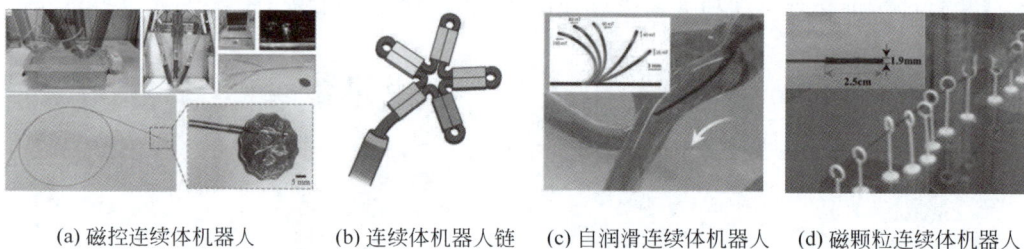

(a) 磁控连续体机器人　　(b) 连续体机器人链　　(c) 自润滑连续体机器人　　(d) 磁颗粒连续体机器人

图 13-15　连续体机器人

3. 微纳机器人

微纳机器人通常在制备过程中加入磁性纳米颗粒，通过各种类型的外部磁场获得简单而有效的动力，进而实现灵活运动、复杂集群构形变化[17]。苏黎世联邦理工学院提出磁控式螺旋微米机器人，被认为是"最先进的医用微型机器人"，并列入吉尼斯世界纪录[18]。北京理工大学和香港中文大学等也提出了磁驱式微纳机器人，推进了微纳机器人在医学、软体机器人以及智能材料领域的发展。北京大学、香港城市大学和哈尔滨工业大学致力于研制可编程的单畴纳米磁体阵列的微型机器人，在外加磁场下使微型机器人产生特定的形状变换，实现在人体内的检查与治疗。这些研究表明磁驱式微纳机器人在医疗和科技领域有着重要的发展前景。

13.2　医疗手术机器人的关键技术

13.2.1　手术机器人系统构型设计技术

手术机器人系统的构型设计是医疗机器人领域的关键技术之一,涉及系统的硬件配置、模块化设计、功能集成和优化配置等。根据不同的手术需求和应用场景,手术机器人系统的构型设计需要具备高度的灵活性、适应性以及高效性。无论是综合型(全科型)还是专科型手术机器人系统,其设计过程都需要考虑多个技术因素,并依托先进的设计方法和技术实现。

1. 综合型手术机器人系统构型设计

为了满足多种手术类型的需求,加强系统的灵活性和模块化,综合型手术机器人的设计通常包括以下技术要点。

1) 模块化设计与灵活性

采用高度模块化的设计理念,可以根据不同的手术需求快速替换和配置。例如,机械臂、手术工具和传感器等组件可以根据具体手术类型调整和更换。

2) 集成化系统架构

为了支持多种手术类型,需要一个高度集成的架构。所有子系统(如机械臂、控制系统、传感系统等)通过高效的数据传输和信息处理机制协同工作。集成化的架构能够确保各个模块之间的紧密协作,提升系统整体性能和操作的精确度。

3) 多功能设计与控制技术

系统需要实现多种手术方式的协调,确保每种手术类型的操作精度。设计时必须采用高精度的控制技术,如力控、视觉引导、实时反馈等技术,以实现不同手术的精准执行。

4) 自适应与智能化

具备自适应能力,能够根据手术场景自动调节和优化功能。结合人工智能、机器学习等技术,可以提升手术过程中的智能化水平,如实现自动导航、远程操控等功能。

2. 专科型手术机器人系统构型设计

侧重为某一特定领域的手术提供定制化解决方案。需要针对某一手术类型进行深度优化,以达到更高的精度和稳定性。其设计通常包括以下技术要点。

1) 专用工具与器械设计

根据特定手术的需求定制相应的工具和器械。例如,在脊柱手术中,可能需要精确的定位和微创切割工具,而心脏手术可能需要更精密的操作臂和高分辨率的成像设备。

2) 精准控制与图像引导

精准操作是专科型手术机器人系统的重要要求,特别是在微创和高风险手术中。系统需要通过图像引导技术、导航系统以及实时数据反馈等手段确保手术操作的精准度。

3) 系统简化与高效化

构型设计要求相对简单,但每个组件的性能需要极致优化。例如,专科型系统可能采用更为紧凑的设计,去除不必要的模块,集中力量提升核心模块的性能,确保手术的稳定性和高效性。

4）高稳定性与可靠性

特别注重系统的稳定性和可靠性，尤其是在高度专业化的手术领域。设计时需要选择更为稳定的硬件配置和更加精确的控制算法，以确保手术过程中的高效执行和设备的可靠性。

13.2.2　智能手术规划技术

智能手术规划技术利用计算机科学和医学影像学等领域的技术，通过对患者的解剖结构进行详细的三维重建和分析，帮助医生制订更精确的手术规划。其主要流程包括医学影像获取、图像处理与分割、三维重建、手术路径规划以及虚拟手术操作等环节。

1. 医学影像获取

医学影像广泛应用于疾病诊断与治疗，是手术机器人规划与导航的基础。根据患者患病部位的不同，可以采取不同的医学成像技术获取患者的解剖结果，每种医学影像技术都有其各自的优点与缺点，无法相互取代。常见的医学图像获取技术包括以下几类。

X 射线（X-ray）：适用于检测骨骼结构和部分软组织。X 射线穿透患者身体后，由探测器捕捉透过射线生成的二维影像。

计算机断层扫描（CT 扫描）：CT 扫描是一种使用 X 射线进行断层成像的方法。利用 X 射线从不同角度获取断层图像，经过计算机重建生成详细的三维图像，适用于头部、胸部和腹部成像。

磁共振成像（MRI）：MRI 利用强磁场和无害的无线电波生成具有高对比度的详细图像，适用于观察软组织，如脑、关节、脊椎和内脏器官。它不使用 X 射线，因此适用于需要避免辐射的情况。

超声波（超声）：超声成像利用高频声波来创建实时图像。它适用于产检、心脏和肝脏等器官的成像，也常用于引导穿刺和检查血流。

核医学（核素扫描）：核医学使用放射性同位素追踪生物过程，并通过检测其发出的辐射生成图像。单光子发射计算机断层扫描（SPECT）和正电子发射计算机断层扫描（PET）是核医学的两种主要技术。

放射性造影剂：在 X 射线、CT 和核医学中使用，增强特定结构或功能的可见度。

磁共振弹性成像（MRE）：结合 MRI 和机械振动测量组织弹性，评估肝脏、脑部和其他组织的健康状态。

光学相干断层扫描（OCT）：使用激光和干涉技术，适用于眼部和其他组织细微结构的高分辨率成像。

2. 医学图像处理

医学图像处理通过计算机对获取的影像进行分析，提升图像质量，并提取有用信息。关键技术如下。

图像增强：通过去噪和调整对比度改善图像质量。

图像分割：将图像划分为具有独立特征的区域，准确定位和分离器官、血管、肿瘤等结构。常用方法有阈值分割、区域生长和边缘检测。

三维重建：将二维影像转换为三维模型，使用体素化或表面重建技术，帮助医生理解解剖结构的空间关系，优化手术路径和决策。

VR 与 AR：将医学图像与虚拟或真实环境结合，提供沉浸式视觉体验，用于模拟手术场景、练习手术操作,在实际手术中提供实时的导航和反馈。

3. 手术路径规划

通过建立患者的三维模型确定手术工具的最佳路径,包括选择切入点、制定切口和避开重要点位等,旨在最小化组织损伤,提高手术成功率。常用的路径规划算法如下。

A*算法:基于图搜索的启发式算法,通过评估每个节点的代价函数找到最佳路径。

Dijkstra 算法:用于找到图中两个节点之间的最短路径,减少手术创伤。

Floyd-Warshall 算法:动态规划算法,计算所有节点对之间的最短路径,在手术路径规划中,它可以考虑多个目标点之间的最佳路径。

快速扩展随机树(RRT):一种用于搜索高维空间的概率型算法,在手术路径规划中,它可以考虑手术工具和解剖结构的复杂性。

概率路图法(PRM):一种基于概率的路径规划方法,通过在配置空间中随机采样节点建立路径图,以寻找可行路径。

D*算法(Dynamic A*):A*算法的改进版,适用于实时更新手术环境变化的情况。

机器学习方法:通过学习手术数据库的数据自动提取特征,并预测最佳路径。

遗传算法:模拟自然选择和遗传机制,优化路径搜索,探索不同路径的变异。

需要根据手术场景的复杂性和实时性选择具体算法。

4. 虚拟手术技术

虚拟手术技术结合计算机图形学与数据可视化,采用计算机图像处理和分析方法,选择数学模型对三维数据进行人体器官几何重建,模拟病灶部位的三维结构,并赋予模型实际物体的物理性质。最终,利用 VR 技术创建逼真的手术场景,使医生能够在虚拟环境中设计手术过程,包括进刀部位和角度,从而提高手术的成功率。

主要组成部分如下。

几何重建:基于医学影像数据,使用数学模型对人体器官进行精确的三维几何重建,形成详细的三维结构模型。

物理属性模拟:赋予三维模型实际组织的物理特性,如弹性、质地和响应,使其在虚拟环境中具有真实感。

VR 集成:通过 VR 技术创建逼真的手术环境,允许医生在虚拟空间中设计和练习手术,包括确定切入点和切割角度。

在机器人手术系统中,虚拟手术技术与真实手术室场景形成数字孪生手术平台,支持实时培训、规划和执行。虚拟手术平台为医学生和医生提供模拟手术的机会,允许他们在虚拟环境中进行实践操作。这种实时的、互动式的培训不仅提高了医生的技能水平和自信心,还减少了在真实手术中的错误率。此外,通过模拟患者的解剖结构,医生可以更好地了解手术操作的复杂性,优化手术路径规划,提高手术的准确性和成功率。对于一些复杂的手术,虚拟手术技术允许医生在实际手术之前进行多次模拟,改进技术,并熟悉操作步骤。

13.2.3　手术操作安全保障技术

手术操作安全保障技术是一系列旨在提高手术安全性、减少风险和确保患者和医疗团队安全的技术。宏观的手术安全保障覆盖了术前评估和手术规划、术前术中配准、术中实时导航、术中生理监测、感染控制措施、紧急情况预案和术后监测和护理等。本节重点探讨手术操作过程中的安全保障技术，关键在于确保手术操作的精准性与安全性。

1. 术前术中配准技术

在外科手术过程中，术前影像与患者术中实际体位可能存在差异，术前术中配准技术用于将术前规划的手术方案精准地应用于术中环境，从而提高手术的准确性与可控性。常见的术前术中配准技术如下。

图像配准算法：图像配准是术前术中配准的核心。这些算法通过比较术前和术中图像，找到它们之间的转换关系，以实现准确的配准。

导航系统：利用导航系统，医生可以在手术过程中实时查看患者的解剖结构，根据术前影像进行导航。这些系统通常结合了定位设备、跟踪系统和可视化界面，为医生提供了实时的位置信息和导航引导。

立体定位仪：立体定位仪用于追踪手术工具和患者解剖结构的位置，以实现术前术中的配准。这些系统通过安装在手术工具和患者上的追踪器实时地反馈位置信息。

2. 术中实时导航技术

术中实时导航技术通过实时跟踪和显示患者解剖结构、手术工具位置及其他关键信息提高手术过程的准确性和安全性。主要包括以下两种技术。

术中光学导航技术：通过可见光或红外光为外科手术提供实时和可视化的引导，通过光学传感器和摄像机等设备实时追踪外科工具、患者解剖结构的位置和运动。在手术中，光学导航系统集成于导航系统中，为外科医生提供实时的位置信息和导航引导。

磁导航技术：是一种利用特定磁场进行精确定位的技术。它的基本原理是使用永磁体或线圈产生具有独特空间分布的磁场。通过系统中的磁力计捕捉这些磁场的特征，并据此确定永磁体在空间中的精确位置。与光学导航不同，磁导航不受视线遮挡的影响，且可以穿透人体，实现手术工具在人体内的导航，但对手术区域内的铁磁干扰较为敏感。

3. 术中生理监测技术

术中生理监测技术通过监测患者在手术过程中的生理参数提供实时生理信息，帮助医生或手术机器人系统全面了解患者的生理状态，做出更明智的决策，确保手术的安全性。常见的术中生理信号监测技术如下。

心电图（ECG）监测：心电图监测用于记录患者的心脏电活动，提供心率和心律的实时信息。有助于检测潜在的心律失常或心血管问题。

血氧饱和度监测：血氧饱和度监测通过夹在患者手指或耳垂上的传感器来测量氧气在血液中的含量。这是监测患者氧合水平的重要指标。

血压监测：术中血压监测用于跟踪患者的血压水平。这对于确保患者在手术期间保持适当的循环状态至关重要。

二氧化碳（CO_2）监测：在某些手术中，特别是与呼吸系统有关的手术，二氧化碳监测可以提供呼吸道二氧化碳水平的实时信息。

体温监测：术中体温监测有助于确保患者在手术期间维持适当的体温，防止低体温或高体温对患者产生不良影响。

脑电图（EEG）监测：在某些神经外科手术中，脑电图监测可用于观察患者的脑电活动，帮助外科团队维护患者的脑功能。

肌电图（EMG）监测：EMG监测记录患者的肌电活动，对于某些手术非常关键，例如与神经肌肉系统有关的手术。

13.2.4　医疗手术机器人的人机交互技术

医疗手术机器人的人机交互技术使得医生与机器人之间的协作更加高效、安全和精准。医疗手术机器人常见的人机交互技术包括 VR 和 AR 技术、力反馈技术和数字孪生技术等。这些人机交互技术还提升了医疗机器人系统的智能化和精准度。

1. VR 和 AR 技术

VR 通过模拟真实的手术环境提供沉浸式的体验，使医生能够在虚拟环境中进行训练或手术操作的预演。它能够为医生提供更加直观的操作反馈，有助于提高手术的精确度和安全性。而 AR 则将虚拟信息(如影像、手术规划、患者数据等)叠加到真实的手术视野中，为医生提供实时的导航和引导。通过头戴显示设备(如 AR 眼镜)或手术显微镜，医生可以在手术过程中获得实时的反馈和辅助信息，从而提高手术操作的精准度和效率，减少误操作的风险。

2. 力反馈技术

力反馈技术(haptic feedback)是通过力/触觉传感器和执行器将机器人操作时产生的力反馈传递给医生，使其能够感知到操作中施加的力量或与组织的接触情况。这一技术在微创手术中尤为重要，能够帮助医生感知到切割、缝合等操作过程中的组织阻力和反馈，提升操作的精确性和安全性。

3. 数字孪生技术

手术机器人数字孪生技术是指通过传感器实时采集患者的生理数据和手术过程信息，创建一个与患者身体或手术过程高度一致的数字复制体。这个"数字孪生"平台能够实时反映患者的生理变化，为医生提供个性化的手术方案和决策支持。在手术过程中，数字孪生技术可以帮助医生实时监测患者的健康状态、追踪手术进展，并根据实际情况做出相应的调整，确保手术的安全性和有效性。

13.3　医疗手术机器人的典型应用案例

13.3.1　脊柱手术机器人系统

脊柱的解剖结构十分复杂，且脊髓和神经根易受损，因此脊柱手术难度大、风险高。传统脊柱手术通常依赖外科医生的经验和手术技巧，手术操作过程中存在以下问题：脊柱手术对操作精度要求高，手术过程中稍有偏差可能导致严重的并发症；复杂脊柱手术的时间很长，增加了术中风险。

脊柱手术机器人系统的优势在于它能够提供高精度的手术导航和操作引导，使外科医生能够更准确地定位和处理脊柱病变或置入椎弓根螺钉等。它可以帮助医生减少手术中的误差和风险，提高手术的安全性和成功率。同时，该系统还可以减少术中 X 线照射的次数，从而降低患者和医护人员的辐射暴露几率。

脊柱手术机器人系统的主要组成如下。

(1) 机械臂：通常由一个或多个灵活的机械臂组成，具备高精度的运动能力。这些机械臂可以根据外科医生的指令和预先设定的手术路径精确地定位和移动手术工具。机械臂的精确度和稳定性能够帮助外科医生在手术中实现更精细的操作。

（2）导航系统：实时获取患者的解剖结构和手术工具的位置信息。通过使用图像处理和跟踪技术，导航系统可以生成高分辨率、三维的解剖图像，以及手术工具在患者体内的准确位置。外科医生可以根据这些导航数据准确定位和定位手术目标，提高手术的精确性。

（3）手术规划软件：外科医生可以使用这个软件创建和优化手术规划，包括确定手术路径、选择合适的植入物和确定手术目标等。手术规划软件可以根据患者的解剖结构和病变情况提供个性化的手术方案，并生成导航引导的路径和操作步骤，供外科医生在手术中参考和执行。

（4）操作控制台：操作控制台通常配备触觉反馈和可视化显示，使外科医生能够实时监视导航图像、调整手术计划和控制机械臂的运动，并执行精确的手术操作。操作控制台的设计使外科医生能够在手术过程中获得直观的反馈和控制，提高手术的安全性和效果。

在术前规划阶段，脊柱手术机器人系统主要完成三维重建、图像分割和路径规划等任务。手术路径规划效果如图 13-16 所示。

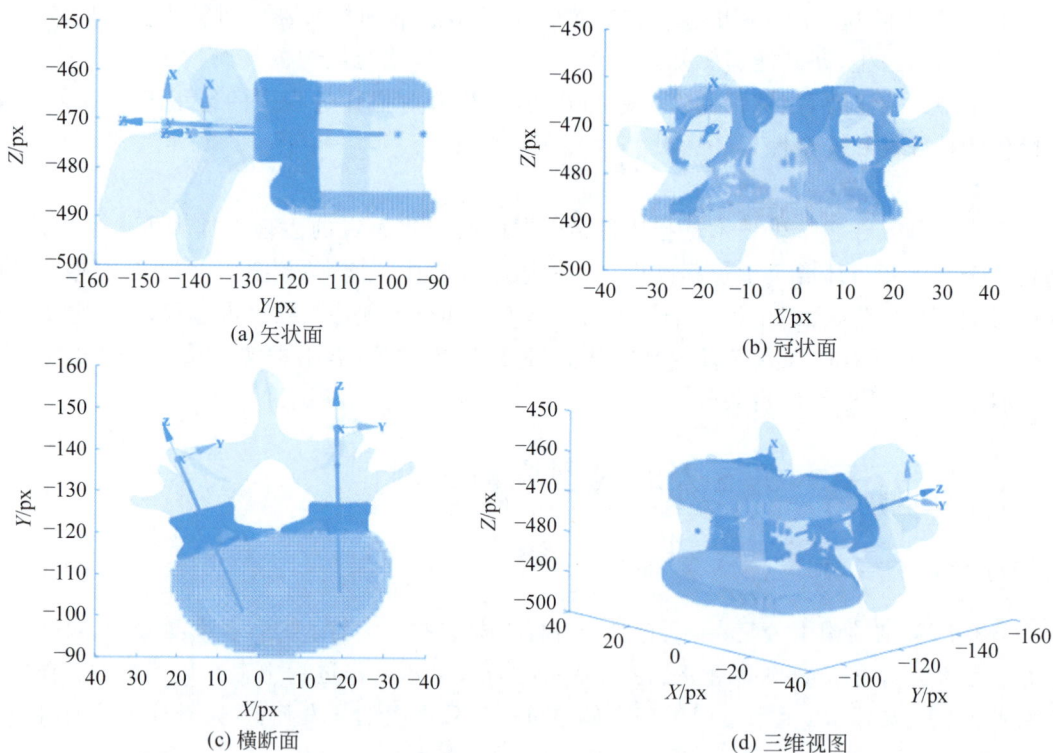

图 13-16　手术路径规划效果

在完成手术过程中，脊柱手术机器人系统通过手眼标定实现手术工具和机械臂的标定，并通过点云配准、2D-3D 配准和有标记配准等方式实现术前术中配准，从而将术前规划的手术路径映射至术中，最终由机器人操作手术工具完成手术操作。

图 13-17 为使用脊柱手术机器人系统自主完成的模型骨实验和活体动物实验结果。根据临床上常用的 GRC（Gertzbein and Robbins Classification）评价标准，在模型骨实验中，机器人系统手术效果较好，100％达到 A 级水平；在动物实验中，100％能达到 B 级及以上水

平,均在可接受范围之内。此外,针对光学导航面临的视觉遮挡和导航精度不连续等问题,使用机械臂动态调整光学导航的观测位姿,可以提高手术操作的安全性。

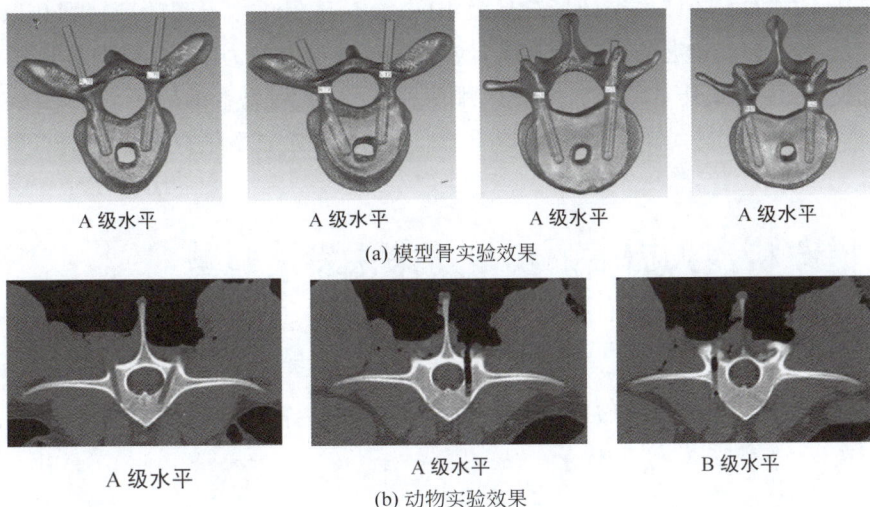

(a) 模型骨实验效果

(b) 动物实验效果

图 13-17　脊柱手术机器人系统实验效果图

13.3.2　人工耳蜗微创植入机器人系统

人工耳蜗植入手术作为具有代表性的一种耳科显微手术,是目前治疗耳聋的有效手段,且重度听障患者植入需求巨大。由于人工耳蜗组织深藏在颞骨结构内,被多种骨质组织所包围,并与重要的血管、神经和局部听觉—感觉系统相邻,因此手术的难度和风险都很大,需要做到"钻得准,植得精,看得见"。

人工耳蜗微创植入机器人是一种专为人工耳蜗植入手术设计的高精度显微外科医疗设备,旨在提高手术精确度、减少手术时间和降低并发症风险,如图 13-18 所示。

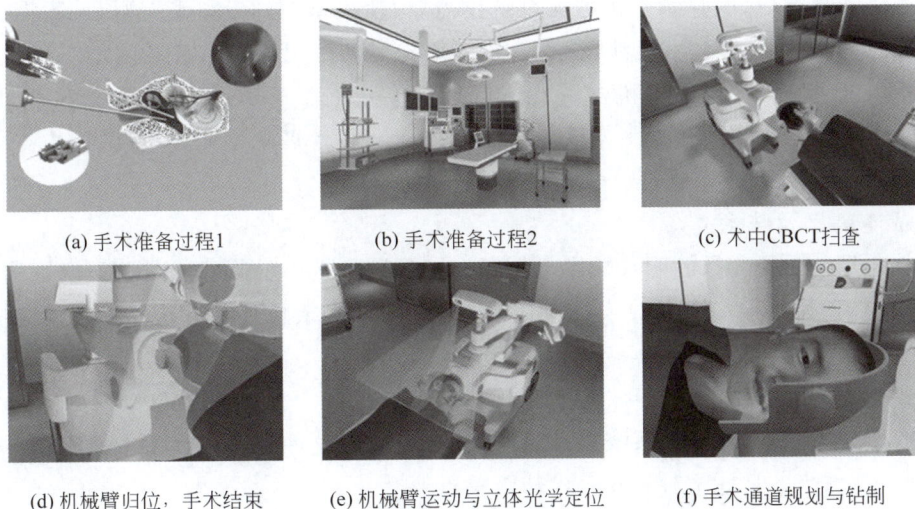

(a) 手术准备过程1

(b) 手术准备过程2

(c) 术中CBCT扫查

(d) 机械臂归位,手术结束

(e) 机械臂运动与立体光学定位

(f) 手术通道规划与钻制

图 13-18　人工耳蜗微创植入机器人系统

该机器人系统配备高分辨率成像设备,包括 3D 显微镜和内窥镜,提供清晰的手术视野和细节图像,帮助外科医生准确定位和操作。另外,精密的机械臂系统具备多自由度操作能力,可以在狭小的手术区域内进行复杂且微小的动作,确保手术过程的高精度和稳定性。此外,机器人系统集成了先进的力反馈技术,实时感知手术中的力变化,帮助外科医生避免过度用力和潜在的组织损伤。微创技术的应用使手术创口小,患者术后恢复快,疼痛和并发症减少。同时,该系统支持术前规划和模拟手术,通过手术导航系统提高手术的可预测性和安全性。

13.4　医疗机器人面临的挑战与未来发展趋势

13.4.1　医疗机器人面临的重大问题和技术挑战

尽管医疗机器人在医疗领域取得了显著进展,但仍然面临一些重大问题和技术等方面的挑战。

1. 面临的重大问题

1)"机—人共融"是医疗机器人跨越式发展的首要问题

与人共融的机器人是可以融入人的生产生活环境、可以与人自然交互合作、具备与人相匹配的灵巧作业能力,以及自主决策能力的一种智能机器人。

机器人的能力优势体现在速度和精度、负重能力、重复一致性、疲劳与作业时间等方面,而人的能力优势体现在思维与逻辑推理、学习与技能递进、经验与实时决策、协作与安全等方面。"机—人共融"聚焦在机器人技术的提升上,特别是提升医疗机器人与医生和患者协作共融的能力上。"机—人共融"理念体现了医疗机器人的"软能力",可以指导医疗机器人跨越式发展。

2)全科医疗机器人和专科医疗机器人之争

与医疗体系类似,医疗手术机器人系统也需要"全科型"与"专科型"的协调发展。"全科型"手术机器人的特点是:术式涉及面广,系统架构复杂;产品昂贵,普及困难;一机多能,技术展示度高。而"专科型"手术机器人的特点是:专病专治,系统架构相对简单;降低成本、提高易用性,利于普及;聚焦专科术式,提高了可靠性,技术展示度同样很高。

2. 技术、标准、伦理等挑战

1)成本高昂及技术复杂

手术机器人系统高昂的购买成本,以及维护和培训费用可能超出许多医疗机构的负担能力,限制了手术机器人技术的广泛应用。另外,技术复杂性使医疗专业人员需要操作培训,以便掌握新的技能,这需要一定的时间和资源。

2)缺乏触/力觉反馈

目前,大多数手术机器人系统缺乏足够的触觉反馈,这使得医生在手术过程中无法感知组织的触感和力度,但是这对某些手术却至关重要。

3)手术时间延长

一些研究表明,手术机器人可能导致手术时间较长,增加手术复杂性和患者风险。

4）缺乏标准化

目前尚未建立起统一的手术机器人标准，不同厂商的系统存在差异，这使得跨平台的协同工作和数据交换变得更为困难。

5）伦理和法律等挑战

使用手术机器人引发了一系列伦理和法律问题，包括责任分配、隐私问题以及对患者的充分信息披露等。另外，医疗行业对新技术的接受速度相对较慢。

13.4.2　医疗机器人的未来发展趋势

需要注意的是，虽然医疗机器人具有许多优点，但目前并不能完全替代医生的作用。在手术过程中，医生仍然需要对机器人进行监督和指导，确保手术的安全和顺利进行。同时，机器人的使用也需要根据患者的具体情况和手术类型选择和调整。以下是医疗机器人未来可能的发展方向。

1. 精细化手术操作

新一代人工智能技术和机器人技术可以让医疗机器人具备更高的操作精度和稳定性，进行更加精细化的手术操作，比如微米级别的手术操作，从而减少手术创伤和并发症，提高患者的康复速度。

2. 远程手术协助

通过 5G、VR 和 AR，特别是数字孪生等技术，医疗机器人可以更好地实现远程手术，让专家医生可以远程操控机器人进行手术操作，或者为当地医生提供远程指导和支持，提高医疗资源的可及性和均等性。

3. 个性化手术治疗

医疗机器人可以根据患者的个体差异和特殊需求进行个性化的手术治疗方案设计和操作，比如针对不同患者的生理结构和病情特点制定最合适的手术路径和操作方式，提高手术的适应性和治疗效果。

4. 智能化手术决策

通过定制化大语言模型技术加持，医疗机器人可以自动分析患者的病历、影像等大量数据，为医生提供更加准确和全面的手术方案和决策建议，提高手术的成功率和效果。

5. 医疗机器人与其他设备的融合

医疗机器人可以与医用机器人、医用传感器等设备融合，形成一个更加智能化的医疗系统，实现医疗数据的共享和交互，提高医疗服务的效率和质量。

总之，在人工智能技术的加持下，医疗机器人的未来发展将更加智能化、精细化、远程化和个性化，这将为医疗服务提供更好的支持和帮助，为患者带来更好的治疗效果和生活质量。

13.5　医疗机器人的自主能力

从微创外科手术、靶点定向治疗到应急响应的优化、外科修复和家庭救助等，医疗机器人已经成为医疗设备行业增长最快的部分。在这种情况下，根据机器人的不同自动化水平，对其进行管理以及道德和法律层面的限制是十分有必要的。例如在自动驾驶领域，对于上路汽车的智能驾驶级别就已经给出了多版本的定义，然而医疗机器人在这方面却仍然处于空白状态。因此，杨广中教授定义了 6 种医疗机器人的自动化程度[19]，作为未来一种可能的框架。

1. 第 0 级：无自主性

该级别包括响应和遵循用户命令的远程操作机器人或假肢器械。具有运动缩放功能的手术机器人也属于这一类，因为机器人的输出代表了外科医生想要的运动。比如，目前全球最成功、应用最为广泛的手术机器人——达芬奇手术机器人也仅仅是第 0 级自动化程度，如图 13-1 所示。

2. 第 1 级：机器人辅助

在手术任务中，仍然是由人持续控制系统，不过机器人可以提供一些机械引导和辅助。比如像带有虚拟夹具的手术机器人和带有平衡控制的下肢装置。图 13-3（b）所示的 Mako 关节置换手术机器人正属于这一等级。

3. 第 2 级：任务自主

机器人在特定的任务中是自动的，不过初始化还是由人控制的。与第 1 级的不同之处在于，操作员对系统的控制是断续的，而非连续的。例如外科缝合——外科医生指示术中的缝合线应该放在哪里，机器人便自主执行缝合任务，而外科医生只需监视和干预。美国约翰·霍普金斯大学和美国国立儿童医院联合开发了一种图 13-19 所示的监督式自主软组织手术机器人，就属于该等级。

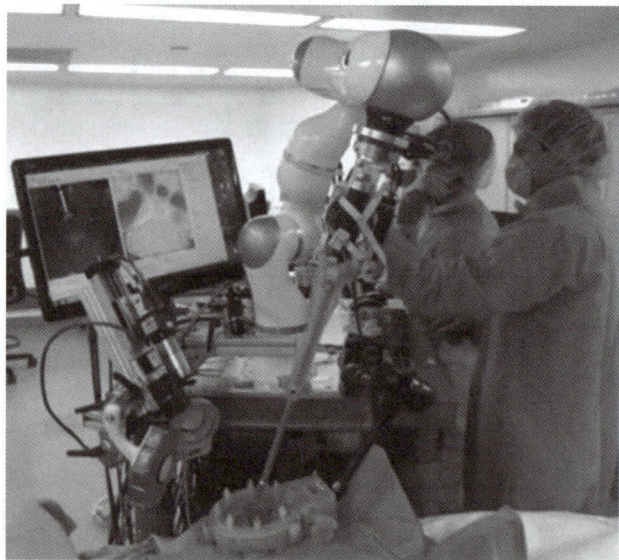

图 13-19　监督式自主软组织手术机器人

4. 第 3 级：有条件自主

系统生成任务策略，并依赖人类从不同策略中选择或批准系统自主选择的策略。这种类型的手术机器人可以在没有密切监督的情况下执行任务。主动式下肢假肢可以感测佩戴者的移动欲望，并自动调整，而无需佩戴者的任何直接关注。例如日本筑波大学 Cybernics 实验室研制的 HAL 下肢外骨骼机器人，如图 13-20 所示。

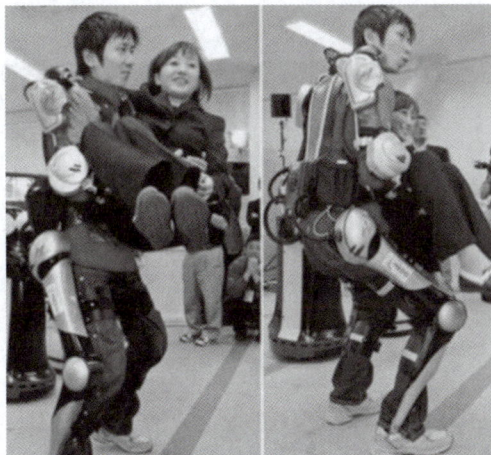

图 13-20　HAL 下肢外骨骼机器人

5. 第 4 级：高度自主

机器人可以在合格医生的监督下做出医疗决策。一个机器人外科手术可以类比成机器人住院医生在主治医生的监督下进行手术。目前尚没有合适的案例。

6. 第 5 级：完全自主

这是一个可以执行整个手术的"机器人外科医生"。这可以广义地解释为一个能够胜任普通外科医生执行所有术式的机器人系统。机器人外科医生目前还处在科幻小说的领域，比如在美国科幻大片《普罗米修斯》中，女科学家怀上异形胚胎，之后手术机器人通过手术自动将其取出。

为了实现更高水平的自主性，手术机器人系统对各种感官数据做出反应的能力需要更加复杂。完全自主的一个关键要求是复制专业外科医生感觉运动技能的技术[20]。随着人类监督的减少和机器人感知、决策和行动的增加，患者伤害的风险将会增加，同时网络安全和隐私也是需要考虑的主要问题。

13.6　思考

【思考 13.1】 医疗机器人需要"硬能力"和相对应的"软能力"，那么软硬兼施的瓶颈在哪里？

【思考 13.2】 哪些技术可以支持医疗机器人的自主行为？

【思考 13.3】 基于分析医生与手术机器人之间的关系，手术机器人未来的发展路径是什么？

【思考 13.4】 针对各种机器人系统，体系结构（system architecture）、架构（architecture）和构型（configuration）这几个术语虽然有一定重叠，但在具体语境下有着不同的侧重点。体系结构可以看作是架构和构型的总和，是一个更宏观、更抽象的概念，涉及整个系统的设计思路与工作原理。架构属于体系结构的一部分，侧重于系统模块间的关系与功能实现，是体系结构的具体化表现。构型是体系结构的物理实现，注重系统中具体硬件组件的布局与结构，是体系结构和架构中最直接、最具形象性的部分。针对全科型和专科型手术机器人，这三者的具体含义和关系是什么？

13.7　习题

【作业 13.1】　以完成某个具体的手术式式为例，梳理其医疗机器人的发展史。

【作业 13.2】　医疗机器人需要具备感知、决策和执行能力，同时需要临床医学等领域的技术支持，如果想要进入该研究领域，需要做好哪些准备？

【作业 13.3】　调研医疗机器人产业的最新现状，整理成相应图表（可以参考 ifr.org 网站等）。

参考文献

[1]　SPIEGEL E A，WYCIS H T，MARKS M，et al. Stereotaxic Apparatus for Operations on the Human Brain[J]. Science，1947，106(2754)：349-350.

[2]　DLAKA D，ŠVACO M，CHUDY D，et al. Frameless Stereotactic Brain Biopsy：A Prospective Study on Robot-assisted Brain Biopsies Performed on 32 Patients by Using the RONNA G4 System[J]. International Journal of Medical Robotics and Computer Assisted Surgery，2021，17(3)：e2245.

[3]　MOHEBBI A. Human-Robot Interaction in Rehabilitation and Assistance：a Review[J]. Current Robotics Reports，2020，1(3)：131-144.

[4]　PAN J，ASTARITA D，BALDONI A，et al. A Self-Aligning Upper-Limb Exoskeleton Preserving Natural Shoulder Movements：Kinematic Compatibility Analysis[J]. IEEE Transactions on Neural Systems and Rehabilitation Engineering，2023(31)：4954-4964.

[5]　VILLASEÑOR-MORA C，SANCHEZ-MARIN F J，GARAY-SEVILLA M E. Contrast Enhancement of Mid and Far Infrared Images of Subcutaneous Veins[J]. Infrared Physics and Technology，2008，51(3)：221-228.

[6]　KIM Y J，SEO J H，KIM H R，et al. Impedance and Admittance Control for Respiratory-motion Compensation During Robotic Needle Ynsertion-A Preliminary Test[J]. International Journal of Medical Robotics and Computer Assisted Surgery，2017，13(4)：e1795.

[7]　房晓楠. 迈纳士："AI＋医疗"打造出的全自动智能采血 MagicNurse[J]. 机器人产业，2021(2)：56-60.

[8]　刘俊飞. 基于双目视觉的护理机器人抱取功能的实现[D]. 南京：南京理工大学，2022.

[9]　刘玉鑫，郭士杰，陈贵亮，等. 仿人背抱式移乘护理机器人背负运动轨迹规划与舒适性分析[J]. 机械工程学报，2020，56(15)：147-156.

[10]　YANG L，ZHANG T，TAN R，et al. Functionalized Spiral-Rolling Millirobot for Upstream Swimming in Blood Vessel[J]. Advanced Science，2022，9(16)：2200342.

[11]　金东东，俞江帆，黄天云，等. 磁性微纳米尺度游动机器人：现状与应用前景[J]. 科学通报，2017，62(Z1)：136-151.

[12]　DUPONT P E，NELSON B J，GOLDFARB M，et al. A Decade Retrospective of Medical Robotics Research From 2010 to 2020[J]. Science Robotics，2021，6(60)：eabi8017.

[13]　YANG L，MIAO J，LI G，et al. Soft Tunable Gelatin Robot with Insect-like Claw for Grasping，Transportation，and Delivery[J]. ACS Applied Polymer Materials，2022，4(8)：5431-5440.

[14]　HU W，LUM G Z，MASTRANGELI M，et al. Small-scale Soft-bodied Robot with Multimodal

Locomotion[J]. Nature,2018,554(7690)：81-85.

[15] CAI Z,QIN Y,HAN J. Design and Control of a Miniaturized Magnetic-Driven Deformable Capsule Robot for Targeted Drug Delivery[J]. IEEE Transactions on Industrial Electronics,2023,71(8)：9150-9160.

[16] 徐天添,黄晨阳,刘佳,等. 磁驱动微型机器人的智能控制发展现状[J]. 机器人,2023,45(5)：603-625.

[17] 王永青,邓建辉,李特,等. 软体机器人3D打印制造技术研究综述[J]. 机械工程学报,2021,57(15)：186-198.

[18] ZHANG L,ABBOTT J J,DONG L,et al. Artificial Bacterial Flagella：Fabrication and Magnetic Control[J]. Applied Physics Letters,2009,94(6)：064107.

[19] YANG G Z,CAMBIAS J,CLEARY K,et al. Medical Robotics-Regulatory,Ethical,and Legal Considerations for Increasing Levels of Autonomy[J]. Science Robotics,2017,2(4)：eaam8638.

[20] HAIDEGGER T. Autonomy for Surgical Robots：Concepts and Paradigms[J]. IEEE Transactions on Medical Robotics and Bionics,2019,1(2)：65-76.

第 14 章

微纳操作机器人

随着微米纳米技术的迅猛发展,研究对象不断向精细化发展,微小零件的加工整理、品质检查以及微机电系统(MEMS)的装配作业等工作都需要微操作机器人的参与。在医学和生物学领域,特别是在动植物基因工程中,注入细胞融合等精细操作都离不开高精度的微纳操作机器人系统[1],如图 14-1 所示。

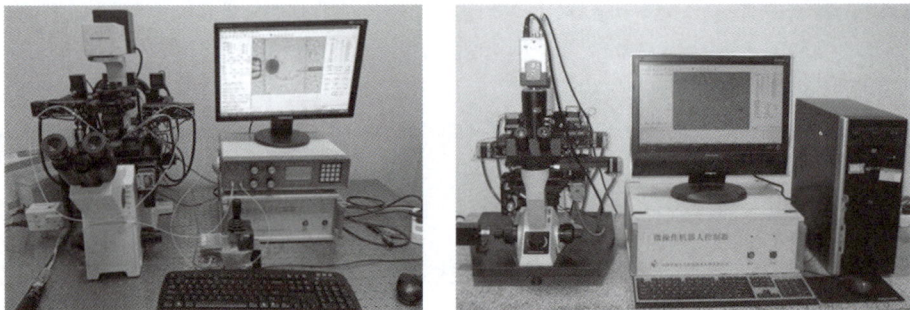

图 14-1　微纳操作机器人系统

人类对于微小生物体的好奇推动了显微镜的诞生。通过显微镜不仅可以看到微小生物体,还能操纵微小对象。操纵微小对象的需求催生了微操作技术的产生。手动的微操作解决了"能用"的问题,但对操作者的技能要求很高,这就限制了其大规模的推广应用。20 世纪末,机器人技术被引入微操作领域,微操作系统自动化程度大大提高,相应地对操作者的要求大大降低,微操作系统成为普通人"可用"的工具,这也促进了微操作技术的推广应用,特别是在生物领域。

自 20 世纪末以来,微操作系统已经在转基因动物、人工辅助生殖、生物制药、干细胞、克隆技术和病理切片检测等研究领域有了众多成功应用的案例。由于斑马鱼胚胎较大、操作较容易,前期的许多成功全自动微操作范例都是利用斑马鱼完成的[2]。之后,研究者们开始将目光投放到操作流程更长、操作复杂度更高的微操作——动物克隆上[3]。细胞核移植是实现动物克隆的主要手段,它将供体细胞核移入除去核的卵母细胞中,使重组细胞直接启动胚胎发育程序,后者不经过精子穿透等有性过程即可被激活、分裂并发育成新个体,从而使核供体的核基因得到完全复制,在动物育种、基因治疗、器官移植等领域有着广泛的应用。核移植技术研究虽然已经取得了长足进步,但与转基因注射等其他方法相比,依然存在胚胎发育率低、早期胚胎死亡率高,受体动物胎盘不全和新生动物死亡率高等缺点[4]。因此,提高核移植操作成功率是克隆技术发展的迫切需求。

14.1　微纳操作机器人的研究背景

14.1.1　微纳操作机器人的发展历程

1. 显微镜

显微镜的发明使人类得以观察微观世界,其发明人和发明时间却众说纷纭。荷兰的眼镜商查哈里亚斯·杨森(Zacharias Janssen)及其儿子声称 1590 年发明了复式显微镜,同时期多位荷兰眼镜制作行业同行也被认为发明了显微镜,有意思的是意大利的大科学家伽利略也被认为发明了复式显微镜。

被誉为微生物学之父的荷兰博物学家列文虎克(Antoni van Leeuwenhoek,1632—1723)在一个铜片上安装了磨制的玻璃球,使得"放大镜"的放大倍数达到 270 倍,远大于之前的"放大镜"(几倍～几十倍)。列文虎克使用该装置第一次看到了水中的微生物。同时代的英国自然科学家罗伯特·胡克(Robert Hooke,1635—1703)制作了复式显微镜,并利用它首次发现并命名了细胞(cell)。复式显微镜的架构一直为后来的光学显微镜所继承。

电子显微镜和原子力显微镜的发明使人类得以更好地观察和操作微观对象,进入了更深的微观世界,表 14-1 详细介绍了这两种显微镜。

2. 微纳操作机器人

微纳操作机器人拓展了人类进行微纳操作的能力,是机器人技术向微纳尺度的延伸,为生物医学、微纳制造等前沿领域提供了重要的研究方法和实现手段。

表 14-1　电子显微镜和原子力显微镜

类　型	发明时间	工　作　原　理	分辨率	应　用　领　域	特　　点
透射电子显微镜(TEM)	1931 年	电子束透过超薄样品,形成影像	0.1～1nm	纳米材料、物理学、化学、病毒学、半导体等	适合内部结构观察,但需样品薄
扫描电子显微镜(SEM)	1930—1940 年初	电子束扫描样品表面,探测二次电子信号	1～10nm	材料学、纳米技术、生命科学等	能获得表面形貌,三维成像,适用于大范围样品
扫描隧道显微镜(STM)	1981 年	探针扫描样品表面,通过隧道电流成像	0.1nm	纳米科学、表面科学、材料科学、生命科学等	可以观察单个原子,表面结构成像
扫描透射电子显微镜(STEM)	1980 年	结合 SEM 和 TEM,通过扫描透射电子束成像	0.1～1nm	生命科学、纳米科学、材料学等	结合了透射和扫描成像的优点
原子力显微镜(AFM)	1986 年	通过探针与样品表面间的相互作用力扫描成像	0.1nm(取决于探针)	生命科学、材料科学、纳米技术等	无需真空环境,可在液体或空气中工作,适用于表面形貌分析

续表

类　型	发明时间	工作原理	分辨率	应用领域	特　点

第一部实际工作的 TEM

SEM 拍摄的花粉

原子力显微镜的原理示意图

侦检器及回馈电路
感光二极管
激光
样品表面
微悬臂及探针
压电扫描器

如图 14-2 所示，微纳操作机器人发展过程中有一些重要里程碑。1989 年，IBM 公司利用扫描隧道显微镜（STM）首次实现了 Xe 原子的操作；1992 年，南开大学卢桂章教授组织团队开始研究微操作机器人，并在 1996 年研发出国内第一台微操作机器人样机，之后获得国家技术发明二等奖；1999 年，中国科学院成功实现了计算机控制的扫描电子显微镜（SEM）的纳米操作；2007 年，多伦多大学成功实现了自动化的斑马鱼胚胎注射；2011 年，多伦多大学成功实现了机器人化的单精注射；2017 年，南开大学赵新团队首次实现了机器人化体细胞核移植操作，并获得世界首批机器人操作的克隆动物。

微纳操作机器人发展过程及重要里程碑

微操作

1996年国内研制的第一台微操作机器人样机　　2007年自动化斑马鱼胚胎注射　　2011年机器人化单精注射　　2017年机器人化体细胞核移植，获得世界首批机器人操作克隆动物

1989　　1999　　2009　　2013　　2023

纳操作

1989年IBM用STM操作Xe原子　　1999年SEM进行纳米操作　　2005年SEM-TEM联合操作　　2008年AFM双手操作　　2013年SEM多操作手联合操作

图 14-2　微纳操作机器人发展过程及重要里程碑

14.1.2　微纳操作机器人的研究现状及主要构成

1. 研究现状

目前，商业显微操作系统在生命科学领域普遍使用。如图 14-3（a）所示，德国 Eppendorf 公司研制了一系列显微操作工作站；日本成茂（NARISHIGE）公司（图 14-3（b））、岛津（Shimadzu）公司、骏河公司（Suruga）、尼康（Nikon）公司都研制了各自的显微操作产品。这些显微操作系统大部分仍处于手动或半自动化阶段，对操作人员的技术和经验要求很高，作业品质受到操作人员操作状态、情绪、精力等因素的影响。

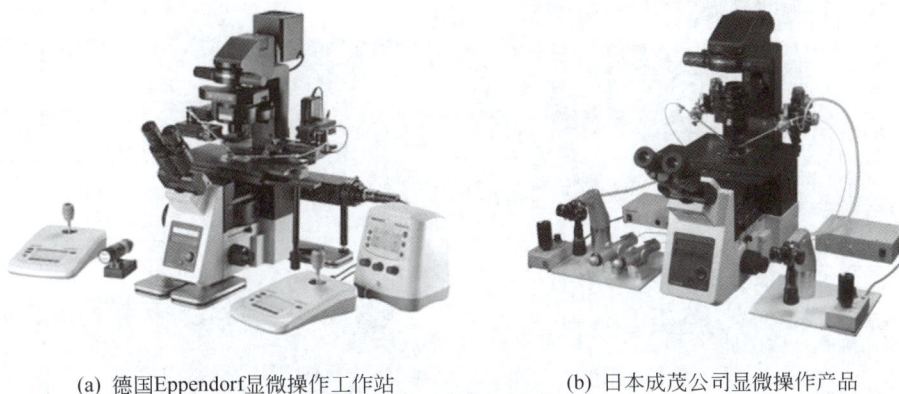

(a) 德国Eppendorf显微操作工作站　　　　(b) 日本成茂公司显微操作产品

图 14-3　商业显微操作系统

在商用显微操作模块基础上，一些研究机构搭建了具备自动化功能的微操作研究平台，解放了部分人力。如多伦多大学的 Yu Sun 研究组在自动化细胞显微注射系统研究上做了大量工作，分别实现了小鼠卵母细胞 ICSI 显微注射自动化[5]和斑马鱼卵转基因注射自动化，如图 14-4 所示。

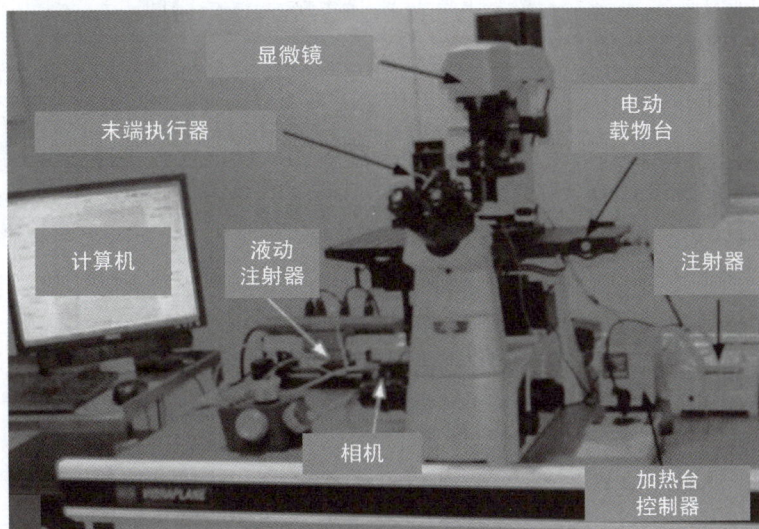

图 14-4　自动化 ICSI 显微注射系统

目前自动化程度最高的显微操作系统为 NK-MR601 显微操作系统，如图 14-5 所示。使用该系统，2017 年人类获得了世界首例由机器人完成核移植操作的克隆猪，随后在 2022 年获得了世界首批自动化全流程核移植操作的克隆猪。

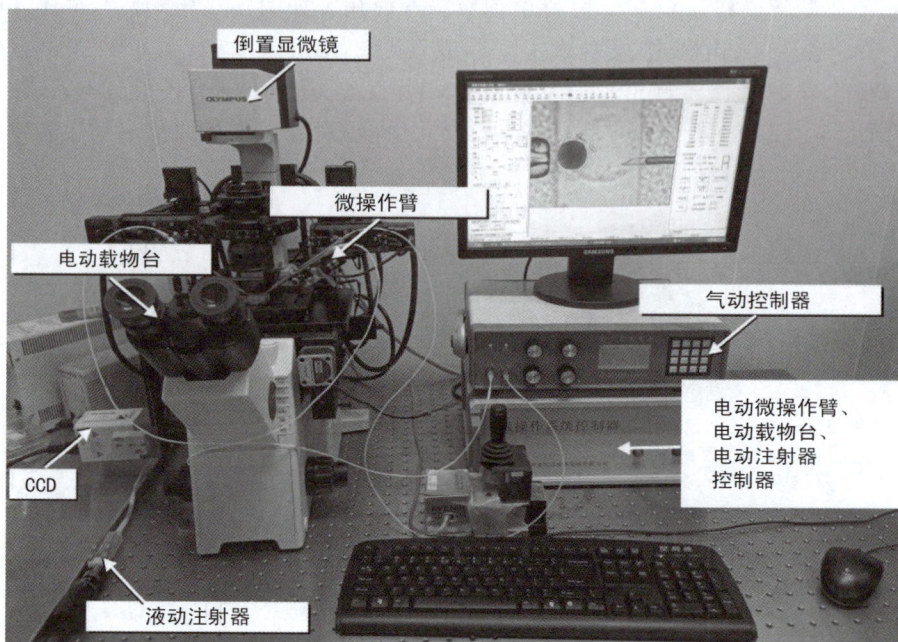

图 14-5　NK-MR601 显微操作系统

2. 微纳操作机器人的主要构成

由于被操作物是微米尺度的，所以微操作机器人系统需要借助显微镜来提供被操作物的细节。为了获得较大的操作空间，一般采用倒置的显微镜提供被操作对象的显微图像，在显微图像视野内引导微驱动器（微操作臂），以及末端执行器协同工作，图 14-6 给出了当前微纳操作机器人的系统架构。

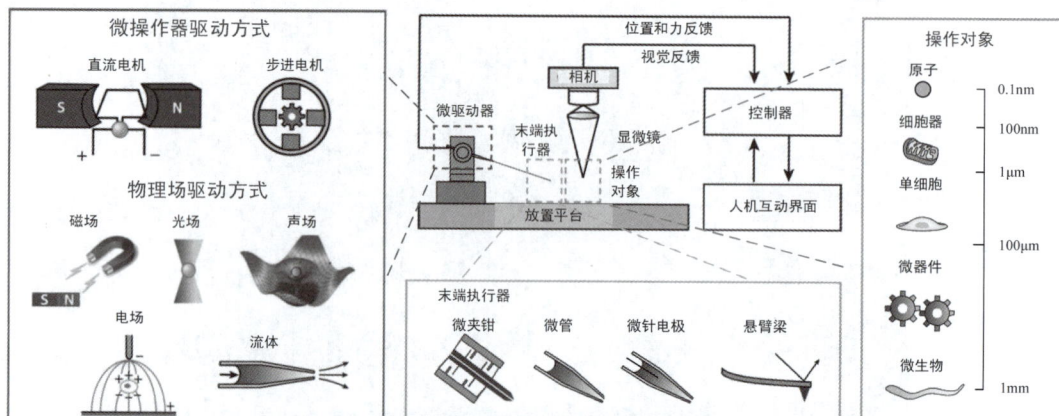

图 14-6　微纳操作机器人的系统架构

为了能进行多种较复杂的操作，末端执行器必须进行空间上的多自由度（一个物体或系统在空间中能够独立运动的方向或方式的数量)运动。为此,一个功能较强的多轴(多自由度)运动控制器就成为一个核心部件。图 14-5 中的控制器可控制左操作臂(3 自由度)、右操作臂(3 自由度)、电动载物台(2 自由度)共计 8 个自由度的运动,再加上电动注射器(1 自由度)以及调焦(1 自由度)。

显微视觉系统是微操作机器人最重要的感知系统,利用显微镜的原有光路,用 CCD 摄像机代替显微镜的目镜,并将图像送入图像处理系统,供操作者使用。为解决显微物镜视场小、标定范围大的矛盾,将标定块固定在被标定的运动部件(如显微镜载物台)上。当运动部件分别沿机械轴运动时,通过三维标定块测出在标定块坐标系中运动部件末端的运动轨迹,便得到由该部件的机械轴所确定的坐标系与标定块坐标系之间的变换矩阵。

末端执行器是完成微操作的关键之一。目前有压电陶瓷驱动的工具和激光工具等,如图 14-7 所示。针对生物医学工程的细胞级操作,应用最广、最成熟的还是采用步进电机连接玻璃微针进行操控,它具备大行程、高分辨率、低创伤等优点,其工作精度一般可达到 $0.1\mu m$,工作空间为 $50mm \times 50mm \times 50mm$。

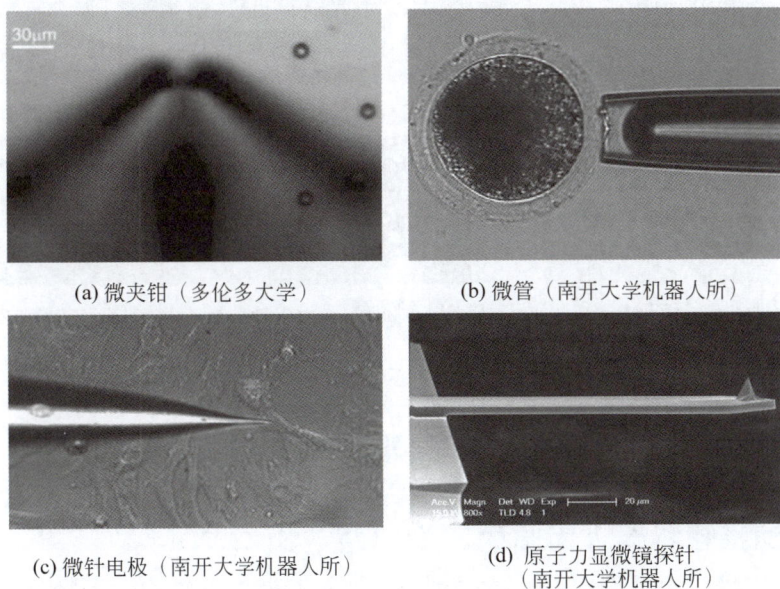

(a) 微夹钳(多伦多大学)   (b) 微管(南开大学机器人所)

(c) 微针电极(南开大学机器人所)   (d) 原子力显微镜探针
(南开大学机器人所)

图 14-7　末端执行器

为了对操作物体进行抓取、注射等具体操作,微操作系统通常会配制一台精密注射器,通过调节玻璃微针内的压强实现物体抓取、定量注射、定量抽取等操作。图 14-8 中气动注射器的调节阀与步进电机连接,可由控制器实时控制调节阀开度调节注射压强,控制压强精度可优于 700Pa。

3. 操作对象

微纳操作机器人的操作对象十分广泛。从结构上来说,小到原子,大到生物组织;从尺寸来说,小到纳米级的细菌,大到毫米级的幼鱼;从弹性来说(在相同受力条件下,弹性越大,变形越小),小到百帕级的神经细胞,大到兆帕级的斑马鱼卵,都是微纳操作机器人的操作对象,如图 14-9 所示。

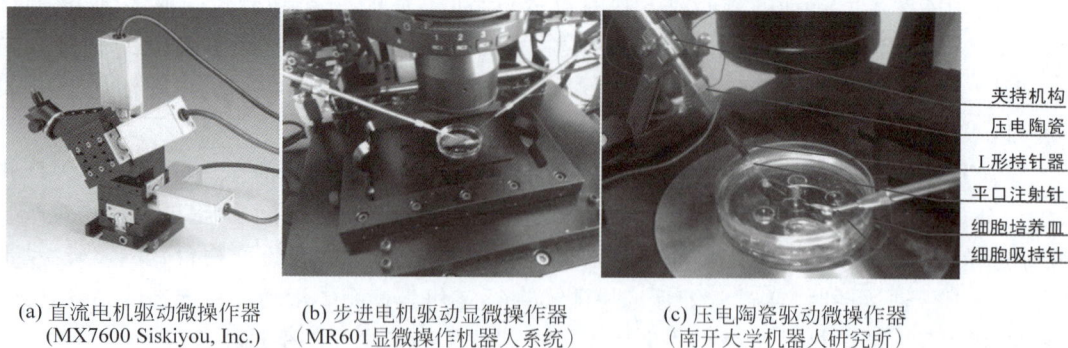

(a) 直流电机驱动微操作器　　(b) 步进电机驱动显微操作器　　(c) 压电陶瓷驱动微操作器
(MX7600 Siskiyou, Inc.)　　（MR601显微操作机器人系统）　　（南开大学机器人研究所）

图 14-8　微操作器

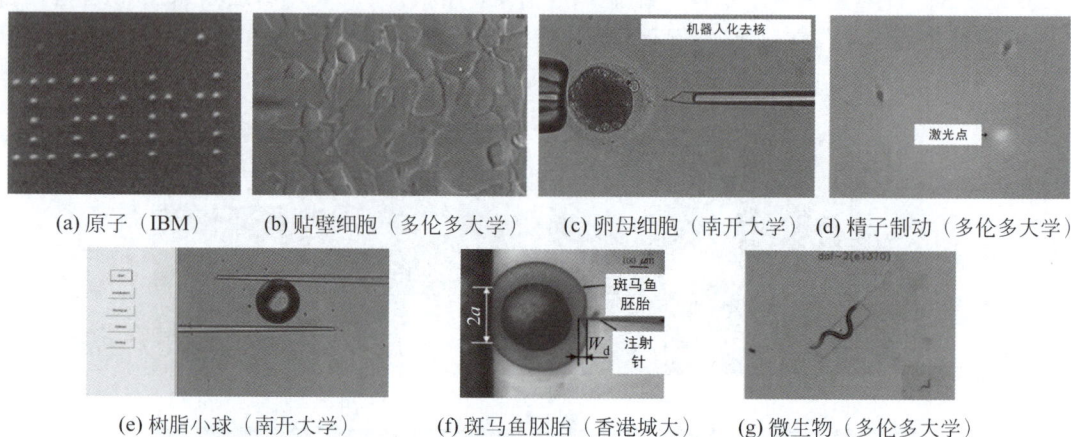

(a) 原子（IBM）　　(b) 贴壁细胞（多伦多大学）　　(c) 卵母细胞（南开大学）　　(d) 精子制动（多伦多大学）

(e) 树脂小球（南开大学）　　(f) 斑马鱼胚胎（香港城大）　　(g) 微生物（多伦多大学）

图 14-9　操作对象

14.2　微纳操作机器人的科学问题和关键技术

14.2.1　微纳操作机器人面临的科学问题

微纳操作机器人技术把人类的感知与操控极限下探到分子乃至原子尺度。微纳操作机器人的科学问题，主要是由尺度效应带来的三类问题。

1. 跨尺度超精密运动的创成问题

微纳操作机器人在实际应用中跨越亚纳米到微米甚至毫米范围，宏观微观运动切换、压电陶瓷驱动非线性及环境微扰动都会对跨尺度操作带来较大的影响。因此，为了实现跨尺度超精密运动，解决宏观与微观耦合、减少压电驱动非线性影响，并且补偿环境微扰动带来的误差至关重要。处理好三者之间的创新集成问题是微纳操作机器人研究的一大类科学问题。

2. 操作工具与操作对象的交互作用机理

在微纳环境下，由于尺度效应，各种界观力（界观力介于宏观力和纳米尺度力之间，通常涉及微观和中等尺度下的力学现象）的作用占据主导地位，会干扰纳米尺度对象的搬运、装配等操作，影响操作的可靠性和高效性，基于界观力学揭示交互作用机理就显得至关重要。

3. 多模态信息感知与操控机制

面向生物医学领域,微纳尺度被操作对象的多元特征信息需要创新多模态信息感知方法,以便定量提取与分析。据此基于活体细胞多元特征信息来描述细胞生理状态,以生物发育率为指标,设计减小细胞伤害的操控机制,是微纳操作机器人研究面临的关键科学问题。

14.2.2 微纳操作机器人的关键技术

1. 显微视觉技术

显微图像是显微操作系统最主要的传感器,所以显微视觉技术对微操作的发展至关重要。由于面向生命科学的显微操作对象主要为尺度较小的贴壁细胞和尺度较大的卵母细胞,因此简略介绍一些微操作过程中针对贴壁细胞和卵母细胞的显微视觉技术研究。

孙东等提出了一种针对 MC3T3-E1 细胞的细胞识别方法,基于该识别方法实现了贴壁细胞的批量注射,将注射速度提高到每小时 1500 枚细胞,极大地提高了注射效率,图 14-10 给出了基于该识别方法下的贴壁细胞识别结果及注射路径规划结果[6]。

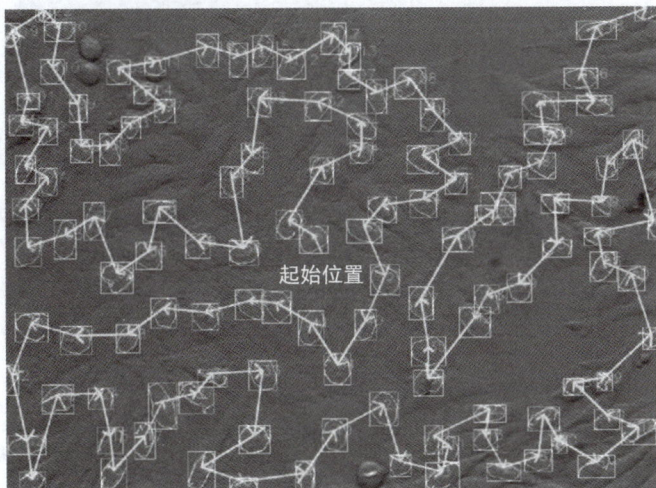

图 14-10 20 倍显微镜下的贴壁细胞识别及注射路径规划

赵启立等实现了卵母细胞的定位、细胞全局地图的构建以及卵母细胞排序等功能,实现了批量的体细胞核移植操作,提升了核移植操作的效率,极大地解放了人力成本[7]。图 14-11 给出了卵母细胞定位、细胞全局地图构建、卵母细胞排序结果。

2. 末端执行器操控技术

微操作机器人的末端执行器形形色色,主要包括显微注射器和显微操作臂。

在显微注射器方面,赵相飞等实现了基于自适应滑模控制的细胞精准去核控制,将去核操作时间降低了 44.5%[8];孙明竹等实现了基于平衡压模型的细胞去核优化及控制,将去核后的细胞囊胚率(发育到囊胚阶段的比例)从传统的 10% 提升到了 21%[9],如图 14-12 所示。

刘曜玮等实现了基于图像清晰度的细胞吸持控制[10],如图 14-13 所示。显微图像系统采用 20fps 帧率,吸持针在显微图像中始终处于最清晰的聚焦状态,细胞因为重力落在操作皿底部,在显微图像中是模糊的离焦状态。在实验中,控制显微注射器中的压

自动化与智能科学概论（微课视频版）

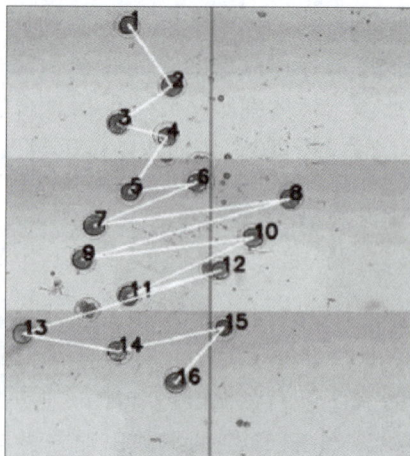

图 14-11　卵母细胞定位、细胞全局地图构建、卵母细胞排序结果

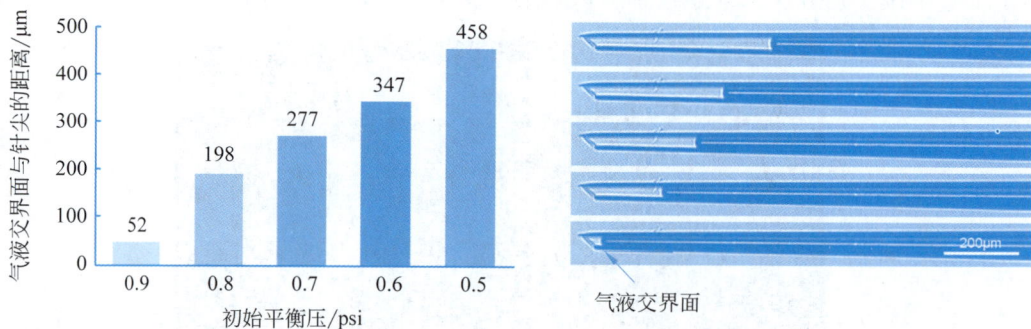

(a) 五种典型平衡力(0.9 psi、0.8 psi、0.7 psi、0.6 psi、0.5 psi)　　(b) 初始平衡压力的气液交界面对应位置

图 14-12　微针内平衡压与气液交界面位置关系

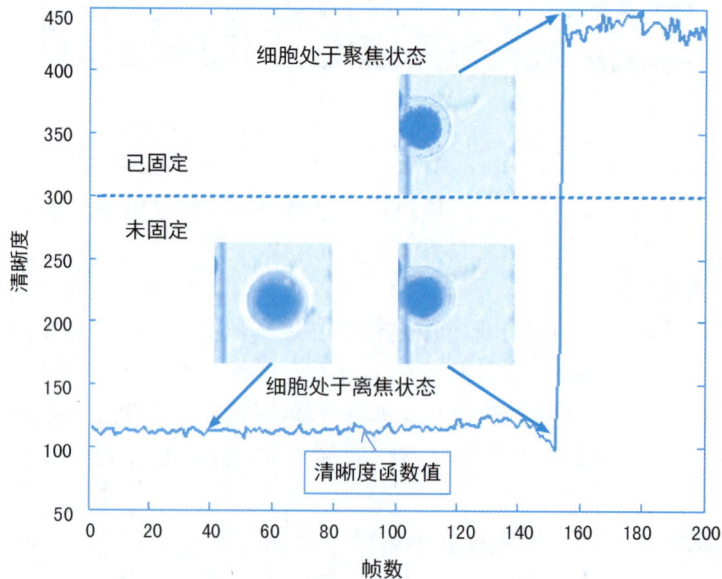

图 14-13　使用清晰度评价检测

强,进而调节吸持针施加在细胞上的力,当细胞没有被吸持针固定住时处于离焦状态,细胞图像模糊,当细胞被从操作皿底部吸起并被固定在吸持针上后,细胞处于聚焦状态,清晰度函数值急剧提升。据此,可以通过清晰度函数判断细胞是否离开操作皿底部并被吸持针固定住。

在显微操作臂方面,赵启立等实现了基于最小拨动力细胞自动拨动[11]。他们计算出了克服摩擦阻力且不产生注射针与细胞间打滑的最小拨动力,细胞在最小拨动力的作用下处于平衡状态,通过对细胞进行受力分析,最终求取最小推动力。图 14-14 给出了基于最小拨动力的卵母细胞拨动图片。

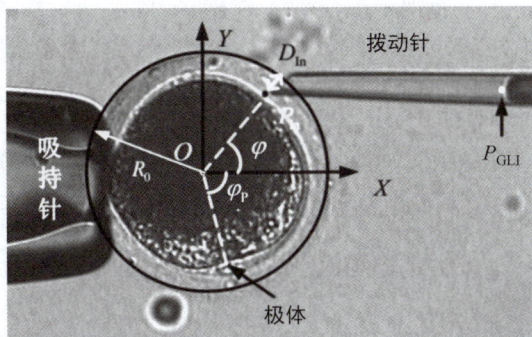

图 14-14 基于最小拨动力的卵母细胞拨动

14.3 微纳操作机器人的典型应用

14.3.1 活体细胞精准操作

机器人代替人工实现活体细胞操作是生命科学发展对活体细胞操作的迫切需求。活体细胞操作不仅要考虑高成功率,还要保证细胞活性。细胞活性表现在两方面:操作后细胞的成活率和后续良好的发育率。

早期的显微操作大多是细胞注射、细胞切割等简单操作。机器人进行这类操作可以在速度、精度、成功率上超越人工操作,成活率与人工操作近似,但机器人研究者较少考虑发育率。而随着生命科学的发展,新的需求不断涌现,比如细胞生物力学检测、脑科学的神经细胞电生理检测、体细胞核移植等操作,有的涉及细胞局部性质,有的是亚细胞操作,更多操作是在细胞内进行。细胞整体可以看作弹性体,而一旦进入细胞内部就是固液混合的粘弹性体,操作成功率急剧下降。而细胞内操作不可避免地造成细胞损伤,就造成了操作后成活率低。由于操作损伤,后续发育进程长的细胞操作,即使操作成功且操作后成活,也大大降低了后续发育率。以体细胞核移植为例,南开大学团队在 2007 年人工操作完成的 5000 例体细胞核移植的绵羊重构胚,只能培育出 3 例克隆羊。至今为止,人工操作体细胞核移植,克隆猪的成功率依然低于 1%[4]。

因此,活体细胞操作急需突破的三大难题为操作成功率低、操作后成活率低和后续发育率低。

面对上述挑战,南开大学发明了面向变形体的机器人化精准定点操作技术、机器人化精准微创操作技术和机器人化定量去核操作技术,在此基础上研制了面向活体细胞精准操作的机器人系统。

1. 变形体的精准定点操作技术

面向变形体的机器人化精准定点操作技术的核心是利用机器人定位精度高的特点,达到提高操作成功率的目的。

如图 14-15 所示,机器人化精准定点操作涉及三个步骤:选取细胞表面操作点,调整细胞姿态,使得操作工具方便趋近目标点,操作工具进入细胞内趋近被操作对象。通常,活体细胞操作工具就是中空玻璃针,用它来操作细胞需要尽可能牢固接触,这就需要优化操作针与细胞表面接触的相对姿态。而细胞表面并不规则,一些贴壁细胞表面更加复杂,这就需要根据细胞表面局部形态来选取操作工具接触点。

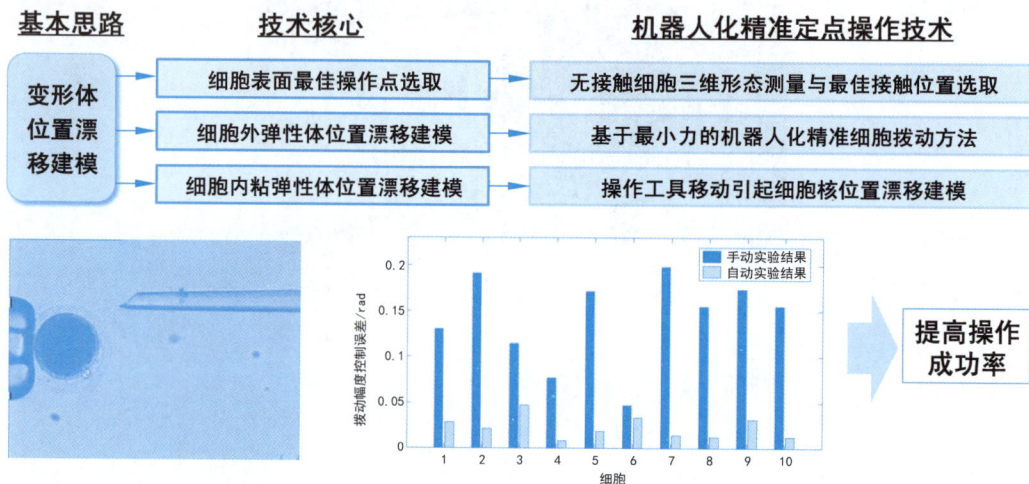

图 14-15　面向变形体的机器人化精准定点操作技术

他们发明了一种无接触细胞三维形态测量与最佳接触位置选取的方法。由机器人操作刚体,一旦操作工具夹持好刚体,操作工具末端就与被操作刚体相对位置固定。而细胞是变形体,玻璃针是刚体,操作工具接触细胞表面会使得细胞发生弹性形变,这就需要面向弹性体的细胞姿态调整方法,以利于操作工具趋近细胞内的被操作对象。他们发明了机器人化测细胞弹性方法针,进一步建立了基于最小力的机器人化精准细胞拨动方法。细胞内部为粘弹性体,操作工具在细胞内趋近被操作对象会引起被操作对象的漂移,因此发明了一种基于细胞核位置动态漂移建模的细胞核操作方法。

2. 机器人化精准微创操作技术

机器人化精准微创操作技术核心是通过高精度调节速度与气压,精准控制操作工具施加在细胞上的力和压强,减少细胞损伤,提高操作后的细胞成活率。

如图 14-16 所示,机器人化精准微创操作涉及两个步骤:操作工具刺入细胞的精准微创操作,操作工具在细胞内施加负压的精准微创操作。操作工具刺入细胞通常引起大变形,产生大应变,造成细胞损伤;因此他们发明了基于压电陶瓷驱动的超声振动显微细胞穿入系统,大大降低了刺入过程的细胞大应变。

进一步地,优化了刺入过程细胞姿态与刺入速度,建立了机器人化精准微创刺入方法。

针对操作工具在细胞内施加负压引起细胞损伤的问题,发明了一种细胞内压的测量方法和一种最佳去核压强的确定方法。施加最佳去核压强抽取胞质实验、去核标定实验以及不同去核压强下的胚胎囊胚率。实验结果表明,操作后标志克隆成功的囊胚率从 10％ 提高到 21％,发育率翻了一番。

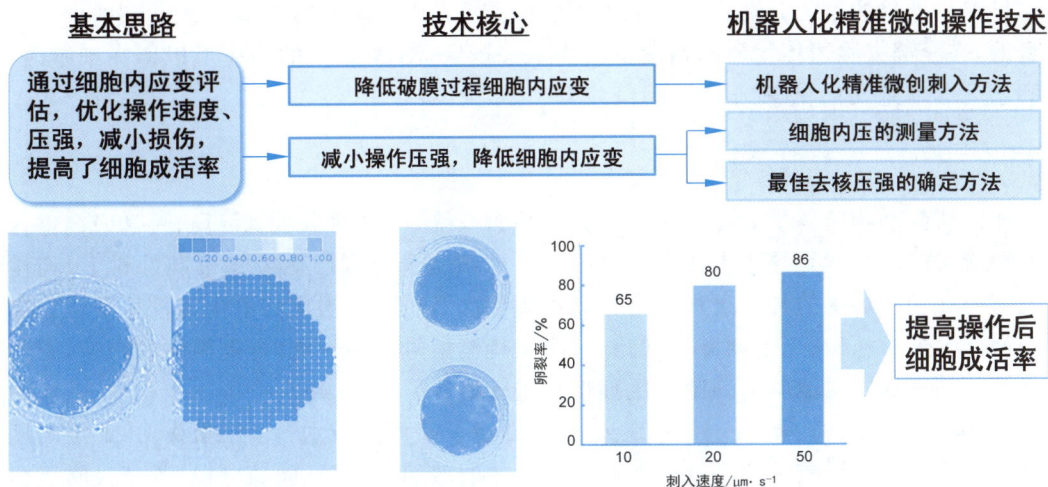

基本思路 | **技术核心** | **机器人化精准微创操作技术**

通过细胞内应变评估,优化操作速度、压强,减小损伤,提高了细胞成活率

- 降低破膜过程细胞内应变 → 机器人化精准微创刺入方法
- 减小操作压强,降低细胞内应变 → 细胞内压的测量方法 / 最佳去核压强的确定方法

图 14-16　机器人化精准微创操作技术

3. 机器人化定量去核操作技术

机器人化定量去核操作技术的核心是在全部去除遗传物质的情况下实现去核量最少,有利于提高活体细胞后续发育率。

如图 14-17 所示,机器人化定量去核操作涉及三个问题:细胞核精准定位;优化细胞姿态;去核量实时测量。在盲吸法去核过程中,细胞核位置不可见,也就无法精准定位。他们发明了一种基于 AR 的定点去核方法。在去核操作过程中,施加负压抽取操作工具与细胞核之间的胞质,直至细胞核被抽出,而操作工具趋近细胞核的路径规划会影响去核量,因此

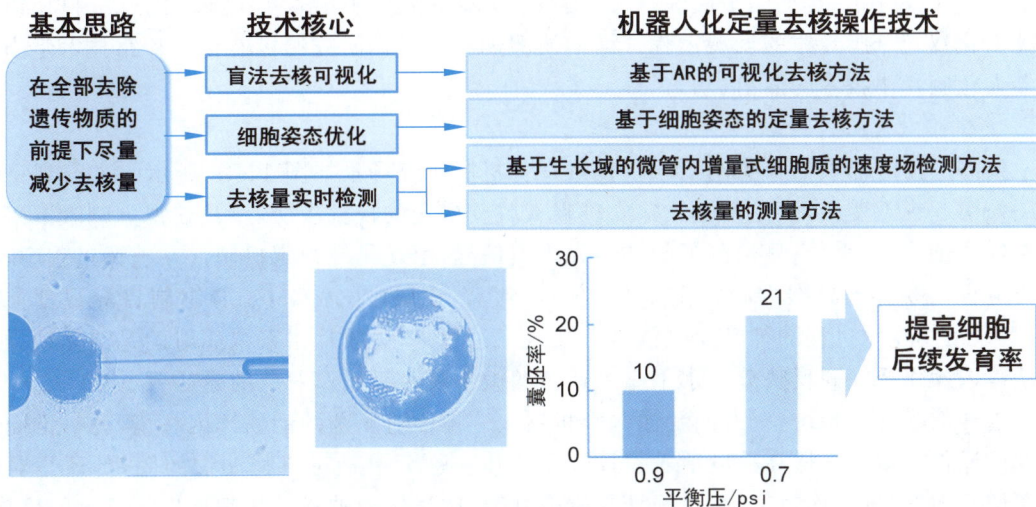

基本思路 | **技术核心** | **机器人化定量去核操作技术**

在全部去除遗传物质的前提下尽量减少去核量

- 盲法去核可视化 → 基于AR的可视化去核方法
- 细胞姿态优化 → 基于细胞姿态的定量去核方法
- 去核量实时检测 → 基于生长域的微管内增量式细胞质的速度场检测方法 / 去核量的测量方法

图 14-17　机器人化定量去核操作技术

发明了一种基于细胞姿态的定量去核方法。为实现定量去核,需要实时检测抽取到作为操作工具的玻璃针管内胞质的体积,固液混合物的胞质流动速度不均匀给实时体积检测带来困难。针管与细胞内压强不一致又使胞质体积相同,但换算到细胞内去核量不同。因此发明了基于生长域的微管内增量式细胞质的速度场检测方法和一种去核量的测量方法,建立了去核量精准检测方法。在去核7％的情况下即可达到手动去核20％才能达到的全部去核的目的,在全部去除遗传物质的情况下减少了去核量,使得93％的胞质可以留在细胞内,更有利于后续细胞发育,有利于提高后续发育率。

14.3.2　机器人化膜片钳系统

面向清醒动物脑科学研究的机器人化膜片钳系统,可以助力21世纪脑科学研究进入新的发展阶段。脑科学是寻求人或动物神智活动的细胞及分子层次生物机制的科学,脑科学研究需要在动物层次的神智过程中捕捉其细胞层次乃至分子层次的电生理信号变化。这不仅是操作尺度上从米、毫米到微米的跨越,更是待测信号从强到弱、再到微弱的跨越,因此需要专门的精密仪器对微弱的细胞电生理信号进行检测。

1976年,德国科学家Neher和Sakmann创建了膜片钳技术[12],并荣获1991年诺贝尔医学和生理学奖。该技术使用特制的微米级尺寸的玻璃微吸管（玻璃电极）紧密吸附于细胞表面,使之形成兆欧级电阻的密封（giga-seal）,又称高阻封接,来排除环境中的电磁干扰。从而可以测量单个离子通道开放产生的皮安（pA,10～12A）量级的电流及电压变化。因此膜片钳技术被誉为"可以倾听细胞声音"的技术[18],已经成为离子通道研究的"金标准"。通过研究各种离子通道开放的电流幅值分布、开放概率、开放寿命分布等功能参量与膜电位、离子浓度等之间的关系,可以揭示宏观尺度的动物神智活动。因此膜片钳技术已成为解开各种复杂脑科学问题谜团的钥匙之一。

图14-18总结了机器人化膜片钳系统的发展过程和其中几类典型系统的工作原理。从中可以看出,机器人化膜片钳系统的操作对象经历了悬浮细胞、贴壁细胞、离体脑片细胞、麻醉动物大脑细胞到清醒动物大脑细胞的升级过程。相应地,操作方式也经历了基于玻璃电极的自动化膜片钳、自动化平面膜片钳,到机器人化传统膜片钳,再到自动化盲法膜片钳和机器人化双光子膜片钳的发展过程。面向清醒动物脑科学研究的机器化膜片钳技术是当前机器人化膜片钳技术的前沿。

1. 机器人化膜片钳面临的挑战分析

典型的清醒非人灵长类动物——狝猴视觉机制研究场景如图14-19所示。狝猴观察动态图像引起视觉刺激,膜片钳电极深入狝猴大脑皮层中的视觉皮层,寻找在视觉刺激下兴奋的神经元细胞,并采集、显示测量的神经元兴奋信号,由此研究视觉机制。在上述过程中,膜片钳电极需要穿透狝猴大脑视觉皮层,在L_2到L_3皮层（200～450μm）钳制目标视觉神经元,记录动物视觉过程的神经元电信号。在这一过程中,该膜片钳系统面对的是活体动物的复杂体内操作环境和反映分子水平离子通道的微小膜片级操作对象的矛盾。

这样的膜片钳系统,一方面要像医疗机器人一样面对复杂的动物体内环境,另一方面还要像微操作机器人一样高精度地操作神经元胞体。这无论是对清醒动物的固定,还是对显微图像反馈、三维目标定位、路径规划与避障、膜片钳封接和破膜操作都提出了巨大的挑战。这些挑战具体包括如下几方面。

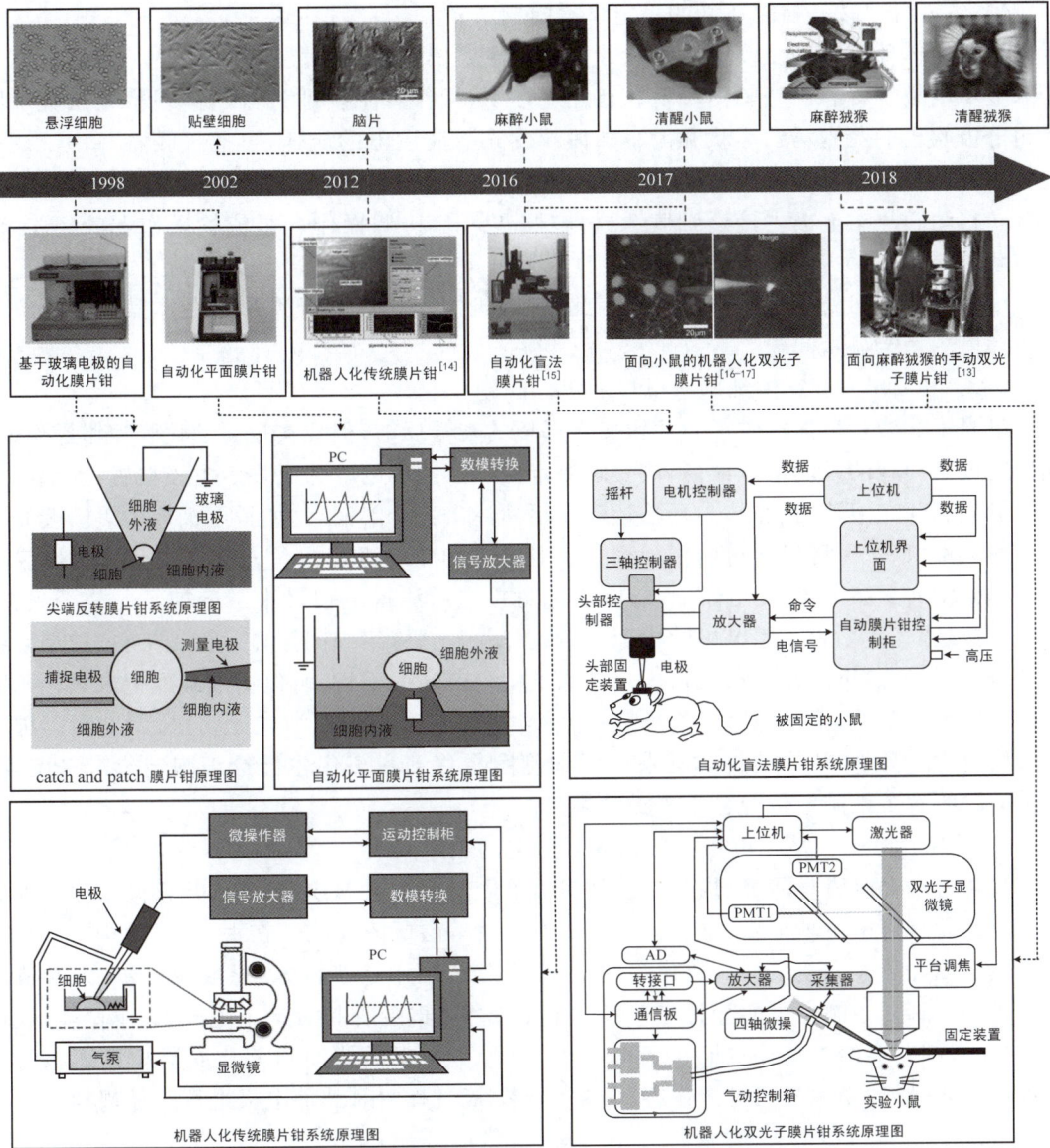

图 14-18　机器人化膜片钳发展过程及各类系统原理示意图

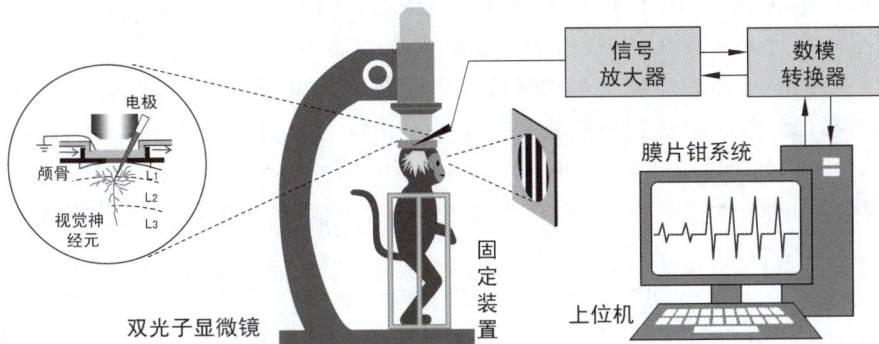

图 14-19　基于膜片钳系统的非人灵长类视觉机制研究示意图

1）显示"盲"——脑内环境的稳定显示问题

当前在体环境下的手动双光子膜片钳操作主要依靠玻璃电极注出的荧光溶液形成的光场来显示电极位置和照亮脑内环境。在此过程中，操作者主要通过"眼看"观察显微镜下膜片钳电极吹出的荧光场的形状和大小来估计荧光溶液注出的流速，再通过吸管"口吹"调整电极内的压强来调整针口流速，维持稳定的荧光场，用于照明。与此同时，操作者还要利用"手动"移动膜片钳电极去接近细胞。这种"眼-口-手"协调操作严重依赖操作者的经验，对操作者的体力、精力甚至肺活量都是考验。人工操作难以实现稳定荧光场意义下的"显示清"，很多时候依然处于"盲"的状态。因此，进行机器人化双光子膜片钳在体操作必须解决脑内环境的稳定显示问题。

2）定位"缺"——在体细胞与电极的定位问题

双光子显微镜虽然提供了膜片钳操作环境的视觉反馈，但要实现自动化膜片钳操作，还缺乏电极与细胞的三维位置信息，需要解决定位"缺"的问题。为了显示电极位置，玻璃电极内一般充满荧光溶液，且在体内环境运动时不断注出荧光溶液，这使得电极成为黑暗荧光环境中的一束"烟花"，可以通过图像处理方法对电极的轮廓进行定位。双光子活体阴影膜片钳技术未对神经元进行荧光标记，只能通过封接之后测得电信号来区分神经元是否兴奋。进行封接之前，使用膜片钳电极吹出荧光染料，照亮视野，组织间隙显示荧光染料，神经元则无荧光染料，呈黑色阴影。虽然该方法排除了染色荧光的干扰，可以更准确地记录黑色阴影细胞内发生的变化，但从显微图像处理角度看，与识别荧光标记神经元相比，识别阴影神经元难度更大。另外，活体动物脉动造成的细胞图像移动和离焦也会给细胞定位带来困难。以上问题给解决细胞定位"缺"带来极大挑战。

3）动作"拙"——玻璃电极的路径规划与主动避障问题

在清醒动物脑科学研究过程中，膜片钳玻璃电极穿过大脑皮层，达到几百微米深度处的目标神经元进行电生理记录，这期间需要规避血管等层层障碍物。在手动膜片钳操作中，操作者调节双光子显微镜聚焦的成像深度，并在大脑皮层中逐步深入，每成像一步，先看清障碍，再避开障碍，控制电极向深处走一步。由于操作者既要保持轴向下电极，又要避障，表现为"左支右绌"，会给人动作"拙"的感觉。因此，为了实现活体动物大脑皮层神经细胞的操作，减少对活体动物大脑的机械伤害，需要在下电极过程中对玻璃电极进行路径规划与主动避障。

4）测量"难"——在体细胞的封接、破膜与信号检测问题

膜片钳技术的最后一步是在膜片钳封接和破膜基础上使用电极对目标神经元的小膜片或整个细胞体实行电压或电流钳制，来测量单个离子通道开放产生的电流及电压变化。尽管活体动物脑部的脉动等环境噪声对封接过程的机械接触影响不大，但会对测量的电信号造成较大影响；此外，测量过程中的膜片钳参数漂移也会对测量结果产生较大的影响。传统的被动去噪方法，如检波和滤波，仅仅利用噪声的共性去除噪声，无法去除动物运动和膜片钳参数漂移造成的个性化噪声，因此膜片钳操作还存在测量结果误差大，获得真实结果"难"的问题。

5）"跟不上"——清醒动物的固定问题

清醒动物尤其是非人灵长类动物，如猕猴的体形大且生性好动，这给实验中的脑部固定带来了艰巨的挑战，在实验过程中不可避免地会发生被试动物主动运动而带来脑部残余位

移的问题,这往往是造成实验失败的主要因素。当动物脑部运动发生在膜片钳下探电极过程中,就会使目标神经元胞体位置改变,需要面向新目标重新规划路径;若发生在封接过程中,会引起玻璃电极末端与细胞脱离,导致封接失败。为了保证对清醒动物膜片钳操作的正常进行,需要专门研发面向清醒动物的头部固定系统。

2. 机器人化膜片钳操作的关键技术分析

分析面向清醒动物膜片钳技术存在的显示"盲"、定位"缺"、动作"拙"、测量"难"与"跟不上"五大挑战,可以看出:突破"显示清""定位准"可以为膜片钳系统提供"眼";突破"动得巧""测得真"就能为膜片钳系统提供"手";此外,还需要研制固定动物头部的主动平台,才能"跟得上"清醒动物。突破上述五大挑战,集成"眼""手""平台",使其协调工作,是实现清醒动物脑科学研究的机器人化膜片钳操作的关键,如图 14-20 所示。

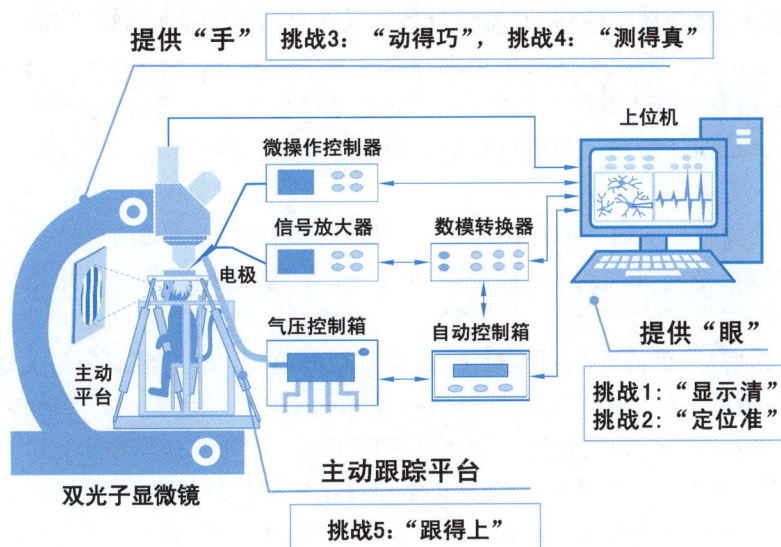

图 14-20 面向清醒动物脑科学研究的机器人化膜片钳系统示意图

下面讨论上述五项挑战的潜在解决方法。

1)为膜片钳系统提供"眼",实现"显示清""定位准"

实现"显示清"的前提是为动物大脑环境提供一个稳定的照明。这需要通过视觉反馈,调整驱动气压对电极口的染料溶液注出速度进行实时调节,在管口周围形成一个稳定的荧光场,照亮周围的在体环境,因此实现"显示清"需要突破基于膜片钳电极内染料流速控制的动态荧光成像技术。

实现"定位准",完成玻璃电极尖端和目标神经细胞的三维精准定位,需要在双光子显微镜下,对充满染料溶液的玻璃电极与染色或成阴影状态细胞进行聚焦和轮廓检测,从而获得操作工具和对象的三维位置。

综上所述,突破基于膜片钳电极内染料流速控制的动态荧光成像技术,并突破基于双光子显微图像的膜片钳电极与目标细胞三维定位技术,可为膜片钳系统提供"眼",实现"显示清"和"定位准"。

2)为膜片钳系统提供"手",实现"动得巧""测得真"

实现"动得巧"的关键是对动物大脑环境进行三维重建,规划可以规避血管等障碍物,到达目标细胞的玻璃电极进针路径,并根据电极周围局部环境,在实际放下电极的过程中实时反馈,更新大脑三维环境模型,调整玻璃电极的运动轨迹,避开障碍物,最终到达目标细胞。

实现"测得真"的关键:首先要开发机器人化封接和破膜方法,取代人工操作,提高在体膜片钳操作成功率;同时对活体动物的生理活动,如呼吸和脉动,对检测细胞电生理信号造成的扰动进行建模和在线辨识,进而设计方法主动滤除或补偿上述扰动;此外,通过对膜片钳测量电路系统进行建模,对其注意测量参数进行辨识,补偿测量过程的参数漂移,保证细胞电生理信号的测量精度。

综上所述,突破机器人化膜片钳电极的主动避障技术,以及机器人化封接、破膜与精准信号检测技术,可为膜片钳系统提供"手",实现"动得巧""测得真"。

3) 研制主动平台,"跟得上"清醒动物

实现"跟得上"清醒动物的移动,需要设计具有多自由度的清醒动物头部主动固定装置,对实验对象的主动运动造成的残余位移进行检测和主动补偿。为了避免活体动物颅骨的感染,该固定装置应是非侵入式的。同时,为了提升系统的响应速度,清醒动物固定装置的主动补偿需要兼具最佳补偿路径和最短补偿时间的运动补偿技术。

3. 机器人化膜片钳系统总体设计

面向清醒动物脑科学研究的机器人化主动膜片钳系统是脑科学研究急需的技术。实现该系统需要突破一系列关键技术:清醒动物主动固定与跟踪、基于膜片钳电极内染料流速控制的动态荧光成像、基于双光子显微图像的三维重建与精准定位、机器人化膜片钳系统的运动规划与主动避障、机器人化细胞封接、破膜与精准检测。该系统研制与关键技术的逐步成熟,将实现在清醒猕猴大脑视觉皮层感应神经元电生理特征研究中的突破性示范应用,以验证机器人化膜片钳系统的优越性。并将其应用于阿尔茨海默病模型小鼠的皮层神经元电生理特征研究中,以拓展其在不同动物脑科学研究中的广泛适用性。

面向清醒动物脑科学研究的机器人系统设计如图 14-21 所示。

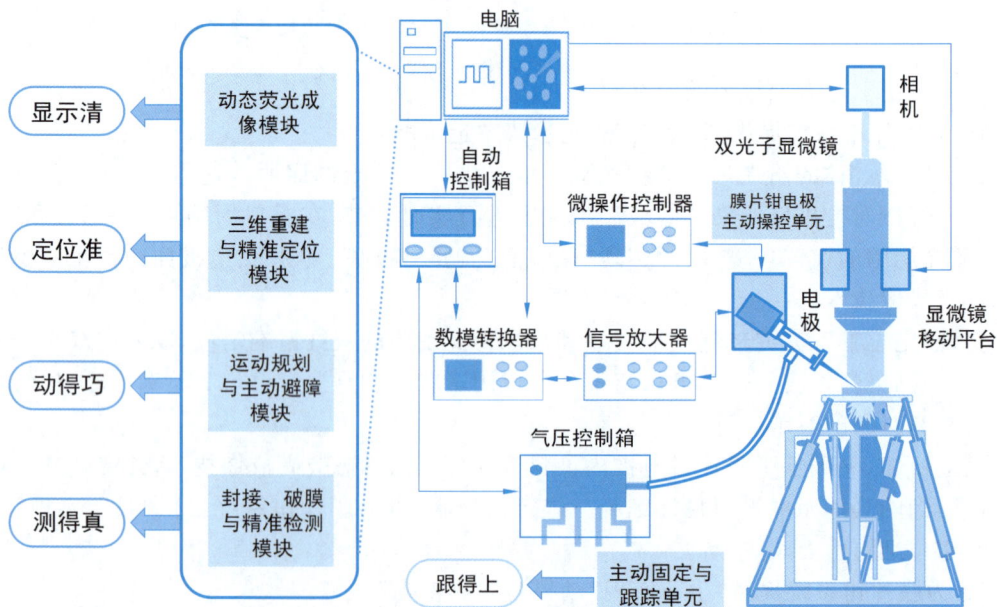

图 14-21　面向清醒动物脑科学研究的机器人系统设计

14.4　微纳操作机器人的未来发展趋势

进入 21 世纪，微纳操作机器人得到了长足发展，在减轻操作者劳动强度、提高操作效率方面成效显著，表 14-2 展示了微纳操作机器人的未来发展趋势。

表 14-2　微纳操作机器人的未来发展趋势

发展趋势	详细描述	具体例子和当前进展
控制和操作技术的改进	微纳操作机器人的控制和操作技术将进一步优化。例如，纳米精度的运动控制和实时反馈系统的改进将提升机器人的操作精度和响应速度	改进后的纳米精度运动控制和实时反馈系统已经在实验室环境中展示出其在提高操作精度和响应速度方面的潜力
多功能性与可定制性	微纳操作机器人具备多种功能，以满足不同领域的需求。例如，在医疗领域，微纳操作机器人将能够执行高精度的外科手术、进行靶向药物输送，实时监测患者的生理参数	已经能够执行一些高精度的外科手术，并且用于实时监测患者的生理参数。也可以在制造业、农业和环境监测等领域发挥重要作用
生物医学应用的提升	微纳操作机器人在生物医学领域的应用前景十分广阔。除了作为靶向药物输送工具，还可以用于细胞和组织工程、基因操作和复杂的生物化学反应监测	已经在细胞和组织工程中取得了一些进展，特别是在基因操作和复杂生物化学反应监测方面
进一步微型化	未来的微纳操作机器人将更加微型化，甚至达到纳米级别。这种微型化将使它们能够进入更小的空间，执行更加精细的任务	一些纳米级别的机器人已经在实验室环境中成功应用于分子级检测和修复工作
人工智能与微纳操作机器人的结合	通过引入人工智能技术，微纳操作机器人将具备学习和优化的能力，更好地适应复杂的环境和任务。人工智能可以帮助机器人在操作过程中进行实时决策，提高操作效率和准确性	利用机器学习算法，微纳操作机器人已经展示了在操作过程中进行自我调整和优化的能力，以适应不同的操作对象和环境变化

这些趋势将共同推动微纳操作机器人在各个领域的应用和发展，下面就三项具体应用分析其进一步的发展。

1. 细胞内部操作

细胞通常被认为是组成生物体的最小单位。但在细胞内，仍然存在多种细胞器和复杂的细胞内结构，细胞器和细胞内结构对于保证细胞内环境稳定和细胞正常功能，如基因表达、细胞运动和细胞代谢等方面起着重要作用。

细胞器操作是一种突破了传统的操作界限，将研究视野下潜到细胞级以下的超高分辨率的困难操作。由于其具有操作精度要求更大，细胞内性质差异更小的特点，研究的尺度很难深入细胞器级别。近年来，已经出现许多针对细胞器及细胞内结构的研究，其中包括细胞内的物理及化学性质的测量、细胞器的注入与提取以及细胞器移位等。细胞内的物理及化学性质可以通过栓系传感器，如玻璃微针、纳米线、碳纳米管、改造后的 AFM 探针，以及非栓系传感器，如纳米颗粒、荧光蛋白和分子、游离的 MEMs 进行测量。细胞器的注入和提取可以通过玻璃微针、碳纳米管、改造后的 AFM 探针、电穿孔等工具和方法实现。此外，光镊和磁镊的方法可以实现细胞内细胞器等亚细胞级别元件的移位操作。

2. 面向减小细胞伤害的机器人化微纳操作

用机器人操作来代替人工操作，通常经历两个阶段，即模仿人的操作和超越人的操作。过去20年，机器人化的细胞级微纳操作得到了长足发展，在减轻操作者劳动强度、提高操作效率方面成效显著，但从生物发育的角度，现有机器人化操作在细胞后期发育率方面很难超越人工操作。

深入分析细胞级微纳操作过程可以发现，通常的机器人化微纳操作往往将细胞简单地看作一个被操作对象，而不是将其看作一个生命体，操作细胞过程中往往忽视了可能引起的细胞伤害。探索减少微纳操作过程对细胞的伤害、提高操作后的细胞成活率与发育率的微纳操作方法，成为面向生物工程的微纳操作面临的主要挑战，这也是微纳操作机器人与非生命体微纳操作的本质区别。

事实上，不止机器人微纳操作，面向生命科学的机器人操作都面临如何减少伤害，提高生命组织成活率、发育率的问题。比如医疗中使用的手术机器人，顺利完成手术只是一个"小"目标，如何减少术中伤害、提高后期恢复效率等问题同样值得关注。只是人体过于复杂，定量评价不同操作技巧带来的不同效果并不容易。面向生物工程的机器人化微纳操作就是给细胞做手术。细胞是生命体的基本单元，探索减少细胞伤害的机器人化微纳操作方法，将为同样需要减少手术机器人术中伤害的操作手段提供有益的方法借鉴和细胞级的机理支撑。

3. 面向脑科学研究的机器人化膜片钳系统

虽然近年来世界范围的研究者都在努力推进膜片钳系统的自动化程度，但相关系统的自动化成果方面都是零星的，缺乏系统性推进。在本节所总结的五大挑战方面，也仅有局部功能上的进展。面向清醒动物脑科学研究的机器人化主动膜片钳系统相关的系统研制，迫切需要突破的技术挑战。鉴于清醒非人灵长类动物在人类脑科学中不可替代的作用，以及膜片钳操作作为脑科学研究中的关键技术这一事实，在将来较长一段时间内，面向清醒非人灵长类动物的机器人化膜片钳系统将是脑科学领域研究的热点之一。

当前依赖视觉导引的机器人化膜片钳操作主要针对深度在 $500\mu m$ 内的视觉皮层、听觉皮层等浅层区域的操作。这主要是受当前双光子显微镜成像深度的限制所致。近年来，多光子显微镜的研发取得了显著进展。相较于双光子显微镜，多光子显微镜使用大于两个数目的光子来激发荧光分子，相较于双光子显微镜，可以使用能量更低、波长更长、组织穿透力更强的光源激发，具备对活体动物大脑深度大于 $1mm$ 级的脑区进行成像。即便成像深度不变，通过增加光子数目也可以有效改善在体组织内的成像质量，有助于细胞电极的定位和环境三维重建，并有力地促进"定位准"和"动得巧"两项问题的解决。目前多光子膜片钳系统的研究仍处于探索阶段，但在不久的将来，配有多光子显微成像的机器人化膜片钳系统的应用将会有力地促进视觉引导的活体动物深层脑区（如海马区）脑科学研究。

当前机器人化膜片钳系统的记录模式多为全细胞模式和贴附式。而鲜有对脑科学离子通道功能研究至关重要的内面朝外式和外面朝外式两类记录模式的机器人操作。这主要是由于这两类方法需要通过控制管内压强和玻璃电极的运动速度来制作膜片，必要时还需要将细胞暴露在空气中或低钙溶液中，使得囊泡破裂形成膜片，因此相较于全细胞膜片钳操作步骤更为复杂，对操作者的经验要求更高，成功率也更低。但随着膜片钳内气压控制系统精度的提升和电极运动控制算法的改进，这两类记录模式的自动化操作研究也将很快取得进展。

14.5 思考

【思考 14.1】 微纳操作机器人在操作时容易关注细微之处而忽略整体环境,造成任务失败。微纳操作机器人如何避免"明察秋毫,不见舆薪"?

【思考 14.2】 微纳操作机器人在医疗领域的潜在应用包括微创手术、药物输送、基因编辑等。了解这些应用的前景和面临的挑战。

【思考 14.3】 高精度操作中的稳定性对微纳操作机器人至关重要。可以通过哪些技术手段(如反馈控制、振动补偿等)来提高稳定性?

【思考 14.4】 探讨人工智能技术在微纳操作机器人中的应用,如机器学习算法的使用,如何帮助机器人进行自我学习和优化,提高操作效率和精度?

【思考 14.5】 讨论微纳操作机器人在工业制造领域的应用,如精密制造、质量控制等。分析其优势和应用前景。

14.6 习题

【作业 14.1】 调研分析显微镜的发展是如何为微纳操作机器人的发展做出贡献的。

【作业 14.2】 调研一家进行微操作机器人研究的课题组,重点关注其研究内容及其应用方向。

【作业 14.3】 文献调研一种商用微纳操作机器人系统的组成、功能和现实应用。

【作业 14.4】 文献调研一种最新的微纳操作技术,梳理其技术基本原理、主要优势和实际应用案例。

参考文献

[1] 卢桂章,赵新. 面向生物工程实验的微操作机器人[J]. 南开大学学报自然科学版,1999,32(3): 42-46.

[2] ZHANG X P,LU Z,GELINAS D,et al. Batch Transfer of Zebrafish Embryos Into Multiwell Plates [J]. IEEE Transactions on Automation Science and Engineering,2011,8(3): 625-632.

[3] 马贵民. 细胞工程[M]. 北京:中国农业出版社,2007.

[4] VAJTA G,ZHANG Y H,MACHATY Z. Somatic Cell Nuclear Transfer in Pigs:Recent Achievements and Future Possibilities[J]. Reprod Fertil Dev,2007,19(2): 403-423.

[5] LU Z,ZHANG X P,LEUNG C,et al. Robotic ICSI (Intracytoplasmic Sperm Injection)[J]. IEEE Transactions on Biomedical Engineering,2011,58(7): 2102-2108.

[6] PAN F,CHEN S X,JIAO Y,et al. Automated High-Productivity Microinjection System for Adherent Cells[J]. IEEE Robotics and Automation Letters,2020,5(2): 1167-1174.

[7] 赵启立. 基于细胞力学性质的显微操作方法研究[D]. 天津:南开大学机器人与信息自动化研究所,2014.

[8] ZHAO X F,CUI M S,ZHANG Y D,et al. Robotic Precisely Oocyte Blind Enucleation Method[J].

自动化与智能科学概论（微课视频版）

Applied Sciences-Basel,2021,11(4)：1850.

[9]   SUN M Z,LIU Y W,CUI M S,et al. Intracellular Strain Evaluation-Based Oocyte Enucleation and Its Application in Robotic Cloning[J]. Engineering,2023(24)：73-83.

[10]   LIU Y W,WANG X F,ZHAO Q L,et al. Robotic Batch Somatic Cell Nuclear Transfer Based on Microfluidic Groove[J]. IEEE Transactions on Automation Science and Engineering,2020,17(4)：2097-2106.

[11]   ZHAO Q L,SUN M Z,CUI M S,et al. Robotic Cell Rotation Based on the Minimum Rotation Force [J]. IEEE Transactions on Automation Science and Engineering,2015,12(4)：1504-1515.

[12]   NEHER E,SAKMANN B. Single-Channel Currents Recorded from Membrane of Denervated Frog Muscle Fibres[J]. Nature,1976,260(5554)：799.

[13]   DING R,LIAO X,LI J C,et al. Targeted Patching and Dendritic Ca^{2+} Imaging in Nonhuman Primate Brain in Vivo[J]. Scientific Reports,2017,7(1)：2873.

[14]   KOOS K,OLAH G,BALASSA T,et al. Automatic Deep Learning-driven Label-free Image-guided Patch Clamp System[J]. Nature Communications,2021,12(1)：936.

[15]   PENG Y F,MITTERMAIER F X,PLANERT H,et al. High-throughput Microcircuit Analysis of Individual Human Brains Through Next Generation Multineuron Patch-clamp [J]. eLife, 2019 (8)：e48178.

[16]   SUK H J,VAN W I,KODANDARAMAIAH S B,et al. Closed-loop Real-time Imaging Enables Fully Automated Cell-targeted Patch-clamp Neural Recording in Vivo[J]. Neuron,2017,95(5)：1037-1047.

[17]   ANNECCHINO L A,MORRIS A R,COPELAND C S,et al. Robotic Automation of in Vivo Two-photon Targeted Whole-cell Patch-clamp Electrophysiology[J]. Neuron,2017,95(5)：1048-1055.

[18]   赵启立,邱金禹,李明慧,等. 倾听脑神经细胞声音的机器人：面向脑科学研究的机器人化膜片钳系统[J]. 机器人,2022,44(6)：720-731.